中等职业供热通风与空调专业系列教材

建筑电气设备

文桂萍　主编
黎福梅　李友化　陆秀安　参编

中国建筑工业出版社

图书在版编目(CIP)数据

建筑电气设备/文桂萍主编．—北京：中国建筑工业出版社，2002

中等职业供热通风与空调专业系列教材

ISBN 978-7-112-05113-7

Ⅰ．建… Ⅱ．文… Ⅲ．建筑—电气设备—专业学校—教材 Ⅳ．TU85

中国版本图书馆 CIP 数据核字(2002)第 032981 号

本教材是中等职业供热通风与空调专业系列教材之一。主要内容有：单相交流电路、三相交流电路、变压器、交流电动机、低压电器与基本控制线路、建筑供配电系统、建筑电气照明、建筑辅助电气设备、建筑防雷与安全用电、智能建筑基本知识等。每章均有小结、思考题与习题，最后附有实验指导书。

本教材内容简明扼要，图文并茂，可供中等职业学校供热通风与空调专业作教材，也可供中等职业教育层次的其他专业使用，并可作为建设工程技术人员学习建筑电气知识的参考书。

中等职业供热通风与空调专业系列教材

建筑电气设备

文桂萍 主编

黎福梅 李友化 陆秀安 参编

*

中国建筑工业出版社出版、发行(北京西郊百万庄)

各地新华书店、建筑书店经销

廊坊市海涛印刷有限公司印刷

*

开本：787×1092 毫米 1/16 印张：15¾ 字数：380 千字

2002 年 12 月第一版 2015 年 6 月第三次印刷

定价：**26.00** 元

ISBN 978-7-112-05113-7

(23917)

本社网址：http://www.cabp.com.cn

网上书店：http://www.china-building.com.cn

前　　言

本教材是根据建设部供热与通风专业指导委员会审定的“建筑电气设备”课程教学大纲编写的。

本教材内容包括：单相交流电路、三相交流电路、变压器、三相交流异步电动机、低压电器及基本控制线路、建筑供配电系统、建筑电气照明、建筑辅助电气设备、建筑防雷与安全用电、智能建筑基本知识等。全书在内容安排上淡化理论推导，重点突出实际应用，图文并茂、通俗易懂，有助于学生对知识的掌握以及实际操作能力的培养，符合当前职业教育的要求。

本教材共有60课时，每章末均有小结、思考题与习题，供学生复习巩固之用。

本教材由广西建筑职工大学文桂萍主编，黎福梅 、李友化、陆秀安参编。其中第6～9章、第5章第6节由文桂萍编写，第1～2章、第5章第1～5节、第7节由黎福梅编写，第3～4章、第10章由李友化编写，实验指导书由陆秀安编写。全书由河南省建筑工程学校王林根主审。

在本教材编写过程中参考了国内外公开出版的许多书籍和资料，在此谨向有关作者表示谢意。

由于编者水平有限及编写时间仓促，书中不妥和错漏之处在所难免，恳请广大读者批评指正。

目　录

第一章　单相交流电路

本章首先简介电路的基本知识，然后重点介绍正弦交流电路的基本概念和基本电路。

第一节　电路的基本知识

一、电路

1．电路的组成

由电源、负载、导线和开关等组成的闭合回路叫电路，它是电流通过的路径。例如手电筒电路，其电源（干电池）通过开关、导线（铁皮）使电流通过电珠，将电能转变为光能。图 1-1(*a*)是实物图。

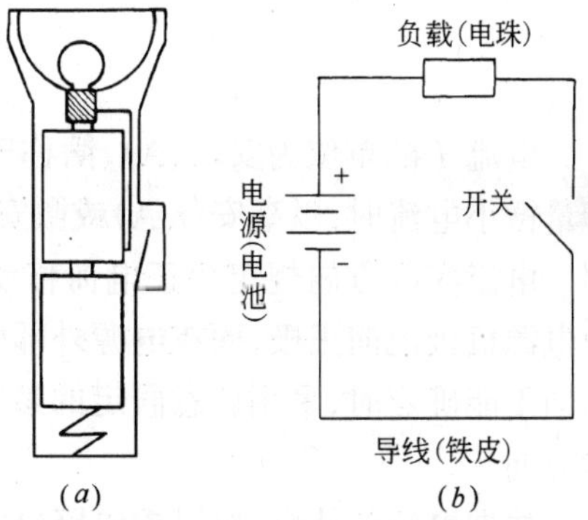

图 1-1　手电筒的电路图

(*a*)实物图；(*b*)电路图

电源是电路中提供能源的设备，可把化学能、光能、机械能等非电能转换为电能。如干电池、蓄电池、发电机等。

负载是将电能转换为其他形式能量的装置。如电灯、电风扇、电饭锅、电动机等。

导线的作用是将电源产生的电能输送给负载。

开关起到接通或断开电路的作用。

在实际应用中，通常用电路图来表示电路。在电路图中，各种电器元件都是采用国家统一规定的图形符号来表示的。如图 1-1(*b*)所示是手电筒的电路图。

2．电路的状态

电路的状态有以下三种：

(1) 开路（断路）状态

电路断开，电路中没有电流通过。有正常开路和事故开路两种情况，如：电源开关未闭合是正常开路，导线断开或电路接触不良则是事故开路。

(2) 通路状态（工作状态）

负载与电源接通形成闭合回路，电路中有电流通过，并有能量的输送和转换。当加在电气设备（负载）上的电压、电流、电功率均为额定值时，则称该电气设备在额定状态下运行，有时也称为满载运行。

额定值是制造厂综合考虑产品的可靠性、经济性和使用寿命等因素而制定的允许值，它是使用者使用电气设备和元器件的依据。电气设备应在额定状态或接近额定状态下运行，否则会使电气设备不能正常工作甚至损坏。额定值用带有下标“N”的字母来表示。如额定电压用 U_N 表示。

(3) 短路状态

当电源两端的导线直接相连，这时电源输出的电流不经过负载，只经过连接导线直接流回电源，这种状态称为短路状态，简称短路。

电源短路是危险的，因为短路电流太大，往往会造成电源和电气设备因过热而损坏，甚至烧毁。为了避免短路的发生，通常在电路中接入熔断器或自动空气开关作为短路保护装置，一旦电路发生短路，熔断器内的熔丝会立即熔断，或自动空气开关迅速跳闸，切除短路电路，从而保护电源和其他电气设备。有时为了满足电路工作的某种需要，可以将局部电路短路，称为短接。

二、电路的主要物理量

1.电流

电路中电荷的定向流动（运动）叫做电流。电流的强弱用电流强度来度量，其数值等于单位时间内通过导体某一横截面的电荷量。其表达式为：

$$I=\frac{Q}{t} \tag{1-1}$$

电流 I 的单位为安培（A），简称安；电荷 Q 的单位为库仑（C）；时间 t 的单位为秒（s）。计量微小电流时，以毫安（mA）或微安（μA）为单位，它们的关系是：$1A=10^3mA=10^6\mu A$。

电流实际方向规定为正电荷移动的方向。如图 1-2 所示的实验电路，在电源内部电流由电源负极流向正极，而在电源外部电流由正极流向负极，以形成闭合回路。当电流的实际方向不能确定时，采用任意假定的参考方向，因此交流电路图上所标出的电流方向都是指参考方向。

根据电流的特点，可以把电路分为直流电路和交流电路。电流的大小和方向不随时间变化的电路称为直流电路；电流的大小和方向随时间作周期性变化的电路称为交流电路，其中按正弦规律变化的交流电称为正弦交流电。图 1-3 是直流电和正弦交流电的波形图。

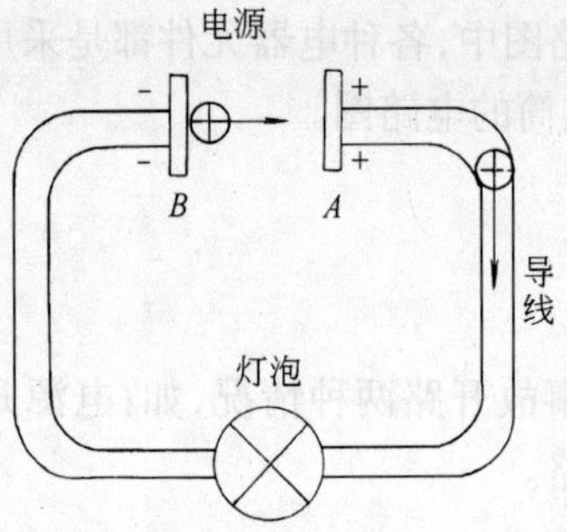

图 1-2 实验电路

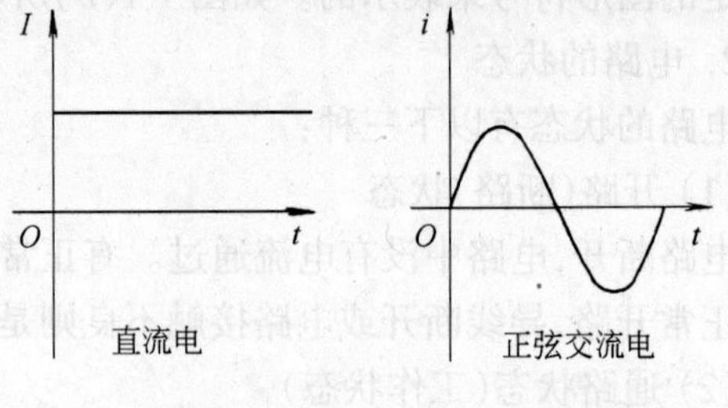

图 1-3 电流随时间变化的波形图

2. 电压

如图 1-2 所示的闭合电路，在电场力的作用下，正电荷从正极 A 经导线和灯泡流向负极 B 形成电流，灯泡发光，这说明电场力对电荷做了功，这种电场力做功的本领用电压来度量。A、B 两点间的电压定义为：单位正电荷 q 从 A 点经负载移动到 B 点电场力所做的功 W，记为：

$$U_{AB}=\frac{W}{q} \tag{1-2}$$

在国际单位制中，电压的单位是伏特，简称伏，符号为 V，即电场力把 1C 的电荷从一点移到另一点所做的功为 1J(焦耳)时，则两点间的电压为 1V。

计量电压还可用千伏(kV)、毫伏(mV)或微伏(μV)为单位。其关系为：

$$1kV = 10^3V = 10^6mV = 10^9\mu V$$

电压的方向(实际方向)习惯上规定从高电位点指向低电位点，即为电压降低的方向。但在分析电路时，一般采用与电流参考方向相同的电压参考方向。

3. 电动势

在图 1-2 电路中，在电源内部电源力(非电场)将正电荷 q 从负极(B 点)移到正极(A 点)所的功 $W_{非电}$称为电动势，用 E 表示。记为：

$$E = \frac{W_{非电}}{q} \tag{1-3}$$

电动势的单位是伏特(V)。其方向规定为：在电源内部由低电位端指向高电位端，是电位升的方向，这与电压降落的方向相反。电动势也可采用参考方向，一般“+”表示高电位，“-”表示低电位。

综上所述，以后电路中所标的电压、电流、电动势的方向均为参考方向。

4. 电功率与电能

在图 1-2 所示的直流电路中，单位时间内电场力把电荷从 A 点经负载移到 B 点所做的功称为电功率(简称功率)。用字母 P 表示，记为：

$$P = UI \tag{1-4}$$

U 与 I 分别为负载的端电压和流过的电流。电功率的单位为瓦特(W)或千瓦(kW)。

一段时间内负载所消耗(或吸收)的电功率称为电能，工程上，电能的单位用千瓦·小时(度)表示。

三、电路基本定律

(一) 欧姆定律

欧姆定律指出：导体中的电流 I 与加在导体两端的电压 U 成正比，与导体两端的电阻 R 成反比。可以用下式表示：

$$I = \frac{U}{R} \tag{1-5}$$

在国际单位制中，电阻的单位是欧姆(Ω)，简称欧。它表明：当电路两端的电压为 1V，通过的电流为 1A 时，该段电路的电阻为 1Ω。

欧姆定律是分析电路的最基本的定律，交、直流电路均适用，不过在交流电路中其形式与物理量的含义略有不同。掌握该公式的关键在于理解三个物理量的关系，即电流 I 一定是电阻 R 流过的电流，电压 U 一定是该电阻两端的电压。

(二) 基尔霍夫定律

基尔霍夫定律包含有两条定律：基尔霍夫电流定律和基尔霍夫电压定律。基尔霍夫定律是求解复杂电路(不能直接用欧姆定律求解的电路)的基本定律，在交、直流电路中应用广泛。

先介绍几个名词。

支路：是由一个或几个元件首尾相连的无分支电路。如图 1-4 中的 E_1 和 R_1 构成一条支路。

节点:是三条或三条以上的支路的连接点。如图 1-4 中的 A 点。

回路:是电路中的任一闭合路径。如图 1-4 中的 $AE_2R_2BR_3A$ 回路。

1. 基尔霍夫电流定律(KCL)

基尔霍夫电流定律是:任一瞬间,流入电路中任一节点的电流之和等于流出该节点的电流之和,其数学表达式为:

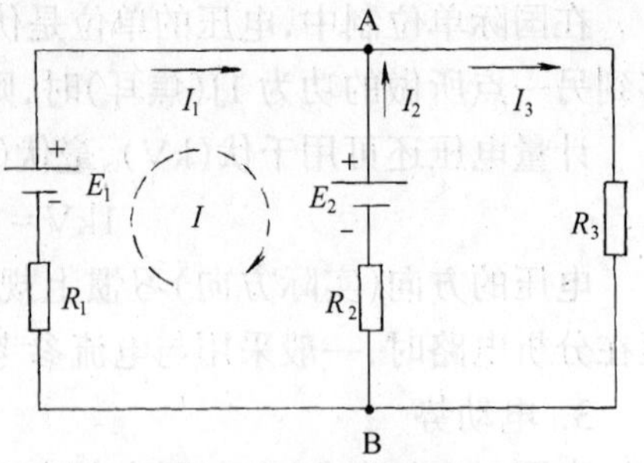

图 1-4 复杂电路

$$\Sigma I_{入} = \Sigma I_{出} \tag{1-6}$$

各支路电流的方向取任意假设的参考方向。根据基尔霍夫电流定律,图 1-4 中节点 A 的电流有如下关系:

$$I_1 + I_2 = I_3$$

2. 基尔霍夫电压定律

对含有电源和电阻的闭合回路,基尔霍夫电压定律是:任一瞬间沿任一闭合回路,各电源电动势之和等于各电阻上的电压降之和,其数学表达式为:

$$\Sigma E = \Sigma IR \tag{1-7}$$

正确应用(1-7)式的关键有以下两点:

1) 设定回路的绕行方向(顺时针或逆时针绕行)。

2) 确定电动势和电阻压降的正负号:电动势方向与绕行方向相同时取正号;反之取负号。电阻电流方向与绕行方向相同时,该电阻的电压降取正号;反之取负号。

根据基尔霍夫电压定律,图 1-4 中回路 1 的绕行方向设为顺时针绕行,则电压方程为:

$$E_1 - E_2 = I_1R_1 - I_2R_2$$

第二节 正弦交流电特征及其表示方法

一、正弦交流电

大小和方向随时间按正弦规律变化的电量(如电动势、电压、电流)称为正弦交流电。正弦电动势、正弦电压、正弦电流统称为正弦电量。

在生产和生活的各个领域中,我们所用的电主要是正弦交流电,因为与直流电相比,它更容易产生,并能用变压器改变电压,实现高压输送电和低压发电、用电,减小线路电能损耗。而且交流电动机结构简单、价格便宜、运行可靠、使用维护方便。所以分析和讨论正弦交流电路具有重要意义。

二、正弦交流电的特征

正弦交流电(以电流为例)的数学表达式为:

$$i = I_m \sin(\omega t + \varphi_0) \tag{1-8}$$

上式又称三角函数式。式中,i 称为瞬时值,I_m 称为最大值,ω 称为角频率,φ_0 称为初相位。上式的波形图如图 1-5 所示。不难看出,当最大值、角频率、初相位一旦确定,则 i 随

时间 t 的变化关系也就确定了，所以这三个量称为正弦交流电的三要素。

下面讨论表征正弦交流电特征的物理量。

(一) 周期、频率、角频率

周期、频率、角频率是表征交流电变化快慢的物理量。

1. 周期(T)

交流电变化一个循环所需要的时间称为周期，单位是秒(s)，如图 1-5 所示。

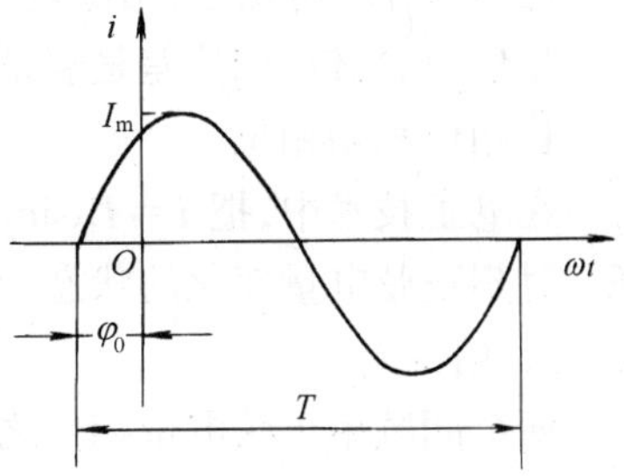

图 1-5 电流波形图

2. 频率(f)

交流电每秒完成的周期数称为频率，单位是赫兹(Hz)。频率与周期的关系为：

$$f=\frac{1}{T} \tag{1-9}$$

我国工农业生产和生活用电的频率为 50Hz，称为工频。

3. 角频率(ω)

交流电每秒变化的角度(电角度)称为角频率，单位是弧度/秒(rad/s)。由于交流电在一个周期内变化了 2π 弧度，所以角频率可表示为：

$$\omega=\frac{2\pi}{T}=2\pi f \tag{1-10}$$

(二) 瞬时值、最大值、有效值

瞬时值、最大值、有效值是表征交流电变化大小的物理量。

1. 瞬时值

交流电在任一瞬时的值称为瞬时值，用小写字母来表示，如 e、u 和 i 分别表示电动势、电压和电流的瞬时值。

2. 最大值

数值最大的瞬时值称为最大值，也称幅值，用带下标 m 的大写字母表示，如 I_m、U_m、E_m。

3. 有效值

在实际应用中，正弦交流电的大小通常用有效值来计算，设备铭牌上所标的电压和电流的数值以及仪表的指示值，一般都是指有效值。

交流电的有效值是根据电流的热效应原理来规定的。让交流电和直流电分别通过同样阻值的电阻，如果它们在同一时间内产生的热量相同，则该直流电的电流值(或电压值)就称为该交流电的电流值(或电压值)的有效值。

有效值用大写字母表示，如 I、U、E。有效值与最大值的关系为：

$$I=\frac{I_m}{\sqrt{2}}=0.707I_m \tag{1-11}$$

$$U=\frac{U_m}{\sqrt{2}}=0.707U_m \tag{1-12}$$

$$E=\frac{E_m}{\sqrt{2}}=0.707E_m \tag{1-13}$$

（三）相位、初相位、相位差

相位、初相位、相位差是表征交流电变化状态的物理量。

1. 相位和初相位

在电工技术中，把 $i=I_m\sin(\omega t+\varphi_0)$ 式中的 $(\omega t+\varphi_0)$ 称为正弦交流电的相位。它表示任一时刻正弦电量变化的状态。$t=0$ 时刻的相位 φ_0 称为初相位。

2. 相位差

两个同频率正弦电量相位之差称为相位差，用 φ 表示，数值上等于它们的初相差。例如，某正弦电压与电流分别为：

$$u=U_m\sin(\omega t+\varphi_{0u})$$
$$i=I_m\sin(\omega t+\varphi_{0i})$$

则它们的相位差为：

$$\varphi=\varphi_{0u}-\varphi_{0i} \tag{1-14}$$

若 $\varphi>0$，称 u 比 i 超前 φ 角；若 $\varphi<0$，则称 u 比 i 滞后 φ 角；若 $\varphi=0$，称为同相；若 $\varphi=\pi$，则称为反相。在图 1-6 波形图中，u 比 i 先到达正的最大值，因此，u 超前于 i，或者 i 滞后于 u。

【例 1-1】 已知正弦电压 $u=141\sin\left(314t-\dfrac{\pi}{3}\right)$V，求其最大值、角频率、初相位及有效值。若正弦电流 $i=7.07\sin\left(314t+\dfrac{\pi}{6}\right)$A，则 u 与 i 的相位差是多少？哪个超前？

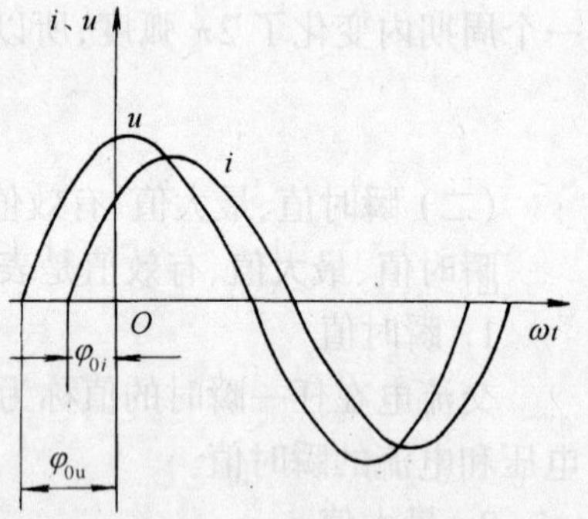

图 1-6 电压电流波形图

【解】 电压的最大值：

$$U_m=141\text{V}$$

角频率：

$$\omega=314\text{rad/s}$$

初相位：

$$\varphi_{0u}=-\frac{\pi}{3}$$

有效值：

$$U=\frac{U_m}{\sqrt{2}}=\frac{141}{\sqrt{2}}=100\text{V}$$

u 与 i 的相位差：$\varphi=\varphi_{0u}-\varphi_{0i}=-\dfrac{\pi}{3}-\dfrac{\pi}{6}=-\dfrac{\pi}{2}$，因 $\varphi<0$，故电压滞后电流，即电压超前。

三、正弦交流电的表示方法

正弦交流电的表示方法有解析法（三角函数式法是其中的一种表示方法）、正弦波形图法（如图 1-5 所示）和相量法三种，由于用前两种方法进行计算十分不便。因此，工程上通常用相量法来分析和计算正弦交流电路，它能大大简化计算。

相量法是用矢量来表示正弦电量。一个矢量由大小和方向确定，而一个正弦电量在任一时刻的大小和相位即方向也是确定的。因此，可以用一个矢量来表示某一时刻的正弦量。

一般取 $t=0$ 时刻，这时表示正弦量的矢量的大小取有效值，方向取初相位。在电工学中，表示正弦量的矢量称为相量，用 $\dot{U}$、$\dot{I}$、$\dot{E}$ 表示。几个相量构成的图叫相量图，相量图中各量的大小按比例画出。两个同名相量的和与差，可以用平行四边形法则合成。

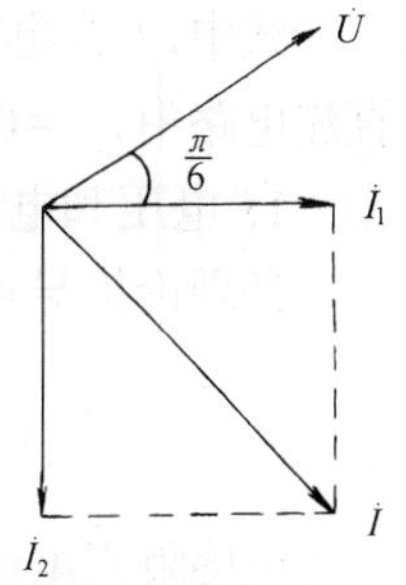

图 1-7　相量图

【例 1-2】　画出 $u=10\sin\left(\omega t+\dfrac{\pi}{6}\right)\mathrm{V}$，$i_1=5\sqrt{2}\sin\omega t\,\mathrm{A}$，$i_2=5\sqrt{2}\sin\left(\omega t-\dfrac{\pi}{2}\right)\mathrm{A}$ 的相量图，并求 $\dot{I}_1$ 与 $\dot{I}_2$ 和的相量 $\dot{I}$。

【解】　先按比例在水平线上画出 $\dot{I}_1$ 的相量图，再画出 $\dot{I}_2$ 和 $\dot{U}$ 的相量图，最后由平行四边形法则合成 $\dot{I}$。如图 1-7 所示。

第三节　单一参数的交流电路

单一参数的交流电路是最简单的交流电路。电路中只含有电阻、电感、电容三种电路元件中的一种，分别称为：纯电阻电路、纯电感电路、纯电容电路。下面讨论这三个电路的电压、电流和功率关系。

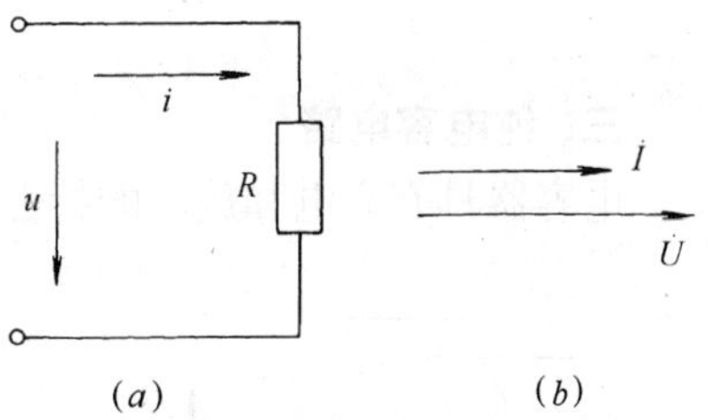

图 1-8　纯电阻电路及其相量图
(a)电路图；(b)相量图

一、纯电阻电路

我们生活中用的白炽灯、电炉、电吹风的电热丝等电路都是纯电阻电路，其电路图如图 1-8(a)所示。

1. 电压与电流的关系

设电阻两端的电压为 $u=U_{\mathrm{m}}\sin\omega t$，则通过电阻的电流为：

$$i=\frac{u}{R}=\frac{U_{\mathrm{m}}}{R}\sin\omega t=I_{\mathrm{m}}\cdot\sin\omega t \tag{1-15}$$

由此可知，电压与电流的大小关系为：

$$I=\frac{U}{R} \tag{1-16}$$

相位关系为同相，其相量图如图 1-8(b)所示。

2. 功率

在交流电路中，电阻上消耗的功率是取一个周期内的平均功率，也叫有功功率。记为：

$$P=UI \tag{1-17}$$

电阻是耗能元件，它总是将从电源吸收来的电能转换成其他形式的能(如光能、热能、机械能等)。

二、纯电感电路

变压器线圈、日光灯镇流器的线圈以及收音机的天线线圈等电路中，当其内部的电阻可忽略不计时，即为纯电感电路，如图 1-9(a)所示。

纯电感电路通入正弦交流电电流时，在线圈中将产生自感电动势，线圈两端将有电压产生。线圈对电流的阻碍作用叫感抗，用 X_{L} 表示，单位为欧姆(Ω)，感抗的数值为：

$$X_L = 2\pi Lf \tag{1-18}$$

式中，f 为电源的频率，L 是电感，它的单位是亨利（H）或毫亨（mH），$1H = 10^3mH$。在直流电路中，$f = 0$，$X_L = 0$，纯电感线圈相当于短路。

1. 电压和电流的关系

经理论推导可知，纯电感线圈两端的电压和流过线圈的电流的大小关系为：

$$I = \frac{U}{X_L} \tag{1-19}$$

电感阻碍电流变化的结果使电流滞后电压（或者说电压超前电流）$\frac{\pi}{2}$，其相量图如图1-9（b）所示。

2. 有功功率和无功功率

纯电感是个储能元件，不消耗电能，故其有功功率为零，即 $P = 0$。但由于电路中存在着能量互换，这种能量互换的规模，用无功功率 Q_L 来表示，单位是乏（var）或千乏（kvar）。记为：

$$Q_L = UI \tag{1-20}$$

三、纯电容电路

电容器具有充电和放电的特性。当忽略其内阻时为纯电容电路，如图 1-10（a）所示。

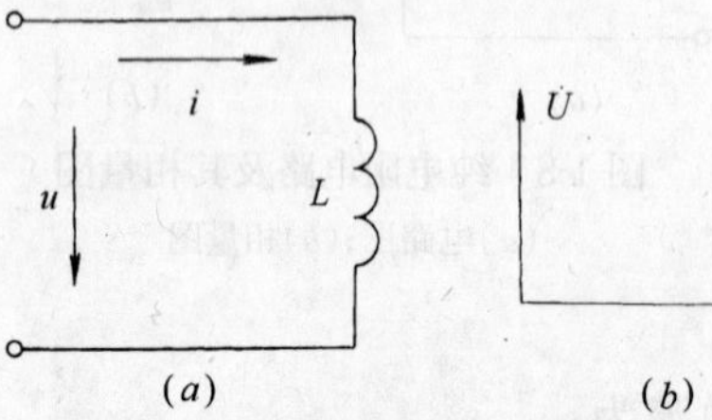

图 1-9　纯电感电路及其相量图

（a）电路图；（b）相量图

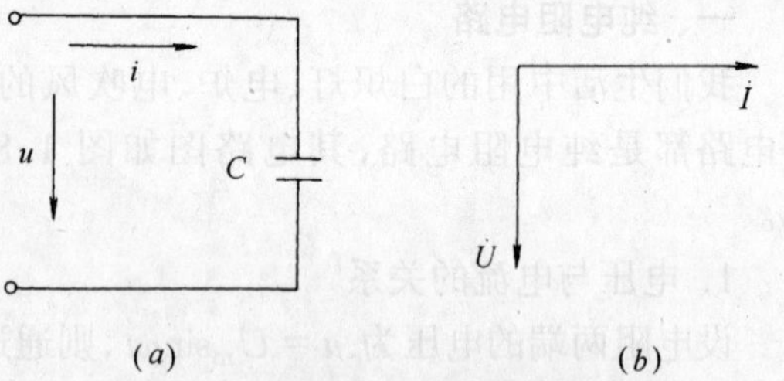

图 1-10　纯电容电路及其相量图

（a）电路图；（b）相量图

电容器接入正弦交流电压后，会交替进行充电和放电，电路中就有电流通过。电容器对电流也有阻碍作用，称为容抗，用 X_C 表示，单位也是欧姆（Ω），其大小为：

$$X_C = \frac{1}{2\pi fC} \tag{1-21}$$

式中，C 是电容器的电容，它的单位是法拉（F），但通常用微法（μF）或皮法（pF）。

$$1F = 10^6\mu F = 10^{12}pF$$

在直流电路中，电容相当于开路。

1. 电压与电流关系

与纯电感电路相类似，纯电容电路端电压与流过电流的大小为：

$$I = \frac{U}{X_C} \tag{1-22}$$

与电感电路不同的是：电容对电流阻碍的结果却是使电容两端的电压滞后电流 $\frac{\pi}{2}$。其相量图如图 1-10（b）所示。

2. 有功功率和无功功率

纯电容电路也不消耗电能，有功功率为零，即 $P=0$。电容与电源之间能量互换的规模用无功功率 Q_C 来表示，其计算式为：

$$Q_C=UI \tag{1-23}$$

必须指出，无功功率并不是纯电感线圈或纯电容消耗的电功率，也不能认为是无用功率，它是线圈或电容电路正常工作的必要条件。

【例 1-3】 已知一个线圈的电感 $L=255\text{mH}$，一个电容器的电容 $C=20\mu\text{F}$，分别接入频率 $f=50\text{Hz}$、电压 $U=220\text{V}$ 的交流电源中，求线圈的感抗、电流以及电容器的容抗、电流和无功功率。

【解】 对线圈：

$$X_L=2\pi fL=2\pi\times50\times255\times10^{-3}=80\Omega$$

$$I=\frac{U}{X_L}=\frac{220}{80}=2.75\text{A}$$

对电容：

$$X_C=\frac{1}{2\pi fC}=\frac{1}{2\pi\times50\times20\times10^{-6}}=159\Omega$$

$$I_C=\frac{U}{X_C}=\frac{220}{159}=1.38\text{A}$$

$$Q_C=UI_C=220\times1.38=303.6\text{var}$$

以上讨论的单一参数的电路是很少存在的，实际电路往往是由两种或两种以上的元件组成的多参数电路。下面讨论由电阻和电感串联组成的典型多参数交流电路。

第四节　电阻、电感串联电路和功率因数的提高

一、电阻、电感串联电路

实际使用的很多重要的电气设备，如电动机、变压器、接触器、日光灯等，其电路均可看成是由电阻与电感串联而成的电路，这类设备又称为感性负载，它们占建筑设备的绝大多数。如图 1-11 所示为日光灯的接线图和电路图。

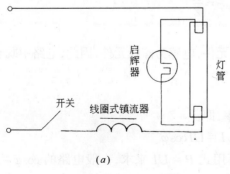

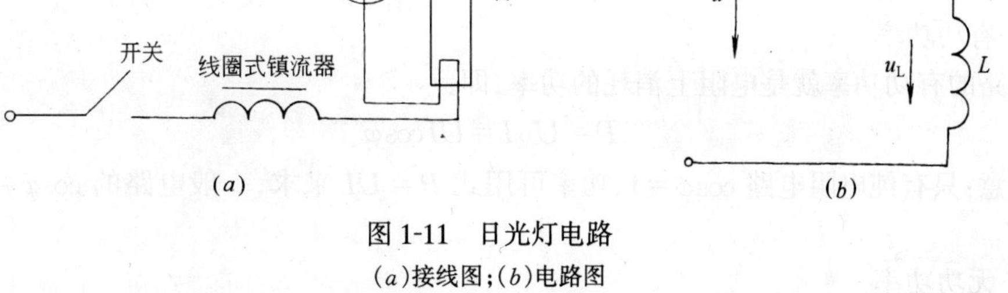

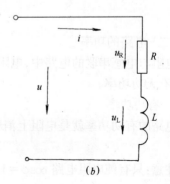

图 1-11　日光灯电路
(a)接线图；(b)电路图

(一) 电流与电压的关系

1. 总电压与电阻、电感两端电压的关系

由于 R 和 L 串联,通过它们的电流是同一个电流,故可设电流 i 的初相位为 0,则根据电阻上产生的电压降 u_R 与电流同相,电感的电压 u_L 超前电流 $\frac{\pi}{2}$,可以做出电压与电流的相量图,如图 1-12(a)所示。

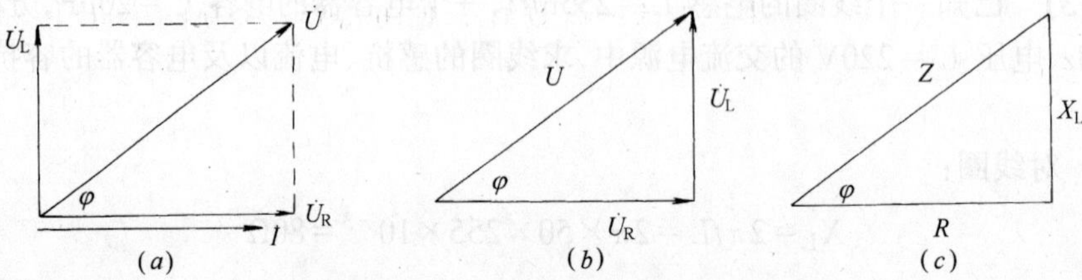

图 1-12 电压相量图和阻抗三角形

(a)电压相量图;(b)电压相量三角形;(c)阻抗三角形

从相量图可看出三个电压的相量构成一个直角三角形,叫做电压三角形,如图 1-12(b)所示。由此可得出总电压与各分电压的大小关系为:

$$U = \sqrt{U_R^2 + U_L^2} \tag{1-24}$$

2. 总电压与电流的关系

由(1-24)式可推导出:

$$I = \frac{U}{Z} \tag{1-25}$$

可见,在 R、L 串联电路中,总电压 、电流的有效值与阻抗之间的关系符合欧姆定律。式中,Z 称为阻抗,单位为欧姆(Ω)。它反映了电阻与电感对电流的阻碍作用。在电压三角形中,各边都除以电流 I,就得到一个新的三角形,称为阻抗三角形,如图 1-12(c)所示。由图可知:

$$Z = \sqrt{R^2 + X_L^2} \tag{1-26}$$

电压与电流的相位关系为:总电压超前电流 φ 角,φ 角叫做阻抗角,也叫功率因数角。$\cos\varphi$ 称为功率因数,其值可用阻抗求解,即:

$$\cos\varphi = \frac{R}{Z} \tag{1-27}$$

(二) 电路的功率

电阻与电感串联的电路中,电阻为耗能元件,电感为储能元件,因此,电路中既有有功功率,又有无功功率。

1. 有功功率

电路的有功功率就是电阻上消耗的功率,即:

$$P = U_R I = UI\cos\varphi \tag{1-28}$$

注意:只有纯电阻电路 $\cos\varphi = 1$,功率可用式 $P = UI$ 来求,一般电路的 $\cos\varphi \neq 1$,因此,$P \neq UI$。

2. 无功功率

电路中的无功功率就是电感的无功功率，即：

$$Q = U_L I = UI\sin\varphi \tag{1-29}$$

3. 视在功率

总电压与总电流有效值的乘积，叫做视在功率，用符号 S 表示，单位为伏安(V·A)或千伏安(kV·A)。记为：

$$S = UI = \sqrt{P^2 + Q^2} \tag{1-30}$$

将电压三角形的各边分别乘以电流的有效值 I，便可得到一个新的三角形，称之为功率三角形，如图 1-13(a)所示。从图中可看出，功率因数 $\cos\varphi = \dfrac{P}{S}$，它反映了发电设备容量的利用程度。

综上所述，电阻、电感串联的感性负载电路的电压、电流、功率和功率因数的关系可用阻抗三角形、电压三角形、功率三角形来形象地体现，便于理解和记忆。如图 1-13(b)所示。

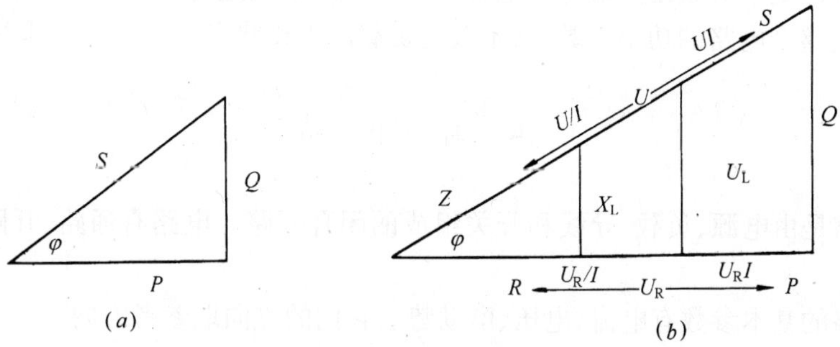

图 1-13　电量三角形

(a)功率三角形；(b)阻抗、电压、功率三角形

【例 1-4】　日光灯的灯管和线圈式镇流器的电阻为 $R = 30\Omega$，镇流器的电感 $L = 127.5\text{mH}$，电源频率为 50Hz，电压为 220V。分别求：X_L、I、U_R、U_L、$\cos\varphi$、P、Q、S。

【解】

$$X_L = 2\pi fL = 2\pi \times 50 \times 127.5 \times 10^{-3} = 40\Omega$$

$$Z = \sqrt{R^2 + X_L^2} = \sqrt{30^2 + 40^2} = 50\Omega$$

$$I = \frac{U}{Z} = \frac{220}{50} = 4.4\text{A}$$

$$U_R = IR = 4.4 \times 30 = 132\text{V}$$

$$U_L = IX_L = 4.4 \times 40 = 176\text{V}$$

$$\cos\varphi = \frac{R}{Z} = \frac{30}{50} = 0.6$$

$$P = UI\cos\varphi = 220 \times 4.4 \times 0.6 = 580.8\text{W}$$

$$Q = UI\sin\varphi = 220 \times 4.4 \times 0.8 = 774.4\text{var}$$

$$S = UI = 220 \times 4.4 = 968\text{V·A}$$

二、提高功率因数的意义和方法

功率因数是电力系统一个非常重要的参数，提高电路的功率因数，在电力系统中有着重要的经济意义。

(一) 提高功率因数的意义

1. 充分发挥电源设备的利用率

发电机和变压器等电源设备的容量即视在功率 S 是一定的，由 $P=S\cos\varphi$ 可知，功率因数越高，电源供出的有功功率就越大，电源的利用率就越高。

2. 节约电能

由 $P=UI\cos\varphi$ 可知，当负载的有功功率和电源的输出电压一定时，功率因数越高，电路中的电流就越小，线路上的电压损耗、电能损耗就越小，相应地输电导线的截面也可以减小。显然，功率因数的提高，具有一定的经济意义。

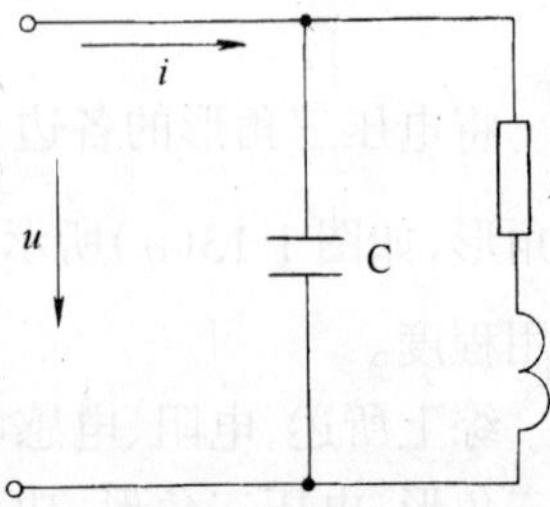

图 1-14 感性负载并联电容器电路

(二) 提高功率因数的方法

由于实际应用的负载多数为感性负载，而它们的功率因数一般都较低(0.5 左右)，为此要设法予以提高。感性负载提高功率因数的方法是在负载的两端并联电容器(见图 1-14)。这种方法既能提高整个电路的功率因数，又不改变负载的工作状态。

本 章 小 结

(1) 电路是由电源、负载、导线和开关组成的闭合回路。电路有通路、开路和短路三种状态。

(2) 电路的基本参数有电流、电压、电动势。它们的方向取参考方向。

(3) 电路的基本定律有欧姆定律和基尔霍夫定律。

(4) 正弦交流电是大小和方向随时间按正弦规律变化的交流电。知道正弦量的三要素，即最大值、角频率和初相位，就可写出它的瞬时值表达式，画出其波形图。

我国的工业标准频率为 50Hz。

在正弦交流电路中，电气设备和仪表的电压、电流都是指有效值，有效值等于最大值的 0.707 倍。

(5) 正弦电量可以用解析法、波形图法和相量法三种方法来表示。

(6) 单一参数的交流电路和电阻、电感串联电路的电压、电流、电功率等电量的关系列于表 1-1 中。

单相电路的主要参数 表 1-1

电路		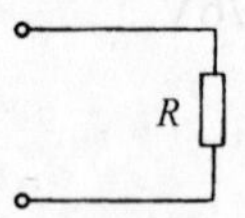	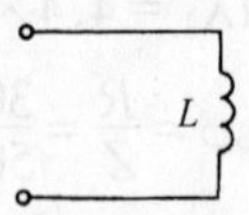	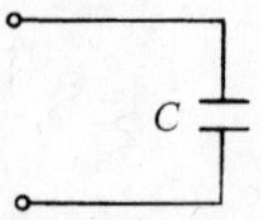	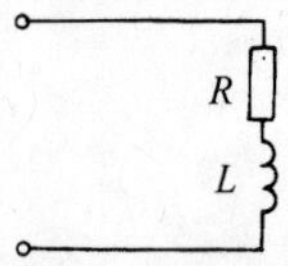
电压与电流	有效值	$U_R=IR$	$U_L=IX_L$	$U_C=IX_C$	$U=IZ$
	相位关系	同相	电压超前电流 $\frac{\pi}{2}$	电压滞后电流 $\frac{\pi}{2}$	电压超前电流 φ 角
电阻、电抗或阻抗		R	$X_L=2\pi fL$	$X_C=\frac{1}{2\pi fC}$	$Z=\sqrt{R^2+X_L^2}$

续表

功率因数	1	0	0	$\cos\varphi = \frac{R}{Z}$
有功功率	$P = U_R I$	0	0	$P = UI\cos\varphi$
无功功率	0	$Q_L = U_L I$	$Q_C = U_C I$	$Q = UI\sin\varphi$
视在功率				$S = UI = \sqrt{P^2 + Q^2}$

(7) 提高功率因数可以使发电设备的容量得以充分利用，并能节约电能和线材。感性负载提高功率因数的方法是并联电容器。

思考题与习题

1. 电路由哪几部分组成？各部分的作用是什么？
2. 在电路图中标出的电压、电流、电动势的方向一般是什么方向？
3. 直流电和交流电哪个用途广？为什么？
4. 电路的状态有哪三种？为什么电源短路是危险的？
5. 什么是电气设备的额定值？试举例说明。
6. 我们日常生活所用电的电源频率为多少赫兹？
7. 确定一个正弦量的三要素是什么？
8. 试写出交流电电流 $i = 28.28\sin(314t + 30°)$A 中，表征三要素的值。
9. 正弦交流电的有效值在实际中有什么意义？它与最大值之间有什么关系？
10. 将 220V、100W 的白炽灯，分别接在 220V 的直流电源和正弦交流电源上，其亮度是否一样？为什么？
11. 一只额定值为 220V/200W 的电烙铁，可以通过多大的正弦交流电流？
12. 已知 $u = U_m\sin(628t + 60°)$，$e = E_m\sin(628t - 45°)$，试求 u 与 e 的相位差，并指出哪个超前哪个滞后。
13. 某正弦电流的频率为 50Hz，有效值为 5A，在 $t = 0$ 时，电流的瞬时值为 5A，试写出该电流的三角函数式。
14. 什么是感性负载？举实例说明。
15. 在一个镇流器和一个日光灯管串联的电路中，为什么镇流器两端的电压有效值和日光灯两端的电压有效值的代数和不等于电源电压有效值？
16. 日光灯电路要并联一个电容器一起使用的意义是什么？不要电容器对灯的亮度有无影响？
17. 在纯电阻电路中，下列各式是否正确？为什么？

(1) $i = \frac{U}{R}$ (2) $I = \frac{U}{R}$ (3) $I = \frac{u}{R}$

18. 在纯电感电路中，下列各式是否正确？为什么？

(1) $i = \frac{U}{R}$ (2) $I = \frac{U}{X_L}$ (3) $I = \frac{u}{X_L}$

19. 在电阻与电感串联的电路中，下列各式是否正确？

(1) $Z = R + X_L$ (2) $Z = \sqrt{R^2 + X_L^2}$ (3) $U = U_R + U_L$ (4) $U = \sqrt{U_R^2 + U_L^2}$

20. 设有一电感 $L = 500$mH，把它接在 220V、50Hz 的正弦交流电源上，求电感的感抗、电流及无功功率。

21. 设有一电容 $C=20\mu F$，把它接在220V、50Hz的正弦交流电源上，求电容的容抗、电流及无功功率。

22. 为了降低电风扇的转速，可在电源与风扇之间串入电感，以降低风扇电动机的端电压。若电源电压为220V，频率为50Hz电动机的电阻为190Ω，感抗为250Ω。现要求电动机的端电压降为180V，试求串联的电感感抗应为多大？画出电路图。

23. 把电阻为6Ω，电感为25.5mH的线圈接到220V、50Hz的电源上，求电路的电流、功率因数、有功功率、无功功率和视在功率。

24. 日光灯的电源电压为220V，频率为50Hz，灯管相当于300Ω的电阻，与灯管串联的镇流器在忽略电阻的情况下相当于500Ω感抗的电感，试求灯管两端的电压、电路的电流和功率因数。

25. 试计算上题日光灯电路的有功功率、无功功率和视在功率。

26. 某电源的额定视在功率为 $S_N=40kVA$，额定电压为220V，供给照明电路，若都是40W的日光灯（可认为是 RL 串联的电路），其功率因数为0.5，试求：日光灯最多可点多少盏？用补偿电容将功率因数提高到1，在额定工作状态下，可多点多少盏上述日光灯？

第二章　三相交流电路

在实际工程中,电力都是以三相正弦交流电的方式产生、输送、分配和使用的。因为与单相输电相比,三相输电节省导线材料,三相交流电动机性能好,经济效益高。因此学习三相交流电的基本知识是必要的。

本章主要讨论三相电源和负载的连接方式,三相电路中电流、电压和电功率的关系。

第一节　三相交流电源

三相交流电是由三相交流发电机产生的,经变压器的升压和降压后,最终以配电变压器的副边三相绕组即线圈供电。其电路可用图 2-1 的电路图表示。AX、BY、CZ 分别表示发电机或变压器的三个绕组,它们能产生对称的三相电动势,即频率相同,最大值相等,相位互差 120°的三相交流电动势,这样的电源称为对称三相电源。对称三相电动势的三角函数式为:

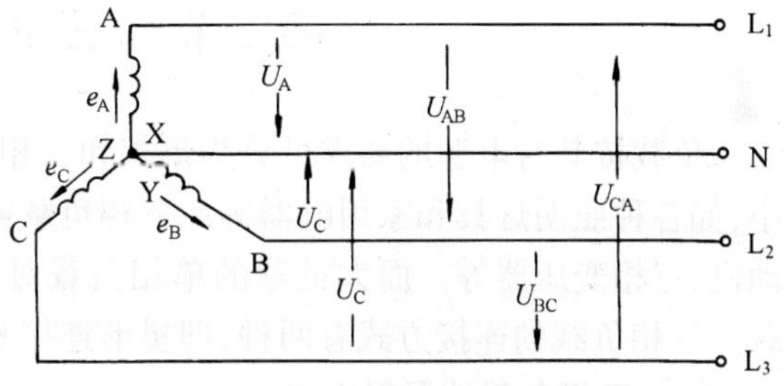

图 2-1　三相电源星形连接

$$\left.\begin{aligned} e_A &= E_m \sin\omega t \\ e_B &= E_m \sin(\omega t - 120°) \\ e_C &= E_m \sin(\omega t + 120°) \end{aligned}\right\} \qquad (2\text{-}1)$$

对称三相电动势的波形图和相量图如图 2-2 所示。三相电动势正的最大值出现的次序叫做三相电源的相序,上述三相电源的相序为 $A \rightarrow B \rightarrow C$。电源相序的改变会影响三相电动机的转动方向。

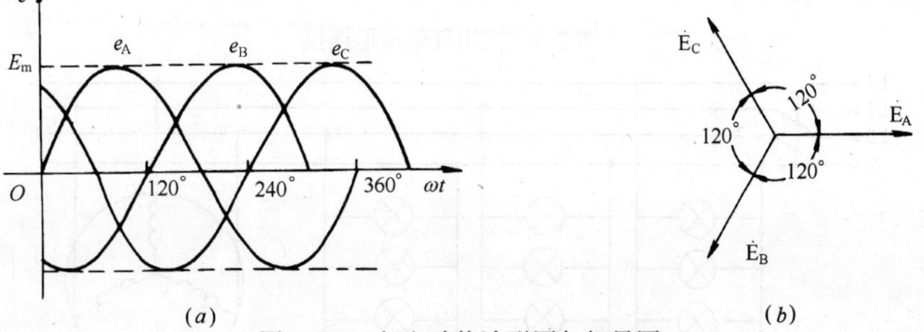

图 2-2　三相电动势波形图与相量图

(a)三相电动势波形图;(b)电动势相量图

如图 2-1 所示的电源连接方法称为星形连接,即把三个绕组的末端 X、Y、Z 连接成一个公共点，三个首端分别引出三根线的连接方法。该公共点叫做电源中性点或零点，用 N 表示。由中性点引出的线叫做中性线或中线、零线（一般为黑色线）。三个首端引出的线叫做相线或端线，俗称火线，分别用 L_1、L_2、L_3 表示（分别用黄、绿、红三色区分）。无中线引出的三相制称为三相三线制，有中线引出的三相制称为三相四线制。

相线与中线之间的电压称为相电压，其大小用 U_A、U_B、U_C 表示。相线与相线之间的电压叫线电压，其大小用 U_{AB}、U_{BC}、U_{CA} 表示。不难证明，三个相电压是对称的，则 $U_A=U_B=U_C$，可用 U_P 表示；三个线电压也是对称的，则 $U_{AB}=U_{BC}=U_{CA}$，用 U_L 表示。利用相量图可以推导出线电压和相电压的大小关系为：

$$U_L=\sqrt{3}U_P \tag{2-2}$$

通常低压电网都采用三相四线制供电，因为这种供电制经济、合理，并能同时提供两种电压，即线电压 $U_L=380V$ 和相电压 $U_P=220V$，一般记为 380/220V，可以满足不同用户的需要。

第二节　三相交流负载

负载按其对电源的要求可分为单相和三相负载。单相负载只需单相电源供电，功率较小，如各种照明灯具和家用电器等。三相负载需要三相电源供电，功率较大，如三相交流电动机、三相变压器等。而大批量的单相负载对于电源来说，在总体上也可以看成是三相负载。三相负载的连接方式有两种，即星形连接和三角形连接。

一、三相负载的星形连接

三相负载的星形连接是将各相负载 Z_a、Z_b、Z_c 的末端连成一点 N′（称为负载中性点），接到电源的中线上，三个首端分别与电源的三根相线（火线）相连，如图 2-3 所示。图 2-4 是

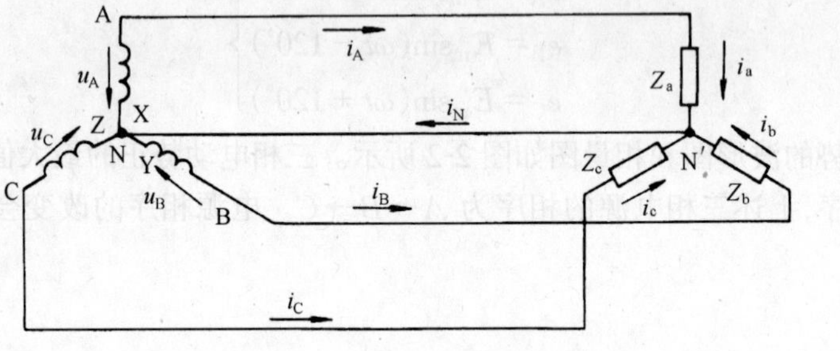

图 2-3　三相负载星形连接

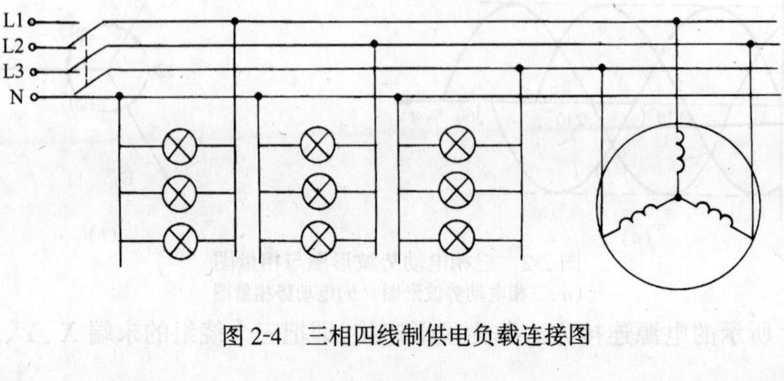

图 2-4　三相四线制供电负载连接图

三相四线制供电负载连接图，图中画出了单相负载（电灯）组成的三相负载和三相交流电动机的接线。

流过负载的电流叫做相电流，用 I_a、I_b、I_c 表示其大小；流过火线的电流叫做线电流，用 I_A、I_B、I_C 表示其大小。从图 2-3 可看出，相电流等于相应的线电流，如 $I_a=I_A$。若忽略输电线的阻抗，则各相负载两端的电压等于电源的对称相电压，记为 U_A、U_B、U_C。

下面将负载分两种情况来讨论三相电路的电压、电流的计算。

1. 三相负载对称情况

在三相负载中，如果每相负载的阻抗值相等，阻抗角也相等，即：

$$\left.\begin{aligned}Z_a=Z_b=Z_c\\ \varphi_a=\varphi_b=\varphi_c\end{aligned}\right\} \tag{2-3}$$

则这种负载称为三相对称负载；否则，称为不对称负载。

在三相四线制供电线路中，如果各相负载对称，则三相电路的计算可以简化为一相电路的计算。I_P 表示相电流，I_L 表示线电流，U_P 为相电压，U_L 为线电压，一相负载阻抗值为 Z，电阻值为 R，阻抗角为 φ，则：

相电流与线电流大小关系：

$$I_P=I_L \tag{2-4}$$

相电流大小：

$$I_P=\frac{U_P}{Z} \tag{2-5}$$

线电压与相电压大小关系：

$$U_L=\sqrt{3}U_P \tag{2-6}$$

一相负载功率因数：

$$\cos\varphi=\frac{R}{Z} \tag{2-7}$$

由于负载对称时，三相电流对称，所以中线上流过的电流 $I_N=0$，当中线上无电流流过时，中线可以取消。

2. 三相负载不对称情况

三相负载不对称，有中线时，各负载的相电压仍为电源对称相电压 U_P，$U_L=\sqrt{3}U_P$ 公式仍然适用。但各相电流不再相等，各相功率因数也不相等，因此，必须按单相电路逐相计算，如 A 相电流为 $I_a=\frac{U_P}{Z_a}$，其余参数依此类推。

由于三相负载不对称，所以三相电流也不对称，因此中线电流就不等于零，即 $I_N\neq0$。当中线上有电流通过时，中线是不能取消的。如果要取消中线，电路中的电压、电流会发生很大变化。负载的各相电压不再是电源的对称相电压。有的负载承受的电压低于原来的相电压，影响其正常工作（如电灯亮度会变暗）；有的负载承受的电压高于原来的相电压，严重时会超过负载额定电压许多，使设备受损。由此可见，不对称三相负载作星形连接，接入三相电源必须要有中线。中线的作用在于它能够保证各相负载在工作时承受的电压等于电源的对称电压，使负载正常工作。因此，在电气规程中，明确规定三相四线制供电的系统，干线的中线上不允许安装开关和熔断器，以防中线断开。

【例 2-1】 如图 2-3 所示的负载为星形连接的对称三相电路，电源线电压为 380V，每相负载的电阻为 8Ω，电抗为 6Ω，求：各相电流；各线电流和各相功率因数。

【解】 由于三相负载对称，可归结到一相来计算，其相电压为：

$$U_P = \frac{U_L}{\sqrt{3}} = \frac{380}{\sqrt{3}} = 220V$$

每相负载阻抗为：

$$Z = \sqrt{R^2 + X^2} = \sqrt{8^2 + 6^2} = 10\Omega$$

每相负载电流为：

$$I_P = \frac{U_P}{Z} = \frac{220}{10} = 22A$$

线电流与相电流等值：

$$I_L = I_P = 22A$$

每相的功率因数：

$$\cos\varphi = \frac{R}{Z} = \frac{8}{10} = 0.8$$

【例 2-2】 若图 2-4 的白炽灯为 220V、40W 的灯泡，A 相有 10 盏灯，B 相有 5 盏灯，C 相有 8 盏灯，求：各相电流和各线电流。

【解】 三相负载不对称，应按单相电路逐相求解，有中线时各相电压为 $U_P = 220V$，因为白炽灯是电阻负载，其功率因数 $\cos\varphi = 1$，各相电灯的功率为：

$$P_a = 10 \times 40 = 400W$$

$$P_b = 5 \times 40 = 200W$$

$$P_c = 8 \times 40 = 320W$$

各相电流为：

$$I_a = \frac{P_a}{U_P\cos\varphi} = \frac{400}{220 \times 1} = 1.82A$$

$$I_b = \frac{P_b}{U_P\cos\varphi} = \frac{200}{220 \times 1} = 0.91A$$

$$I_c = \frac{P_c}{U_P\cos\varphi} = \frac{320}{220 \times 1} = 1.45A$$

各线电流分别为：$I_A = I_a = 1.82A$；$I_B = I_b = 0.91A$；$I_C = I_c = 1.45A$。

二、三相负载的三角形连接

三相负载的三角形连接，就是把各相负载依次首尾相接，并将三个连接点分别与三根相线相连（见图 2-5）。

由图 2-5 可以看出，无论三相负载对称与否，各相负载都是接在两条相线之间，所以三相负载承受的相电压就是三相电源的线电压，其通式为：

$$U_P = U_L \quad (2\text{-}8)$$

显然，负载的相电流不等于线电流。当负载对称时，不难证明，线电流与相电流的关系为：

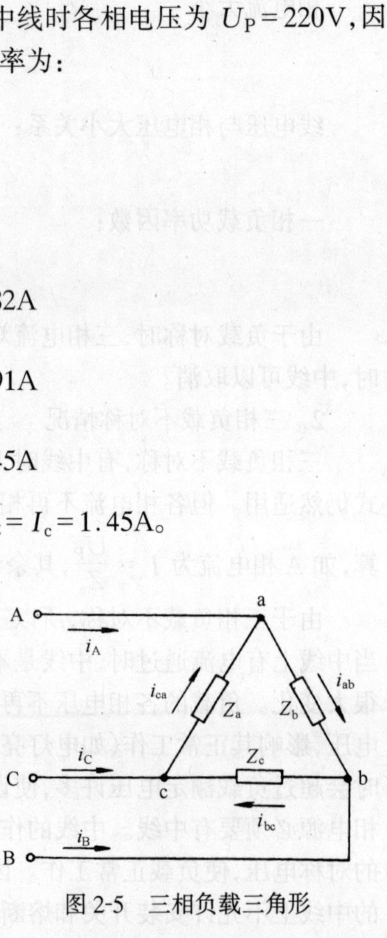

图 2-5 三相负载三角形

$$I_L=\sqrt{3}I_P \tag{2-9}$$

而每相电流为：

$$I_P=\frac{U_P}{Z} \tag{2-10}$$

式中，Z 为一相负载的阻抗。负载不对称的三角形连接电路，各相电量按单相电路求。

综上所述，三相负载可以接成星形，也可以接成三角形，确定三相负载接法的原则是：每相负载所承受的电源电压等于负载的额定相电压。如在 380/220V 的三相四线制低压电网中，当每相负载的额定电压为 220V 时，负载应接成星形；当每相负载的额定电压为 380V 时，则应接成三角形。三相负载的接法不能错，否则会使每相负载承受的电压偏低或偏高，造成负载无法正常工作甚至烧毁。

第三节　三相电路的功率

无论三相负载采用何种连接或三相负载对称与否，三相电路的功率都可以用下面的公式进行求解：

三相有功功率等于各相有功功率之和，即：

$$P=P_a+P_b+P_c \tag{2-11}$$

三相无功功率等于各相无功功率之和，即：

$$Q=Q_a+Q_b+Q_c \tag{2-12}$$

三相视在功率为：

$$S=\sqrt{P^2+Q^2} \tag{2-13}$$

如果三相负载是对称的，则每一相负载的有功功率相等，无功功率也相等。三相负载功率用相电压 、相电流表示时，则有：

$$\left.\begin{aligned}P&=3P_a=3U_PI_P\cos\varphi\\Q&=3Q_a=3U_PI_P\sin\varphi\\S&=3U_PI_P\end{aligned}\right\} \tag{2-14}$$

由于在三相电路中，线电压和线电流的测量往往比较方便，所以功率公式常用线电压和线电流表示，即：

$$\left.\begin{aligned}P&=\sqrt{3}U_LI_L\cos\varphi\\Q&=\sqrt{3}U_LI_L\sin\varphi\\S&=\sqrt{3}U_LI_L\end{aligned}\right\} \tag{2-15}$$

【例 2-3】 求例 2-1 中三相负载的三相有功功率 P、三相无功功率 Q 和三相视在功率 S。

【解】 由于三相负载对称，可用(2-15)式求解

$$P=\sqrt{3}U_LI_L\cos\varphi=\sqrt{3}\times380\times22\times0.8=11584\text{W}$$

$$Q=\sqrt{3}U_LI_L\sin\varphi=\sqrt{3}\times380\times22\times0.6=8688\text{var}$$

$$S=\sqrt{3}U_LI_L=\sqrt{3}\times380\times22=14480\text{VA}$$

本 章 小 结

(1) 三相对称交流电源由频率相同、最大值(或有效值)相等、相位互差 120°的三个对称电动势组成。三相对称电动势到达正最大值的先后顺序叫做相序。

(2) 三相交流电源一般采用星形连接,构成在低压电网中应用广泛的三相四线供电制,可以提供 380V 的线电压和 220V 的相电压。

(3) 三相负载的连接方式有星形连接和三角形连接两种。

(4) 三相负载有对称与不对称之分。当三相不对称负载接成星形时,一定要有中线。中线的作用在于保证各相负载电压为电源的对称相电压,使负载能正常工作。中线上不允许装开关和熔断器。

(5) 三相电路电压、电流、电功率的计算式列于表 2-1 中。

三相电路的计算公式 **表 2-1**

负载	参数 \ 连接方法	星形连接	三角形连接
对称	线电压与相电压大小关系	$U_L=\sqrt{3}U_P$	$U_L=U_P$
	线电流与相电流大小关系	$I_L=I_P$	$I_L=\sqrt{3}I_P$
	相电流	$I_P=\frac{U_P}{Z}$	
	一相功率因数	$\cos\varphi=\frac{R}{Z}$	
	三相功率	$P=\sqrt{3}U_LI_L\cos\varphi$ $Q=\sqrt{3}U_LI_L\sin\varphi$ $S=\sqrt{3}U_LI_L=\sqrt{P^2+Q^2}$	
不对称	线电压与相电压大小关系	有中线时:$U_L=\sqrt{3}U_P$	$U_L=U_P$
	各相电流与功率因数	按单相电路逐相求出	
	三相功率	$P=P_a+P_b+P_c$ $Q=Q_a+Q_b+Q_c$ $S=\sqrt{P^2+Q^2}$	

思考题与习题

1. 根据已有知识,说出什么情况下用单相交流电,什么情况下用三相交流电。

2. 我们日常生活所用三相电源采用什么连接?

3. 为什么一般照明电路都采用星形连接的三相四线制?

4. 三相照明负载作星形连接时,是否必须要有中线,中线的作用是什么?

5. 试判断图 2-6 三相电路中,哪些属于星形连接,哪些属于三角形连接?

6. 有三个额定电压和功率都相同的白炽灯,接线如图 2-7(a)所示,当开关 S2 闭合时,S1 闭合与断开,对其他两相的白炽灯的亮度有无影响?如果 S2 断开,结果又将如何?为什么?

7. 上题中的三个白炽灯若接成三角形,如图 2-7(b)所示,当 S1 开关断开、S2 开关闭合时,三相白炽

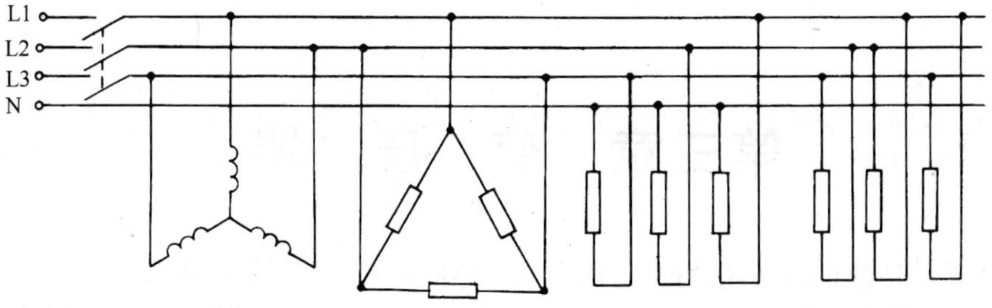

图 2-6　题 5 图

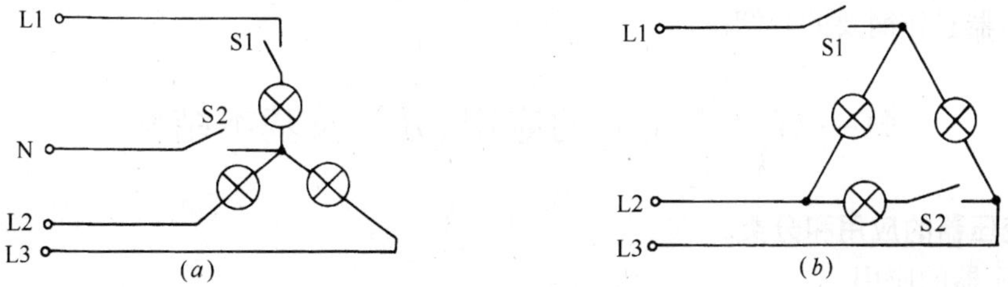

图 2-7　题 6、7 图

灯的亮度如何变化？当 S1 闭合、S2 断开时，对三相灯的亮度有没有影响？

8. 指出下列各结论中哪些是正确的？哪些是错误的？

(1) 三相负载作星形连接时可采用三相三线制。

(2) 负载作三角连接时，线电流必为相电流的$\sqrt{3}$倍。

(3) 负载作星形连接时，线电流必等于相应的相电流。

(4) 三相对称负载作星形或三角形连接时，其总功率的计算公式均为 $P=\sqrt{3}U_LI_L\cos\varphi$

9. 在三相对称电路中，电源的线电压为 380V，每相负载电阻 $R=10\Omega$，试求负载接成星形和三角形时的相电压和相电流。

10. 在三相对称电路中，电源的线电压为 380V，每相负载的 $R=6\Omega$，$X_L=8\Omega$，试求：

(1) 采用星形接法时的相电流、线电流；

(2) 采用三角形接法时的相电流、线电流。

11. 现有一幢三层的教学楼，其照明电路由三相四线制供电，线电压为 380V，每层楼均用 220V、40W 的白炽灯，第一、二、三层灯分别为 15 盏、18 盏和 20 盏，采用星形连接，试求：各层楼的电灯全部点亮时各相电流和线电流是多少？并求三相有功功率。

12. 求出题 10 两种接法的三相有功功率 P、三相无功功率 Q、三相视在功率 S。

第三章 变 压 器

变压器是一种静止的电气设备,它利用电磁感应原理,根据需要可以变换电压和电流。它对电能的经济传输、灵活分配和安全使用具有重要的意义;同时,它在电气的测试、控制和特殊用电设备上也有广泛的应用。

本章主要叙述一般用途的电力变压器的应用、分类、结构、工作原理和运行特性,对特殊用途的变压器只作简要的介绍。

第一节 变压器的应用、分类及基本结构

一、变压器的应用和分类

1. 变压器的应用

变压器除了能够变换电压外,在以后的分析中还可以知道,变压器还能够变换电流和阻抗,因此在电力系统和电子设备中得到广泛的应用。电力系统中使用的变压器称作电力变压器,它是电力系统中的重要设备。

另外,变压器的用途还很多,如测量系统中使用的仪用互感器,可将高电压变换成低电压,或将大电流变换成小电流,以隔离高压和便于测量;用于实验室的自耦调压器,则可任意调节输出电压的大小,以适应负载对电压的要求;在电子线路中,除了电源变压器外,变压器还用来耦合电路、传递信号,实现阻抗匹配等等。

2. 变压器的分类

为实现不同的使用目的并适应不同的工作条件,变压器可以按不同的方式进行分类。

(1) 按用途分类。按用途变压器可以分为电力变压器和特种变压器两大类。电力变压器主要用于电力系统,又可分为升压变压器、降压变压器、配电变压器和厂用变压器等。特种变压器根据不同系统和部门的要求,提供各种特殊电源和用途,如电炉变压器、整流变压器、电焊变压器、仪用互感器、试验用高压变压器和调压变压器等等。

(2) 按绕组结构分类。按绕组结构变压器可分为双绕组、三绕组、多绕组变压器和自耦变压器。

(3) 按铁心结构分类。按铁心结构变压器可分为壳式变压器和心式变压器。

(4) 按相数分类。按相数变压器可分为单相、三相和多相变压器。

(5) 按冷却方式分类。按冷却方式变压器可分为干式变压器、油浸式变压器(油浸自冷式、油浸风冷式和强迫油循环式等)、充气式变压器。

尽管变压器的种类繁多,但它们皆是利用电磁感应的原理制成的。

二、变压器的基本结构

变压器的主要组成是铁心和绕组(合称为器身)。为了改善散热条件,大、中容量的电力

变压器的铁心和绕组浸入盛满变压器油的封闭油箱中，各绕组对外线路的联接由绝缘套管引出。为了使变压器安全、可靠地运行，还设有储油柜、安全气道和气体继电器等附件，如图3-1所示。

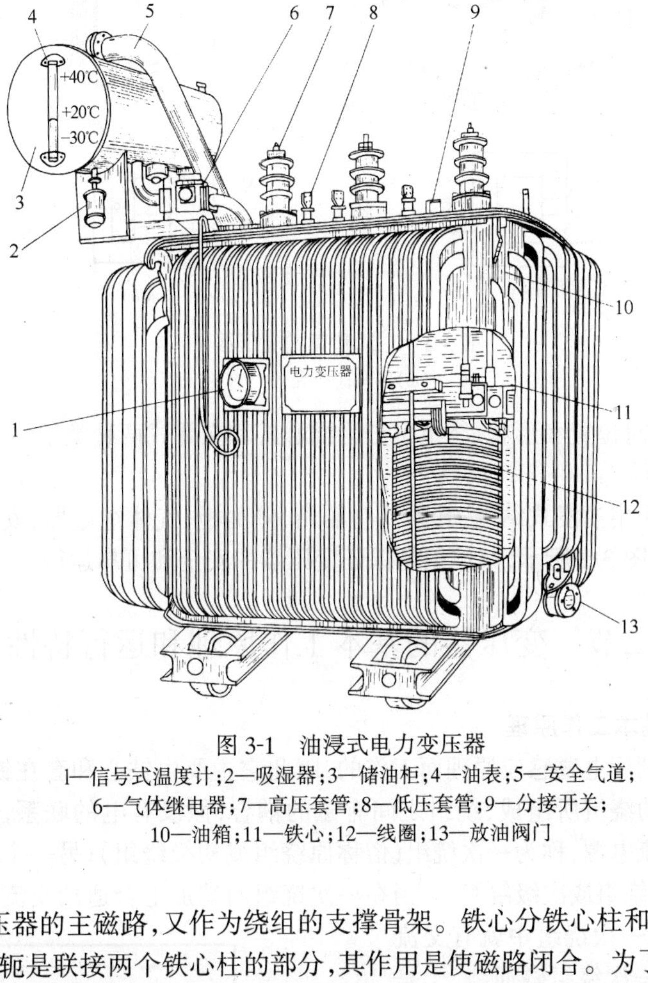

图 3-1　油浸式电力变压器

1—信号式温度计；2—吸湿器；3—储油柜；4—油表；5—安全气道；
6—气体继电器；7—高压套管；8—低压套管；9—分接开关；
10—油箱；11—铁心；12—线圈；13—放油阀门

1．铁心

铁心是变压器的主磁路，又作为绕组的支撑骨架。铁心分铁心柱和铁轭两部分，铁心柱上装有绕组，铁轭是联接两个铁心柱的部分，其作用是使磁路闭合。为了提高铁心的导磁性能，减小磁滞损耗和涡流损耗，铁心多采用厚度约为 0.35mm，表面涂有绝缘漆的热轧或冷轧硅钢片叠装而成。

铁心的基本结构形式有芯式和壳式两种，如图 3-2 所示。芯式结构的特点是绕组包围铁心，如图 3-2(*a*)所示，这种结构比较简单，绕组的装配及绝缘也比较容易，适用于容量大且电压高的变压器，国产电力变压器均采用芯式结构。壳式结构的特点是铁心包围绕组如图 3-2(*b*)所示，这种结构的机械强度较好，铁心容易散热，但外层绕组的铜线用量较多，制造工艺又复杂，一般多用于小型干式变压器中。

2．绕组

绕组是变压器的电路部分，常用绝缘铜线或铝线绕制而成，近年来还有用铝箔绕制的。为了使绕组便于制造和在电磁力作用下受力均匀以及机械性能良好，一般电力变压器都把绕组绕制成圆形的。

变压器中，工作电压高的绕组称为高压绕组，工作电压低的绕组称为低压绕组。根据

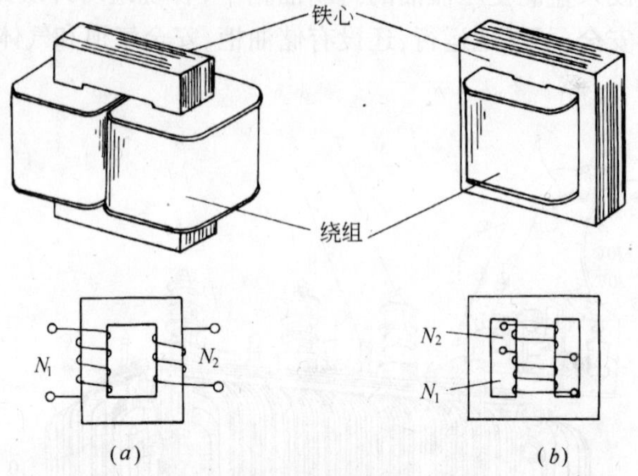

图 3-2　芯式和壳式变压器

(a)芯式;(b)壳式

高、低压绕组间的相对位置和形状,绕组可分为同心式和交叠式两种类型。

3．其他结构附件

电力变压器多采用油浸式结构,其附件有油箱、储油柜、气体继电器、安全气道、分接开关和绝缘套管等,如图 3-1 所示,其作用是保证变压器的安全和可靠运行。

第二节　变压器的基本工作原理和运行特性

一、变压器的基本工作原理

由于变压器是利用电磁感应原理而工作的,因此它主要由铁心和套在铁心上的两个或两个以上互相绝缘的绕组所组成,绕组之间有磁的耦合,但没有电的联系,如图 3-3 所示。通常一个绕组接交流电源,称为一次绕组(俗称原绕组或初级绕组);另一个绕组接负载,称为二次绕组(俗称副绕组或次级绕组)。当在一次绕组两端加上合适的交流电源时,在电源电压 U_1 的作用下,一次绕组中就有交流电流 i_0 流过,产生一次绕组磁通势,于是铁心中激励起交变的磁通 Φ,这个交变的磁通 Φ 同时交链一次、二次绕组,根据电磁感应定律,便在一次、二次绕组中产生感应电动势 e_1、e_2。二次绕组在感应电动势 e_2 的作用下,便向负载供电,实现了能量传递。

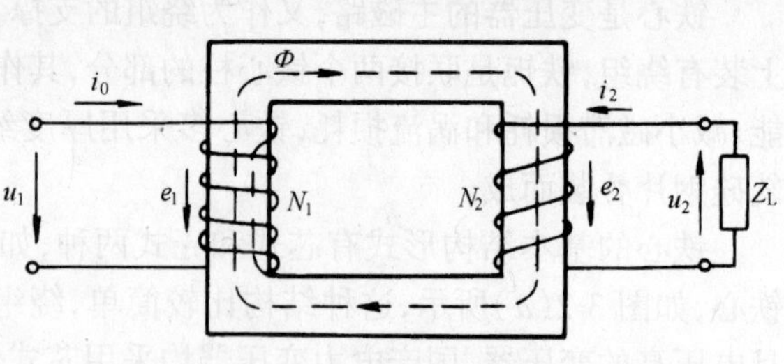

图 3-3　变压器工作原理

在以后的分析中可知一、二次绕组感应电动势等于一、二次绕组匝数之比,而一次侧感应电动势 e_1 的大小接近于一次侧外加电源电压 U_1,二次侧感应电动势 e_2 的大小则接近于二次侧输出电压 U_2。因此只要改变一次或二次绕组的匝数,便可达到变换输出电压 U_2 大小的目的。这就是变压器利用电磁感应原理,将一种电压等级的交流电源转换成同频率的另一种电压等级的交流电源的基本工作原理。

二、变压器空载运行

把变压器的原绕组接于电源，而副绕组开路(即不与负载接通)，变压器便空载运行。在外加正弦电压 u_1 的作用下，如果副边开路，原绕组中便有交变电流 i_0 通过，称为空载电流。变压器的空载电流一般都很小，约为额定电流的 3%～8%。空载电流 i_0 通过匝数为 N_1 的原绕组，产生磁动势 i_0N_1，在其作用下，铁心中产生了正弦交变磁通。主磁通 Φ 与原、副绕组同时交链，还有很少一部分磁通穿过原绕组后沿周围空气而闭合，即原绕组的漏磁通 $\Phi_{\delta 1}$。

变压器原边电压与副边电压的关系为

$$\frac{U_1}{U_2}\approx\frac{N_1}{N_2}=K_u \tag{3-1}$$

式中　K_u——变压器的变压比。

三、变压器负载运行

变压器接上负载后，副边就有电流 i_2 产生。i_2 产生的磁动势 i_2N_1 将产生磁通 Φ_2。磁通 Φ_2 绝大部分与原边磁动势产生的磁通共同作用在同一闭合磁路上，仅有很少的一部分沿着副绕组周围的空间闭合，称为副绕组的漏磁通。

变压器原副边的电流关系为

$$\frac{I_1}{I_2}\approx\frac{N_2}{N_1}=\frac{1}{K_u}=K_i \tag{3-2}$$

式中　K_i——变流比，为副边与原边的匝数比。

综上所述可知：

(1) 变压器应用磁场的耦合作用传递交流电能(或电信号)，原、副边没有电的联系；

(2) 原、副边电压比近似等于绕组匝数比，即 $\frac{U_1}{U_2}\approx\frac{N_1}{N_2}=K_u$；

(3) 在满载或负载较大的情况下，原、副边电流之比近似等于绕组匝数的反比，即

$$\frac{I_1}{I_2}\approx\frac{N_2}{N_1}=\frac{1}{K_u}=K_i$$

四、阻抗折算

对电源来说，变压器连同负载 Z 可等效为一个复数阻抗 Z'，如图 3-4 所示。从变压器的原边得

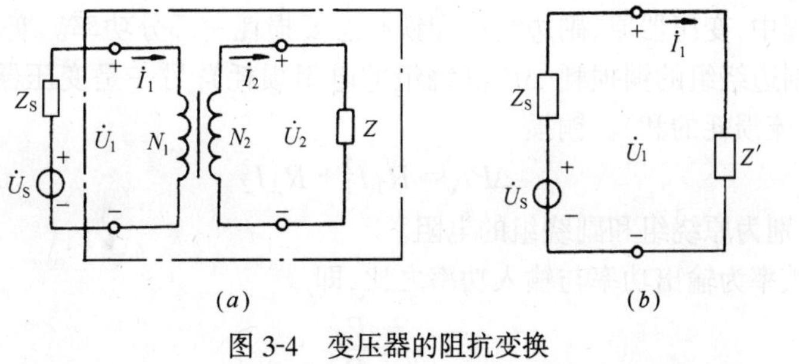

图 3-4　变压器的阻抗变换

(a)线路图；(b)等效图

$$\frac{\dot{U}_1}{\dot{I}_1}=Z'$$

用变压器副边电压、电流表示原边电压、电流,则

$$Z'=\frac{\dot{U}_1}{\dot{I}_1}\approx\frac{-K_u\dot{U}_2}{-\dot{I}_2/K_u}=K_u^2\frac{\dot{U}_2}{\dot{I}_2}=K_u^2 Z \tag{3-3}$$

由此可见,副边阻抗换算到原边的等效阻抗等于副边阻抗乘以变压比的平方。

应用变压器的阻抗折算可以实现阻抗匹配,即选择适当的变压器匝数比即可把负载阻抗折算为电路所需的阻抗数值。

五、变压器的运行特性

1. 外特性和电压调整率

前面分析时,略去了变压器绕组的电阻和漏磁通,所以,在原边电压 U_1 不变的前提下,主磁通 Φ、原边和副边的感应电动势 e_1 和 e_2 以及副边端电压 U_2 都不受负载的影响而保持不变。但在实际变压器中,由于漏磁通和绕组电阻的存在,Φ、e_1、e_2 和 U_2 都与负载有关,无法维持不变。

变压器的外特性是描述原边接额定电压 U_{1N} 并且保持不变时,副边端电压 U_2 与负载电流 I_2 的关系。表示外特性 $U_2=f(I_2)$ 的曲线称为变压器的外特性曲线,如图 3-5 所示。根据理论分析和实验证明,电阻性负载($\cos\varphi=1$)和感性负载($\cos\varphi<1$)的外特性是下降的,即端电压 U_2 是随负载电流 I_2 的增大而降低的。

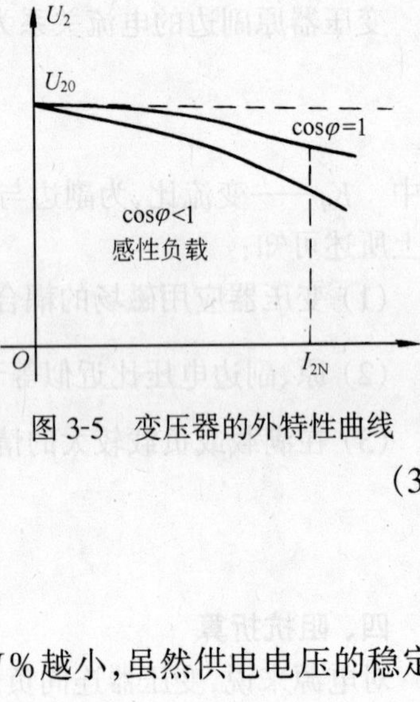

图 3-5 变压器的外特性曲线

变压器为空载时,副边电压为 U_{20},且与 E_2 相等。变压器带负载后,副边电压 U_2 随电流 I_2 而变化,其变化的程度用电压调整率 $\Delta U\%$ 表示。电压调整率定义为

$$\Delta U\%=\frac{U_{20}-U_2}{U_{20}}\times100\% \tag{3-4}$$

式中 U_{20}——副边空载电压;

U_2——副边电流为额定电流 I_{2N} 时的端电压。

对电力变压器要求 $\Delta U\%$ 小一些,约为 2%~3%。$\Delta U\%$ 越小,虽然供电电压的稳定性越好,但发生短路事故时变压器受到的冲击也越大。

2. 损耗和效率

在运行过程中,变压器原、副边绕组和铁心总要损耗一部分功率。变压器的损耗包括两部分:一是原、副边绕组的铜损耗 ΔP_{Cu}(绕组的电阻损耗);另一是变压器的铁心损耗 ΔP_{Fe}(磁滞损耗和涡流损耗的和)。铜损

$$\Delta P_{Cu}=R_1 I_1^2+R_2 I_2^2 \tag{3-5}$$

式中 R_1、R_2 分别为原绕组和副绕组的电阻。

变压器的效率为输出功率与输入功率之比,即

$$\eta=\frac{P_2}{P_1} \tag{3-6}$$

式中　P_1——变压器原边输入功率；

P_2——变压器副边输出功率。

变压器的负载是经常变动的。从运行经济方面考虑，将电力变压器的效率特性设计成负载等于50%满载以上时的效率较高，且变化平缓，如图3-6所示。大容量变压器满载时的效率可高达98%。

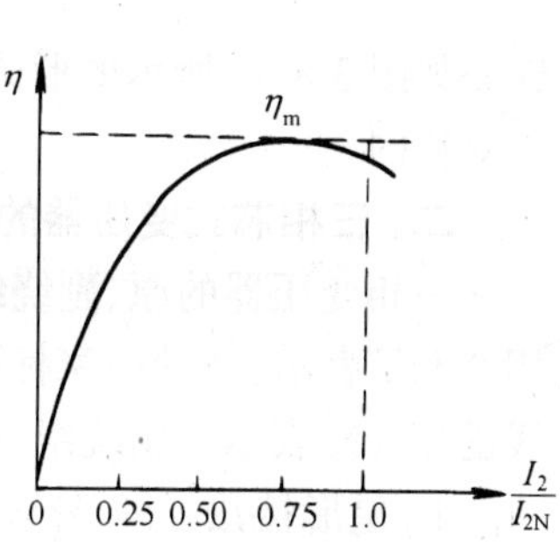

图3-6　变压器的效率曲线

第三节　三相变压器的构造

现代的电力系统都是三相制，因而广泛使用三相变压器。三相变压器可由三台同容量的单相变压器组成，称为三相变压器组。大部分三相变压器是把三个铁心和铁轭联合成一个三铁心柱的结构。从运行原理来看，三相变压器在对称负载下运行时，各相的电压和电流大小相等，相位相差120°，故可取出任何一相来分析。在这种情况下，本章第二节里得出的基本方程式对三相变压器也是完全适用的。但是，三相变压器也有它本身的特点，

一、三相变压器的磁路结构

1．三相变压器组的磁路

三相变压器组是由三台单相变压器按一定方式联接起来组成的，如图3-7所示，它的三相磁路是由三个单独的磁回路构成。

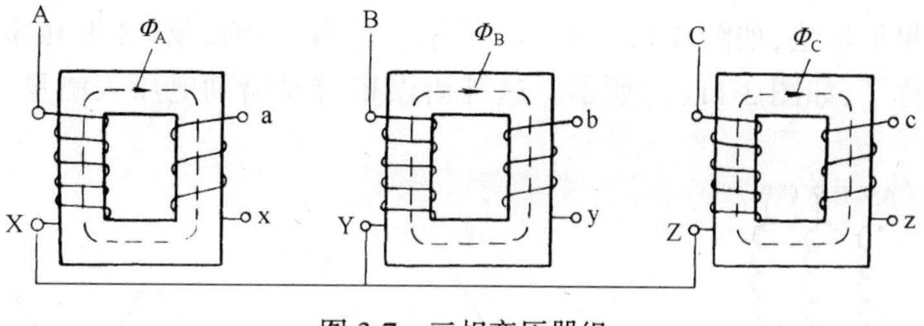

图3-7　三相变压器组

2．三相芯式变压器的铁心

三相芯式变压器的铁心，是将三个单相芯式铁心并在一起构成的，如图3-8(a)所示。当三相绕组接入对称的三相电源时，三相绕组产生的主磁通也是对称的，故中间芯柱的磁通为零。因此，中间芯柱可以省去，以减少硅钢片的用量，如图3-8(b)所示。实际上，常用的

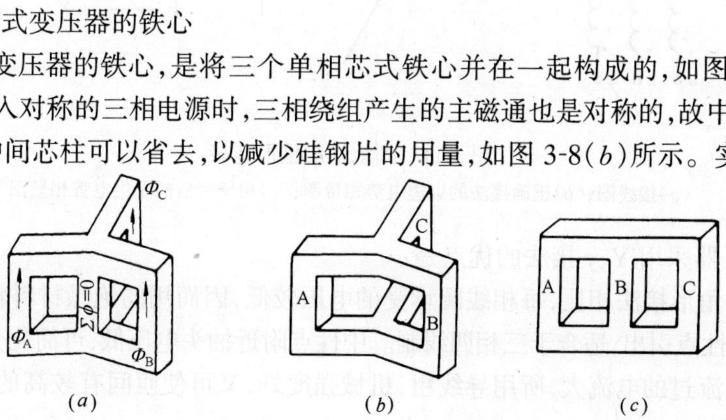

图3-8　三相芯式变压器的铁心

(a)有中间心柱；(b)无中间心柱；(c)常用型

铁心如图 3-8(*c*)所示的形式,它使得 B 相的磁路磁阻较其他两相的要小一点,三相磁路是不对称的。

二、三相芯式变压器的绕组联接

三相变压器的原、副绕组均可以接成三角形或星形,这两种接法在旧的国家标准中分别用△和Y表示,新的国家标准规定:原绕组三角形接法用 D 表示,星形接法用 Y 表示,有中线的用 YN 表示。副绕组三角形接法用 d 表示,星形接法用 y 表示,有中线时则用 yn 表示。

1. 星形接法

变压器原绕组的星形接法,如图 3-9 所示。

原绕组星形接法时若一相接反,即该相的首端与另外两相的末端接成中性点,如图 3-10 这时中性点电位严重偏移,空载电流比正常值大许多倍,由于后果严重,这种错接是绝对不允许运行的。

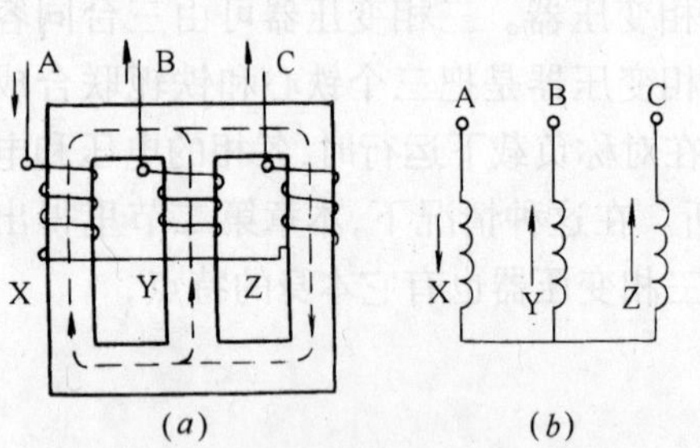

图 3-9 三相变压器原绕组星形接线图

(*a*)绕组连接法与磁路;(*b*)符号

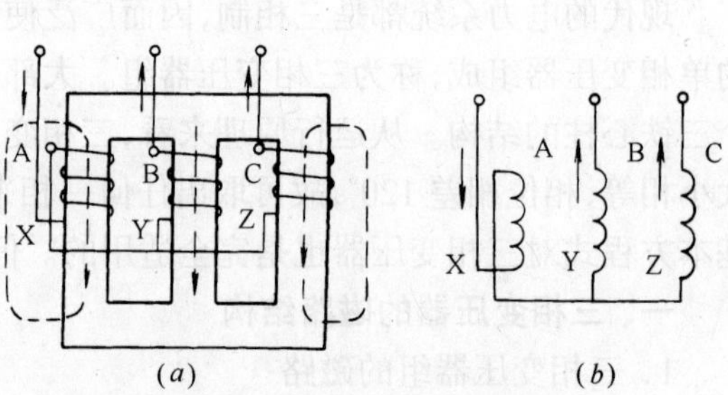

图 3-10 星形接法一相反接时

(*a*)相反接后的磁路;(*b*)相反接的电位

副绕组的星形接法,如图 3-11(*a*)、(*b*)所示。若有一相接反,如 b 相绕组,则副边三相电势就不再对称了,如图 3-11(*c*)所示。这种错误很容易借助电压表测量三个线电压做出正确判断。

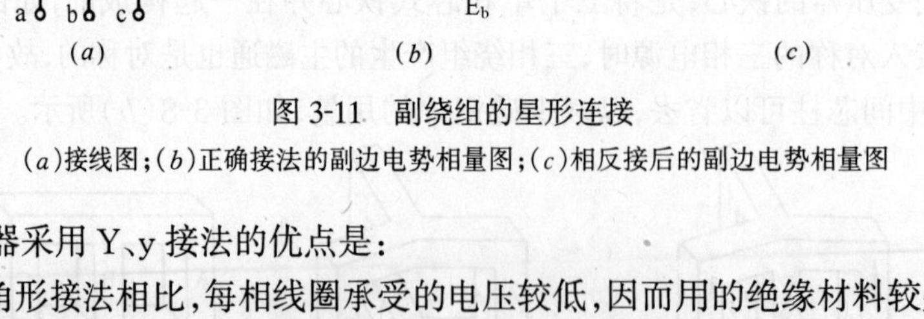

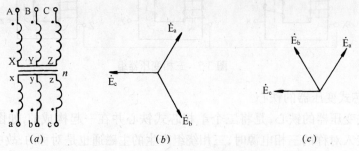

图 3-11 副绕组的星形连接

(*a*)接线图;(*b*)正确接法的副边电势相量图;(*c*)相反接后的副边电势相量图

三相变压器采用 Y、y 接法的优点是:

(1) 与三角形接法相比,每相线圈承受的电压较低,因而用的绝缘材料较少

(2) 有中性点引出,适合于三相四线制。中性点附近抽头电压低,可简化分接开关结构。

(3) 每相流过的电流大,所用导线粗,机械强度好,又可使匝间有较高的电容,能承受较高的冲击电压。

其缺点在于:

(1) 这种接线因磁通中有三次谐波存在，将使油箱发热而影响效率，故只用于1800kVA以下的电力变压器。

(2) 中性点应直接接地。不接地时中性点电位不稳定，当负荷不对称时，中性点会严重偏移。

(3) 一相发生故障时只好停用，不像三角形接法时可以接成V形。

2. 三角形接法

三相变压器原绕组的三角形接法，是把三相绕组的各相之间首尾相接而形成闭合回路，再从三个联接点引出接三相电源。三角形接法又分正相序接法和反相序接法两种，前者是X接B、Y接C、Z接A而成闭路，后者是A接Y、B接Z和C接X而成闭路。如图3-12(*a*)、(*b*)所示。无论是哪一种接法，当电流从一根进线流入而从另外两根进线流出时，都能够保证它们在铁心中所产生磁通的方向一致，如图3-12(*c*)所示。但如果有一相绕组接反，后果严重，因而也是不允许的。

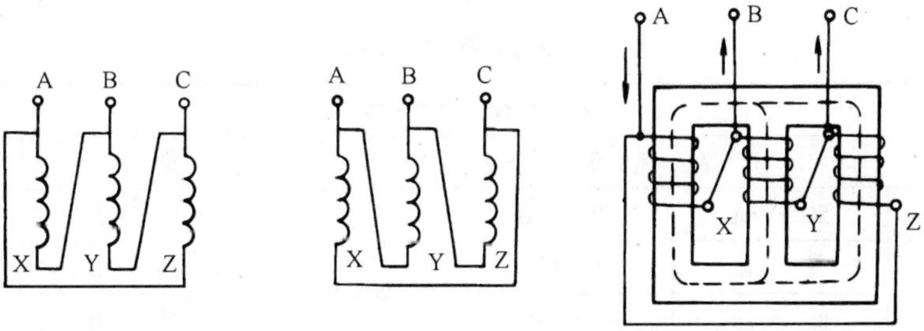

(*a*) (*b*) (*c*)

图3-12 原绕组的三角形接法

(*a*)正相序连接；(*b*)反相序连接；(*c*)原绕组连接与磁路

副绕组的三角形接法，也是副边三相绕组相互首尾相接而成闭合回路，而把三个连接点引出接负载，也有正、反接法的区别。图3-13(*a*)、(*b*)、(*c*)示出了副绕组为正接法的原理接线图和原、副边的电势相量图。当副边有一相绕组接反时，副边三相电势之和会等于一相电势的两倍，这时若投入运行，其后果比副边两相间短路还要严重。因此，应正确判断是否接错，这只要把副边接成开口的三角形，接入电源后用电压表测量开口处的电压，立即可以确定。图3-14示出了这时的原理图和原、副边电势的相量图，图中由于C相绕组接反，所以副

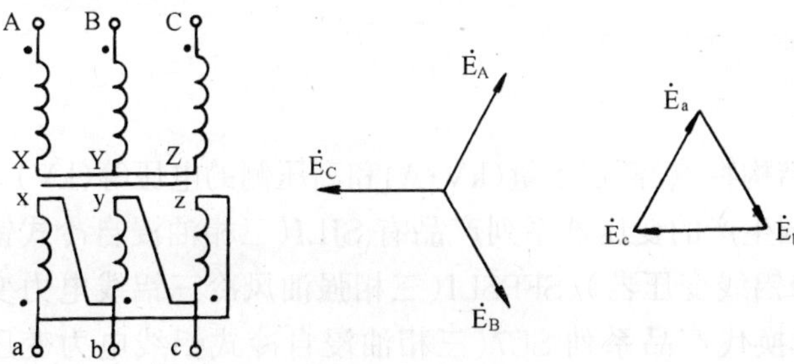

(*a*) (*b*) (*c*)

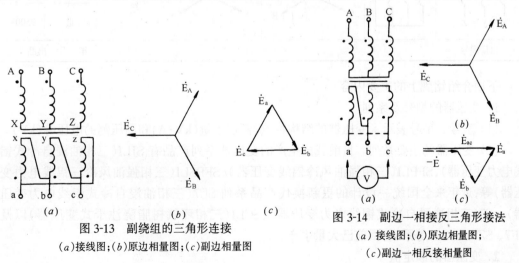

图3-13 副绕组的三角形连接

(*a*)接线图；(*b*)原边相量图；(*c*)副边相量图

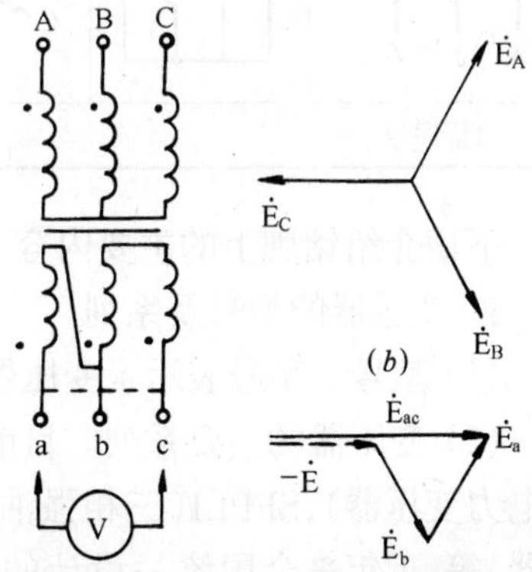

(*a*) (*c*)

图3-14 副边一相接反三角形接法

(*a*) 接线图；(*b*)原边相量图；

(*c*)副边一相反接相量图

边三相电势之和会等于副边一相电势的两倍。

变压器绕组采用 Y、d 接法的优点是：

(1) 可以避免 Y、y 接法的主要缺点，又可在原边或副边(D、y 接法时)取出中性点；

(2) 可以在外部改变首、尾标号以改变其联接组别，以适应并联运行的要求；

(3) 当副边为三角形接法时，同样的线径下可以使输出电流比星形接法时大$\sqrt{3}$倍；

(4) 当原边为星形接法时，同样的绕组可以使线电压比三角形接法时大$\sqrt{3}$倍。

这种接法的主要缺点是，当一根有故障的时候只好停用。

三、变压器的铭牌和额定值

为了使变压器安全、经济、合理地运行，同时让用户对变压器的性能有所了解，制造厂家对每一台变压器都安装了一块铭牌，上面标明了变压器型号及各种额定数据，只有理解铭牌上的各种数据的含义，才能正确地使用变压器。表 3-1 所示为三相变压器的铭牌。

变压器的铭牌 **表 3-1**

铝线电力变压器						
产品标准				型号		SJL-560/10
额定容量	560kV·A	相数	3	额定频率		50Hz
额定电压	高压	10000V	额定电流	高压		32.3A
	低压	400~230V		低压		808A
使用条件	户外式		绕组温升 65℃	油面温升 55℃		
阻抗电压 4.94%		冷却方式		油浸自冷式		
油重 370kg		器身重 1040kg		总重 1900kg		
绕组连接图		相量图		联结组标号	开关位置	分接电压
高压	低压	高压	低压	Yyn0	Ⅰ	10500V
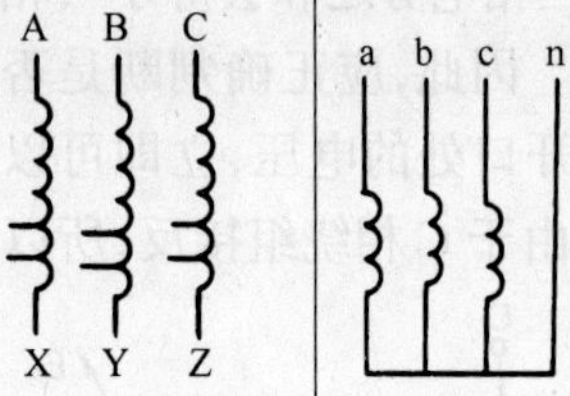		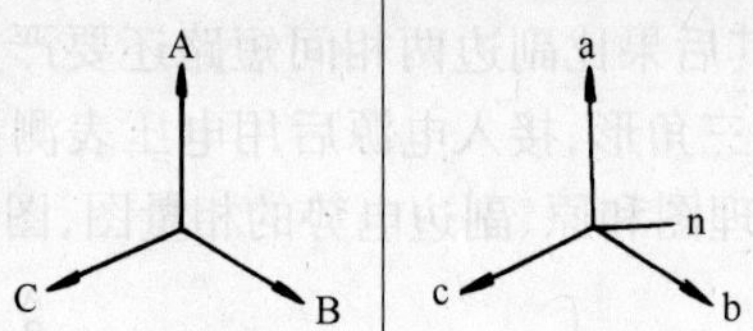			Ⅱ	10000V
					Ⅲ	9500V
出厂序号		××××厂			年 月 出品	

下面介绍铭牌上的主要内容：

1. 变压器的型号及系列

(1) 型号。型号表示了变压器的结构特点、额定容量(kV·A)和高压侧的电压等(kV)。

(2) 变压器的主要系列。目前我国生产的变压器系列产品有 SJLI(三相油浸自冷式铝线电力变压器)、SFPLI(三相强油风冷铝线变压器)、SFPSLI(三相强油风冷三铝线电力变压器)等，近年来全国统一设计的更新换代产品系列 SL7(三相油浸自冷式铝线电力变压器)。S7(三相油浸自冷式铜线电力变压器)、SCLI(三相环氧树脂浇注干式变压器)以及 SF7、SZ7、SZL7 等系列，目前已大量生产。

2. 变压器的额定值

(1) 额定电压 U_{1N}和 U_{2N}。一次绕组的额定电压 U_{1N}(kV)是根据变压器的绝缘强度和允许发热条件规定的一次绕组正常工作电压值。二次绕组的额定电压 U_{2N}指一次绕组加上额定电压,分接开关位于额定分接头时,二次绕组的空载电压值。对三相变压器,额定电压指线电压。

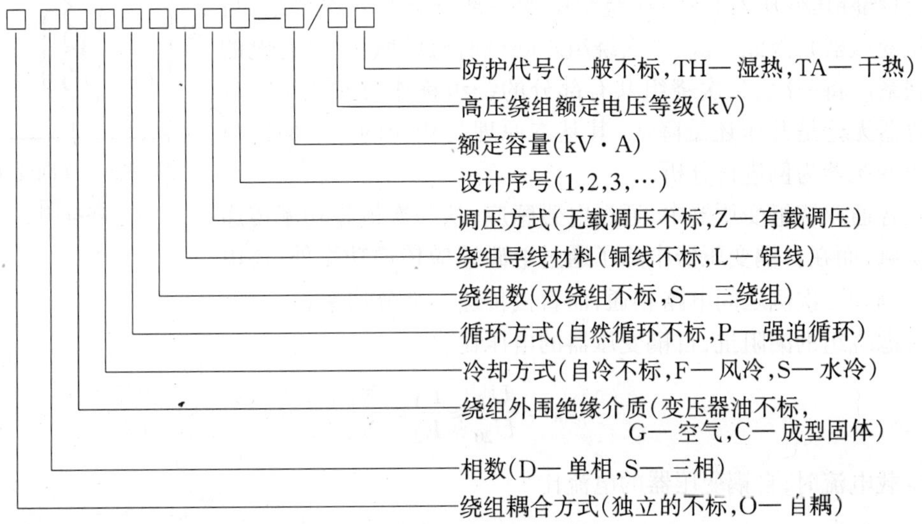

(2) 额定电流 I_{1N}和 I_{2N}。额定电流 I_{1N}和 I_{2N}(A)是根据容许发热条件而规定的绕组长期容许通过的最大电流值。对三相变压器,额定电流指线电流。

(3) 额定容量 S_N。额定容量 S_N(kVA)指额定工作条件下变压器输出能力(视在功率)的保证值。三相变压器的额定容量是指三相容量之和。由于电力变压器的效率很高,忽略压降损耗时有

对单相变压器 $$S_N = U_{2N} I_{2N} = U_{1N} I_{1N} \tag{3-7}$$

对三相变压器 $$S_N = \sqrt{3}\, U_{2N} I_{2N} = \sqrt{3}\, U_{1N} I_{1N} \tag{3-8}$$

3. 阻抗电压

阻抗电压又称短路电压。它标志在额定电流时变压器阻抗压降的大小。通常用它与额定电压 U_{1N}的百分比来表示。

4. 温升

变压器的额定温升是在额定运行状态下指定部位允许超出标准环境温度之值。我国以40℃作为标准环境温度。大容量变压器油箱顶部的额定温升用水银温度计测量,定为55℃。

第四节　其他特殊用途的变压器

随着工业的不断发展,除了前面介绍的普通双绕组电力变压器外,相应地出现了适用于各种用途的特殊变压器,虽然种类和规格很多,但是其基本原理与普通双绕组变压器相同或相似,不再作一一讨论。本节主要介绍较常用的自耦变压器、仪用互感器、电焊变压器的工作原理及特点。

一、自耦变压器

普通双绕组变压器的一次、二次绕组之间只有磁的联系，而没有电的直接联系。自耦变压器的结构特点是一次、二次绕组共用一个绕组，如图 3-15 所示。此时，一次绕组中的一部分充当二次绕组（自耦降压变压器）或二次绕组中的一部分充当一次绕组（自耦升压变压器），因此一次、二次绕组之间既有磁的联系，又有电的直接联系。将一次、二次绕组共有部分的绕组称作公共绕组。自耦变压器无论是升压还是降压，其基本原理是相同的。下面以自耦降压变压器为例进行分析。

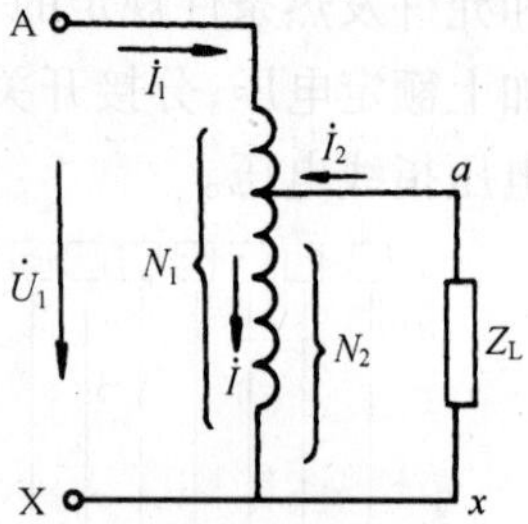

图 3-15　自耦变压器原理图

在普通双绕组变压器中，通过电磁感应，从一次侧将功率传递到二次侧，而在自耦变压器中除了通过电磁感应传递功率外，还由于一次侧和二次侧之间电路相通，而直接传递一部分功率。

如不考虑绕组的漏阻抗，自耦变压器的电压比

$$k=\frac{U_1}{U_{20}}\approx\frac{E_1}{E_2}=\frac{N_1}{N_2} \tag{3-9}$$

忽略空载电流时，自耦变压器的电流比

$$\dot{I}_1=-\frac{N_2}{N_1}\dot{I}_2=-\frac{\dot{I}_2}{k} \tag{3-10}$$

公共绕组中的电流应为相量之和

$$\dot{I}=\dot{I}_1+\dot{I}_2=\dot{I}_2\left(1-\frac{1}{k}\right) \tag{3-11}$$

对自耦降压变压器，$I_2>I_1$，且相位相反，故有公共绕组电流

$$I=I_2-I_1=I_2\left(1-\frac{1}{k}\right) \tag{3-12}$$

由于自耦变压器的电压比 k 一般接近于 1，这时 I_1 与 I_2 的数值相差不大，公共绕组中的电流 I 较小，因此公共绕组可用截面较小的导线绕制，节省绕组用铜量，同时减小变压器的体积和重量。

自耦变压器的输出视在功率（即容量）为

$$S=U_2I_2=U_2I+U_2I_1=U_2I_2\left(1-\frac{1}{k}\right)+U_2I_1 \tag{3-13}$$

式(3-13)表明，自耦变压器的输出视在功率可分为两个部分，其中 U_2I_2 是通过电磁感应传递给负载的，即通常所说的电磁功率，这部分功率决定了变压器的主要尺寸和材料消耗，是变压器设计的依据，称为自耦变压器的计算容量（或电磁功率）。另一部分 U_2I_1 是一次电流 I_1 直接传递给负载的功率，称为传导功率。传导功率是自耦变压器所特有的。

综合以上的分析可知，自耦变压器与普通双绕组变压器相比较，在相同的额定容量下，由于自耦变压器的计算容量小于额定容量，因此自耦变压器的结构尺寸小，节省有效材料（铜线和硅钢片）和结构材料（钢材），降低了成本。同时有效材料的减少还可减小损耗，从而提高自耦变压器的效率。

从式(3-13)可见,自耦变压器的电压比 k 越接近 1,计算容量越小,则自耦变压器的优点越显著,所以自耦变压器一般用于电压比 $k<2$ 的场合。

由于自耦变压器的一次侧和二次侧之间有电的直接联系,所以高压侧的电气故障会波及到低压侧,因此在低压侧使用的电气设备同样要有高压保护设备,以防止过电压。另外,自耦变压器的短路阻抗小,短路电流比双绕组变压器的大,因此必须加强保护。

自耦变压器可做成单相的,还可做成三相的,图 3-16 示出了三相自耦变压器的结构示意图及原理图。一般三相自耦变压器采用星形接法。

如果将自耦变压器的抽头做成滑动触头,就成为自耦调压器。自耦调压器常用于调节试验电压的大小。图 3-17 示出了常用的环形铁心的单相自耦调压器的结构及原理图。

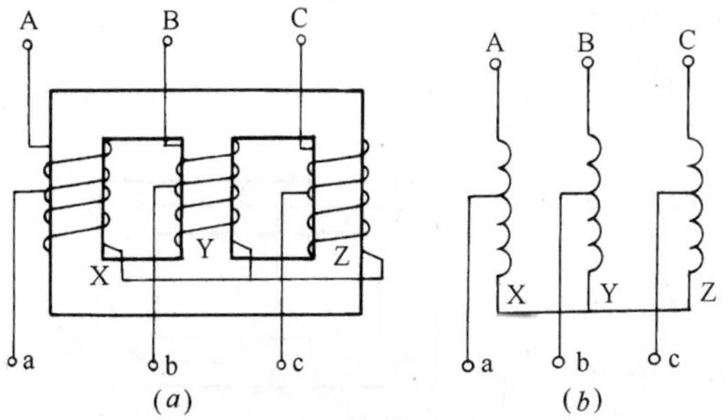

图 3-16　三相自耦变压器原理图

(a)结构示意图;(b)原理线路图

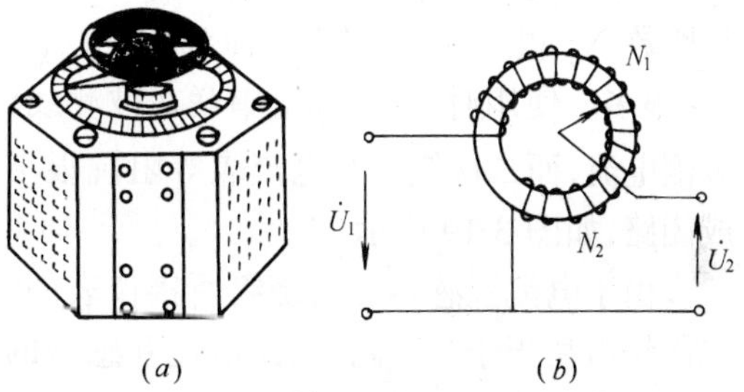

图 3-17　单相自耦变压器原理图

(a)结构示意图;(b)原理图

二、仪用互感器

在生产和科学实验中,经常要测量交流电路的高电压和大电流,如果直接使用电压表和电流表进行测量,就存在一定的困难,同时对操作者也不安全,因此利用变压器既可变压又可变流的原理,制造了供测量使用的变压器,称之为仪用互感器,它分为电压互感器和电流互感器两种。

使用互感器有两个目的:一是使测量回路与被测量回路隔离,从而保证工作人员的安全;二是可以使用普通量程的电压表和电流表测量高电压和大电流。

互感器除用以测量电压和电流外,还用于各种继电保护的测量系统,因此应用十分广泛。下面分别对电压互感器和电流互感器进行介绍。

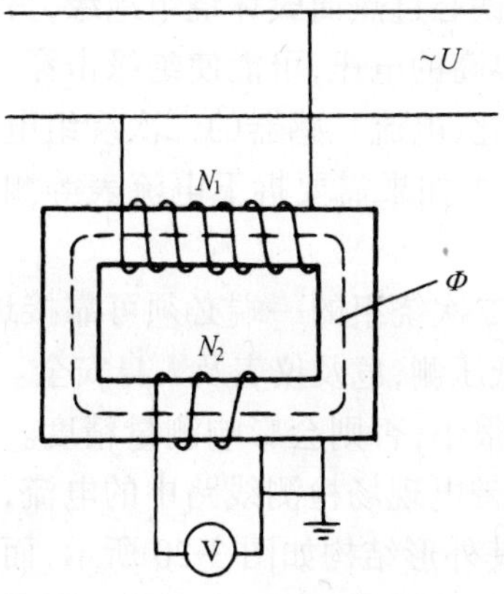

图 3-18　电压互感器原理图

1. 电压互感器

电压互感器实质上就是一个降压变压器,其工作原理和结构与双绕组变压器基本相同。图 3-18 是电压互感器的原理图,它的一次绕组匝数 N_1 很多,直接并联到被测的高压线路上;二次绕组匝数 N_2 较少,接高阻抗的测量仪表(如电压表或其他表的电压线圈)。

电压互感器正常运行时相当于降压变压器的空载运行状态。利用一、二次绕组的不同匝数,电压互感器可将被测量的高电压转换成低电压供测量等。电压互感器的二次测额定电压一般都设计为 100V,而固定的板式电压表表面的刻度则按一次侧的额定电压来刻度，因而可以直接读数。电压互感器的额定电压等级有 3000V/100V、10000V/100V 等等。

使用电压互感器时，应注意以下几点：

(1) 电压互感器在运行时二次绕组绝对不允许短路。因为如果二次侧发生短路，则短路电流很大，会烧坏互感器。因此使用时，二次测电路中应串接熔断器作短路保护。

(2) 电压互感器的铁心和二次绕组的一端必须可靠接地，以防止高压绕组绝缘损坏时，铁心和二次绕组带上高电压而造成的事故。

(3) 电压互感器有一定的额定容量，使用时二次测不宜接过多的仪表，以免影响电压互感器的准确度。我国目前生产的电力电压互感器，按准确度分为 0.5、1.0 和 3.0 等三级。

2．电流互感器

电流互感器类似于一个升压变压器，它的一次绕组匝数 N_1 很少，一般只有一匝到几匝；二次绕组匝数 N_2 很多。使用时，一次绕组串联在被测线路中，流过被测电流，而二次绕组与电流表等阻抗很小的仪表接成闭路，如图 3-19 所示。

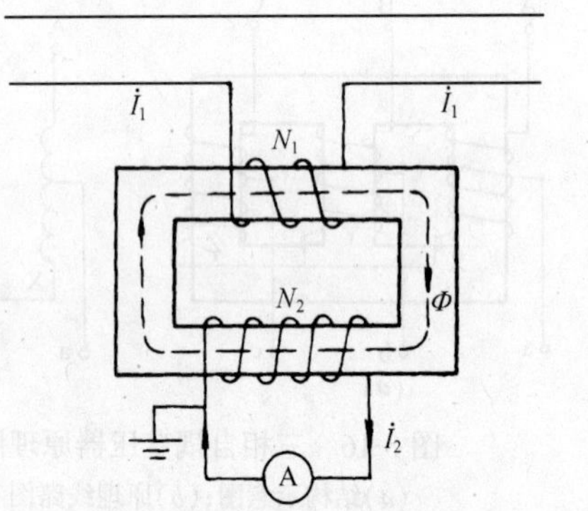

图 3-19　电流互感器原理图

由于电流互感器二次绕组所接仪表的阻抗很小，二次绕组相当于被短路，因此电流互感器的运行情况相当于变压器的短路运行状态。

利用一、二次绕组的不同匝数，电流互感器可将线路上的大电流转成小电流来测量。通常电流互感器的二次测额定电流均设计为 5A，当与测量仪表配套使用时，电流表按一次侧的电流值标出，即从电流表上直接读出被测电流值。另外，二次绕组可能有很多抽头，可根据被测电流的大小适当选择。电流互感器的额定电流等级有 100A/5A、500A/5A、2000A/5A 等等。按照测量误差的大小，电流互感器的准确度分为0.2、0.5、1.0、3.0 和 10.0 等五个等级。

使用电流互感器时，应注意以下三点：

(1) 电流互感器在运行时二次绕组绝对不允许开路。如果二次绕组开路，电流互感器就成为空载运行状态，被测线路的大电流就全部成为励磁电流，铁心中的磁通密度就会猛增，磁路严重饱和，一方面造成铁心过热而毁坏绕组绝缘，另一方面，二次绕组将会感应产生很高的电压，可能使绝缘击穿，危及仪表及操作人员的安全。因此，电流互感器的二次绕组电路中，绝对不允许装熔断器；运行中如果需要拆下电流表等测量仪表，应先将二次绕组短路。

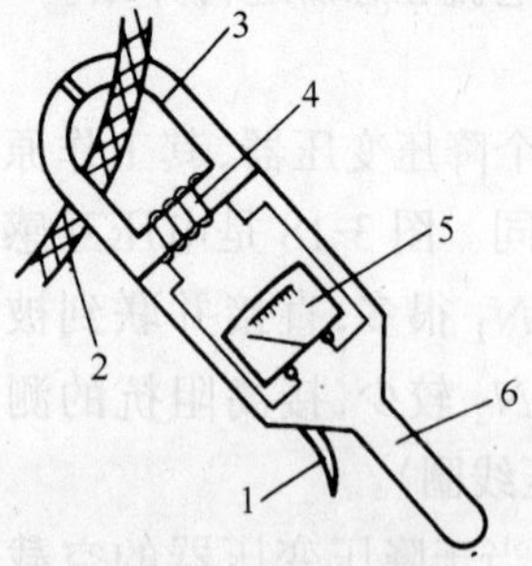

图 3-20　钳形电流表
1—活动手柄；2—被测导线；
3—铁心；4—二次绕组；
5—表头；6—固定手柄

(2) 电流互感器的铁心和二次绕组的一端必须可靠接地，以免绝缘损坏时，高电压传到低压侧，危及仪表及人身安全。

(3) 电流表的内阻抗必须很小，否则会影响测量精度。另外，在实际工作中，为了方便在带电现场检测线路中的电流，工程上常采用一种钳形电流表，其外形结构如图 3-20 所示，而工作原理和电流互感器的相同。其结构特点是：铁心像一把钳子可以张合，二次绕组与电流表串联组成一个闭合回路。在测量导线中的电流时，不必断开被测电路，只要压动手柄，将铁心钳口张开，把被测导线夹于其中即可，此时被测载流导线就充当一次绕组，借助电磁感应作用，由二次绕组所接的电流表直接测量导线中电流的大小。一般钳形电流表都有几个量程，使用时应根据被测电流值适当选择量程。

三、电焊变压器

电焊变压器由于结构简单、成本低廉、制造容易和维护方便等特点而广泛应用。电焊变压器实质上就是一台特殊的降压变压器。

电弧焊是靠电弧放电的热量来熔化金属的。为了保证弧焊的质量和电弧燃烧的稳定性，对弧焊变压器有以下几点要求：

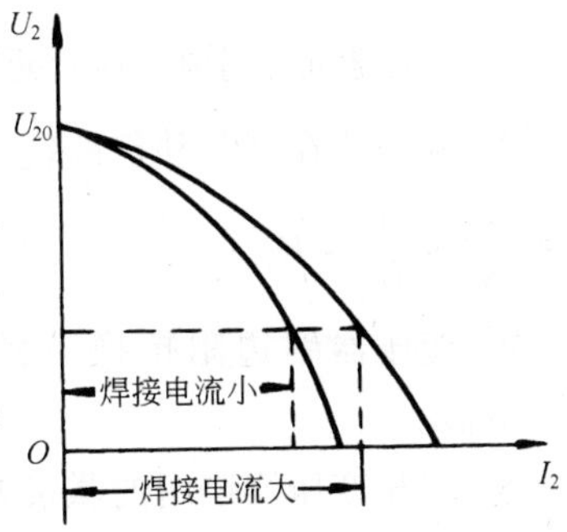

图 3-21　电焊变压器的外特性

(1) 空载电压在 60～75V 之间，保证容易起弧。为了操作者的安全，最高空载电压一般不超过 85V。

(2) 负载时具有迅速下降的特外性，如图 3-21 所示。通常在额定负载时的输出电压约 30V 左右。

(3) 为了适应不同的焊接工件和不同规格的焊条，要求可在一定范围内调节焊接电流的大小。

(4) 短路电流不应过大，同时工作时焊接电流比较稳定。

为了满足以上要求，弧焊变压器必须具有较大的电抗，而且可以调节。因此弧焊变压器的一次、二次绕组一般分装在两个铁心柱上，而不是同心地套装在一起。为了得到迅速下降的外特性，以及焊接电流可调，可采取串联可变电抗器法和磁分路法，由此产生了不同类型的电焊变压器。

(1) 带电抗器的电焊变压器如图 3-22 所示，它在二次绕组中串联一个可变电抗器，以得到迅速下降的外特性，通过螺杆调节可变电抗器的气隙，以改变焊接电流。当可变电抗器的气隙增大时，电抗器的电抗减少，焊接电流增大；反之，当气隙减少时，电抗器的电抗增大，焊接电流减少。另外，通过一次绕组的抽头，可以调节起弧电压的大小。

(2) 磁分路的电焊变压器如图 3-23 所示，它在一次绕组和二次绕组的两个铁心柱之间，安装了一个磁分路动铁心。由于磁分路动铁心的存在，增加了漏磁通，增大了漏电抗，从而得到迅速下降的外特性。通过调节螺杆可将磁分路动铁心移进或移出到适当位置，使得漏磁通增大或减小，使漏电抗增大或减小，由此即可改变焊接电流的大小。另外，通过二次绕组的抽头可调节起弧电压的大小。

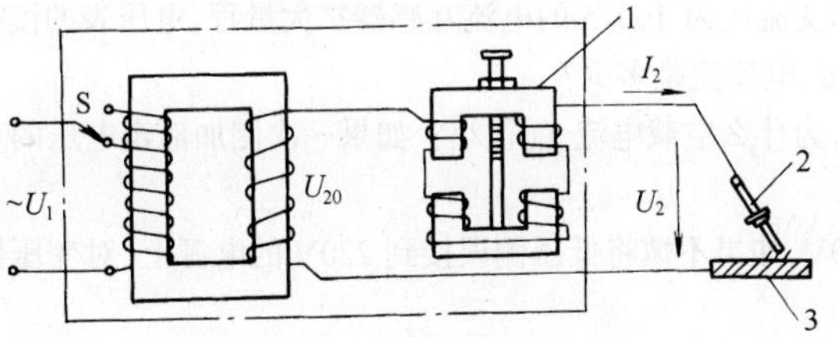

图 3-22　带电抗器的电焊变压器

1—可变电抗器；2—焊把及焊条；3—工件

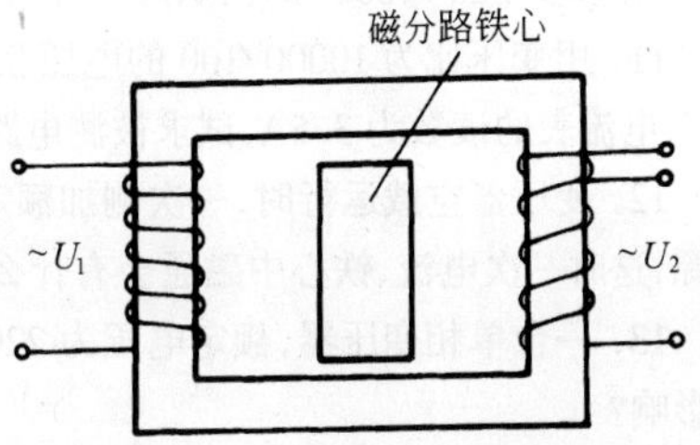

图 3-23　磁分路的电焊变压器

本章小结

1. 变压器主要由铁心和绕组两大部分组成，是利用电磁感应原理工作的，原、副边绕组之间只有磁的联系，没有电的联系。

2. 变压器原、副边电压比近似等于绕组匝数比，即$\frac{U_1}{U_2}\approx\frac{N_1}{N_2}=K_u$

3. 变压器在满载和负载较大的情况下，原、副边电流之比近似等于绕组匝数的反比，即$\frac{I_1}{I_2}\approx\frac{N_2}{N_1}=\frac{1}{K_u}=K_i$

4. 变压器副边阻抗换算到原边的等效阻抗等于副边阻抗乘以变压比的平方，即$Z'=K_u^2Z$

5. 三相变压器绕组的联接方式常采用Y、y接法或Y、d接法，它们各具优缺点。

6. 常用的特殊变压器有自耦变压器、仪用变压器和电焊变压器。

思考题与习题

1. 在电力系统中，电力变压器起什么作用？

2. 变压器主要由哪些部分构成？它们各起什么作用？

3. 说明变压器的工作原理。在变压器中能量是如何传递的？

4. 为什么变压器只能改变交流电压而不能用来改变直流电压呢？如果把变压器绕组误接在直流电源上，会产生什么后果？

5. 何谓变压器的变压比？某台变压器原边电压为10kV，副边电压为400V，问该变压器的变压比是多少？

6. SJL型电力变压器的容量为180kVA，原、副绕组都接成星形，高压侧线电压为10kV，低压侧线电压为400V，已知高压侧绕组的匝数为1125匝，求低压侧绕组的匝数。

7. 有两台同容量的380/110V的变压器，欲获得760V的电压，当电源电压各为220V和110V时，应如何接线？可能出现什么问题？

8. 有一台容量为5kVA、额定电压为10000/230V的单相变压器，如果在原边加上额定电压，在额定负载情况下测得副边端电压为223V。求此变压器原、副边的额定电流及其电压调整率。

9. 变压器在运行中有哪些基本损耗？它们与哪些因素有关？

10. 有一台单相照明变压器，额定容量为10kVA，电压为3300/220V，如果要求变压器在额定情况下运行，可接多少220V，60W的白炽灯？并求原、副边的额定电流。

11. 用变压比为10000/100的电压互感器和变流比为100/5的电流互感器扩大量程，电压表的读数为98V，电流表的读数为3.5A，试求被测电路的电压、电流值是多少？

12. 变压器空载运行时，一次侧加额定电压，为什么空载电流 I_0 很小？如果一次侧加额定电压的直流电源，这时一次电流、铁心中磁通会有什么变化？

13. 一台单相变压器，额定电压为220V/110V，如果不慎将低压侧误接到220V的电源上，对变压器有何影响？

14. 一台晶体管收音机的输出端要求最佳负载阻抗为500Ω，此时可获得最大输出功率，现负载是阻抗为8Ω的扬声器，求输出变压器的电压比？

15. 有一交流信号源，已知信号源的电动势 $E = 120V$，内阻 $r_0 = 600\Omega$，负载电阻 $R_L = 8\Omega$。①如果负载 R_L 经变压器接至信号源，如使等效电阻 $R'_L = r_0$，求变压器的电压比和负载上获得的功率。②如果负载直接接至信号源，求负载上获得的功率？

16. 与普通双绕组变压器相比，自耦变压器有哪些有缺点？

17. 电压互感器与电流互感器的功能是什么？使用时必须注意什么？

18. 电弧焊对电焊变压器有什么要求？用什么方法才能满足这些要求？

第四章　交流异步电动机

交流电机是实现机械能与交流电能之间互相转换的一种装置，按其功能可分交流发电机和交流电动机两大类。交流电动机是将交流电能转换成机械能的装置，按其工作原理的不同，交流电动机可分同步电动机和异步电动机两大类，同步电动机的旋转速度与交流电源的频率有严格的对应关系，在运行中转速保持恒定不变；异步电动机的转速随负载的变化稍有变化。按所需交流电源相数的不同，交流电动机又可分单相和三相两大类，目前使用最广泛的是三相异步电动机，这主要是由于三相异步电动机具有结构简单、价格低廉、坚固耐用、使用维护方便等优点。在没有三相电源的场合及一些功率较小的电动机则广泛使用单相异步电动机。三相异步电动机根据其转子结构的不同又可分鼠笼式和绕线式两大类，其中以鼠笼式应用最广，因此本章重点讲述有关三相鼠笼式异步电动机的工作原理、结构、特性、使用及维护知识等。

第一节　三相异步电动机的结构

一、三相异步电动机的结构

三相异步电动机的结构分为定子和转子两大部分。图 4-1 为三相异步电动机外形和拆开的各部分元件图。

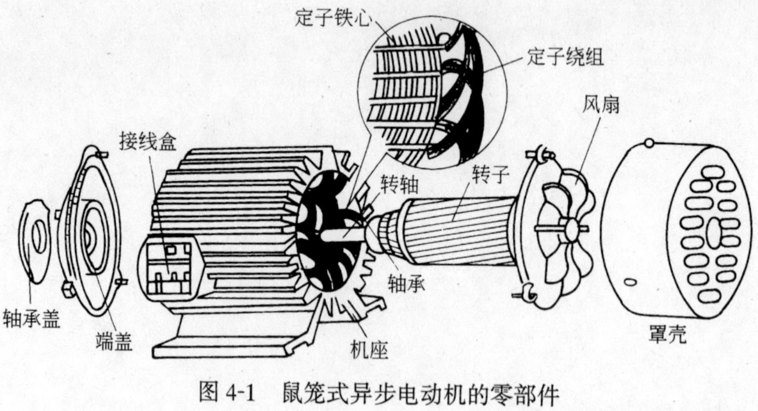

图 4-1　鼠笼式异步电动机的零部件

1. 定子

定子由机座、定子铁心、定子绕组和端盖等部分组成。定子铁心一般用厚 0.5mm 的环形硅钢片叠成，呈圆筒形，固定在机座里面。在定子铁心硅钢片的内圆侧表面冲有间隔均匀的线槽，如图 4-2 所示。定子三相绕组对称嵌放在这些槽中，首末端 U1、U2 、V1、V2、W1、W2 分别引出，接到机座的接线盒上，如图 4-3(a)所示。根据电动机额定电压和供电电源电压的不同，定子绕组或联接成三角形，或联接成星形，分别如图 4-3(b)、(c)所示。

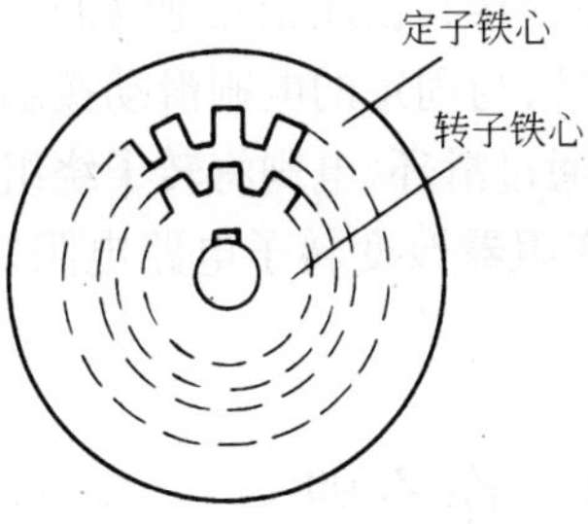

图 4-2　定子和转子的铁心

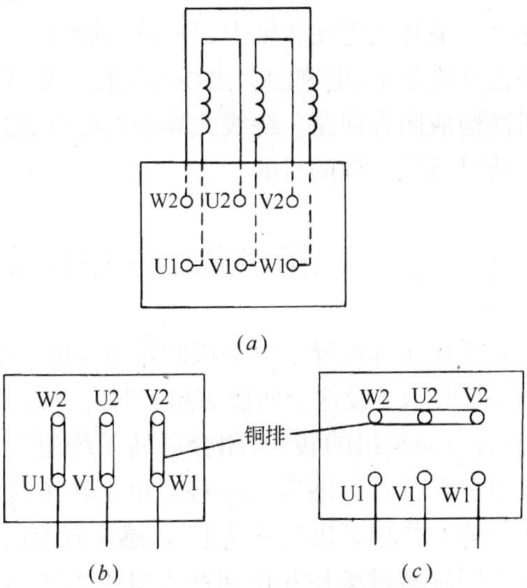

图 4-3　三相定子绕组的连接方法
(a)三相定子绕组首、末端的连接法；
(b)三角形连接；(c)星形连接

2. 转子

转子由转子铁心、转子绕组和转轴组成。转子铁心也是用硅钢片叠成，转子铁心固定在转轴上，呈圆柱形，外圆侧表面冲有均匀分布的线槽(图 4-2)，槽内嵌放转子绕组。转子绕组有鼠笼式和绕线式两种。

鼠笼式转子绕组的制作方法有两种：一种是将钢条嵌入转子铁心线槽中，两端用铜环将钢条一一短接构成闭合回路，如图 4-4(*a*)所示；另一种方法是将熔化的铝液浇铸到转子铁心线槽内，并同时铸出两端短路环和散热风扇叶片，如图 4-4(*b*)所示。后一种制造方法成本较低。中小型鼠笼式异步电动机转子一般都采用铸铝法制造。

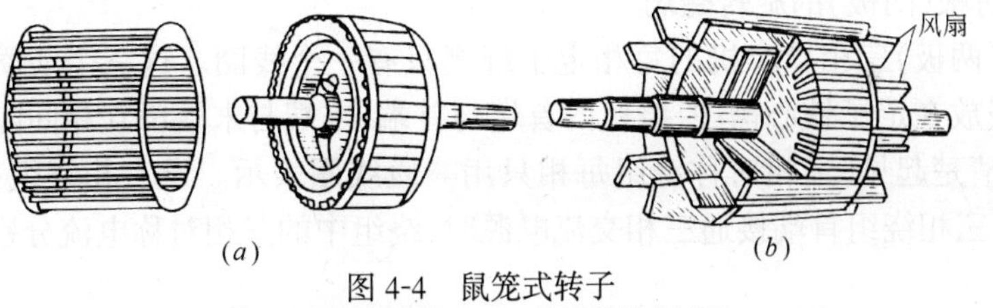

图 4-4　鼠笼式转子
(*a*)铜条鼠笼式转子；(*b*)铸铝鼠箱式转子

绕线式转子绕组的结构如图 4-5 所示。它同定子绕组一样，也是三相对称绕组。转子

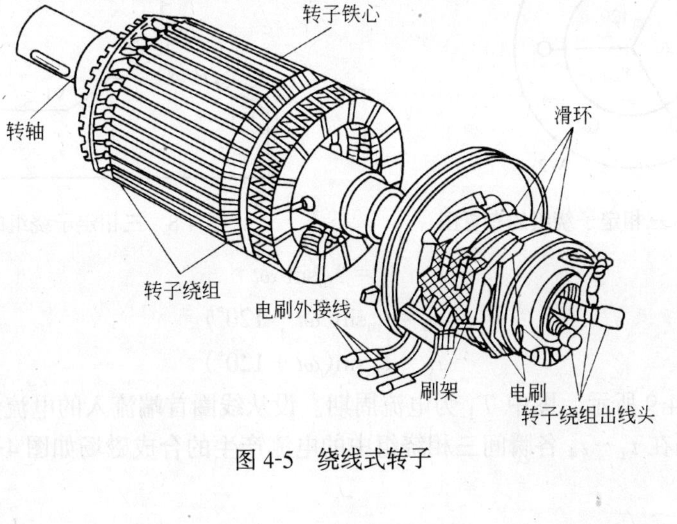

图 4-5　绕线式转子

绕组联接成星形，即三相绕组的末端接在一起，三个始端分别接到彼此相互绝缘的三个铜制滑环上。滑环固定在转轴上，并与转轴绝缘。滑环随轴旋转，与固定的电刷滑动接触。电刷安装在电刷架上，电刷的引出线与外接三相变阻器连接。通过滑环、电刷将转子绕组与外接变阻器构成闭合回路。绕线式异步机可以通过调节外接变阻器改变转子电路电阻，达到改变电动机运行特性的目的。

第二节　三相异步电动机的工作原理

为了便于理解异步电动机的转动原理，先假设用一对旋转着的永久磁铁作为旋转磁场，如图 4-6 所示。设这个两极磁场顺时针方向旋转，旋转磁场中间的简化的、只有一匝绕组的转子，闭合的转子绕组受到旋转磁场的切割，在转子绕组中就会产生感应电动势。由于转子绕组是闭合回路，所以在感应电动势的作用下出现感应电流，感应电流的方向如图 4-6 中所示。感应电流同旋转磁场相互作用产生电磁力 F，电磁力的方向根据左手定则判定。在电磁力的作用下转子和旋转磁场同方向旋转。但是转子转速必然低于旋转磁场的转速，否则，转子绕组不受旋转磁场切割而不能产生感应电动势和电流，当然也就不能产生电磁力和转矩。通常称旋转磁场的转速为同步速 n_1，转子的转速即异步机的转速 n。

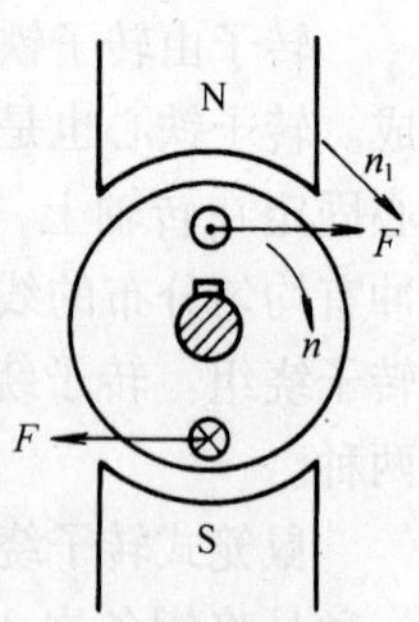

图 4-6　异步电动机的工作原理

三相异步电动机的旋转磁场是由三相交流电产生的。当给三相异步电动机的定子绕组通入三相对称电流后，随电流变化会合成产生一空间旋转磁场。

一、一对极（两极）的旋转磁场

一对极（两极）三相异步机的每相定子绕组只有一个线圈。这三个线圈的结构完全相同，对称地嵌放在定子铁心槽中，绕组的首端与首端、末端与末端都互相间隔 120°，如图 4-7 所示。为了清楚起见，三相对称绕组每相只用一匝线圈表示。设三相绕组接成星形，如图 4-8所示。当三相绕组首端接通三相交流电源时，绕组中的三相对称电流分别为

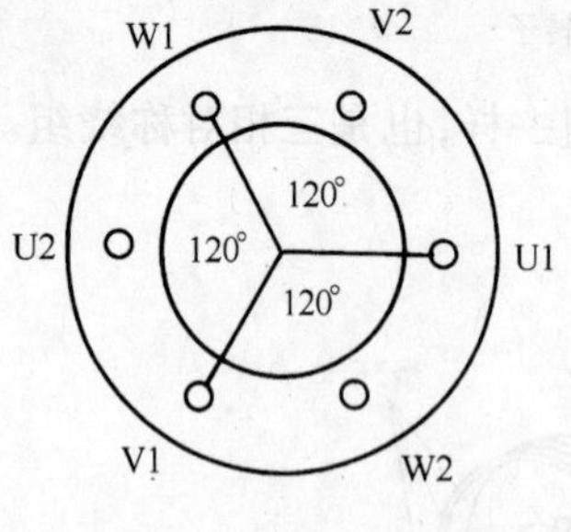

图 4-7　三相定子绕组的布置图

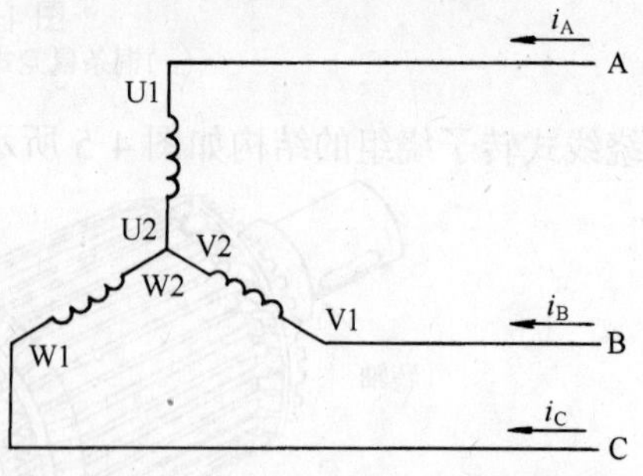

图 4-8　三相定子绕组的接线图

$$i_A = I_m \sin \omega t$$
$$i_B = I_m \sin(\omega t - 120°)$$
$$i_C = I_m \sin(\omega t + 120°)$$

波形如图 4-9 所示。图中 T_1 为电流周期。设从线圈首端流入的电流为正，从末端流入的电流为负，则在 $t_1 \sim t_4$ 各瞬间三相绕组中的电流产生的合成磁场如图 4-10 所示。对照图

4-9 与图 4-10 分析如下：

(1) 在 t_1 时刻，即 $\omega t=90°$ 时，$i_A=I_m$，$i_B=i_C=-\frac{1}{2}I_m$，用右手螺旋法则判定，三相电流产生的合成磁场为一两极磁场，如图 4-10(a)所示；

(2) 经过$\frac{T_1}{3}$的时间，在 t_2 时刻，即 $\omega t=210°$ 时，$i_B=I_m$，$i_A=i_C=-\frac{1}{2}I_m$，三相电流产生的合成磁场如图 4-10(b)所示，此刻两极磁场在空间的位置较 $\omega t=90°$ 时沿顺时针方向转了 120°；

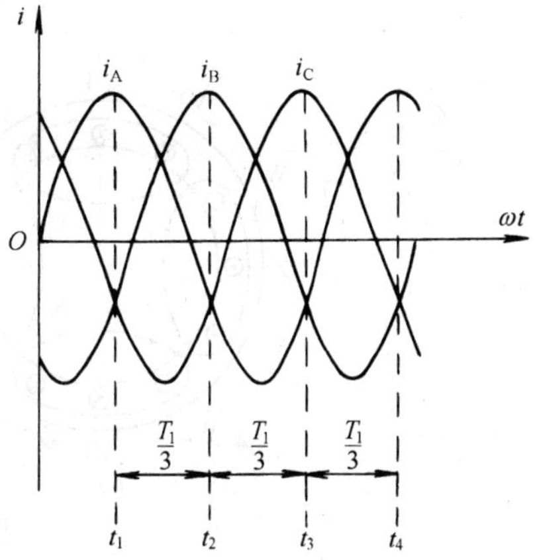

图 4-9　三相电流的波形图

(3) 再经过$\frac{T_1}{3}$的时间，在 t_3 时刻，即 $\omega t=330°$ 时，$i_C=I_m$，$i_A=i_B=-\frac{1}{2}I_m$，三相电流产生的合成磁场如图 4-10(c)所示，两极磁场较 $\omega t=210°$ 时又沿顺时针方向旋转了 120°；

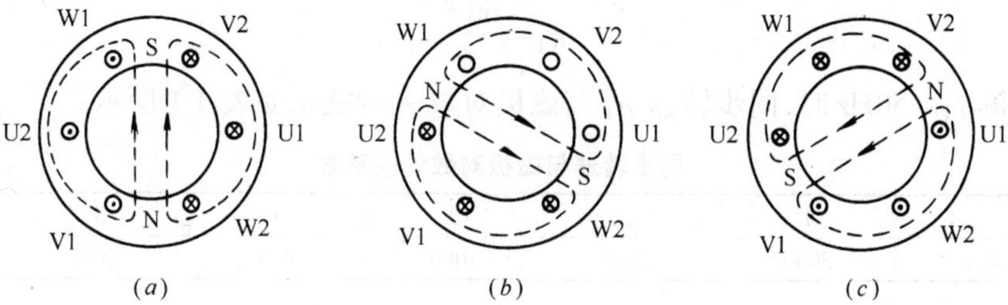

图 4-10　两极旋转磁场

(4) 再经过$\frac{T_1}{3}$的时间，在 t_4 时刻，两极磁场沿顺时针方向又转到图 4-10(a)所示的位置。

可见，三相电流经过三个周期，相位变化了 360°，产生的合成磁场在空间也旋转了一周。磁场旋转的速度与电流的变化同步。

上述每相绕组节距为 180°几何角(即：每个绕组首、末端之间的几何角)，产生的旋转磁场是一对极(两极)磁场。其转速为

$$n_1=60\frac{1}{T_1}=60f_1$$

式中　f_1——定子电流的频率(Hz)；

　　　n_1——转速(r/min)。

从图 4-10 中还可以观察到旋转磁场的旋转方向与通入定子三相绕组的电流相序有关。若 i_A 电流从 U_1 端通入，i_B、i_C 分别从 V_1 端和 W_1 端通入，相序的排列为顺时针方向，磁场顺时针方向旋转；反之，磁场逆时针方向旋转。

二、同步转速与磁极对数的关系

若绕组采用 90°几何角的节距，每相绕组由两个线圈串联组成，线圈的首端与首端、末端与末端都互隔 60°几何角。给三相绕组通入三相对称正弦电流，可产生两对极(四极)的旋转磁场，如图 4-11 所示。两对极的磁场旋转一周需要 $2T_1$ 时间，旋转的速度为

$$n_1 = 60\,\frac{1}{2T_1} = 60\,\frac{f_1}{2}\,\mathrm{r/min}$$

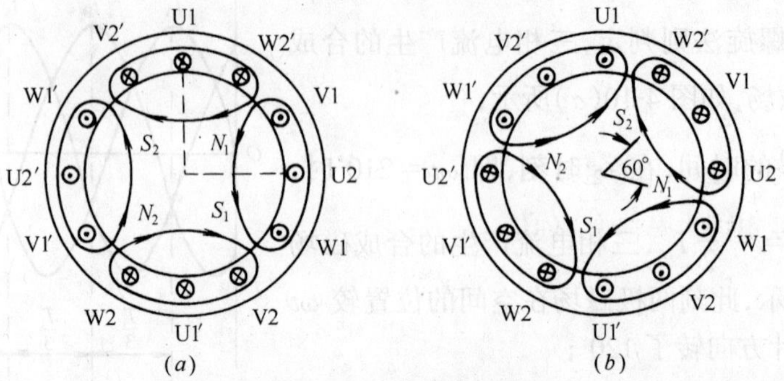

图 4-11　四极旋转磁场

同理，节距为 60°的几何角的三相对称绕组，通入三相对称正弦电流，可以产生三对极（六极）的旋转磁场。三对磁极的旋转磁场转一周需要 $3T_1$ 时间。依此类推，p 对磁极的旋转磁场旋转一周需要 pT_1 时间。所以，同步转速的表达式为

$$n_1 = \frac{60 f_1}{p} \tag{4-1}$$

在工频 $f_1 = 50\mathrm{Hz}$ 时，同步转速 n_1 与磁极对数 p 的关系如表 4-1 所示。

同步转速与磁极对数的关系表　　**表 4-1**

p	1	2	3	4	5	6
n_1(r/min)	3000	1500	1000	750	600	500

三、转速与转差率

如前所述，异步机的转子绕组受到旋转磁场的切割时，产生电磁转矩，使电动机转动起来。因此，异步机的转速 n 必然低于同步转速 n_1，即 $n < n_1$。

异步机的同步转速 n_1 与 n 之差 Δn 称为转差，也称滑差，即

$$\Delta n = n_1 - n \tag{4-2}$$

转差 Δn 与同步转速 n_1 的比值称为转差率

$$s = \frac{\Delta n}{n_1} = \frac{n_1 - n}{n_1} \tag{4-3}$$

转速

$$n = (1 - s)\,n_1 \tag{4-4}$$

在电动机启动瞬间，电动机的转速 $n = 0$，即 $s = 1$。随着转速的提高，转差率 s 减小。正常运行时，异步电动机的转差率 s 在 0 与 1 之间，即 $0 < s \leqslant 1$。一般异步电动机的额定转速 n_N 很接近同步转速 n_1，所以额定转差率 s_N 数值很小，在 0.01～0.06 之间。

转差率 s 是异步电动机的一个重要参数，在分析电动机的运行特性时经常用到。

第三节　三相异步电动机的机械特性

一、电磁转矩

三相异步电动机的电磁转矩是指电动机的转子受到电磁力的作用而产生的转矩，它是

由旋转磁场的每极磁通 Φ 与转子电流 I_2 相互作用而产生的。由于转子绕组中不但有电阻而且有电感存在,使转子电流滞后感应电动势一个相位角 ϕ_2。经过分析,异步电动机的电磁转矩

$$T = C_T \Phi_m I_2 \cos\varphi_2 \tag{4-5}$$

式中 C_T——转矩结构常数,它与电动机结构参量有关;

Φ_m——旋转磁场主磁通最大值;

I_2——每相转子电流有效值;

$\cos\varphi_2$——转子电路功率因数。

由式(4-5)可见,转矩除与 Φ_m 成正比外,还与 $I_2\cos\varphi_2$ 成正比。

为了进一步对电磁转矩进行分析,经过理论推算,三相异步电动机的电磁转矩表达式还有

$$T = C\frac{sR^2U_1^2}{R_2^2 + (sX_{20})^2} \tag{4-6}$$

式中 C——常数;

U_1——电源电压;

s——电动机的转差率;

R_2——转子每相绕组的电阻;

X_{20}——转子静止时每相绕组的感抗。

R_2 和 X_{20}基本上是常数。这个公式比式(4-5)更具体地表示出异电动机的转距与外加电源电压、转差率及转子电路参数之间的关系。式(4-6)表明,异步电动机的电磁转矩与电源电压的平方成正比。由此可见,电源电压波动对电动机的转矩及运行将产生很大影响。例如,电源电压降低到额定电压的 80%时,电动机的电磁转矩仅为额定值的 64%。电源电压过分降低,电动机就不能正常运转,影响工作质量,甚至烧坏绕组。

二、机械特性

在一定电源电压 U_1 和转子电阻 R_2 下,电动机电磁转矩与转速的关系曲线 $n = f(T)$ 称为异步电动机的机械特性曲线,如图 4-12 所示。

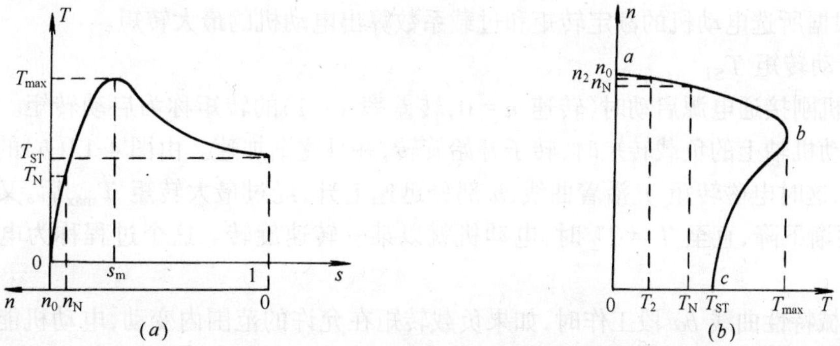

图 4-12 异步电动机的机械特性

$(a)\ T = f(s)$;$(b)\ n = f(T)$

为了分析电动机的运行性能,以便正确使用电动机,对机械特性曲线上的三个转矩应加

注意。

1. 额定转矩 T_N

异步电动机在额定功率时的输出转矩称为额定转矩。当电动机等速转动时,电动机的转矩与阻尼转矩相平衡。阻尼转矩包括负载转矩 T_2 和空载损耗转矩 T_0。由于 T_0 很小,通常可忽略,所以

$$T = T_2 + T_0 \approx T_2 = \frac{P_2}{\frac{2\pi n}{60}}$$

式中 P_2——异步电动机的输出功率(W);

n——异步电动机的转速(r/min);

T——异步电动机的输出转矩(N·m)。

在实际应用中,P_2 的单位常用 kW,则上式为

$$T_N = 9550 P_2 / n \tag{4-7}$$

额定转矩是电动机在额定功率时的输出转矩,可以从电动机的铭牌上查得额定功率 P_{2N}和额定转速 n_N,应用式(4-7)求得

$$T_N = 9550 P_{2N} / n_N \tag{4-8}$$

2. 最大转矩

机械特性曲线上电动机输出转矩的最大值称为最大转矩或临界转矩。其对应的转速为 n_m 称为临界转速。负载转矩超过最大转矩时,电动机就带不动负载了,发生停转现象,电动机的电流马上升高 6~7 倍,电动机严重过热,以致烧坏电机,这是不允许的。

为了避免电动机出现热现象,不允许电动机在超过额定转矩的情况下长期运行。另外,只要负载转矩不超过电动机的最大转矩,即电动机的最大过载可以接近最大转矩,过载时间也比较短时,电动机不至于立即过热,这是允许的。最大转矩反映了电动机短时允许过载能力,通常以过载系数表示。过载系数

$$\lambda = T_{max} / T_N \tag{4-9}$$

一般三相异步电动机的过载系数为 1.8~2.2。某些特殊电动机过载系数可以更大。过载是反映电动机过载性能的重要指标。在选用电动机时,应该考虑可能出现的最大负载转矩,再根据所选电动机的额定转矩和过载系数算出电动机的最大转矩。

3. 启动转矩 T_{ST}

电动机刚接通电源启动时(转速 $n=0$,转差率 $s=1$)的转矩称为启动转矩。当启动转矩大于电动机轴上的负载转矩时,转子开始旋转,并且逐渐加速。由图 4-12(b)的机械特性曲线可知,这时电磁转矩 T 沿着曲线 cb 部分迅速上升,经过最大转矩 T_{max}后,又沿着曲线 ba 部分逐渐下降,直至 $T=T_2$ 时,电动机就以某一转速旋转。这个过程称为电动机的启动。

在机械特性曲线 ba 段工作时,如果负载转矩在允许的范围内变动,电动机能自动适应负载的要求,平衡稳定地工作。例如,由于某种原因引起负载转矩增加,而使它的转速下降,由图 4-12(b)可见,电动机的转矩增加,就适应了这种运行要求。因为转速下降时,定子旋转磁场对转子导体的相对切割速度增大,使转子绕组电流增大,于是电动机的电磁转矩也相应增大。所以机械特性曲线 ba 段是稳定工作区。如果 ba 段比较平坦,当负载在空载与额

定值之间变化时，电动机的转速变化不大。这种特性称为硬的机械特性。

如果负载转矩超过电动机的最大转矩 T_{max}时，电动机的运行便越过曲线 b 点进入 bc 段，这时电磁转矩不仅不会增加，相反会急剧下降，转速也迅速下降，直到电动机停转。所以机械特性曲线 bc 段是不稳定的工作区。

不同电源电压时，机械特性曲线如图 4-13 所示。转子电阻 R_2 不同时的机械特性曲线如图 4-14 所示。如果在转子回路中串接三相附加电阻，就可以使机械特性发生变化。通常在绕线型异步电动机转子回路中采用串接电阻的方法提高异步电动机的启动转矩或制动转矩。转子回路串接电阻以后的机械特性称人为机械特性。鼠笼型异步电动机不可能在转子回路中串接电阻，因此不可能得到人为机械特性。

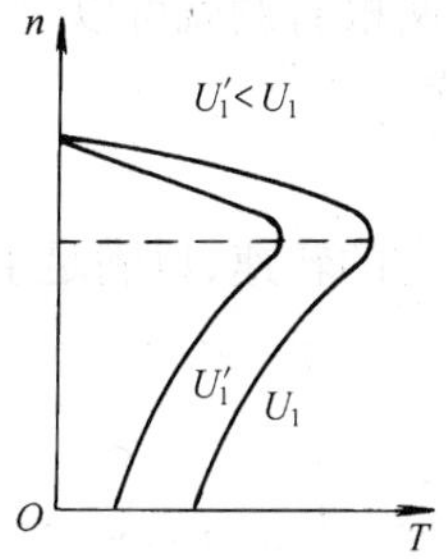

图 4-13　对应于不同电源电压 U_1 的 $n = f(T)$ 曲线（R_2 = 常数）

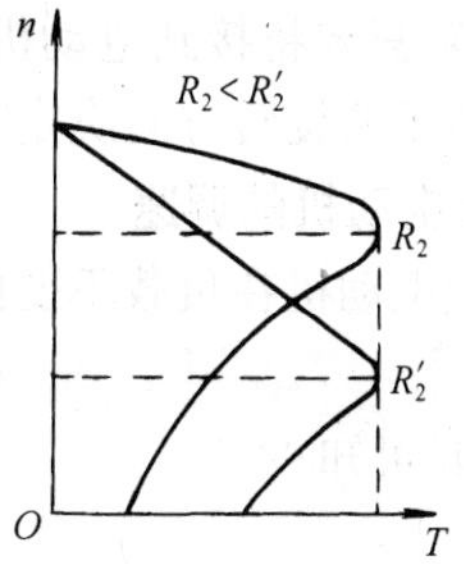

图 4-14　对应于不同转子电阻 R_2 的 $n = f(T)$ 曲线（U_1 = 常数）

第四节　三相异步电动机的使用

一、异步电动机的启动

异步电动机启动是指电动机接通交流电源，使电动机的转子由静止状态开始转动，一直加速到额定转速，进入稳定状态运转的过程。

1. 启动时可能存在的问题

(1) 启动电流大。在电动机刚开始启动时，由于转子尚未转动（转速 $n = 0$），旋转磁场以最大的相对速度（同步速度）切割静止的转子导体，这时转子绕组感应电动势最大，产生的转子电流也最大，定子电流也相应增大。一般中、小型鼠笼式异步电动机的定子启动电流（线电流）与额定电流之比值大约为 4～7。随着电动机转速迅速升高，转子感应电动势和定子、转子电流也相应迅速减小。小型电动机转子启动时间很短，启动电流也较小，一般不会引起电动机过热。如果电动机频繁启动，启动电流所造成的热量积累就有可能使电动机过热，以至损坏定子绕组。大型电动机过大的启动电流也会造成电网电压降低，影响安装在同一条线路的其他用电设备的正常运行。例如，照明灯光突然变暗；邻近的电动机转速降低，甚至停转等。因此，对于容量较大的电动机，一般采用专用的启动设备以减小启动电流。

(2) 启动转矩小。在刚启动时，虽然转子电流较大，但转子的功率因数 $\cos\varphi_2$。是很低的。由式(4-5)可知，启动转矩实际上是不大的，它与额定转矩之比值约为 1.0～2.2。如果启动转矩过小，就不能在满载下启动，应设法提高。有些机械设备如切削机床一般都是空载启动，启动后再进行切削，对启动转矩没有特殊的要求。而起重机的电动机应该采用启动转矩较大的电动机,如绕线式异步电动机。

2. 启动方法

异步电动机的启动方法有三种。

(1) 直接启动。就是不加任何启动设备的启动。一般电动机容量小于供电变压器容量的7%~10%时,允许直接启动。

(2) 降压启动。即在启动时降低加在电动机定子绕组上的电压,以减小启动电流。鼠笼式电动机的降压启动常用自耦降压启动和星形——三角形换接启动方法。

(3) 串联电阻启动。绕线式电动机转子串联电阻启动,启动后再将电阻短路。

二、异步电动机的反转

异步电动机转子的旋转方向与旋转磁场是一致的。如果要改变转子的旋转方向,使异步电动机反转,只要将接到电动机上的三根电源线中的任意两根对调就可以了。由此可见,异步电动机转子的旋转方向决定于接入三相交流电源的相序。

三、异步电动机的调速

调速是指电动机在负载不变的情况下,用人为方法改变它的转速,以满足生产过程的要求。

由式(4-4)可知

$$n=(1-s)n_1=(1-s)\frac{60f_1}{p} \tag{4-10}$$

由式可见,异步电动机有三种调速方法。

1. 变极调速

由式 $n_1=\frac{60f_1}{p}$ 可知,如果磁极对数 p 减小一半,则旋转磁场的转速 n_1 便提高一倍。图 4-15 是定子绕组的两种接法。A 相绕组由线圈 U1U2 和 U′1U′2 组成。图 4-15(a)是两个线圈串联,得到 $p=2$;图4-15(b)是两个线圈反并联(头尾相联),得到 $p=1$。在改变极对数时,一个线圈中的电流方向不变,而另一个线圈中的电流方向改变了。

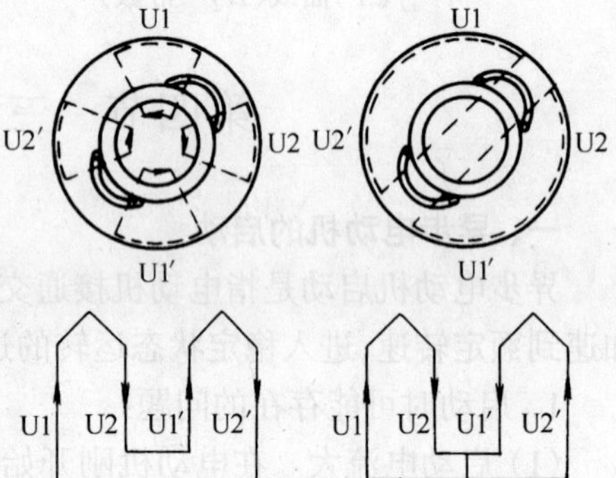

图 4-15　改变磁极对数的调速方法
(a) $p=2$;(b) $p=1$

可以改变磁极对数的异步电动机称为多速电动机,它们的转速可逐级改变,主要用于各种金属切削机床及木工机床等设备中。

2. 变频调速

改变电动机电源的频率能够改变电动机的转速。由于发电厂供给的交流电频率为50Hz,固定不变,因此必须采用专用的变频调速装置。变频调速装备由可控硅整流器和可控硅逆变器组成。整流器先将50Hz的交流电变换为直流电,再由逆变器变换为频率可调、电压有效值也可调的三相交流电,供给鼠笼式异步电动机,实现电动机的无级调速,并具有硬的机械特性。

目前已经有采用16位微处理器和适用于2.2~110kW容量电动机调速用的高性能数字式变频器,调频范围可于0.5~50Hz之间,精度为0.1Hz。此外,还有转矩补偿、加减速时间、多挡速度、制动量和制动时间的设定以及保护和警报显示等功能。广泛应用于电冰箱、空调系统中。

3. 变差调速

绕线式异步电动机的调速是通过调节串接在转子电路的调速电阻进行的，如图 4-16 所示。加大转子电路中的调速电阻时，可使机械特性向下移动，如果负载转矩不变，转差率 s 上升，而转速下降。串接的电阻越大，转速越低，调速范围一般为 3∶1。这种调速方法的优点是设备简单，投资少；但能量损耗较大，广泛用于运输机械设备等方面。

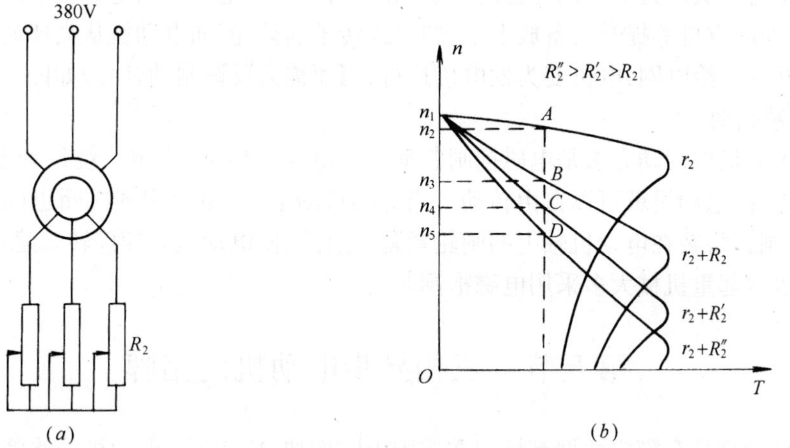

图 4-16　绕线式电动机串电阻调速

(a)电路图；(b)调速特性

四、异步电动机的制动

电动机制动时施加的制动转矩的方向与转子的转动方向相反。异步电动机的制动方法有以下几种。

1. 电动制动

(1) 反接制动　在生产中最常用的电气制动方法是反接制动，如图 4-17(a)所示。利用转换开关在电动机定子绕组断开时，立即对调任意两根电源线，重新接通电源，使旋转磁场反向旋转。这时使转子受到反向制动转矩的作用，转子转速迅速下降并且停止转动。当转速接近零时，通常利用控制电器自动切断电源，否则电动机还会继续向相反方向旋转。由于在反接制动时旋转磁场与转子的相对转速很大，因而电流较大。为了限制电流，对功率较大

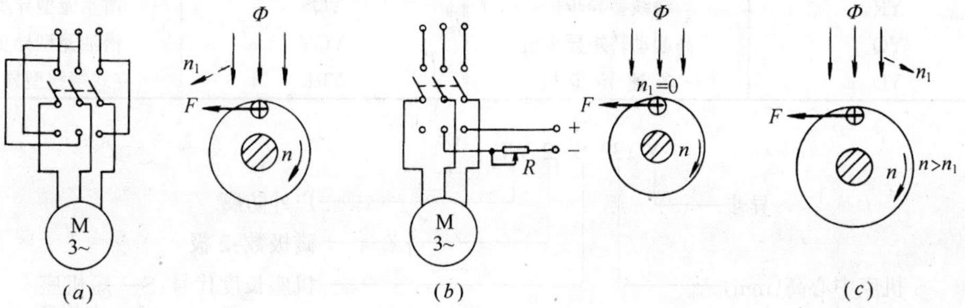

图 4-17 电气制动

(a)反接制动；(b)能耗制动；(c)反馈制动

的电动机进行制动时必须在定子电路(鼠笼式)或转子电路(绕线式)中接入电阻。这种制动方法比较简单,效果较好,但能量消耗较大,制动时会产生强烈的冲击,容易损坏机件。

(2) 能耗制动　能耗制动是在电动机切断三相电源的同时,在其中两相定子绕组中接上直流电源,在电机中产生方向恒定的磁场,使电动机转子电流与固定磁场相互作用产生制动转矩。直流电流的大小一般为电动机额定电流的 0.5～1.5 倍。这种方法是将转动部分的动能转换为电动机转子中的电能而被消耗掉的制动方法,如图 4-17(*b*)所示。

(3) 反馈制动　这是指外力或惯性使电动机转速大于同步转速时,转子电流和定子电流的方向都与电机作为电动机运行的方向相反,所以此时电机不从电源吸取能量,而是将重物的位能(如起重机等提升设备放下重物时)或转子的动能(如电动机从高速调到低速时)转变为电能并反馈给电网,电机变为发电机运行,因而称为反馈制动,原理如图 4-17(*c*)所示。

2. 机械制动

最常用的机械制动方法是电磁抱闸制动。当电动机启动时,定子绕组和电磁抱闸线圈同时接通电源,电动机就可以自由转动。当电动机断电时,电磁抱闸线圈也同时断电,在弹簧作用下,闸瓦将装在电动机轴上的闸轮紧紧"抱住",使电动机立即停转。建筑施工所用的小型卷场机等起重机械大多采用电磁抱闸制动。

第五节　三相异步电动机的铭牌

电动机的型号和额定数据都标记在铭牌上。例如,Y132S-2 电动机的铭牌如下:

三相异步电动机		
型号:Y132S-2	功率:7.5kW	频率:50Hz
电压:380V	电流:15.0A	接法:△
转速:2900r/min	绝缘等级:B	工作方式:连续
	出厂年月	×年×月

(1) 型号　电动机型号中包括产品类型代号、结构和特殊环境代号。产品类型代号见表4-2。型号说明举例如图 4-18。

电动机产品类型代号　　**表 4-2**

代　号	产 品 名 称	代　号	产 品 名 称
Y	笼 型 异 步 机	YB	隔爆笼型异步机
YR	绕线型异步机	YQS	潜水笼型异步机
YQ	高起动转矩异步机	YQY	潜油笼型异步机
YD	多 速 异 步 机	YRL	立式绕线型异步机

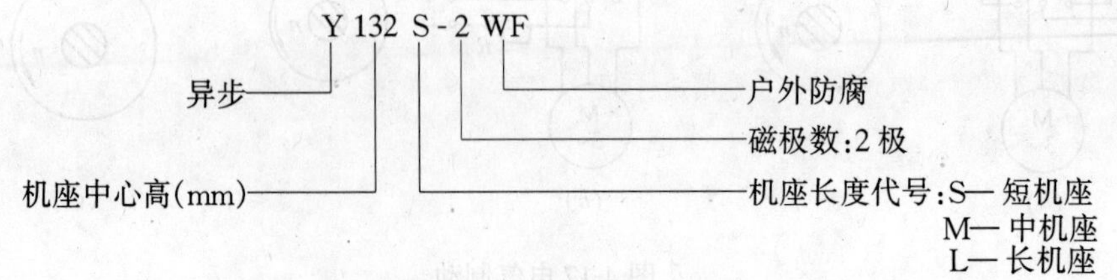

图 4-18　电动机型号说明

(2) 额定电压 U_{1N}　U_{1N}是电动机额定运行时应加的电源线电压。一般规定电动机电源电压的偏差应在额定值的±5%以内。

(3) 额定电流 I_{1N}　I_{1N}是电动机额定运行时的线电流。

(4) 额定转速 n_N　n_N 是电动机额定运行时的转速。

(5) 额定功率 P_N　P_N 是电动机额定运行时，电动机轴上输出的机械功率。

(6) 额定频率 f_{1N}　我国电力系统交流电的频率统一采用 50Hz，因此国内用交流异步电动机的额定频率一般为 50Hz，有的国家采用 60Hz。

(7) 绝缘等级　电动机的绝缘等级是按所用绝缘材料容许温升分级的，如表 4-3 所示。

电动机的绝缘等级　　**表 4-3**

绝 缘 等 级	环境温度在 40℃的容许温升(℃)	容许极限温升(℃)
A	60	105
E	75	120
B	80	130
F	100	155
H	125	180

(8) 工作方式　工作方式也称定额，用英文字母 S 和数字标志。按运行状态对电动机温升的影响，工作方式细分为 9 种。可归为连续、短时和断续方式三大类。

(9) 外壳防护等级　电动机外壳防护分为两种。第一种防护是防止人体触及电动机内部带电部分和转动部分，以及防止固体物进入电动机内部。第二种防护是防止进水而引起的有害影响。电动机外壳防护等级代号由四部分组成，见图 4-19。

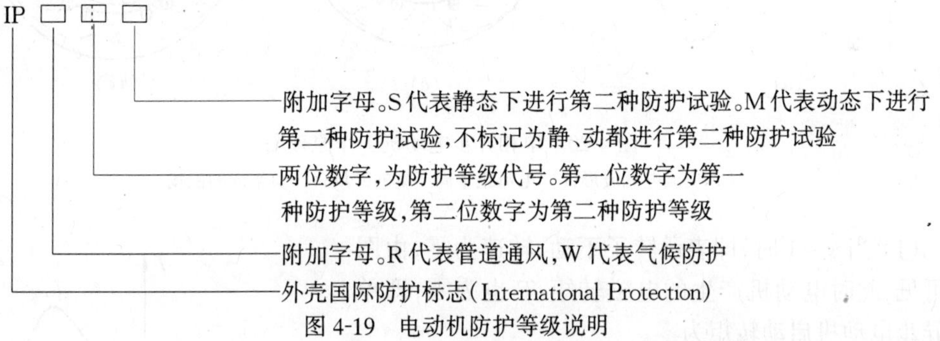

图 4-19　电动机防护等级说明

Y 系列三相笼型异步电动机是 20 世纪 80 年代我国统一设计的新系列产品。与旧系列产品相比，具有效率高、启动转矩大、体积小、质量轻、噪声低、振动小、温升裕度大、防护性能好等优点。此外，Y 系列电动机在功率和机座号等级、安装尺寸的对应关系上符合国际电工委员会(IEC)标准，提高了国内外同类产品的互换性。

Y 系列电动机额定电压为 380V、3kW 及以下定子绕组为 Y 接法，4kW 及以上为△接法，采用 B 级绝缘。防护类型有封闭式(IP44)和防淋式(IP23)两种。

第六节　单相异步电动机

单相异步电动机是利用单相交流电源供电的一种小容量交流电机。由于它具有结构简单、成本低廉、运行可靠、维修方便等优点以及可以直接在单相 220 伏交流电源上使用的特点，被广泛采用于办公场所、家用电器等方面，在工、农业生产及其他领域也使用着不少单相异步电动机。如台扇、吊扇、洗衣机、电冰箱、空调、吸尘器、小型鼓风机、小型车床、医疗器械等等。

单相异步电动机的不足之处是它与同容量的三相异步电动机相比较，则体积较大、运行性能较差、效率较低。因此一般只制成小型和微型系列，容量在几瓦到几百瓦之间。

一、单相异步电动机的工作原理

如图 4-20 所示为一台最简单异步电动机原理图、定子铁心上布置有单相定子绕组，转子为鼠笼式结构。当向单相定子绕组中通入按正弦规律变化的单相交流电后，由图 4-20 可见，当电流在正半周及负半周不断交变时，其产生的磁场大小及方向也在不断变化(按正弦规律变化)，但磁场的轴线则沿纵轴方向固定不动，我们把这样的磁场称为脉动磁场。当转子静止不动时，转子导体中的合成感应电动势及电流均为零，即合成转矩为零，因此转子没有启动转矩。故单相异步电动机如不采取一定的措施，则电动机不能自行启动。但如果用一个外力使转子转动一下，则转子就能沿该方向继续转动下去。如图 4-21 所示曲线为单相异步电动机的 $T=f(s)$ 曲线，该曲线可通过理论分析或实验得到。其特点如下：

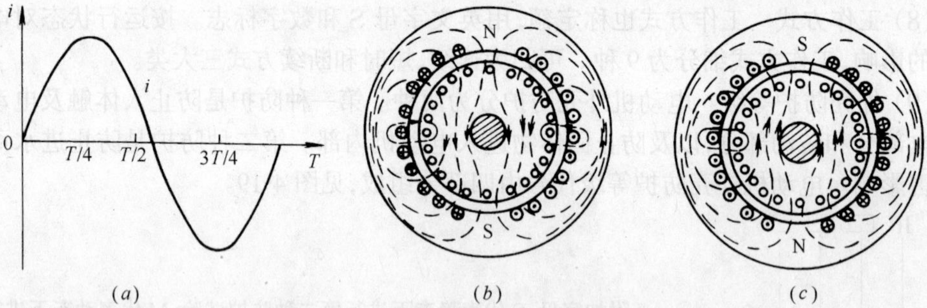

图 4-20 单相异步电动机工作原理图

(a)交流电流波形；(b)电流正半周产生的磁场；(c)负半周的磁场

(1) 当 $s=1$ 时，即表示转子不动、转速为零，由图中可见，此时电动机产生的电磁转矩 T 也为零，即单相异步电动机启动转矩为零。

(2) 如采取适当措施，在单相异步电动机接入单相交流电源的同时，使转子向正方向旋转一下(即转速假设为正，$s\leqslant1$)，从图 4-21 中可见此时电磁转矩 T 也为正，因此为拖动转矩，当拖动转矩大于电动机的负载阻力矩时，使转子加速，最后在某一转差率下(对应某一转速下)稳定运行。

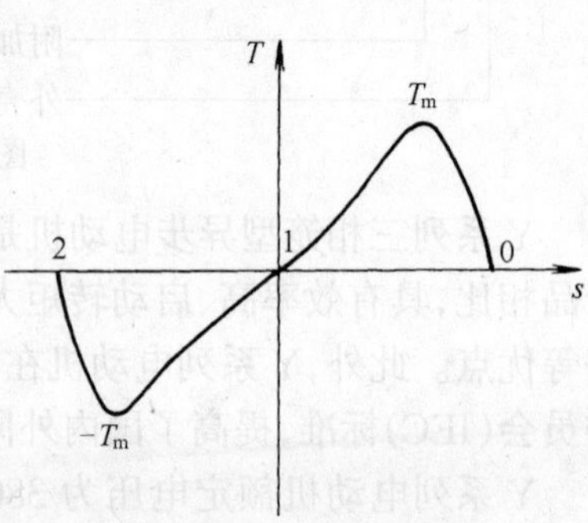

图 4-21 单相异步电动机的 $T=f(s)$ 曲线

(3) 当电动机转速接近同步转速(即 s 接近零)时，电磁转矩也接近零。因此，单相异步电动机同样不能达到同步转速。

(4) 当转差率大于 1 而小于 2 时，即转子向反方向旋转，则此时的电磁转矩也为负，故电磁转矩的方向仍和转子旋转方向一致，所以同样可以使转子反方向加速到接近同步转速并稳定运转。因此单相异步电动机没有固定的转向，两个方向都可以旋转，究竟朝那个方向旋转，由启动转矩的方向决定。

二、单相电容(电阻)异步电动机

1. 单相异步电动机的分类

前已叙述单相异步电动机本身没有启动转矩，转子不能自行启动，为了解决电动机的启动问题，人们采取了许多特殊的措施，例如将单相交流电分成两批通入两相定子绕组中，或将单相交流电产生的磁场设法使之转动。单相异步电动机根据其启动方法或运行方法的不同，可分为单相电容运行电动机、单相电容启动电动机、单相电阻启动电动机、单相罩极电动机等。下面分别予以介绍。

2. 单相电容运行异步电动机

这是使用较为广泛的一种单相异步电动机，其原理线路如图 4-22 所示。在电动机定子铁心上嵌放两套绕组：主绕组 U1U2(又称工作绕组)和副绕组 Z1Z2(又称启动绕组)，它们的结构相同(或基本相同)，但在空间的位置则互差 90°电角度。在启动绕组 Z1Z2 中串入电容器 C 以后再与工作绕组并联接在单相交流电源上，适当选择电容器 C 的容量，可以使流过工作绕组中的电流 I_U 和流过启动绕组中的电流 I_Z 相差约 90°电角度，如图 9-22(*b*)所示。画出对应于不同瞬间定子绕组中的电流所产生的磁场，如图 4-23 所示，由图中我们可

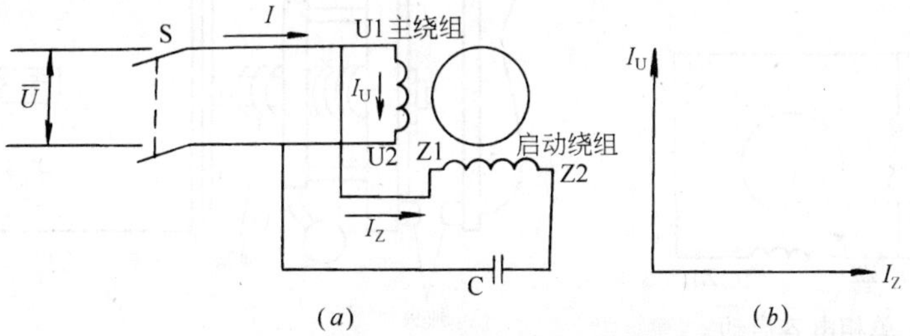

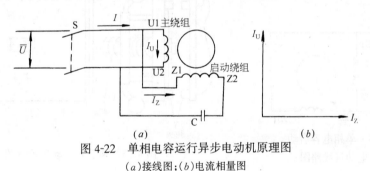

图 4-22 单相电容运行异步电动机原理图

(*a*)接线图；(*b*)电流相量图

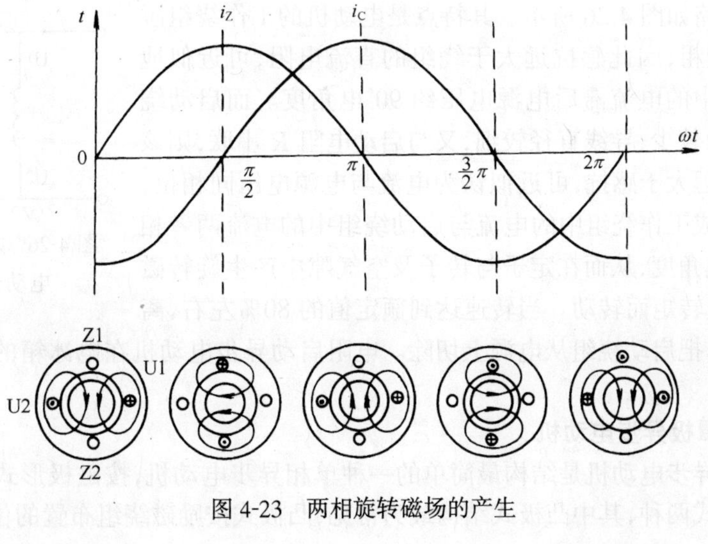

图 4-23 两相旋转磁场的产生

以得到如下的结论：向空间位置互差 90°电角度的两相定子绕组内通入在时间上互差 90°的两相电流，产生的磁场也是沿定子内圆旋转的旋转磁场。鼠笼式结构的转子在该旋转磁场的作用下获得启动转矩而使电动机旋转。

电容运行电动机结构简单，使用维护方便，只要任意改变工作绕组（或启动绕组）的首端、末端与电源的接线，即可改变旋转磁场的转向，从而使电动机反转。这类电动机常用于吊扇、台扇、电冰箱、洗衣机、空调器、吸尘器等上面。

3．单相电容启动异步电动机

如果在电容运行异步电动机的启动绕组中串联一个离心开关 S，就构成单相电容启动电动机，图 4-24 为启动原理线路图，而图 4-25 则为离心开关的动作示意图。当电动机转子静止或转速较低时，离心开关的两组触头在弹簧的压力下处于接通位置，即图 4-24 中的 S 闭合，启动绕组与工作绕组一起接在单相电源上，电动机开始转动，当电动机转速达到一定数值后，离心开关中的重球产生的惯性力大于弹簧的弹力，则重球带动触头向右移动，使两组触头断开，即图 4-24 中的 S 断开，将启动绕组从电源上切除。电容启动电动机与电容运转电动机比较，前者有较大的启动转矩，但启动电流也较大，适用于各种满载启动的机械，如小型空气压缩机，在部分电冰箱压缩机中也有采用。

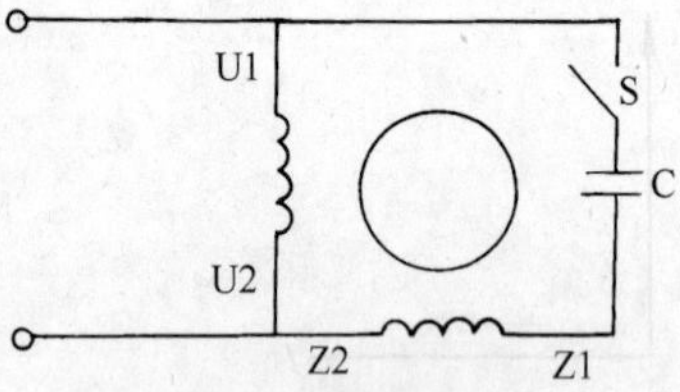

图 4-24　单相电容启动异步电动机线路图

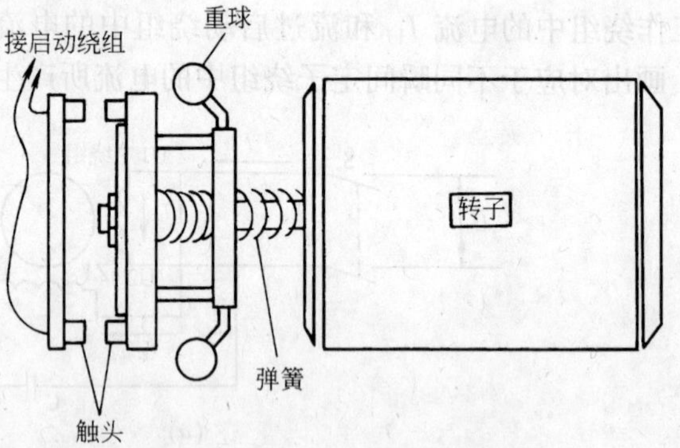

图 4-25　离心开关动作示意图

4．单相电阻启动电动机

其启动线路如图 4-26 所示。其特点是电动机的工作绕组匝数较多，导线较粗，因此感抗远大于绕组的直流电阻，可近似地看做流过绕组中的电流滞后电源电压约 90°电角度。而启动绕组 Z1Z2 的匝数较少，导线直径较细，又与启动电阻 R 串联，则该支路的总电阻远大于感抗，可近似认为电流与电源电压同相位，因此就可以看成工作绕组中的电流与启动绕组中的电流两者相位差近似 90°电角度，从而在定子与转子及空气隙中产生旋转磁场，使转子产生转矩而转动。当转速达到额定值的 80％左右，离心开关 S 动作，把启动绕组从电源上切除。电阻启动异步电动机在电冰箱的压缩机中获得广泛的采用。

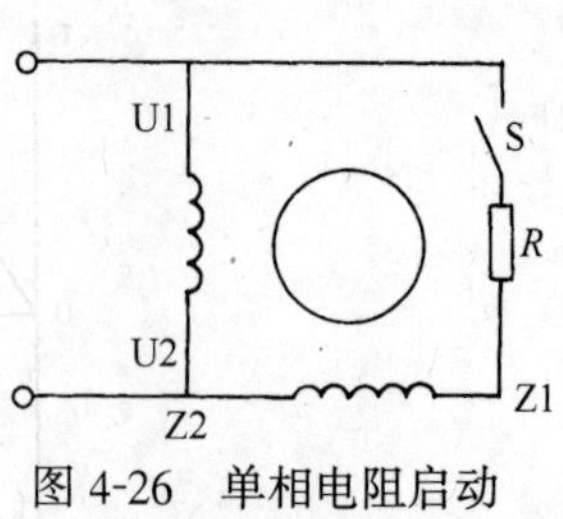

图 4-26　单相电阻启动电动机线路图

三、单相罩极异步电动机

单相罩极异步电动机是结构最简单的一种单相异步电动机，按磁极形式的不同可分为凸极式和隐极式两种，其中凸极式结构最为常见，凸极式按励磁绕组布置的位置不同又可分集中励磁和分别励磁两种，图 4-27 为凸极式集中励磁的结构示意图；而图 4-28 为凸极式分别励磁结构示意图，一般有两极和四极两种。在每个磁极极面的 1/3～1/4 处开有小槽，在小槽的部分极面上套有铜制的短路环，就好像把这部分磁极罩起来一样，所以称罩极电动机。罩极电动机的转子均采用鼠笼式转子结构。

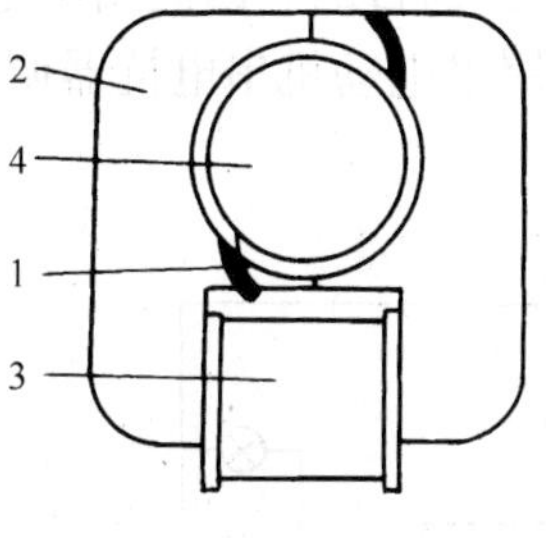

图 4-27　凸极式集中励磁罩极电动机结构图
1—罩极；2—凸极式定子铁心；
3—定子绕组；4—转子

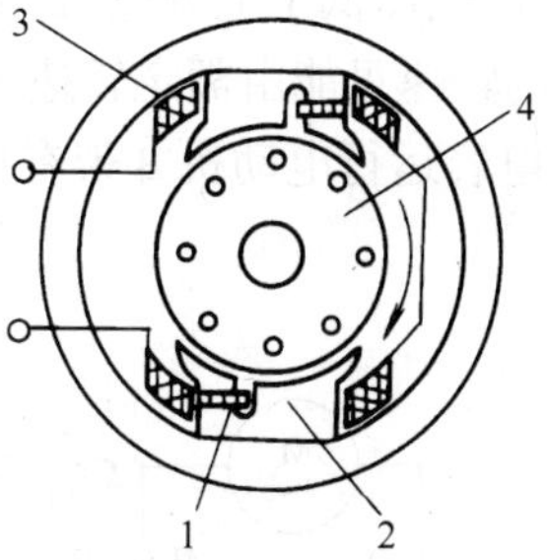

图 4-28　凸极式分别励磁罩极电动机结构
1—罩极；2—凸极式定子铁心；
3—定子绕组；4—转子

当给罩极电动机励磁绕组内通入单相交流电时，在励磁绕组与短路铜环的共同作用下，磁极之间形成一个连续移动的磁场，好似旋转磁场一样，从而使鼠笼转子受力而旋转。

罩极电动机的主要优点是结构简单、制造方便、成本低、运行时噪声小、维护方便。主要缺点是启动性能及运行性能较差、效率和功率因数都较低，主要用于小功率空载启动的场合，如台式电风扇、仪用电风扇、电唱机等上面。

四、单相异步电动机的反转与调速

1．反转

三相异步电动机只要将电动机的任意两根端线与电源的接法对调，电动机就可以反转。而单相异步电动机则不行，这可以从本章第二节两相旋转磁场产生的条件中得到答案。要使单相异步电动机反转，必须使旋转磁场反转，其方法有两种：(1)把工作绕组(或启动绕组)的首端和末端与电源的接法对调。因为单相异步电动机的转向是由工作绕组与启动绕组中产生的磁场在时间上有近于 90°电角度的相位差而决定的，现在我们把其中的一个绕组反接，等于把这个绕组的磁场相位改变 180°，如原来是超前 90°，则改接后就变成滞后 90°，所以旋转磁场的转向随之改变。(2)把电容器从一组绕组中改接到另一组绕组中(只适用于电容运行单相异步电动机)，则流过该绕组中的电流也从原来的超前 90°近似变为滞后 90°，旋转磁场的转向发生了改变。现举洗衣机用电容运行单相异步电动机为例说明之，如图 4-29 所示，洗衣机需经常正反转，因此一般均采用电容运行单相异步电动机，当定时器内的开关处于图中所示位置时，电容 C 串联在 U1U2 绕组中，经过一定时间后，定时器开关自动动作，就把电容 C 从 U1U2 绕组回路中切除，串入 Z1Z2 绕组中，就实现了电动机的反转。

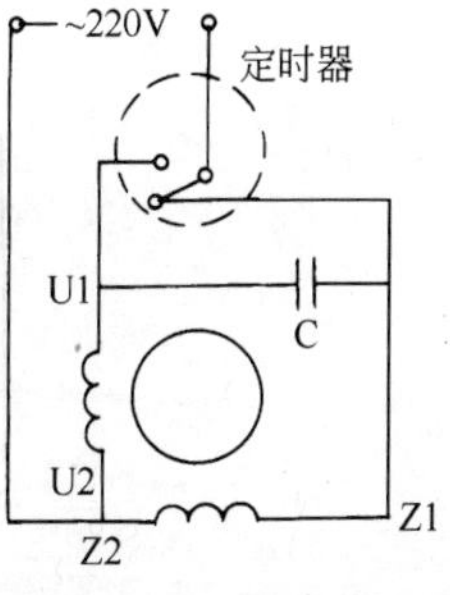

图 4-29　洗衣机用电容运转电动机的正、反转控制

以上反转方法只用于电容(电阻)式单相异步电动机，对于罩极式单相异步电动机，一般情况下很难改变电动机的转向，因此罩极电动机只用于不需改变转向的场合。

2．调速

单相异步电动机和三相异步电动机一样，它的转速调节较困难。如采用变频调速则设备复杂、成本高。为此一般只进行有级调速，主要的调速方法有：

(1) 串电抗器调速

将电抗器与电动机定子绕组串联，通电时，利用在电抗器上产生的电压降使加到电动机定子绕组上的电压低于电源电压，从而达到降低电动机转速的目的。因此用串电抗器调速时，电动机的转速只能由额定转速往低调。图 4-30(*a*)为罩极电动机串电抗器调速电路图，而(*b*)图为电容运行电动机并带有指示灯的电路。

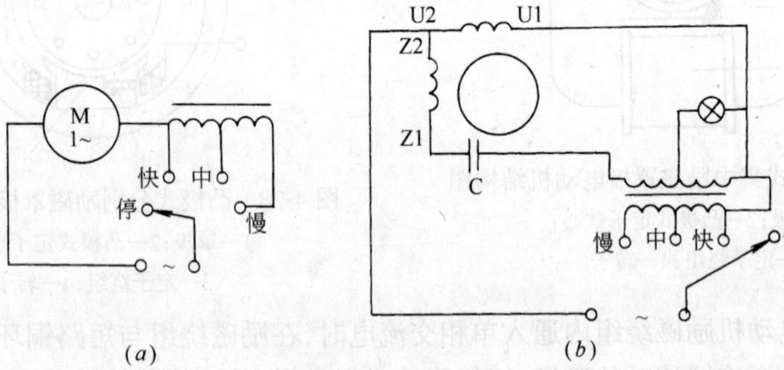

图 4-30　回单相异步电动机串电抗器调速电路

(*a*)罩极电动机；(*b*)电容运转电动机(带指示灯)

这种调速方法线路简单、操作方便。缺点是电压降低后，电动机的输出转矩和功率明显降低，因此只适用于转矩及功率都允许随转速降低而降低的场合，目前主要用于吊扇及台扇上。

(2) 电动机绕组内部抽头调速

电容式电动机较多地采用定子绕组抽头调速，此时电动机定子铁心槽中嵌放有工作绕组 U1U2、启动绕组 Z1Z2 和中间绕组 D1D2，通过调速开关改变中间绕组与启动绕组及工作绕组的接线方法，从而达到改变电动机内部气隙磁场的大小，达到调节电动机转速的目的。这种调速方法通常有 L 型接法和 T 型接法两种，如图 4-31(*a*)(*b*)所示。

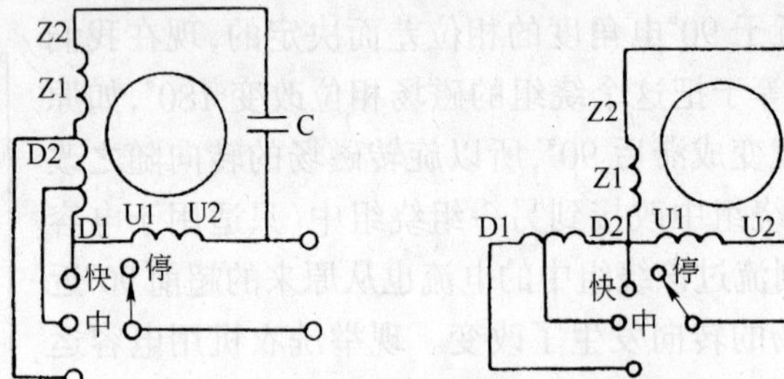

图 4-31　电容电动机绕组抽头调速接线图

(*a*)L 型法；(*b*)T 型接法

与串电抗器调速比较，用绕组内部抽头调速不需电抗器，故材料省，耗电少。缺点是绕组联线和接线比较复杂，电动机与调速开关的接线较多。

(3) 交流晶闸管调速

利用改变晶闸管的导通角，来实现调节加在单相异步电动机上的交流电压的大小，从而达到调节电动机转速的目的,具体线路分析可在电子技术课程中学习。本调速方法可以实现无级调速,缺点是有一些电磁干扰。目前常用于吊风扇的调速上。

第七节　异步电动机的选择与维护

一、异步电动机的选择

异步电动机的选择,主要是确定其种类、转速和额定功率。应根据实用、经济、安全等原则来加以选择。

1. 类型的选择

异步电动机有鼠笼式和绕线式两种。前者具有结构简单、维护方便,价格低廉等优点,其主要缺点是起动性能较差,调速困难,因此适用于空载或轻载起动,无调速要求的场合,例如运输机、搅拌机和功率不大的水泵,风机等;后者起动性能较好,并可在不太大的范围内调速,但其结构复杂,维护不便,故适用于要求起动转矩大和能在一定范围内调速的设备,如起重机、卷扬机等多用绕线式异步电机拖动。

异步电动机具有不同的结构形式防护等级,应根据电动机的工作环境来选用。

2. 转速的选择

电动机的转速应视生产机械要求而定。但是,通常异步电动机的同步转速不低于500r/min,因此要求转速低的生产机械还需配减速装置。

异步电动机在功率相同的条件下,其同步转速越低,它的电磁转矩越大,体积就越大,重量越重,价格也越贵,所以一般情况下选用高转速异步电动机,如 $p=1$, $p=2$ 等。

3. 额定功率(容量)的选择

电动机的功率是由生产机械的需要而定的。合理选择电动机的功率有很大经济意义,如果认为把电动机的功率选大的保险一些,这种想法是不对的,因为这不仅使投资费用增大,而且异步电动机在低于额定负载情况下运行,其功率因数和效率都较低,使运行费用增加。当然,如果电动机功率选小了,则电动机在运行时电流较长时间超过额定值,结果由于过热致使电动机寿命降低甚至损坏。因此,根据生产机械的需要,科学地选择电动机的功率才是正确的途径。

电动机的功率选择应按照电动机的工作方式采用不同的方法,下面简单介绍如下:

(1) 连续工作方式

对于连续工作方式的电动机,只要选择电动机的功率略大于生产机械所需功率即可。电动机功率应满足:

$$P_N \geqslant \frac{P_L}{\eta_1 \eta_2} \tag{4-11}$$

式中　P_L——生产机械负载功率;

η_1、η_2——传动机构和生产机械本身的效率。

【例 4-1】　今有一离心水泵,其流量 $Q=0.1m^3/s$,扬程 $H=10m$,电动机与水泵直接连接,即 $\eta_1=1$,水泵效率 $\eta_2=0.6$,水泵转速为 1470r/min。若用一台鼠笼式电机拖动,作长时间连续运行,试选择电动机。

【解】　泵类机械负载功率计算公式从设计册上查出为:

$$P_L=\frac{Q\gamma H}{102}=\frac{0.1\times1000\times10}{102}=9.80\text{kW}$$

其中,γ 是水的密度,为 1000kg/m^3。

所选电动机的功率:

$$P_N\geqslant\frac{P_L}{\eta_1\eta_2}=\frac{9.80}{1\times0.6}\doteq16.3\text{kW}$$

可选 Y180M-4 型的普通鼠笼式电动机,其额定功率为 18.5kW、转速为 1470r/min。

(2) 断续工作方式

这类电动机工作时间 t 和停止时间 t_0 是交替的,我们称工作时间 t 和一个周期$(t+t_0)$之比值称为负载持续率,通常用百分数表示,即:

$$\varepsilon=\frac{t}{t+t_0}\times100\% \tag{4-12}$$

电机厂设计和制造的断续工作方式的电动机,其标准负载持续率为 15%、25%、40%和 60% 4 种,铭牌上的功率一般指标准负载持续率 25%下的额定功率,在产品目录上还给出了上述其他 3 种负载持续率下的额定功率。

如果生产机械的实际负载持续率与上述标准负载持续率相接近,可以查阅电机产品目录,使所选电动机在某一负载持续率下的额定功率略大于生产机械所需功率。

如果生产机械负载持续率与标准持续率不同,应先将实际负载持续率 ε_ω 下的实际定载功率 P_ω 换算成最接近的标准负载持续率 ε_N 下的功率 P_S,其换算公式为:

$$P_S=P_\omega\sqrt{\frac{\varepsilon_\omega}{\varepsilon_N}} \tag{4-13}$$

(3) 短时工作方式

电机厂专门设计和制造了适用于短时工作的电动机,其标准持续时间分为 10、30、60 和 90 分钟 4 个等级。其铭牌上的功率是和一定的标准持续时间对应的。当电动机实际工作时间和上述标准时间比较接近时,可按生产机械的实际功率选用额定功率与之相接近的电动机。

实际上,生产机械的实际工作时间 t_ω 不一定等于标准持续时间 t_S,此时应按下式将实际工作时间 t_ω 下的实际功率 P_ω 换算成标准持续时间下 t_S 的功率 P_S:

$$P_S=P_\omega\sqrt{\frac{t_\omega}{t_S}} \tag{4-14}$$

式中,t_S 应最接近实际工作时间,然后再根据 t_S 和 P_S 选用电动机。

也可选用连续工作方式的电动机,由于在短时运行时,电动机发热一般不成问题,因此容许过载。通常可按电动机过载能力来选择。所选电动机的功率为:

$$P_N\geqslant\frac{P_L}{\lambda\eta_1\eta_2} \tag{4-15}$$

式中 λ 是过载能力。

最后还需说明，在选择电动机时，还应从节能方面考虑，优先选用高效率和高功率因数的电动机。

二、异步电动机的检查、维护与故障处理

1．异步电动机使用前的检查

对新安装或久未运行的电动机，在通电使用之前必须先作下列检查工作，以验证电动机能否通电运行。

(1) 看电动机是否清洁，内部有无灰尘或脏物等，一般可用不大于0.2MPa(2个大气压)的干燥压缩空气吹净各部分的污物。如无压缩空气，也可用手风箱(通称皮老虎)吹，或用干抹布去抹，不应用湿布或沾有汽油、煤油、机油的布去抹。

(2) 拆除电动机出线端子上的所有外部接线，用兆欧表测量电动机各相绕组之间及每相绕组与地(机壳)之间的绝缘电阻，看是否符合要求。按要求，电动机每1kV工作电压，绝缘电阻不得低于1MΩ，一般额定电压为380V的三相异步电动机，绝缘电阻应大于0.5MΩ以上才可使用。如绝缘电阻较低，则应先将电动机进行烘干处理，然后再测绝缘电阻，合格后才可通电使用。

(3) 对绕线式异步电动机除检查定子绕组的绝缘电阻外，还要检查转子绕组及滑环对地及滑环之间的绝缘电阻；检查滑环与电刷的表面是否光滑，接触是否良好(接触面积应不少于电刷全面积的3/4)，电刷压力是否正常(一般压力应为14.7～24.5kPa)。

(4) 对照电动机铭牌标明的数据，检查电动机定子绕组的联接方法是否正确(Y接还是△接)，电源电压、频率是否合适。

(5) 检查电动机轴承的润滑脂(油)是否正常，观察是否有泄漏的印痕，转动电动机转轴，看转动是否灵活，有无摩擦声或其他异声。

(6) 检查电动机接地装置是否良好。

(7) 检查电动机的启动设备是否完好，操作是否正常；电动机所带的负载是否良好。

2．异步电动机启动中的注意事项

(1) 电动机在通电试运行时必须提醒在场人员注意，不应站在电动机及被拖动设备的两侧，以免旋转物切向飞出造成伤害事故。

(2) 接通电源之前就应作好切断电源的准备，以防万一接通电源后电动机出现不正常的情况(如电动机不能启动、启动缓慢、出现异常声音等)时能立即切断电源。

(3) 鼠笼式电动机采用全压启动时，启动次数不宜过于频繁，尤其是电动机功率较大时要随时注意电动机的温升情况。

(4) 绕线式电动机在接通电源前，应检查起动器的操作手柄是不是已经在“零”位，若不是则应先置于“零”位。接通电源后再逐渐转动手柄，随着电动机转速的提高而逐渐切除起动电阻。

3．三相异步电动机运行中的监视与维护

电动机在运行时，要通过听、看、闻等及时监视电动机，以期当电动机出现不正常现象时能及时切断电源，排除故障。具体项目如下：

(1) 听电动机在运行时发出的声音是否正常。电动机正常运行时，发出的声音应该是平稳、轻快、均匀、有节奏的。如果出现尖叫、沉闷、摩擦、撞击、振动等异音时，应立即停机检查。

(2) 通过多种渠道经常检查、监视电动机的温度，检查电动机的通风是否良好。

(3) 注意电动机在运行中是否发出焦臭味，如有，说明电动机温度过高，应立即停机检查原因。

(4) 要保持电动机的清洁，特别是接线端和绕组表面的清洁。不允许水滴、油污及杂物落到电动机上，更不能让杂物和水滴进入电机内部。要定期检修电动机，清扫内部，更换润滑油等。

(5) 要定期测量电动机的绝缘电阻，特别是电动机受潮时，如发现绝缘电阻过低，要及时进行干燥处理。

(6) 对绕线式电动机，要经常注意电刷与滑环间火花是否过大，如火花过大，要及时做好清洁工作，并进行检修。

4. 三相异步电动机的常见故障及排除方法

异步电动机的故障可分机械故障和电气故障两类。机械故障如轴承、铁心、风叶、机座、转轴等的故障，一般比较容易观察与发现。电气故障主要是定子绕组、转子绕组、电刷等导电部分出现的故障。当电动机不论出现机械故障或电气故障时都将对电动机的正常运行带来影响，因此如何通过电动机在运行中出现的各种不正常现象来进行分析，从而找到电动机的故障部位与故障点，这是电动机故障处理的关键，也是衡量操作者技术熟练程度的重要标志。由于电动机的结构型式、制造质量、使用和维护情况的不同，往往可能出现同一种故障有不同的外观现象，或同一外观现象由不同的故障原因引起。因此要正确判断故障，必须先进行认真细致的研究、观察和分析，然后进行检查与测量，找出故障所在，并采取相应的措施予以排除。检查电动机故障的一般步骤是：

(1) 调查

首先了解电机的型号、规格、使用条件及使用年限，以及电机在发生故障前的运行情况，如所带负荷的大小、温升高低、有无不正常的声音、操作使用情况等等。并认真听取操作人员的意见。

(2) 察看故障现象

察看的方法要按电机故障情况灵活掌握，有时可以把电动机接上电源进行短时运转，直接观察故障情况，再进行分析研究。有时电机不能接上电源，通过仪表测量或观察来进行分析判断，然后再把电机拆开，测量并仔细观察其内部情况，找出其故障所在。

异步电动机常见的故障现象，产生故障的可能原因及故障处理方法如表 4-4 所示。

异步电动机的常见故障及排除方法　　表 4-4

故障现象	造成故障的可能原因	处 理 方 法
电源接通后电动机不能启动	(1) 定子绕组接线错误 (2) 定子绕组断路，短路或接地，绕线电机转子绕组断路 (3) 负载过重或传动机构被卡住 (4) 绕线电动机转子回路断开(电刷与滑环接触不良，变阻器断路，引线接触不良等) (5) 电源电压过低	(1) 检查接线，纠正错误 (2) 找出故障点，排除故障 (3) 检查传动机构及负载 (4) 找出断路点，并加以修复 (5) 检查原因并排除

续表

故障现象	造成故障的可能原因	处 理 方 法
电动机温升过高或冒烟	(1) 负载过重或启动过于频繁 (2) 三相异步电动机断相运行 (3) 定子绕组接线错误 (4) 定子绕组接地或匝间、相间短路 (5) 鼠笼电动机转子断条 (6) 绕线电动机转子绕组断相运行 (7) 定子、转子相擦 (8) 通风不良 (9) 电源电压过高或过低	(1) 减轻负载、减少启动次数 (2) 检查原因,排除故障 (3) 检查定子绕组接线,加以纠正 (4) 查出接地或短路部位,加以修复 (5) 铸铝转子必须更换,铜条转子可修理或更换 (6) 找出故障点,加以修理 (7) 检查轴承,检查转子是否变形、进行修理或更换 (8) 检查通风道是否畅通,对不可反转的电机检查其转向 (9) 检查原因并排除
电机振动	(1) 转子不平衡 (2) 皮带轮不平衡或轴端弯曲 (3) 电机与同载轴线不对 (4) 电机安装不良 (5) 负载突然过重	(1) 校正平衡 (2) 检查并校正 (3) 检查、调整机组的轴线 (4) 检查安装情况及底脚螺栓 (5) 减轻负载
运行时有异声	(1) 定子转子相擦 (2) 轴承损坏或润滑不良 (3) 电动机两相运行 (4) 风叶碰机壳等	(1) 见前面 (2) 更换轴承,清洗轴承 (3) 查出故障点并加以修复 (4) 检查并消除故障
电动机带负载时转速过低	(1) 电源电压过低 (2) 负载过大 (3) 鼠笼电动机转子断条 (4) 绕线电动机转子绕组一相接触不良或断开	(1) 检查电源电压 (2) 核对负载 (3) 见前面 (4) 检查电刷压力,电刷与滑环接触情况及转子绕组
电动机外壳带电	(1) 接地不良或接地电阻太大 (2) 绕组受潮 (3) 绝缘有损坏,有脏物或引出线碰壳	(1) 按规定接好地线,消除接地不良处 (2) 进行烘干处理 (3) 修理、进行浸漆处理,清除脏物,重接引出线

5. 单相异步电动机的常见故障与处理

单相异步电动机的维护和三相异步电动机相似,要经常注意电动机转速是否正常,能否正常启动,温升是否过高,有无杂音和振动,有无焦臭味等。现将常见故障及处理方法列表如下:

(1) 无法启动(见表 4-5)

表 4-5

故 障 原 因	处 理 方 法
(1) 电源电压不正常	(1) 检查电源电压是否过低
(2) 电动机定子绕组断路	(2) 用万用表检查定子绕组是否完好,接线是否良好
(3) 电容器损坏	(3) 用万用表或其他仪表检查电容器的好坏
(4) 离心开关触头闭合不上	(4) 修理或更换
(5) 转子卡住	(5) 检查轴承质量、润滑油是否正常、定子与转子有否相碰
(6) 过载	(6) 检查电动机所带负载是否正常

(2) 启动转矩很小，或启动迟缓且转向不定(见表 4-6)

表 4-6

故障原因	处理方法
(1) 启动绕组断路	(1) 检查启动绕组，找出断路点
(2) 电容器开路	(2) 检查或更换电容器
(3) 离心开关触头合不上	(3) 修理或更换离心开关

(3) 电动机转速低于正常转速(见表 4-7)

表 4-7

故障原因	处理方法
(1) 电源电压偏低	(1) 找出原因，提高电源电压
(2) 绕组匝间短路	(2) 修理或更换绕组
(3) 离心开关触头无法断开，启动绕组未切除	(3) 修理或更换离心开关
(4) 电容器损坏(击穿或容量减小)	(4) 更换电容器
(5) 电动机负载过重	(5) 检查轴承质量，检查负载情况

(4) 电动机过热(见表 4-8)

表 4-8

故障原因	处理方法
(1) 工作绕组或启动绕组(电容运转)短路或接地	(1) 找出故障处，修理或更换
(2) 电容启动电动机工作绕组与启动绕组相互接错	(2) 调换接法
(3) 电容启动电动机离心开关触头无法断开，使启动绕组长期运行	(3) 修理或更换离心开关

(5) 电动机转动时噪声大或振动大(见表 4-9)

表 4-9

故障原因	处理方法
(1) 绕组短路或接地	(1) 找出故障点，修理或更换
(2) 轴承损坏或缺少润滑油	(2) 更换轴承或加润滑油
(3) 定子与转子空隙中有杂物	(3) 清除杂物
(4) 电风扇风叶变形、不平衡	(4) 修理或更换

本 章 小 结

1．交流异步电动机是将交流电能转换成机械能的一种装置，主要是由定子和转子两大部分组成，按所需电源相数不同可分为三相异步电动机和单相异步电动机；按其转子结构不同可分为鼠笼式异步电动机和绕线式异步电动机。

2．三相异步电动机的工作原理是利用定子绕组产生旋转磁场，转子绕组在旋转磁场中感应产生电流，从而受力旋转工作的。

3．三相异步电动机的机械特性曲线是指其电磁转矩与转速的关系曲线。

4．异步电动机的启动方法有直接启动、降压启动和串电阻启动。

5．异步电动机的调速方法有变极调速、变频调速和变差调速。

6．异步电动机的制动方法有机械制动和电气制动两大类，其中电气制动又有反接制动、能耗制动和反馈制动。

7．单相异步电动机是利用转子绕组在脉动磁场中受力而旋转工作的，具有结构简单、成本低廉、运行可靠、维修方便等优点。

8．掌握电机常见故障的诊断及处理方法是维护电机正常运行的基础。

思考题与习题

1．什么叫旋转磁场？旋转磁场产生的必要与充分条件有哪些？

2．如果同时改变三相定子绕组接三相交流电源的三根接线，旋转磁场的方向将如何变化？

3．改变旋转磁场旋转速度的方法有哪几种？

4．简单说明三相异步电动机的旋转原理。

5．什么叫异步电动机的转差率？转差率与电动机的转速之间有什么关系？

6．Y-160M2-2 三相异步电动机的额定转速为 2930r/min，频率为 50 Hz，$2p=2$，求转差率 S_N。

7．三相鼠笼式异步电动机主要由哪些部分组成？各部分的作用是什么？

8．三相鼠笼式异步电动机和三相绕线式异步电动机结构上的主要区别有哪些？

9．三相异步电动机的铭牌有什么用？说明铭牌上最重要的数据有哪几个？

10．三相异步电动机当转子电路的电阻 R_2 增大时，对电动机的启动电流、启动转矩和功率因数带来什么影响？

11．说明三相异步电动机转矩特性曲线上的稳定工作区及不稳定工作区的含义。

12．两台三相异步电动机额定功率都是 40kV，而额定转速分别为 2960r/min 和 1460r/min，求对应的额定转矩为多少？说明为什么这两台电动机的功率一样但在轴上产生的转矩却不同？

13．某三相异步电动机额定电压为 380V，额定电流是 6.5A，额定功率 3kV，功率因素 0.86，额定转速 1430r/min，频率 $f=50$Hz，求该电动机对应的效率、转差率、转矩和定于绕组磁极对数。

14．某三相异步电动机 $P_N=4$kW，$U_N=380$V，$n_N=2920$r/min，效率为0.87，功率因素为 0.88，暂载率为 2.2，求额定转矩，最大转矩和额定电流各为多少？

15．某三相异步电动机 $P_N=7.5$kW，$n_N=2890$r/min，$f=50$Hz，最大转矩 $T_{max}=57$N·m，求该电动机的过载系数和转差率。

16．什么叫三相异步电动机的启动？为什么它的启动电流很大？启动电流大有什么危害性？

17．三相异步电动机接入电源启动时，如转子被卡住无法旋转，对电动机有无危害？如遇此情况，该怎么办？

18．三相异步电动机的启动方法分哪两大类？说明适用的范围。

19．什么叫三相异步电动机的降压启动？有哪几种降压启动的方法？并分别比较它们的优缺点。

20．绕线式异步电动机的启动方法有哪几种？并分别说明其适用的场合。

21．绕线式异步电动机如果转子绕组开路，能否启动？为什么？

22．什么叫三相异步电动机的调速？对三相鼠笼式异步电动机，有哪几种调速方法？并分别比较其优缺点。

23．对三相绕线式异步电动机通常采用什么方法调速？

24. 比较鼠笼式异步电动机和绕线式异步电动机的优缺点。

25. 如何改变三相异步电动机的转向？频繁改变电动机的转向有何害处？

26. 什么叫三相异步电动机的制动？制动通常分哪两大类？

27. 三相异步电动机的电气制动有哪几种方法？分别说明其制动原理和使用场合。

28. 一台搁置较久的三相鼠笼式异步电动机、在通电使用前应进行哪些准备工作后才能通电使用？

29. 三相异步电动机在通电启动时应注意哪些问题？

30. 三相异步电动机在连续运行中应注意哪些问题？

31. 如发现三相异步电动机通电后电动机不转动问首先应怎么办？其原因主要有哪些？

32. 三相异步电动机在运行中发出焦臭味或冒烟，应怎么办？其原因主要有哪些？

33. 什么叫脉动磁场？产生脉动磁场的条件有哪些？

34. 给在空间互差 90°电角度的两相绕组内通入同相位的交流电，产生什么磁场？

35. 气隙磁场为脉动磁场的单相异步电动机有无启动转矩产生？如何能使该电动机转动？

36. 说明单相电容运行异步电动机的启动原理。

37. 单相电容运行异步电动机和单相电容启动异步电动机的工作原理有什么不同？两者能否互换？为什么？

38. 比较单相电容运行、单相电容启动、单相电阻启动异步电动机的运行特点及使用场合。

39. 单相罩极异步电动机的工作原理是怎样的？它的优、缺点是什么？

40. 如何改变电容启动单相异步电动机的转向？它与电容运行电动机的转向改变方法是否相同？

41. 单相异步电动机的调速方法有哪几种？分别比较其优缺点。

42. 单相罩极电动机的转向可以调节吗？为什么？转速能调节吗？如能够则应如何进行调节？

43. 一台良好的空调机，安装好之后进行通电运转，发现转速很慢。可能是什么故障？如何找原因？

44. 一台空调机，久用之后动力不足转速变慢，启动困难，可能是什么原因？

第五章　低压电器及基本控制电路

现代的生产机械绝大多数是由电动机拖动的，称为电力拖动。目前国内广泛采用由继电器、接触器、按钮等有触点电器组成的控制电路，称为继电—接触器控制，以实现对电动机的启动、停机、正反转、行程、时间、顺序等控制，并对电动机进行保护。本章主要分析三相异步电动机的自锁、互锁、联锁等基本环节的控制电路和水泵、锅炉、空调等典型控制电路。下面先简要介绍电机控制电路中最常用的低压电器。

第一节　低　压　电　器

低压电器是指工作在直流 1200V、交流 1000V 以下的各种电器，按动作性质可分为手动电器（如按钮、刀开关等）和自动电器（如接触器、继电器等）两种。

一、闸刀开关

闸刀开关是结构最简单的一种手动电器，主要用于不频繁接通和分断小容量的低压供电线路，以及作为电源的隔离开关，也可用于 5.5kW 以下三相异步电动机的不频繁直接启动。

闸刀开关主要由操作手柄、刀刃、静插座（刀尖）、绝缘底板和胶盖等组成（见图 5-1*a*），内装有熔丝。闸刀开关有双极（两刀）和三极（三刀），可用作单相和三相线路的电源隔离开关，并具有短路保护。产品系列代号为 HK，如 HK2—30/3 型（HK2 系列、额定电流 30A、三极）。

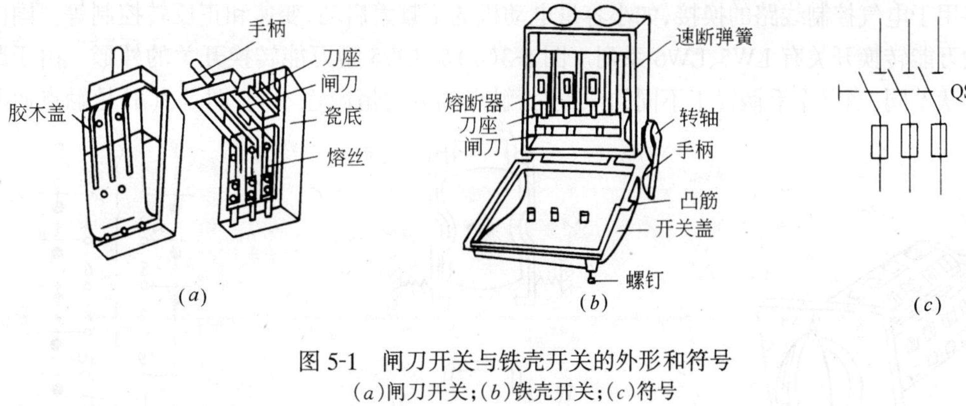

图 5-1　闸刀开关与铁壳开关的外形和符号
(*a*)闸刀开关；(*b*)铁壳开关；(*c*)符号

二、铁壳开关

铁壳开关又称封闭式负荷开关（见图 5-1*b*）。它由闸刀、闸座、速断弹簧、熔断器和手柄等组成，安装在铁盒中。当通过手柄拉开闸刀时，由于速断弹簧的作用，使闸刀迅速脱离刀座，避免电弧烧伤。箱盖和手柄之间有联锁装置，保证在开关合闸时不能打开盖子，在盖子打开时不能合闸。铁壳开关一般用于电气照明、电热器、电力排灌等的配电设备中，作不频繁地接通和分断电路，也可用于 15kW 以下的电动机的不频繁直接启动。铁壳开关的系列代号为 HH。

三、组合开关

组合开关又称转换开关，与前面两种开关不同的是，组合开关是用旋转手柄左右转动使开关动作的，且不带熔断器。由于采用弹簧储能机构，可使开关快速闭合及分断，从而提高了分断能力和灭弧性能。组合开关具有结构紧凑，体积小，便于装在电气控制面板上和控制箱内，除了对线路没有短路保护作用外，其余与闸刀开关的作用相同。组合开关的系列号为HZ。图 5-2 是 HZ10 系列三极组合开关的外形和符号。

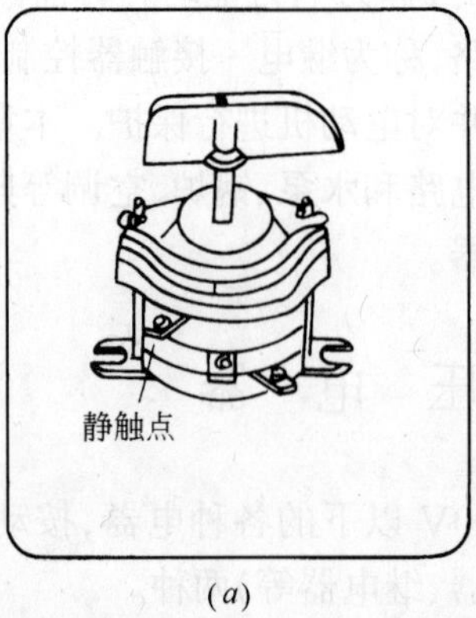

(*a*)

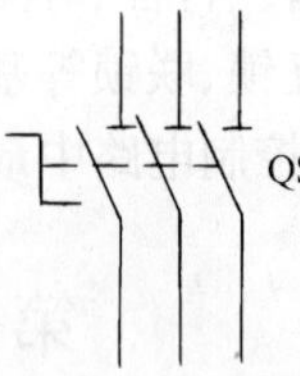

(*b*)

图 5-2　图 5-2　组合开关的外形与符号

(*a*)外形；(*b*)符号

四、万能转换开关

万能转换开关是一种多档式、控制多回路的主要电器。

万能转换开关由多组结构相同的开关元件叠装组合而成，它具有多个操作位置和较多的触点，并能根据需要进行组合，适应较复杂的控制线路的需要，因此被称为"万能"转换开关。它主要用于电气控制线路的换接，如小容量电动机的不频繁启动、变速和正反转控制等。国内常用的万能转换开关有 LW5、LW6 系列。图 5-3(*a*)是 LW5 型万能转换开关的外形。由于凸轮的形状不同，当操作手柄置于不同的位置时，触点的分合情况也不同，图 5-3(*b*)是触点通断

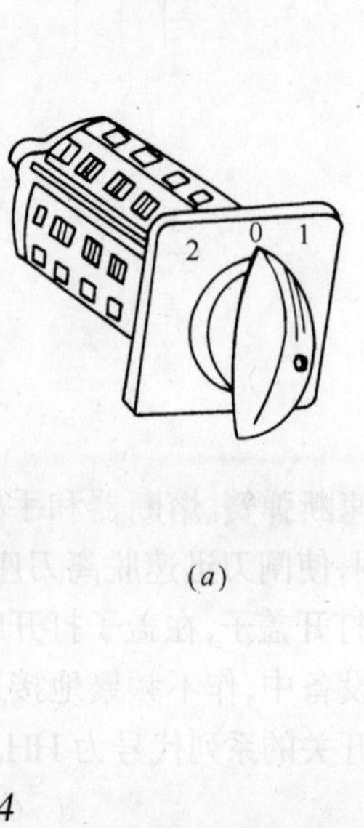

(*a*)

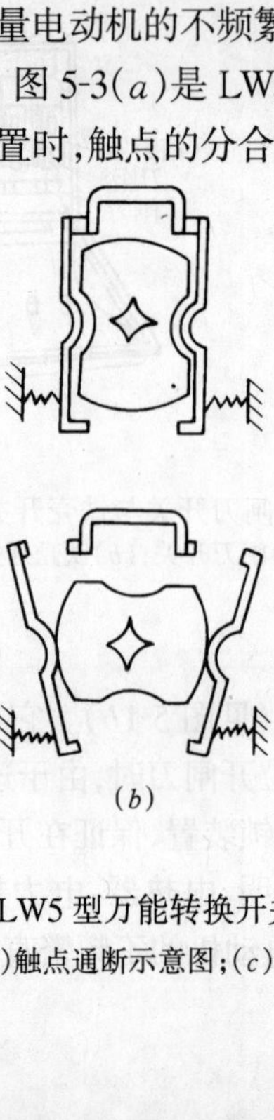

(*b*)

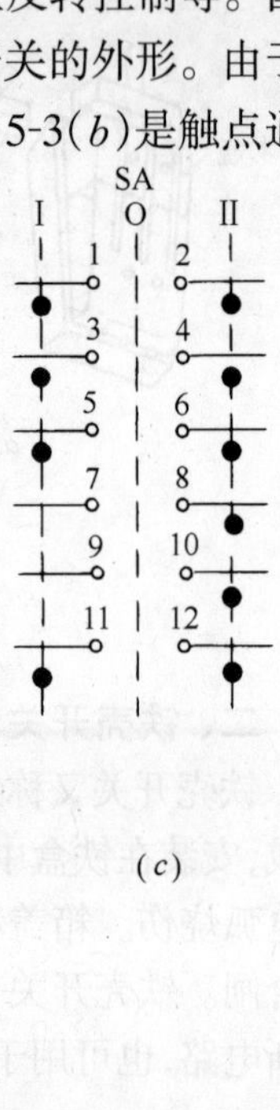

(*c*)

图 5-3　LW5 型万能转换开关

(*a*)外形；(*b*)触点通断示意图；(*c*)符号

示意图。在5-3(*c*)符号图中,“—∘ ∘—”代表一路触点,而三条竖虚线代表手柄的位置,哪一路接通,就在代表该位置虚线上的触点下面用“·”表示。如手柄置于O位时,所有的触点都不通,置于I位时,触点1-2、3-4、5-6、11-12接通,7-8、9-10不通。

五、低压断路器

低压断路器又称为自动空气开关,简称自动开关。是一种既能手动操作又能自动进行

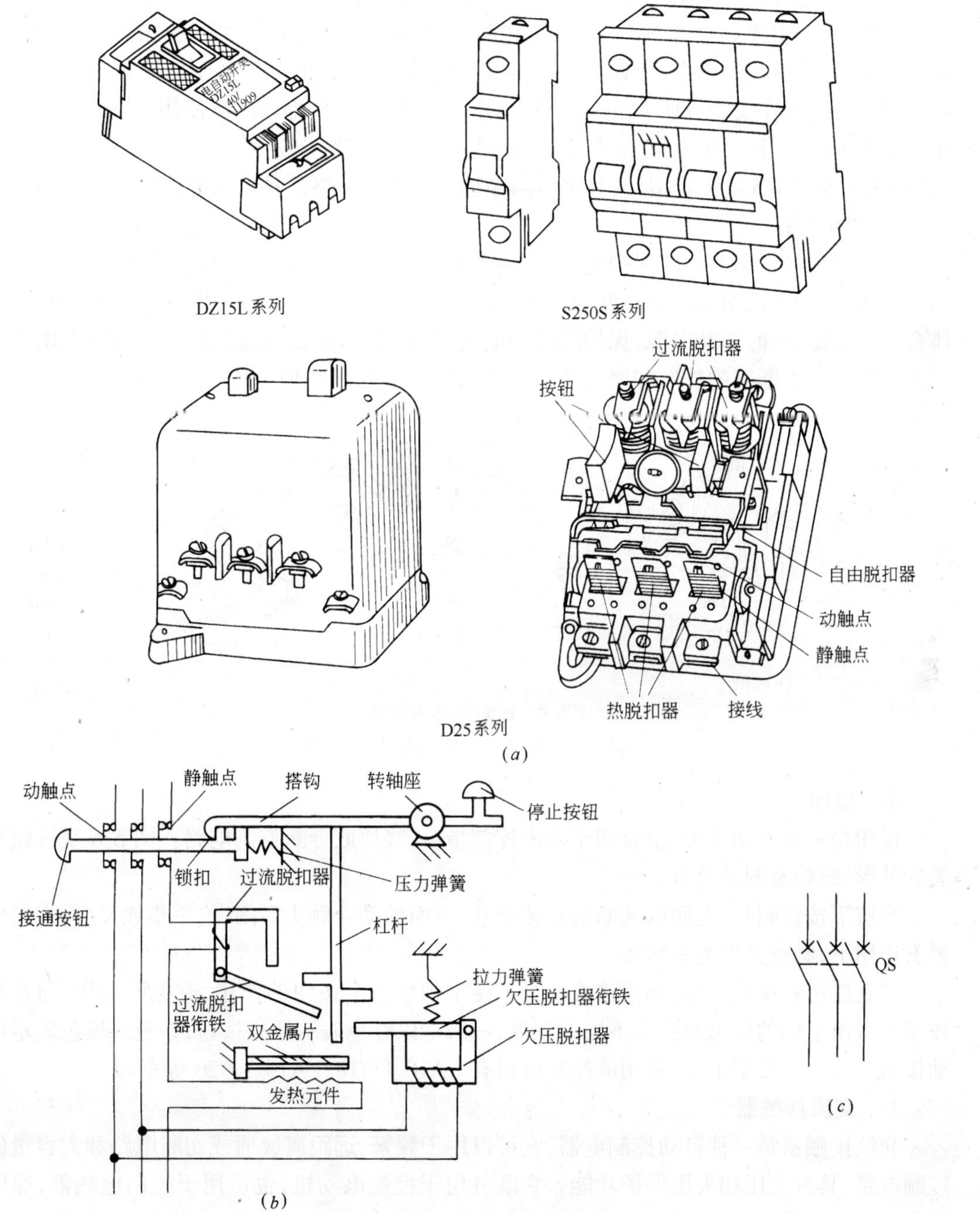

图5-4 低压断路器的外形、结构与符号

(*a*)低压断路器的外形;(*b*)结构示意图;(*c*)符号

短路、过载、欠压和失压保护的电器。图 5-4(a)是几种低压断路器的外形图。

图 5-4(b)和(c)是电动机控制中常用的 DZ5-20 型的低压断路器结构示意图和符号。按下"合"按钮,搭钩钩住锁扣,使三对触点闭合,接通负载;按下"分"按钮,搭钩松开,使三对触点分断,断开负载。正常工作时,过流脱扣器的衔铁打开,欠压脱扣器的衔铁吸合。当电路发生短路时,过流脱扣器产生足够大的电磁力,将衔铁吸合并撞击杠杆,顶开搭钩,三对触点分断,切断电源。当发生一般的过载时,发热元件产生的热量使双金属片向上弯曲,推动杠杆动作,切断电源 。当电源没有电(失电)或电压降到一定值时,欠压脱扣器的电磁力减小,不足以克服弹簧的弹力,衔铁释放,将杠杆往上推而切断电源。由于低压断路器结构紧凑、功能完善、操作安全方便,无需在故障动作后更换元件,故得以广泛使用。DW 系列的低压断路器主要用于工矿企业和变配电所,电动机和线路一般用 DZ5、DZ10、DZ15、C45、S250S、DZ15L、DZ5-20L 等型号,其中后两种型号的低压断路器具有漏电保护。

六、熔断器

熔断器是最常用的短路保护电器,串接在被保护的电路中。熔断器中的熔片或熔丝统称为熔体,一般由低熔点的合金制成。线路在正常工作时,熔体不会熔断,一旦发生短路,熔体会立即熔断,及时切断电源,保护线路和电气设备。图 5-5 是电动机控制电路中常用的插入式和螺旋式熔断器的外形和图形符号。其系列代号分别为 RC 和 RL。

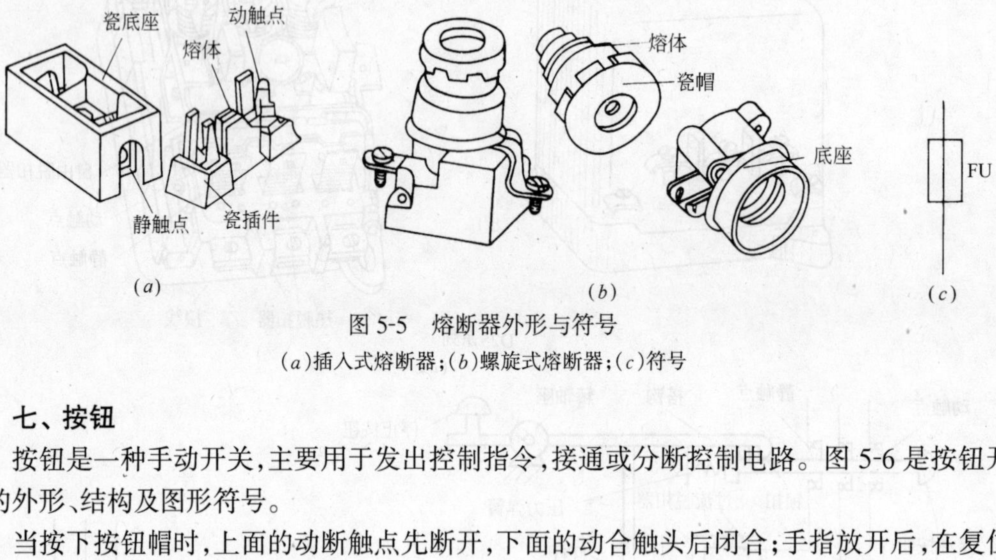

图 5-5　熔断器外形与符号

(a)插入式熔断器;(b)螺旋式熔断器;(c)符号

七、按钮

按钮是一种手动开关,主要用于发出控制指令,接通或分断控制电路。图 5-6 是按钮开关的外形、结构及图形符号。

当按下按钮帽时,上面的动断触点先断开,下面的动合触头后闭合;手指放开后,在复位弹簧作用下,触点又恢复原状。

控制按钮有单式、复式和三连式。为了便于识别各个按钮的作用,避免误操作,通常在按钮上做出不同的标志或涂上不同的颜色,一般常以红色表示停止按钮,绿色或黑色表示启动按钮。按钮的类型很多,常用的控制按钮有 LA10、LA18、LA19、LA20 等系列。

八、交流接触器

交流接触器是一种自动控制电器,它可以用于频繁、远距离接通或切断电路和大容量的控制电路,具有欠压和失压保护功能。它既可用于控制电动机,也可用于控制电热器,照明设备等其他负载。

交流接触器主要由电磁机构,触点系统,灭弧装置等组成(见图 5-7) 。当电磁线圈通电

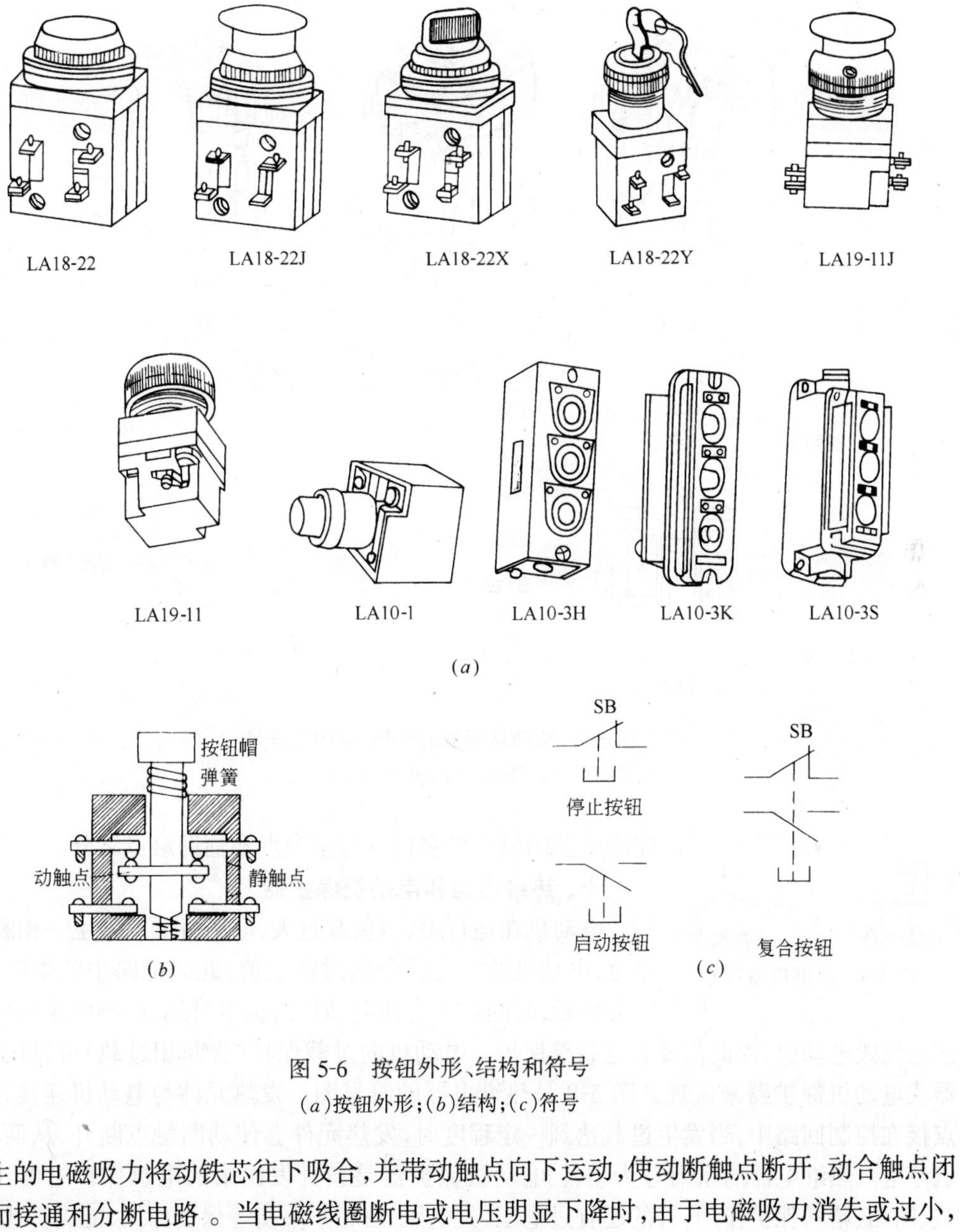

图 5-6 按钮外形、结构和符号

(a)按钮外形;(b)结构;(c)符号

后,产生的电磁吸力将动铁芯往下吸合,并带动触点向下运动,使动断触点断开,动合触点闭合,从而接通和分断电路。当电磁线圈断电或电压明显下降时,由于电磁吸力消失或过小,动铁芯在弹簧作用下复位,动断触点和动合触点恢复到原来位置。

接触器的触点分为主触点和辅助触点。主触点一般为三对动合触点,可以通过大电流,用于通断三相负载(如电动机)的主电路,主触点一般配有灭弧罩;辅助触点有动合和动断触点,只能通过小电流(5A 以下),用于通断控制电路。常用的交流接触器有 CJ10、CJ20、3TB、3TF 等系列。

九、中间继电器

中间继电器是一种具有中间转换作用的自动电器,它在控制电路中对信号进行传递、放大或变成多种信号,并能增加触点。其外形、结构和工作原理与交流接触器很相似,只是中

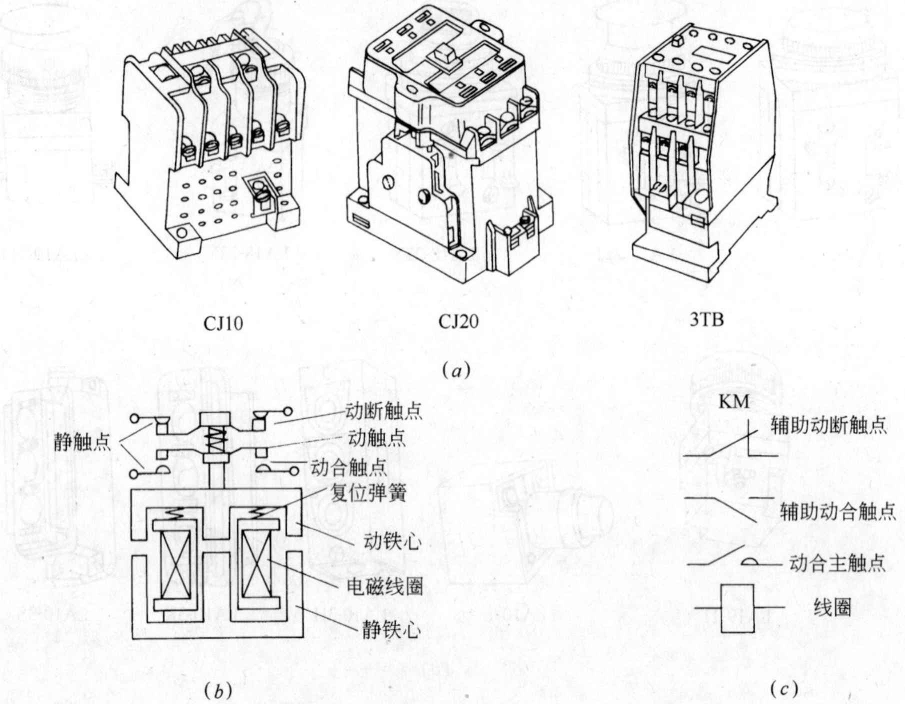

图 5-7　交流接触器的外形、结构与符号
(a)外形;(b)结构;(c)符号

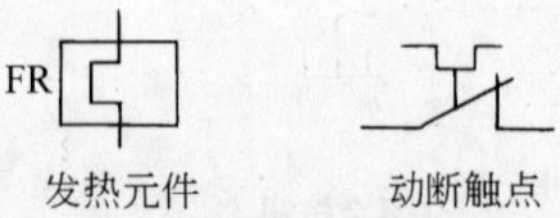

图 5-8　热继电器符号

间继电器的触点更多且没有主触点和辅助触点之分。

十、热继电器和电动机保护器

电动机在运行中,当负载过大,电压过低或发生一相断路故障时,电动机的电流就会超过额定值,此时电路中的熔断器不一定会熔断,时间长了会使电动机的绕组过热,影响电动机的寿命,甚至烧毁电动机,因此需要有过载等保护。电动机的过载保护(含断相过载)可以用热继电器或电动机保护器来实现。图 5-8 是热继电器的符号图。发热元件与电动机连接,动断触点接在控制回路中,当发生过载达到一定程度时,发热元件会使动断触点断开,从而使电动机停电。热继电器的系列号为 JR。电动机保护器是新开发出来的电机保护电器,具有过载、断相、堵转保护作用,有的还有过电压、欠电压、三相不平衡等保护作用,能提供比传统热继电器更完善、更可靠的保护,是传统热继电器的替代产品,不过由于其价格较高,对小容量电动机,在要求不高的情况下仍采用热继电器作过载保护。常用的电动机保护器系列号有 JDB、JD 和 HDOCR 等。

从以上介绍的低压电器的功能可以看出,电动机的保护有短路、过载(含断相过载)、失压和欠压保护,分别用熔断器、热继电器或电动机保护器、交流接触器来实现。还可采用具有以上几种保护的电动机保护器来实现。

下面以三相鼠笼式异步电动机的控制电路为例,说明继电—接触器控制的基本环节和原理。

第二节　电动机控制的基本环节

一、电气原理图

电动机的电气控制线路是用电气原理图来绘制的。所谓电气原理图是指用国家统一规定的图形符号和文字符号表示电路中电器元件的电气工作原理的图，简称原理图。有时为了方便安装和维修，或者是帮助初学者对控制过程的理解，也会画出安装接线图（见图5-9*a*）。

原理图分为主电路和控制电路两部分（见图5-9*b*）。主电路由三相电源、电源开关、熔断器、接触器的主触点和电动机等组成，一般画在左侧。控制电路由按钮、接触器线圈及其辅助触点、各种继电器及其触点、信号灯等组成，用于控制主电路的接通或断开，一般画在右侧。阅读原理图时，要掌握以下几点：

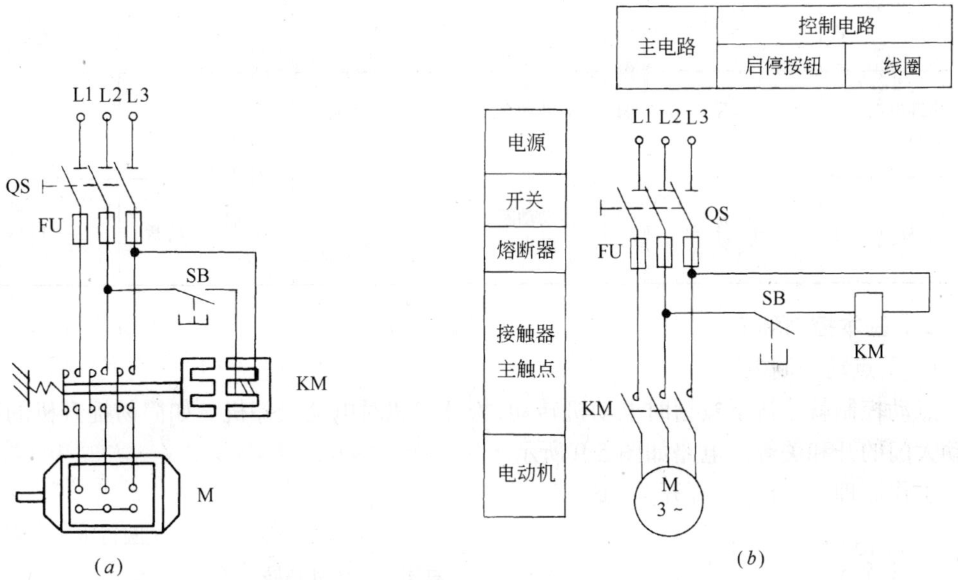

图5-9　电动机点动控制电路

(*a*)接线图；(*b*)原理图

(1) 同一电器的不同部件是用不同的图形符号表示的，并且画在电路的不同地方，为了便于识别，均以相同的文字符号表示。如图5-9(*b*)中接触器的线圈和主触点都用KM表示。

(2) 电路中如有若干个相同的电器，则用文字符号加数字序号来区分。如KM1、KM2。

(3) 全部触点均按未通电（或未施加外力）时的常态给出。交叉导线连接点用小黑圆点表示。

(4) 所有的电器元件都必须用国家规定的图形符号和文字符号来表示。表5-1是电动机控制电路中常用电器元件的图形符号和文字符号。

电动机控制常用电器符号　　　　　　　　　　表 5-1

名　称	符　号	名　称		符　号	名　称			符　号
三相鼠笼式电动机	M 3~	启动按钮		SB	中间继电器			KA,图形与接触器同(无主触点)
三相绕组式电动机	M 3~	停止按钮		SB	行程开关动合触点			SQ
手动三极隔离开关	QS	复合按钮		SB	行程开关动断触点			SQ
熔断器	FU	接触器	线圈	KM	时间继电器	通电延时	动合	KT
热继电器发热元件	FR	接触器	主触点	KM	时间继电器	通电延时	动断	KT
热继电器动断触点	FR	接触器	辅助动合触点	KM	时间继电器	断电延时	动合	KT
灯		接触器	辅助动断触点	KM	时间继电器	断电延时	动断	KT

二、基本控制环节

(一) 点动控制电路

点动控制就是按下按钮时电动机转动,松开按钮时电动机停机。如简易提升机的控制,电动大门的开和关等。电路如图 5-9 所示。

工作原理:先合上电源开关 QS

启动:按住 SB⟶KM 线圈得电⟶KM 主触点闭合⟶M 运转

停机:松开 SB⟶KM 线圈失电⟶KM 主触点断开⟶M 停转

电路中电动机的保护有短路、失压和欠压保护,分别用熔断器和接触器实现。

(二) 长动控制电路

大多数的生产机械需要连续工作,如水泵、机床、风机等,这就要采用长动控制,电路如图 5-10 所示。在点动控制的基础上,取接触器 KM 的一对辅助动合触点与启动按钮 SB1 并联,其作用是当 KM 线圈通电后,KM 辅助动合触点的闭合为线圈提供另一条通路,松开 SB1,电动机仍能连续运行。

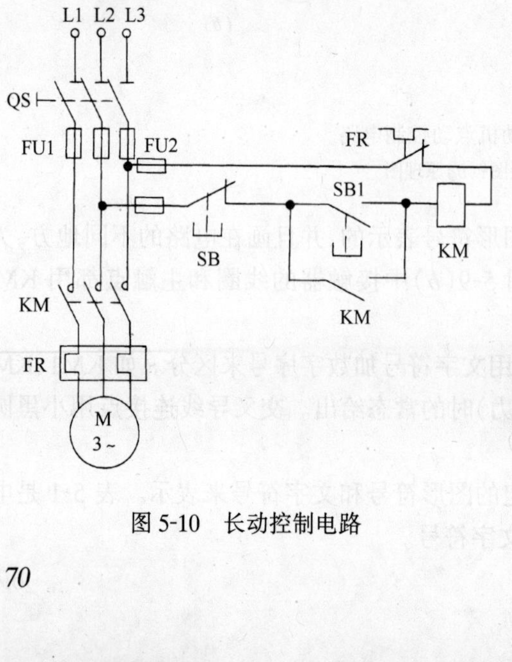

图 5-10　长动控制电路

接触器利用自身的动合辅助触点而使其线圈保持通电的作用，称为自锁。这对起自锁作用的辅助触点，称为自锁触点。电路中还串联了一个停止按钮 SB 用于停机。电路中增加了热继电器作过载保护。

工作原理如下：合上开关 QS

启动：按 SB1 → KM 线圈得电 → KM 主触点闭合；KM 自锁触点闭合 → M 连续运转

停机：按 SB → KM 线圈失电 → KM 主触点分断；KM 主触点分断，解除自锁 → M 停转

（三）正反转控制电路

许多设备要求电动机能够正反两个方向旋转，如电动大门的开和关，电梯的升和降等。要使电动机反转，只须任意调换电动机两根相线的接线位置即可。

常用的正反转控制电路有接触器互锁和按钮接触器互锁两种。

1. 接触器互锁的正反转控制电路

电路如图 5-11 所示。KM1 和 KM2 分别为正转和反转接触器，分别受控于 SB1 和 SB2 按钮，SB 为停机按钮。主电路中，KM2 三对主触点中的两对触点交换了 L1 和 L3 两相火线的位置，使电动机反转。显然，KM1 和 KM2 的主触点是不允许同时闭合的，否则会发生 L1、L3 相间的短路。因此，要在各自的控制电路中串接对方的辅助动断触点，使其中一个接触器通电时，切断另一个接触器的电路。这两个接触器利用各自触点，封锁对方的控制电路的作用叫做互锁（或联锁），这两个动断触点叫做互锁触点，互锁环节能防止主电路发生相间短路。

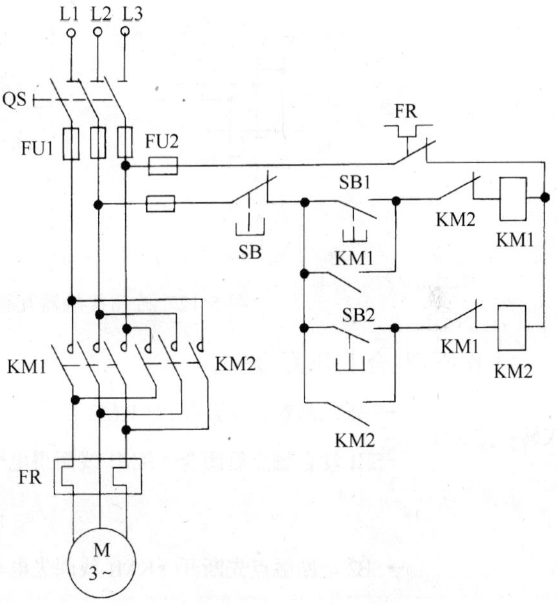

图 5-11 接触器互锁的正反转控制电路

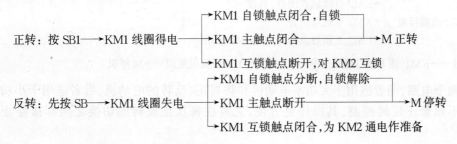

工作原理：合上开关 QS

正转：按 SB1 → KM1 线圈得电 → KM1 自锁触点闭合，自锁；KM1 主触点闭合 → M 正转；KM1 互锁触点断开，对 KM2 互锁

反转：先按 SB → KM1 线圈失电 → KM1 自锁触点分断，自锁解除；KM1 主触点断开 → M 停转；KM1 互锁触点闭合，为 KM2 通电作准备

再按 SB2→KM2 线圈得电→KM2 自锁触点闭合，自锁
→KM2 主触点闭合→M 反转
→KM2 互锁触点断开，对 KM1 互锁

停机：按下 SB 就可以停机。

2．按钮和接触器互锁的正反转控制电路

在图 5-12 控制电路中，SB1 和 SB2 采用复合按钮，它们的动断触点分别接在对方的接触器线圈电路中，使正、反转控制按钮互锁。

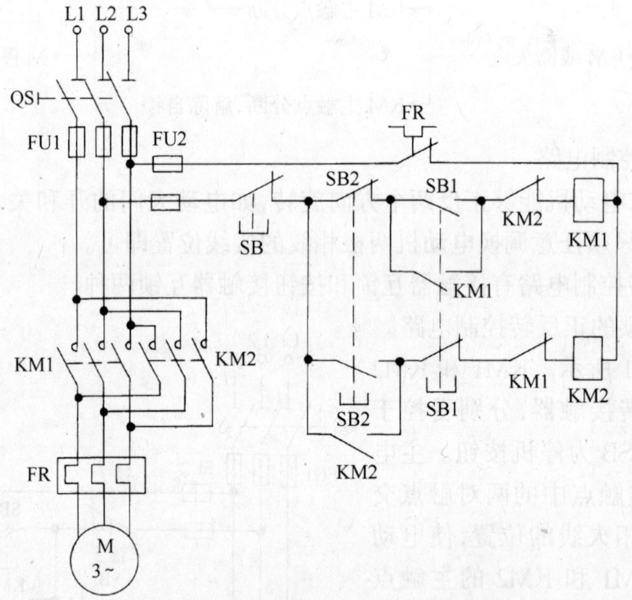

图 5-12　按钮接触器互锁正反转控制电路

工作原理：合上开关 QS

正转：按 SB1→SB1 动断触点先断开，对 KM2 互锁
→SB1 动合触点后闭合→KM1 线圈得电→KM1 自锁触点闭合，自锁
→KM1 主触点闭合→M 正转
→KM1 互锁触点断开，对 KM2 互锁

反转：按 SB2→SB2 动断触点先断开→KM1 线圈失电→KM1 自锁触点分断
→KM1 主触点断开→M 失电
→KM1 动断触点闭合解除互锁
→SB2 动合触点后闭合

KM2 线圈得电→KM2 自锁触点闭合，自锁
→KM2 主触点闭合→M 反转
→KM2 互锁触点断开，对 KM1 互锁

停机：按 SB→KM2（或 KM1）线圈失电→KM2（或 KM1）触点复原→M 停机

上述两个电路，前者适用于大功率电动机和频繁正、反转的电动机，后者适用于小功率电动机的不频繁正反转控制，其操作更方便，无需在每次正反转的切换之间都按停止按钮。

(四) 顺序控制电路

在生产中有些机械装有多台电动机，要求必须按一定的顺序启动或停止，才能保证工作安全或生产要求。例如烧锅炉时，排风机要先启动后停机，鼓风机则后启动先停机。这种对多台电动机的运行顺序进行的控制叫做顺序控制。如图 5-13 是两台电动机的顺序控制电路。

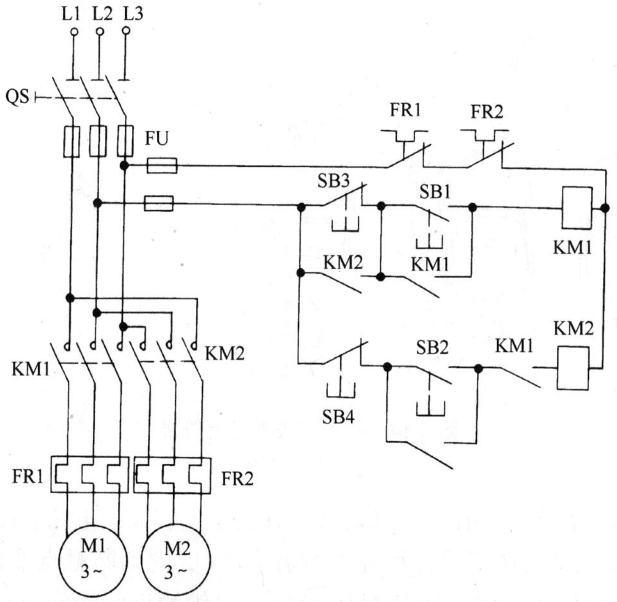

图 5-13　两台电动机顺序控制电路

工作原理：合上开关 QS

启动：按 SB1 → KM1 得电并自锁 → M1 运转
　　　　　　→ KM1 辅助动合触点闭合 ┐
　　　　　　　　　　　　　　　　　　├→ M2 运转
　　　按 SB2 → KM2 得电并自锁 ──────┘
　　　　　　→ KM2 辅助动合触点闭合 → 锁住 SB3 停止按钮，使之无法先停机

停机：先按 SB4 → KM2 失电 → M2 停机
　　　　　　　　　　　　　→ KM2 辅助动合触点断开 → SB3 解锁，为 M1 停机做准备

　　　再按下 SB3 → KM1 失电，M1 停转

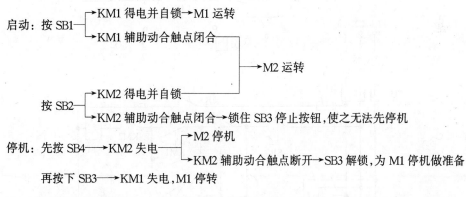

以上是继电接触器控制电路的基本环节，下面将介绍两个常见的自动控制电路。

第三节　行程和时间控制电路

一、行程控制电路

行程控制就是对生产机械某些运动部件的行程或位置的控制。例如电梯、起重机、锅炉房的上煤机等，均要求在达到终点时应自动停止，否则会损坏机器甚至发生严重事故。有些机床的工作台也要求能在一定距离内自动往返等。实现行程位置控制的主要电器是行程开关(或叫限位开关)。

行程开关是利用生产机械移动部分的动作来切换电路的自动电器。图 5-14 是几种常用行程开关的外形和符号。其结构和工作原理与按钮相似,只不过按钮靠手按,而行程开关靠运动部件的撞块或其他机构的机械作用,使内部的触点动作,从而控制电路的通断,实现行程位置的控制。

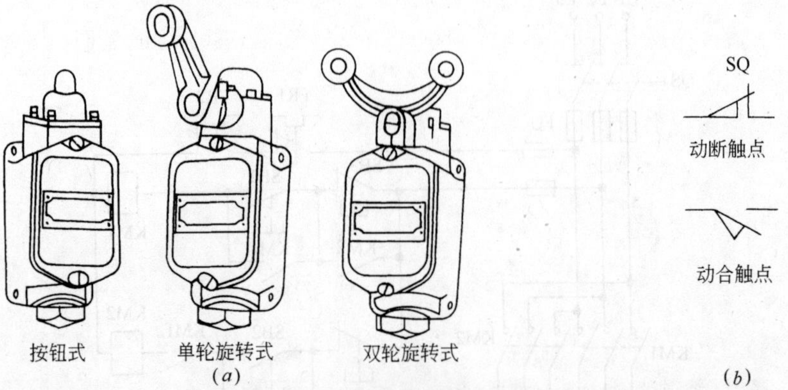

图 5-14　行程开关外形与符号
(a)外形;(b)符号

图 5-15 是机床工作台自动往返运动的行程开关位置和控制电路。图 5-15(b)电路与图 5-12 电路相对比,不同之处在于用行程开关 SQ1 和 SQ2 的动断触点取代了正反转起动按钮 SB1 和 SB2 的互锁作用,同时还在 KM1、KM2 的自锁触点两端分别并联 SQ1、SQ2 的动合触点。按下 SB1 电动机正转,工作台向右运行,当撞块 a 碰到 SQ1 时,其动断触点先断开,切断正转控制电路,工作台停止;动合触点后闭合,接通反转电路使电动机反转,工作台

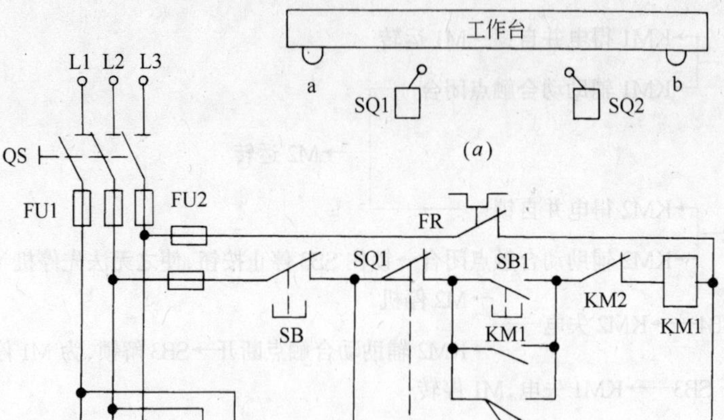

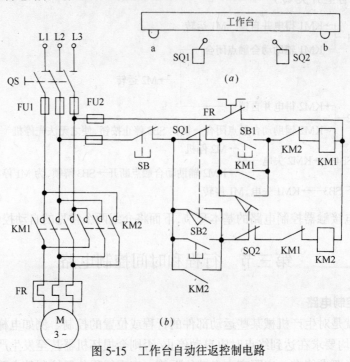

图 5-15　工作台自动往返控制电路
(a)行程开关位置;(b)电路图

向左运行，当撞块 b 碰到 SQ2 时，其触点动作，使工作台向右运行。如此往返不已，直至按下停止按钮 SB，工作台才会停止。

行程开关由于常受机械撞击而容易损坏，因此常用干簧管继电器或电子接近开关代替。

二、时间控制电路

在有些生产过程中，机械的运行与停止往往与时间因素有关。在这种情况下，利用时间继电器可以实现电路的自动控制，如电动机的降压启动，教室电灯的定时开和关等，给生产和生活带来极大的方便。

时间继电器是根据整定时间进行动作的继电器。时间继电器的种类很多。有电磁式、电动式、空气式以及电子式等（见图 5-16）。它们的共同特点是感测部分（如线圈）接收到输入信号后，需要经过一段时间（延时）后，执行部分（如触点）才会动作。延时时间可以调节。

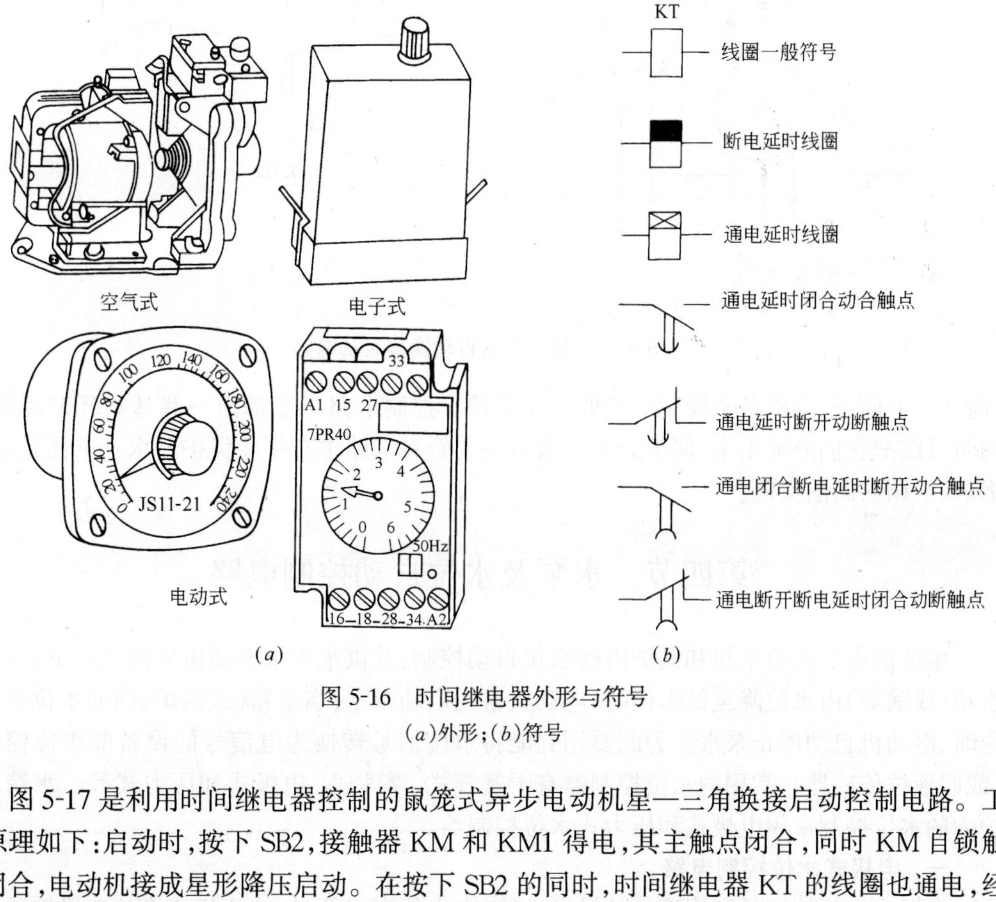

图 5-16 时间继电器外形与符号

（a）外形；（b）符号

图 5-17 是利用时间继电器控制的鼠笼式异步电动机星—三角换接启动控制电路。工作原理如下：启动时，按下 SB2，接触器 KM 和 KM1 得电，其主触点闭合，同时 KM 自锁触点闭合，电动机接成星形降压启动。在按下 SB2 的同时，时间继电器 KT 的线圈也通电，经过一定的时间，其延时断开的动断触点和延时闭合的动合触点先后动作，使接触器 KM1 失电，KM2 通电，于是电动机接成三角形进入全压正常运行。按下停止按钮 SB1，KM 和 KM2 失电，主触点断开，电动机停转。

通过以上电路的分析，我们可以总结出阅读电气原理图的步骤为：先看主电路，再看控制电路，最后看显示及照明等辅助电路。先看主电路有几台电动机，各有什么特点（启动、制动方式，是否正反转，是否调速等）。看控制电路时，一般从主电路的接触器入手，找出控制接触器的按钮、继电器、或其他电器，弄清楚它们的动作条件和作用，然后按动作的先后次序

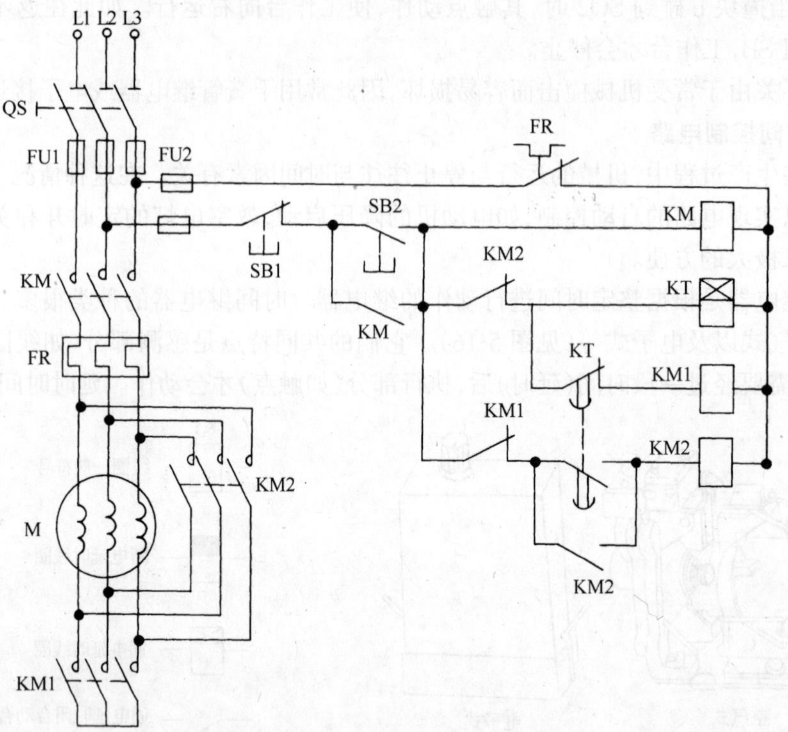

图 5-17 星一三角自动换接启动电路

(通常自上而下)分析各条控制电路的工作原理。控制电路一般都由一些基本环节组成,阅图时可以把它们分解出来,便于分析。最后还要看看电路中有哪些保护要求。下面是水泵、锅炉、空调的阅图实例。

第四节 水泵及水位自动控制电路

生活供水的高位水箱和锅炉内的水位自动控制,其供水水泵电动机应满足以下要求:当水箱(或锅炉)内水位降至低水位时,电动机自动启动泵水;当水箱(或锅炉)内的水位升至高位时,电动机自动停止泵水。为此要用到能将水位信号转换为电信号的设备即水位控制器(或叫液位传感器),常用的水位控制器有干簧管式、浮球式、电极式和压力式等。水箱和锅炉内的水位控制常用电极式和压力式水位控制器。

一、电极式水位控制电路

电极式水位控制是利用液体的导电性能,在水位高或低时,使互相绝缘的电极接通或断开,发出信号使三极管和液位继电器动作,从而控制水泵的开和停。图 5-18 是一种电极式水位控制器电路图。当水位在正常范围(A 和 B 电极之间)内时,T2 和 T3 两个三极管导通,KA2 和 KA3 液位继电器通电,KA1 无电,当水位低于“低水位”电极 B 时,T1、T2 两个三极管截止,液位继电器 KA1、KA2 无电,KA2 触点动作使电机运转泵水;当水位超过“高水位”时,T1 三极管导通,KA1 通电,其触点动作使电机停转,停止泵水。电路中还设置了最低水位控制,由 KA3 液位继电器控制。图 5-19 是单台水泵电极式水位控制电路 。当 水 位

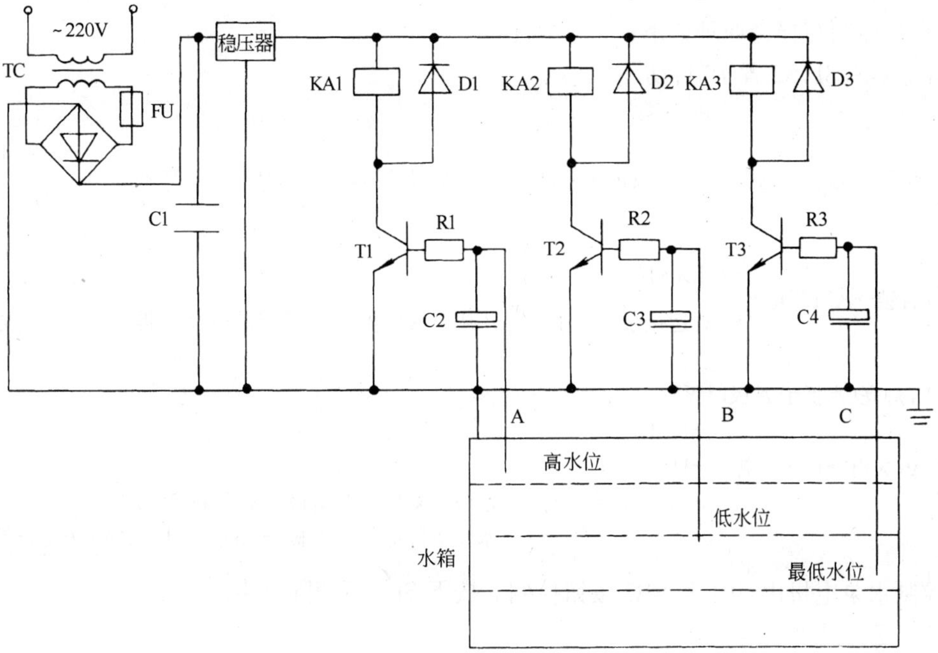

图 5-18　电极式水位控制器电路

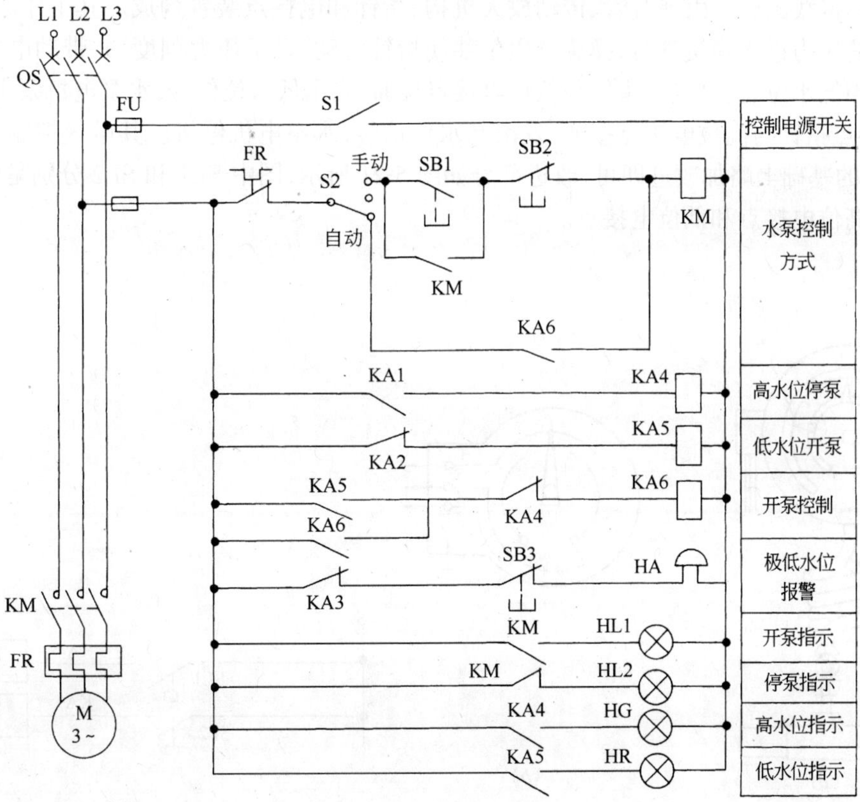

图 5-19　单台水泵电极式水位控制电路

在正常范围(A 和 B 电极之间)内时，KM 无电，电机 M 不转，HR 灯灭。当水位超出正常范围时，水泵控制与报警原理如下：

合上 QS、S1，S2 置于“自动”

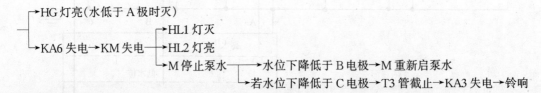

水位下降低于 B 电极→T2 管截止→KA2 线圈失电→KA2 动断触点闭合→KA5 得电→HR 灯亮；→KA6 得电

并自锁→KM 得电→HL1 灯亮；→M 运行泵水→水位上升高于 A 电极→T1 管导通→KA1 得电→KA4 得电→

→HG 灯亮(水低于 A 极时灭)

→KA6 失电→KM 失电→HL1 灯灭；→HL2 灯亮；→M 停止泵水→水位下降低于 B 电极→M 重新启泵水；→若水位下降低于 C 电极→T3 管截止→KA3 失电→铃响

手动控制水泵电机由 SB1 和 SB2 按钮控制。按下 SB3 可消除铃声。

二、压力式水位控制电路

水箱和锅炉内的水位控制还可以用压力式水位控制器来控制。图 5-20 是电接点压力表的外形和接线图。它由弹簧管、传动放大机构、指针和电接点装置构成。其工作原理为：被测液体的压力进入弹簧管时，弹簧产生位移使指针转动，显示压力刻度，并带动电接点指针动作。当低水位时，电接点指针与低位电接点接通，发出低水位信号，水泵电机泵水；当高位时，电接点指针与高位电接点接通，发出高水位信号，水泵电机停机。其电气控制电路可在图 5-19 的基础上略加改进即可，改进部分如图 5-21 所示，图中 SL1 和 SL2 分别是电接点压力表的高位电接点和低位电接点。

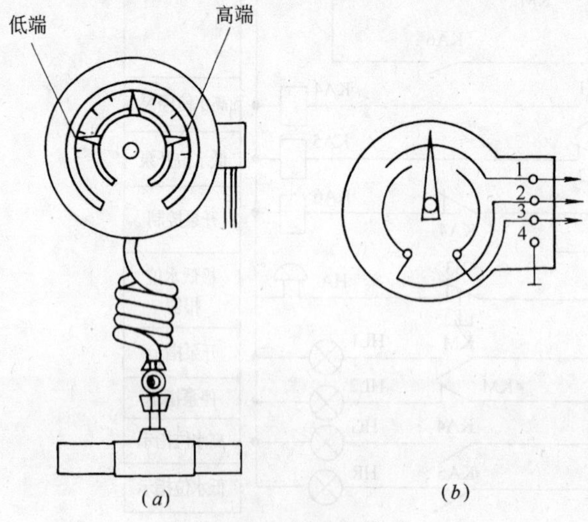

图 5-20　电接点压力表

(a)外形；(b)接线图

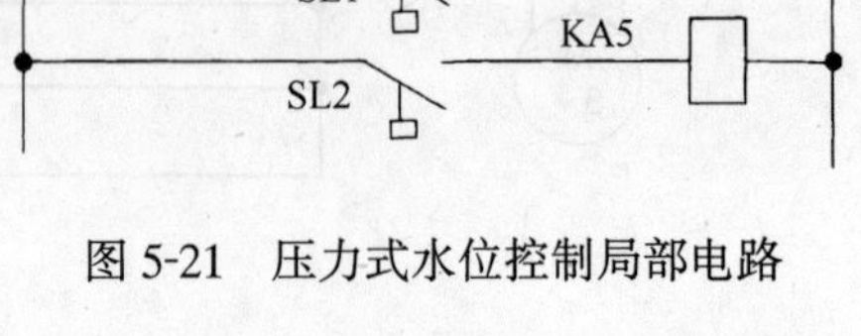

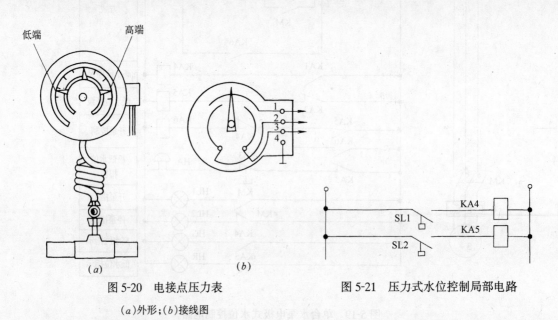

图 5-21　压力式水位控制局部电路

第五节　锅炉的电气控制

一、锅炉的自动控制概况

锅炉设备是通过燃烧、将燃料的化学能变成热能，又将热能传给锅炉内的水，从而产生一定温度和压力的蒸汽或热水的设备，被广泛应用于工业生产和各类建筑物的采暖及热水供应。

锅炉按不同的标准分为不同的类型，民用生活锅炉按燃烧材料分类，有燃煤型、燃油型和燃气型等几种；按用途分类，有热水锅炉、开水锅炉、蒸汽锅炉、热（开）水锅炉等几种。目前，民用建筑采暖和热（开水）的供应广泛使用燃油型和燃气型锅炉，以减少环境污染。

锅炉主要由锅炉本体和燃烧器组成，此外，还有保证锅炉正常运行的给水系统、油箱（或燃气罐）和仪表以及保护设备。锅炉的电气控制由锅炉控制器控制，锅炉控制器有两种，一种是普通型的继电—接触控制器，另一种是智能型的微电脑控制器。图 5-22 是某燃油热水锅炉的控制流程图，其控制过程为：给控制器通电，先开启补水阀门和补水泵，向热水箱供水（水满停泵）；然后循环水泵开启，使水在锅炉与热水箱之间循环；循环水泵开启后不久，燃烧器启动，向炉膛喷出雾化的煤油并点燃，开始烧水。当水箱的水温达到预定的上限温度时，先停燃烧器，大约一分钟后停循环泵。当出现锅炉和水箱缺水或炉温、炉压超高等异常情况时，控制器会自动关闭燃烧器并报警。

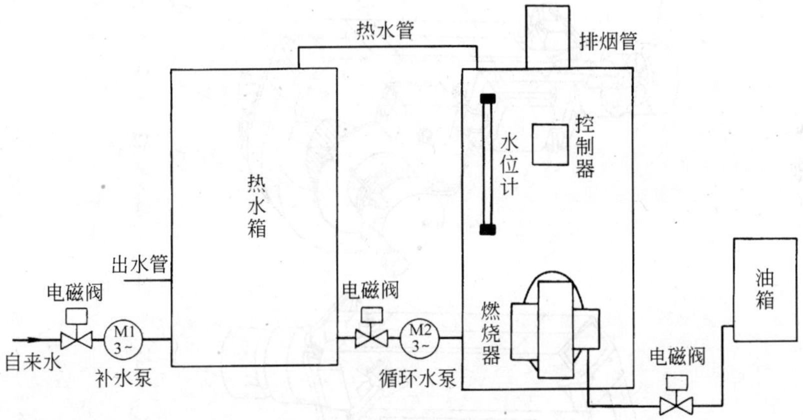

图 5-22　燃油锅炉控制流程图

二、锅炉电气控制分析

因为不同类型锅炉的结构和电气控制都不同，所以下面仅以某一型号的燃油热水锅炉为例，说明锅炉电气控制的基本原理。

（一）燃烧器

燃烧器主要由点火变压器、点火装置、供油泵、电动机、风扇、控制盒和感光电眼等组成（见图 2-24）。图 2-23 是 B40 型燃烧器的控制电路，其控制过程如下：合上电源开关 QS，控制盒通电，电动机 M 运转，带动油泵和风扇启动，燃烧器向炉膛吹风，稍后打开电磁油阀 Y；同时点火变压器 TC 通电，在点火电极前端产生点火电弧，点燃从油嘴喷出的雾化煤油，形

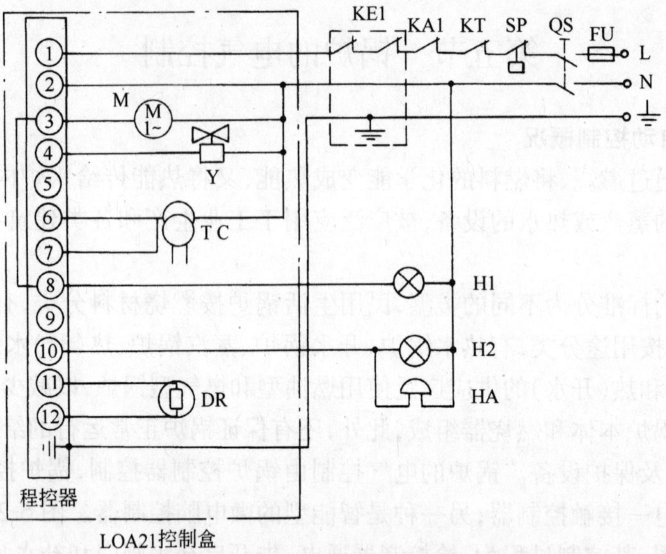

图 5-23 B40 型燃烧器控制电路

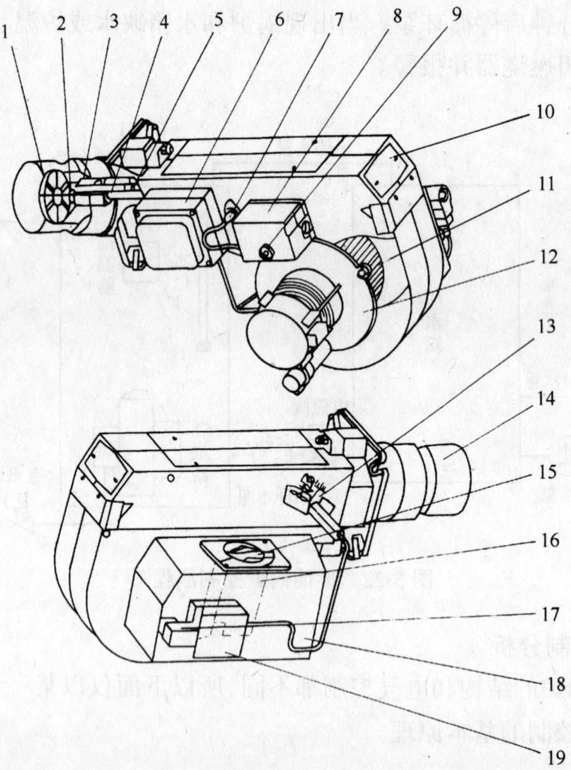

图 5-24 B40 型燃烧器外形

1—稳焰碟；2—油嘴；3—点火电极；4—油嘴笔杆组合；5—点火电极高压电线；6—点火变压器；7—感光电眼；8—控制盒；9—故障灯按钮；10—观察镜保护盖；11—风扇；12—电动机；13—油嘴笔杆组合前后位置调校；14—枪管；15—风门调校；16—风门挡板；17—油泵电磁阀；18—进风口；19—油泵

成火焰。电光眼 DR 将火焰信号传给控制盒,点火变压器断电,燃烧器维持正常操作,操作运行灯 H1 亮;若点火失败,点火变压器会延长点火时间以帮助点火,但是,若在油阀打开10s 后仍然不能着火,燃烧器会停止操作,故障灯 H2 亮,HA 铃响报警。燃烧过程中,锅炉缺水(由液位继电器 KA1 控制)、炉温、炉压超过警界值(由恒温器 KE1、蒸汽压力表 SP 控制)或热水箱水温达到预定温度(由时间继电器 KT 控制),燃烧器都会关闭。图中点划线框内是 B40 型燃烧器成套设备,框外是自行选用的配件。

(二)给水系统

给水系统包括补水泵和循环水泵以及热水箱、锅炉水位的自动控制及报警。

1. 补水泵电动机的控制

补水泵的作用是给热水箱(或锅炉内)补水。补水泵电动机仅受热水箱高、低水位的控制,低水位开泵,高水位停泵,水位自动控制可以采用压力式水位控制器或电极式水位控制器,本例中用电极式水位控制器。控制原理如第四节所述,略为不同的是,极限水位电极不是安装在热水箱中,而是安装在锅炉内,作为锅炉最低水位的检测。有的锅炉还设有最高水位控制电极。

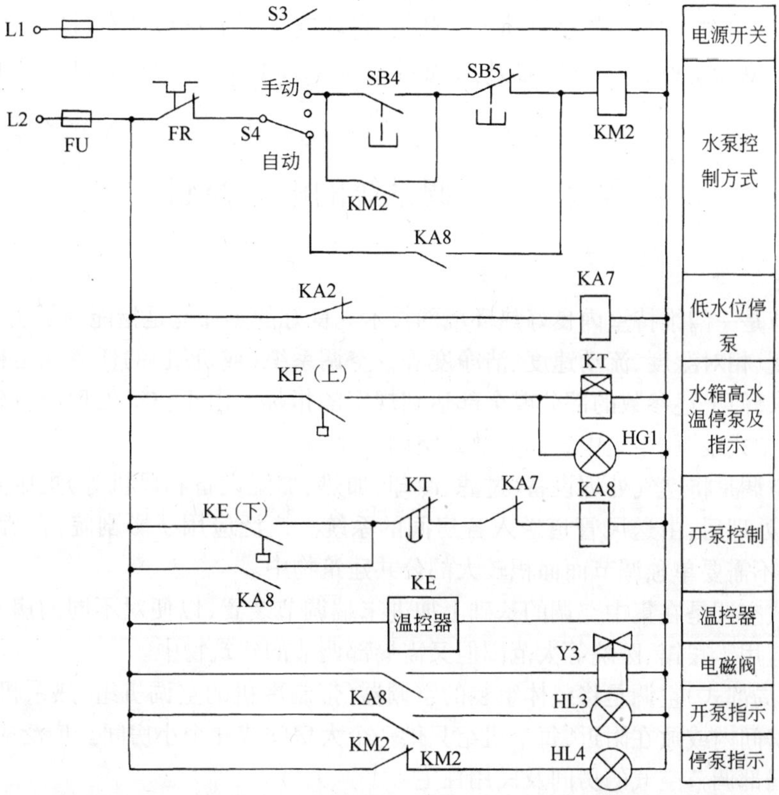

图 5-25 循环水泵电动机控制电路

2. 循环水泵电动机的控制

循环水泵电动机 M2 由 KM2 交流接触器控制,为单向连续运行方式。热水箱缺水或水温达到预定上限温度停泵,水箱热水温度低于预定温度下限值时开泵,分别由温控器的 KE

(上)和 KE(下)两个动合触点控制。循环水泵电动机的控制电路如图 5-25 所示(主电路已省略)。控制原理如下:

合电源开关和 S3

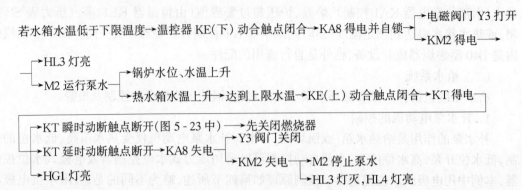

若水箱水温低于下限温度→温控器 KE(下) 动合触点闭合→KA8 得电并自锁→
- →电磁阀门 Y3 打开
- →KM2 得电→
  - →HL3 灯亮
  - →M2 运行泵水→
    - →锅炉水位、水温上升
    - →热水箱水温上升→达到上限水温→KE(上) 动合触点闭合→KT 得电→
      - →KT 瞬时动断触点断开(图 5 - 23 中)→先关闭燃烧器
      - →KT 延时动断触点断开→KA8 失电→
        - →Y3 阀门关闭
        - →KM2 失电→
          - →M2 停止泵水
          - →HL3 灯灭,HL4 灯亮
      - →HG1 灯亮

若水箱水位低于低水位电极→KA2(图 5 - 18 中) 失电→KA7 得电→KA8 失电→KM2 失电,M2 停转

(三) 其他

燃油热水锅炉的控制还包括定时加热控制、声光报警自动控制、超高水位检测等。电源总开关及各电机的电源开关都用自动空气开关,自动空气开关一般设有过电流保护和过载保护自动跳闸功能,要求较高的总开关还可增加失压保护功能。此外,还有水处理设备。

第六节　空调系统的电气控制

一、概述

空气调节是一门维持室内良好热环境的技术。良好的热环境是指能满足实际需要的室内空气的温度、相对湿度、流动速度、洁净度等。空调系统(或机组)的任务就是根据使用对象的具体要求,使上述参数的部分或全部达到规定的指标。由于空气处理设备分布方式不同,可分为集中式空调、半集中式和分散式空调。

集中式空调是将空气处理设备(过滤、冷却、加热、加湿设备和风机等)集中安装在空调机房内,空气处理后,由送风管道送入各房间的系统。广泛应用于影剧院,百货大楼、火车站、科研所等不需要单独调节而面积较大的公共建筑物中。

半集中式空调是在集中空调的基础上加进末端调节装置,以便对不同的房间进行单独调节。广泛应用于宾馆、医院等大范围但又需局部调节的建筑物中。

分散式(局部式)空调是将整体组装的空调器(带制冷机的空调机组、热泵机组等)直接放在被空调房间内或放在附近,每个机组只供一个大房间或几个小房间。广泛应用于医院,宾馆等需要局部调节空气的房间及民用住宅。

由于半集中式和局部式空调电气控制较简单,应用也较普遍,本节通过两个实例阐述其工作原理。

二、风机—盘管电气控制实例

风机—盘管是半集中式空调的一种末端装置。较简单的只有风机和盘管(换热器)组成,不能实现温度自动调节,其控制电路与电风扇的控制方式基本相同,仅调节风量。能实现温度自动调节的机组除了风机和盘管外还有电磁(或电动)阀、室温调节装置等组成。

图 5-26(*a*)为能实现温度自动调节的风机—盘管机组示意图。图 5-26(*b*)为其电路图。原理如下:

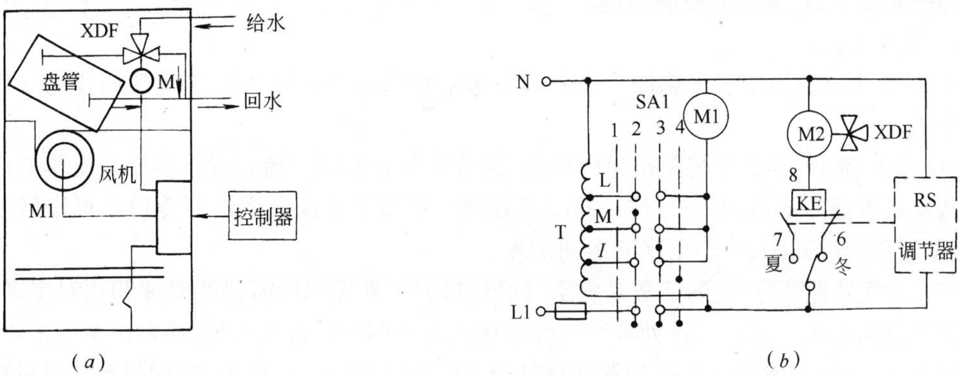

图 5-26 风机—盘管

(*a*)风机—盘管机组;(*b*)风机—盘管电路

1. 风量调节

风机电动机 M1 为单相电动机,采用自耦变压器 T 调压调速(也有三速电动机)。风机电动机的速度选择由转换开关 SA1 实现(也可用按键式机械联锁开关)。SA1 有 4 档,1 档为停、2 档为低速、3 档为中速、4 档为高速。

2. 水量调节

供水调节由电动三通阀实现,M2 为电动三通阀电动机,型号为 XDF,由单相交流 220V 磁滞电动机带动双位动作的三通阀,其工作原理是:当电动机通电后,立即按规定方向转动,经内部减速齿轮和传动轴将阀心提起,使供水经盘管进入回水管。此时,电动机处于带电停转状态,而磁滞电动机可以满足这一要求。当电动机断电时,阀心及电动机通过复位弹簧的作用反向转动而关闭,使供水经旁通管流入回水管,利于整个水路系统的压力平衡。

XDF 电动三通阀的开闭水路与电磁阀作用相同,不同点是电磁阀开闭时,阀心有冲击,机械磨损快,而电动阀的阀心是靠转动开闭的,故冲击小、机械磨损小、使用寿命长。

该系统应用的调节器是 RS 型,KE 为 RS 调节器中的灵敏继电器触点。当现场温度降低时,KE 小型灵敏(电子)继电器不吸合,发出温度低于给定值信号。当现场温度升高时,KE 继电器吸合,发出温度高于给定值信号。

为了适应季节变化,设置了季节转换开关 SA2,随季节的改变,在机组改变冷、热水的同时必须相应改变季节转换开关的位置,否则系统将失调。

夏季运行时,SA2 扳至"夏"位置,水系统供冷水。当室温超过给定值时,RS 调节中的继电器 KE 吸合,其动合触点闭合,三通阀电动机 M2 通电转动,打开盘管端,关掉旁通端,向机组供冷水。当室温下降低于给定值时,KE 释放,M2 失电,由三通阀电动机内的复位弹簧使盘管端关闭,旁通端打开、停止向机组供冷水。

冬季运行时,SA2 扳至"冬"位置,水系统供热水。当室温低于给定值时,KE 不吸合,其动断触点使 M2 通电,打开盘管端,关闭旁通端向机组供热水。当室温上升超过给定值时,KE 吸合,其动断触点断开而使 M2 失电,关闭盘管端,打开旁通端,停止向机组供热水。

三、恒温恒湿机组的电气控制

分散式空调机组的种类较多，如家用窗式空调器、热泵冷风型空调器、恒温恒湿机组型等数种，而每种类型又有若干型号，其电气控制要求也略有不同。此处以 KD10/1-L 型空调机组为例介绍其温、湿度的控制原理。

1．系统主要设备

图 5-27 为该机组安装示意图。主要设备按功能分，可分为制冷、空气处理和电气控制三部分。

(1) 制冷部分：制冷系统是机组的冷源，通常采用 F-12 作为制冷剂，主要是夏季时供给直接蒸发式表面冷却器，对空气作冷却减湿处理。热泵型空调机组的制冷设备可以转换使用，夏季用来降温减湿，冬季用来向房间供暖。

(2) 空气处理部分：它的任务是将空气经过过滤后处理成所需要的温度和相对湿度，以满足房间空调要求。对于一台处理空气性能比较完善的空调机组来说，通常由新风采集口，空气过滤器、直接蒸发式空气冷却器、电极(或电热)式加湿器、通风器、电加热器和风量调节阀等组成。空气处理流程如图 5-28 所示。

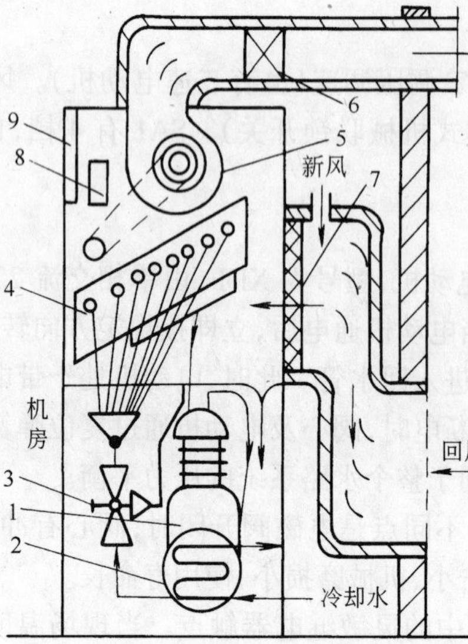

图 5-27　空调机组示意图

1—氟利昂压缩机；2—冷凝器；3—热力膨胀阀；
4—蒸发器；5—通风机；6—电加热器；
7—过滤器；8—电加湿器；9—控制屏

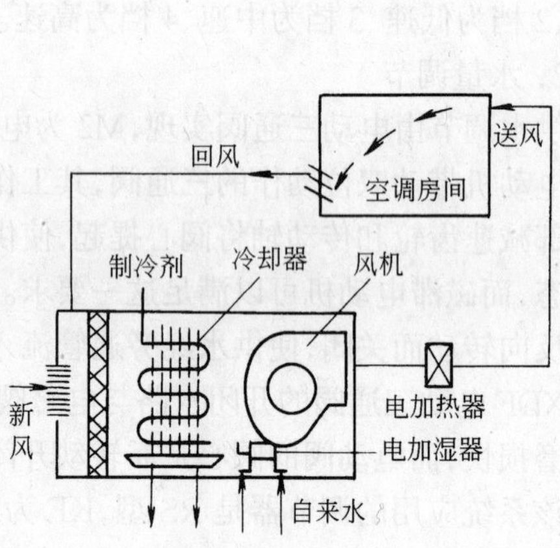

图 5-28　空气处理流程图

(3) 电气控制部分：主要作用是实现恒温恒湿的自动调节，由检测元件、调节器、接触器，开关等组成，其机组控制系统见图 5-29，电气控制电路见图 5-30，其温度检测元件为电接点水银温度计，当温度达到调节温度时，利用水银导电性能将接点接通，通过晶体管组成的开关电路(调节器)推动灵敏继电器 KE1 通电或断电而发出信号。其相对湿度检测元件也是电接点水银温度计，只不过在其下部包有吸水棉纱，利用空气干燥，水蒸发而带走温度的原理工作。只要使两温度计保持一定的温差值就可维持一定的相对湿度。一般测湿度的温度计称湿球温度计，其整定值也低于干球温度计，而湿球温度计也和一个调节器相联系，该调节器的灵敏继电器文字符号为 KE2。KE1 吸合的条件是:室温低于给定值。KE2 吸合的条件是:室内相对湿度低于给定值。

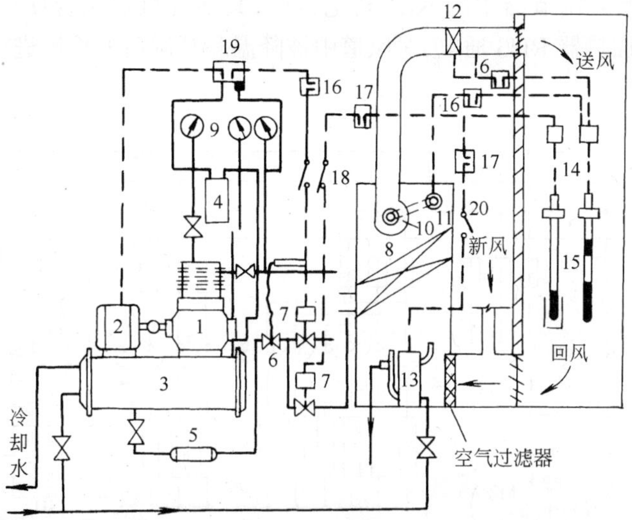

图 5-29　KD10/1—L 型空调机组控制系统图

1—压缩机;2—电动机;3—冷凝器;4—分油器;5　滤污器;6—热力膨胀阀;7—电磁阀;8—表面冷却器;9—高压、低压、油压压力表;10—风机;11—电动机;12—电加热器;13—电加湿器;14—电子继电器;15—电接点式干湿球温度计;16—交流接触器触点;17—中间继电器;18—选择开关;19—高低压继电器;20—开关

2. 电气控制电路分析

该空调机组电气控制电路可分成主电路、控制电路、信号灯和电磁阀控制电路 3 部分。当空调机组需要投入运行时,合上电源总开关 QS,所有接触器的上接线端子、控制电路 L1、L2 两相电源和控制变压器 TC 均有电。合上开关 S1,接触器 KM1 得电吸合:其主触点闭合,使通风机电动机 M1 启动运行;辅助触点 KM1 闭合,指示灯 H1 亮;为温湿度调节做好准备。

机组的冷源是由制冷压缩机供给,压缩机电动机 M2 的启动由开关 S2 控制,其制冷量是利用控制电磁阀 YV1、YV2 来调节蒸发器的蒸发面积实现的,并由转换开关 SA 控制是否全部投入。

机组的热源由电加热器供给。电加热器分成 3 组,分别由开关 S3、S4、S5 控制,都有“手动”、“停止”、“自动”3 个位置。当扳到“自动”位置时,可以实现自动调节。

(1) 夏季运行的温湿度调节

夏季运行时需降温和减湿,压缩机需投入运行,设开关 SA 扳在Ⅱ档,电磁阀 YV1、YV2 全部投入,电加热可有一组投入运行,作为精加热用(此法称为冷却加热法),设 S3、S4 扳至中间“停止”档。合上开关 S2,接触器 KM2 得电吸合,其主触点闭合,制冷压缩机电动机 M2 启动运行;其辅助触点 KM2 闭合,指示灯 H2 亮,电磁阀 YV1 通电打开,蒸发器有 1/3 面积投入运行。由于刚开机时,室内的温度较高,检测元件干球温度计 T 和湿球温度计 TS 的电接点都是通的(T 的整定值比 TS 的整定值高),与其相连的调节器中的灵敏继电器 KE1 和 KE2 均没吸合,KE2 的动断触点使继电器 KA 得电吸合,其动合触点 KA 闭合,使电磁阀 YV2 得电打开,蒸发器全部面积投入运行,空调机组向室内送入冷风实现对新空气进行降温和冷却减湿。当室内温度下降到 T 和 TS 的整定值以下,其电接点断开使调节器中的继电器 KE1 或 KE2 得电吸合,利用其触点动作可进行自动调节。例如:室温下降到 T 的整定值以下,T 电接点断开调节器中的 KE1 得电吸合,其动合触点闭合使接触器 KM5 得电吸合,其主触点使电加热器 RH3 通电,对风道中被降温和减湿后的冷风进行精加热,其温度相对提高。

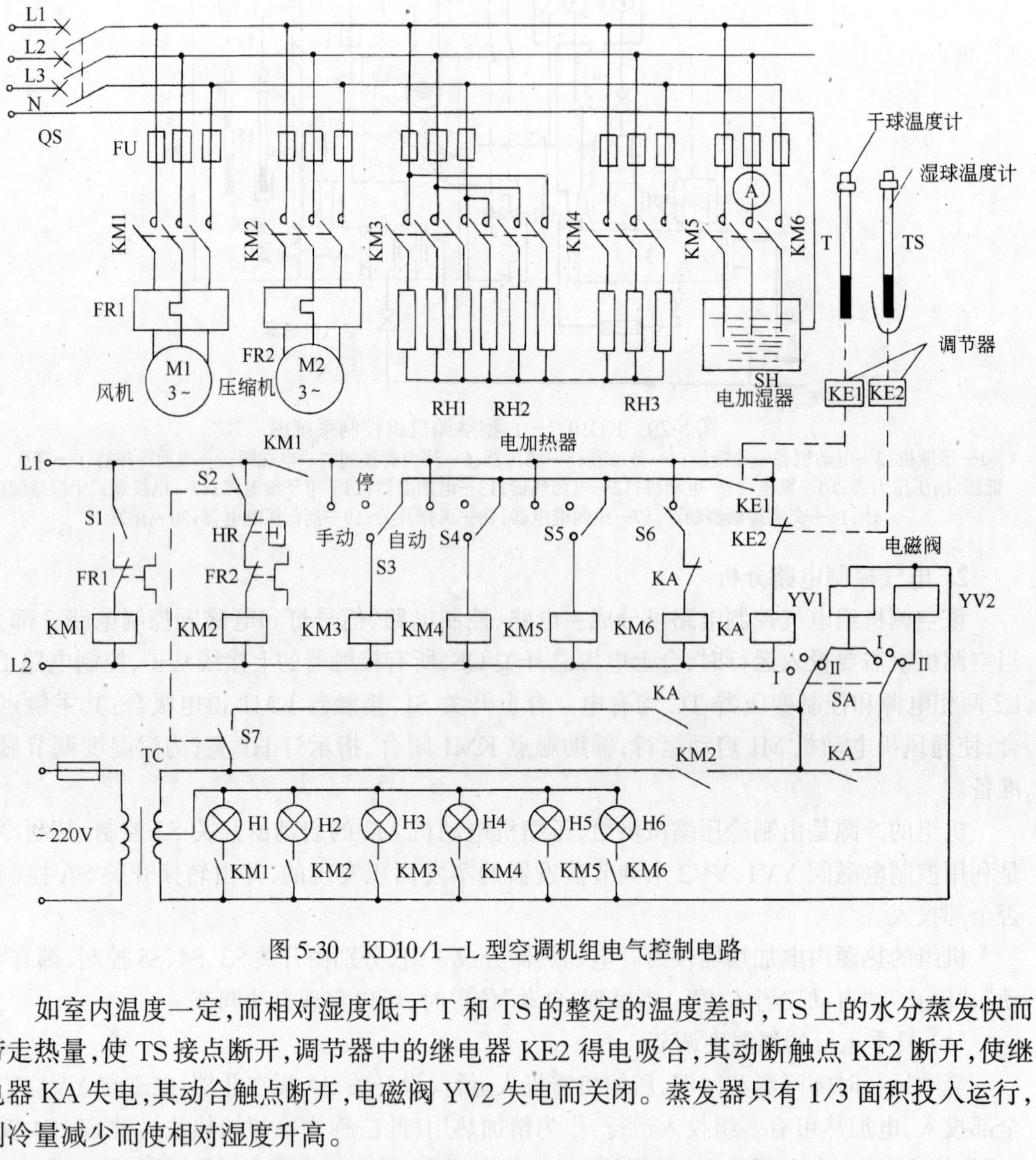

图 5-30　KD10/1—L 型空调机组电气控制电路

如室内温度一定,而相对湿度低于 T 和 TS 的整定的温度差时,TS 上的水分蒸发快而带走热量,使 TS 接点断开,调节器中的继电器 KE2 得电吸合,其动断触点 KE2 断开,使继电器 KA 失电,其动合触点断开,电磁阀 YV2 失电而关闭。蒸发器只有 1/3 面积投入运行,制冷量减少而使相对湿度升高。

从上述分析可知,当房间内干、湿球温度一定时,其相对湿度也就确定了。这里,每一个干、湿球温度差就对应一个湿度。若干球温度不变,则湿球温度的变化就表示了房间内相对湿度的变化,只要能控制住湿球温度不变就能维持房间相对湿度恒定。

如果选择开关 SA 扳到"Ⅰ"位时,只有电磁阀 YV1 受控,而电磁阀 YV2 不投入运行。此种状态可在春夏交界和夏秋交界制冷量需要较少时的季节使用,原理同上。

为防止制冷系统压缩机吸气压力过高运行不安全和压力过低运行不经济,利用高低压力继电器触点 HR 来控制压缩机的运行和停止。当发生高压超压或低压过低时，高低压力继电器触点 HR 断开，接触器 KM2 失电释放，压缩机电动机停止运行。此时，通过继电器 KA 的触点使电磁阀 YV1 仍继续受控。当蒸发器吸气压力恢复正常时高低压力继电器 HR 触点恢复，压缩机电动机将自动起动运行。

(2) 冬季运行的温湿度调节

冬季运行主要是升温和加湿，制冷系统不工作，需将 S2 断开，SA 扳至停。加热器有三组，根据加热量的不同，可分别选在手动、停止或自动位置。设 S3 和 S4 扳在手动位置，接触器 KM3、KM4 均得电，RH1、RH2 投入运行而不受控。将 S5 扳至自动位置，RH3 受温度调节环节控制。当室内温度低时，干球温度计 T 接点断开，调节器中继电器 KE1 吸合，其动合触点闭合使 KM5 得电吸合，其主触点闭合使 RH3 投入运行，送风温度升高。如室温较高，T 接点闭合，KE1 失电释放而使 KM5 断电，RH3 不投入运行。

室内相对湿度调节是将开关 S6 合上，利用湿球温度计 TS 接点的通断而进行控制。例如：当室内相对湿度低时，TS 温包上水分蒸发快而带走热量，TS 接点断开，调节器中继电器 KE2 吸合，其动断触点断开使继电器 KA 失电释放，其动断触点恢复而使接触器 KM6 得电吸合，其主触点闭合，电加湿器 SH 投入运行，产生蒸气对送风进行加湿。当相对湿度较高时，TS 和 T 的温差小，TS 接点闭合，KE2 释放，继电器 KA 得电，其动断触点断开使 KM6 失电而停止加湿。

该系统的恒温恒湿调节仅是位式调节，只能在制冷压缩机和电加热器的额定负荷以下才能保证温度的调节，另外，系统中还有过载和短路等保护。

第七节　可编程控制器的应用简介

前面我们讨论的电动机的继电—接触器控制具有结构简单、价格低廉、易于维修、抗干扰能力强等优点，目前仍被广泛应用。而且继电—接触器控制系统的知识也是学习更先进的电气控制系统的基础。继电—接触器控制的主要缺点是，其电路中的电器元件体积大，占用空间，触点多，又运行于低频率(50Hz)下，使触点易于损坏；每条控制电路的控制功能是固定的，不能任意改变，除非重新配线，因此不能满足比较复杂或者控制要求经常改变的系统的需求。

随着电子技术特别是微型计算机的迅速发展，在电动机的控制系统中采用了各种先进的控制器件和控制方法，可编程控制器(简称 PC 或 PLC)就是其中用得最广泛的一种。所谓可编程控制器就是在继电接触器控制的基础上，利用微处理器和存储器组成的控制器件。可编程控制器由控制组件和输入/输出(I/O)接口电路以及编程器组成。可编程控制器具有以下优点：

(1) 体积小、重量轻、功耗低、速度快。大大减小了电动机的控制面板和控制过程。

(2) 可靠性高、抗干扰性强。可编程控制器能适应恶劣的工作环境，且平均无故障间隔时间达 30 万小时以上，这是其他控制设备无法比拟的。

(3) 由软继电器(无触点)代替许多电器，减小了大量的有触点电器，简化了电气控制系统的接线，寿命更长，且采用程序控制，只须改变程序就能实现多种功能的控制。

(4) 编程方法简单、直观。可编程控制器采用梯形图语言编程,与控制原理图相类似,容易掌握和操作。

(5) 功能强大。不但能实现对开关量的逻辑控制,还能输入输出模拟量甚至数字信号,具有数据处理、与计算机联网等多种功能。

近年来,可编程控制器在处理速度、控制功能、通讯能力及控制领域等方面都有不断的突破,正向着电气控制、仪表控制、计算机控制一体化的网络化方向发展。

我们前面所讨论的水泵控制、空调控制就可采用可编程控制器,如水位的自动控制、空调压缩机转速及室内温度、湿度等的自动调节,它们可以与计算机相连,便于综合控制和管理,实现楼宇自动化及工业自动化。

本 章 小 结

(1) 继电—接触器控制电路是由各种低压电器组成的。主要介绍了闸刀开关、自动空气开关、按钮、交流接触器、熔断器、热继电器、行程开关以及时间继电器等低压电器的外形、结构、用途和原理,并熟悉它们的符号。

(2) 电动机的常规保护有短路、过载、失压和欠压保护。

(3) 电气原理图分为主电路和控制电路两部分。主电路接电动机及接触器主触点,控制电路接按钮、接触器线圈及其辅助触点,还有各种继电器、信号灯等。

(4) 继电—接触器控制电路的基本控制电路有点动、长动、正反转、顺序控制等电路。采用了自锁、互锁和联锁这几个基本环节。

(5) 利用行程开关可以实现行程和位置的控制。利用时间继电器可以实现时间控制。

(6) 介绍了水泵、锅炉和空调的电气控制电路。

(7) 简介可编程控制器在电动机控制中的应用。

思考题与习题

1. 电动机为什么采用继电接触器控制?

2. 按钮的用途和原理是什么?

3. 接触器的触点和线圈之间有什么联系?

4. 电动机的保护有哪几种?分别用什么电器来实现?

5. 电气原理图由哪几部分组成?电动机在哪一部分?

6. 电动机主电路中已装有熔断器,为什么还要装热继电器?能否互相代替?为什么?

8. 什么是自锁?它的作用是什么?

9. 什么是互锁?它的作用是什么?

10. 如图 5-31 是两地控制一台电动机的控制电路图。试写出控制过程。

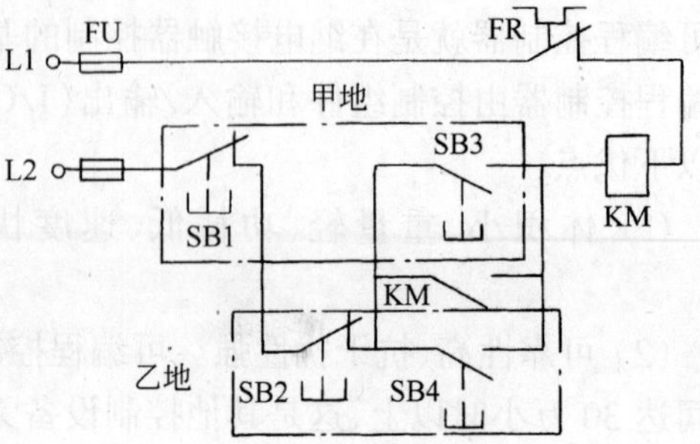

图 5-31　题10图

11. 设计一个控制电路,使电动机既能点动控制,又能连续运行。

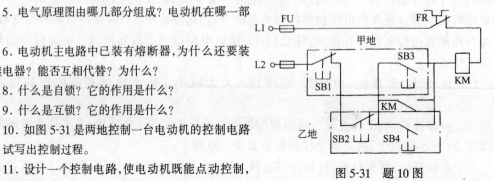

12．在图 5-31 中，分析下面两种情况的原因：(1)按下启动按钮，电动机不能启动或是转速很慢；(2)启动后，松开启动按钮，电动机停转。

13．若将图 5-31 的控制电路误接成图 5-32 的那样，通电操作时会发生什么情况？

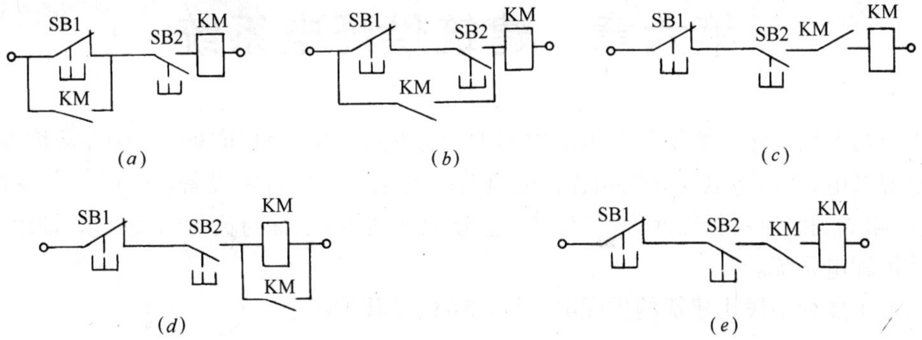

图 5-32　题 13 图

14．指出图 5-33 电动机正反转控制电路的错误。

15．试画出异步电动机既能正转连续运行，又能正反转点动控制的控制电路。

16．写出图 5-34 所示两台电动的顺序控制电路的控制过程，并说明其保护功能。

17．行程开关和时间继电器的作用是什么？

18．水位控制有哪几种方式？

19．什么是可编程控制器？它与传统的继电接触器控制有什么不同？

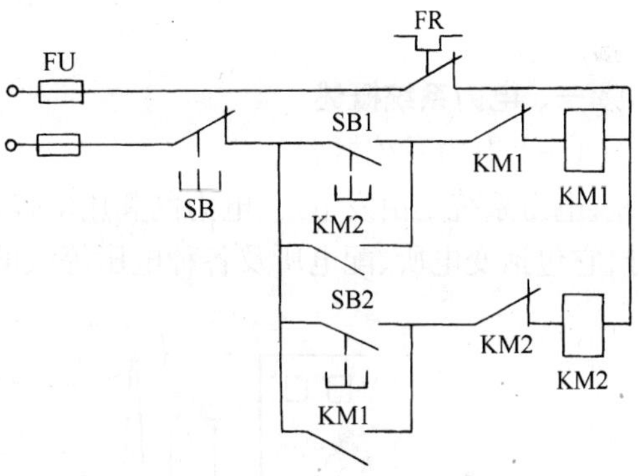

图 5-33　题 14 图

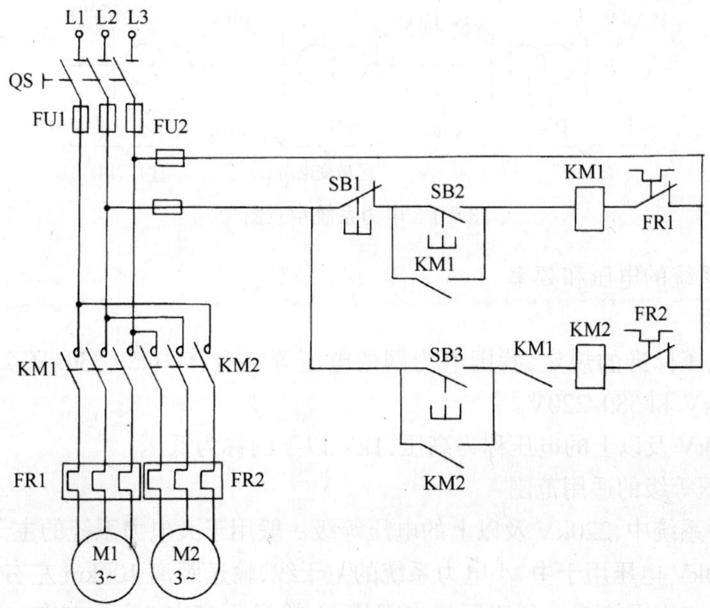

图 5-34　题 16 图

第六章　建筑供配电系统

工业与民用建筑一般是从城市电力网取得高压 10kV 或低压 380/220V(常称为市电)作为电源供电,然后将电能分配到各用电负荷处配电。采用各种设备(如变压器、变配电装置、配电箱等)和各种材料、元件(如导线、电缆、开关等)将电源与负荷联接起来,即组成了建筑物的供配电系统。

本章主要介绍民用建筑的供配电系统的结构及其功能。

第一节　供配电系统概述

一、电力系统概述

(一) 电力系统概念

电力系统是由发电厂、电力网和用电设备组成的统一整体。电力网是电力系统的一部分,它包括变电所、配电所及各种电压等级的电力线路。电力系统示意图,如图 6-1 所示。

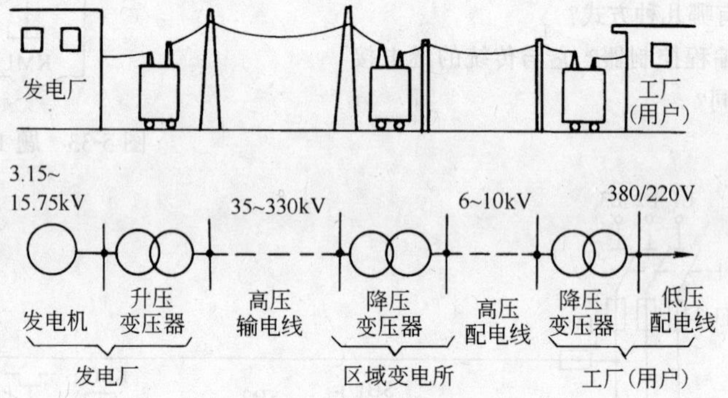

图 6-1　电力系统示意图

(二) 电力系统的电压和频率

1. 电压等级

根据国家电压标准的规定,我国电力网的电压等级有:500kV、330kV、220kV、110kV、66kV、35kV、10kV 和 380/220V。

习惯上把 1kV 及以上的电压称为高压,1kV 以下的称为低压。

2. 各种电压等级的适用范围

在我国电力系统中,220kV 及以上的电压等级一般用于大电力系统的主干线,输送距离在几百公里;110kV 电压用于中、小电力系统的主干线,输送距离 100km 左右;35kV 电压则用于电力系统的二次网络或大型工厂的内部供电,输送距离在 30km 左右;10kV 电压用于送电距离 10km 左右的城镇和工业与民用建筑施工供电;电动机、电热等用电设备一般采用三相电压 380V 和单相电压 220V 供电。照明用电一般采用 380/220V 三相四线制供电。

3．额定电压和频率

电力系统中的所有电气设备，都是在一定的电压和频率下工作的。系统的电压和频率直接影响着电气设备的运行，所以电压和频率是衡量电力系统电能质量的两个基本参数。

电气设备都是按照在额定电压下工作能获得最佳的经济效果而设计的。因此电气设备的额定电压应与所接电力线路的额定电压相同，否则设备的工作性能和使用寿命都将受到影响，总的经济效果下降。

我国电力工业的标准频率为 50Hz，一般交流电力设备的额定频率也是 50Hz。由于频率直接影响各种电气设备的阻抗值，影响交流电动机的转速，影响电子设备的正常工作，因此对频率偏差要求严格。规定电力系统对用户的供电频率偏差不得超过 ±5%。

二、电力负荷分级及供电要求

在电力系统中，根据用电设备的重要性和中断供电在政治上、经济上所造成的损失或影响的程度，电能用户分为三个等级。不同等级的负荷，供电基本要求各异。常用民用用电设备及部位的负荷级别见表 6-1。

常用民用用电设备及部位的负荷级别 **表 6-1**

序号	建筑类别	建筑物名称	用电设备及部位名称	负荷级别
1	住宅建筑	高层普通住宅	客梯电力、楼梯照明	二 级
2	宿舍建筑	高层宿舍	客梯电力，主要通道照明	二 级
3	旅馆建筑	一、二级旅游旅馆	经营管理用电子计算机及其外部设备电源，宴会厅电声、新闻摄影、录像电源、宴会厅、餐厅、娱乐厅、高级客房、厨房、主要通道照明、部分客梯电力、厨房部分电力	一 级
			其余客梯电力，一般客房照明	二 级
		高层普通旅馆	客梯电力、主要通道照明	二 级
4	办公建筑	省、市、自治区及部级办公楼	客梯电力、主要办公室、会议室、总值班室、档案室及主要通道照明	一 级
		银行	主要业务用电子计算机及其外部设备电源、防盗信号电源	一 级
			客梯电力	二 级
5	教学建筑	高等学校教学楼	客梯电力，主要通道照明	二 级
		高等学校的重要实验室		一 级
6	科教建筑	科研院所的重要实验室		一 级
		市（地区）级及以上气象台	主要业务用电子计算机及其外部设备电源，气象雷达、电报及传真收发设备、卫星云图接收机、语言广播电源，天气绘图及预报照明	一 级
			客梯电力	二 级
		计算中心	主要业务用电子计算机及其外部设备电源	一 级
			客梯电力	二 级

续表

序号	建筑类别	建筑物名称	用电设备及部位名称	负荷级别
7	文娱建筑	大型剧院	舞台、贵宾室、演员化妆照明,电声、广播及电视转播、新闻摄影电源	一 级
8	博览建筑	省、市、自治区级及以上博物馆、展览馆	珍贵展品展室的照明、防盗信号电源	一 级
			商品展览用电	二 级
9	体育建筑	省、市、自治区级及以上体育馆、体育场	比赛厅(场)、主席台、贵宾室、接待室、广场照明、计时记分、电声、广播及电视转播、新闻摄影电源	一 级
10	医疗建筑	县(区)级以上医院	手术室、分娩室、婴儿室、急诊室、监护病房、高压氧舱、病理切片分析、区域性中心血库的电力及照明	一 级
			细菌培养、电子显微镜、电子计算机 x 射线断层扫描装置、放射性同位素加速器电源、客梯电力	二 级
11	商业仓库建筑	冷库	大型冷库、有特殊要求的冷库的一台氨压缩机及其附属设备电力,电梯电力,库内照明	二 级
12	商业建筑	省辖市及以上重点百货大楼	营业厅部分照明	一 级
			自动扶梯电力	二 级

(一) 一级负荷

是指那些中断供电后将造成人身伤亡,或造成重大设备损坏,或破坏复杂的工艺过程使生产长期不能恢复、破坏重要交通枢纽、重要通讯设施、重要宾馆以及用于国际活动的公共场所的正常工作秩序造成政治上和经济上重大损失的电能用户。对于一级负荷,要求采用两个独立的电源供电。所谓独立,是指其中任一个电源发生事故或因检修而停电时,不致影响另一个电源继续供电,以保证一级负荷供电的连续性。

(二) 二级负荷

是指那些中断供电后将造成国民经济较大损失,损坏生产设备,产品大量减产,生产较长时间才能恢复,以及影响交通枢纽、通讯设施等正常工作,造成大中城市、重要公共场所(如大型体育馆、大型影剧院等)的秩序混乱的电能用户。对于二级负荷,要求采用双回路供电,即由两回路供电(一回线路工作、一回线路备用)。在条件不允许采用双回路时,则允许采用 10kV 及以上专用架空线路供电。采用了专线供电后是否还需要设置备用电源,需要经过技术经济比较再定。如中断供电造成的损失大于设置备用电源所需费用时,则应设置备用电源。

(三) 三级负荷

凡不属于一级和二级负荷的一般电力负荷均为三级负荷。三级负荷对供电无特殊要求,一般都为单回线路供电,但在可能情况下也应尽量提高供电的可靠性。

在民用建筑中,一般都把重要的医院、大型的商场、体育馆、影剧院、重要的宾馆和电信电视中心列为一级负荷,大多数民用建筑属于三级负荷。

三、民用建筑供配电系统

(一) 民用建筑供电系统

小型民用建筑设施的供电,一般只需要设立一个简单的降压变电所,把电源进线 10kV 经过降压变压器变为低压 380/220V，其供电系统如图 6-2 所示。

对于 100kW 以下的用电负荷，一般不必要单独设变压器，通常采用 380/220V 低压供电，只需要设立一个低压配电室。

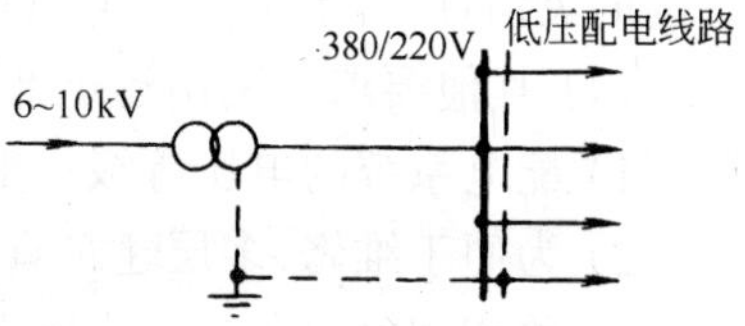

图 6-2　小型民用建筑设施供电系统

中型民用建筑设施的供电，一般电源进线为 10kV，经过高压配电所，再用几路高压配电线将电能分别送到各建筑物变电所，降为 380/220V 低压，供给用电设备。如图6-3 所示。

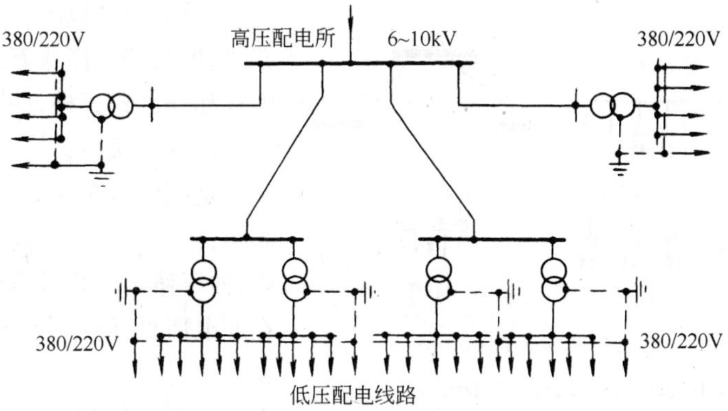

图 6-3　有高压配电所的中型民用建筑设施供电系统

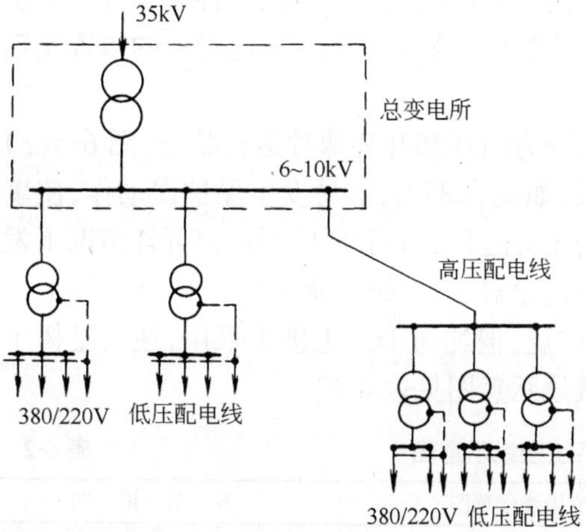

图 6-4　有总变电所的大型民用建筑设施供电系统

大型民用建筑设施的供电，电源进线一般为 35kV，需要经过两次降压，第一次先将 35kV 的电压降为 10kV，然后用高压配电线送到各建筑物变电所，再降为 380/220V 电压，如图 6-4 所示。

（二）民用建筑低压配电系统

低压配电系统，是指从终端降压变电所的低压侧到民用建筑内部低压设备的电力线路，其电压一般为 380/220V。

1．低压配电系统的配电要求

（1）可靠性要求。低压配电线路首先应当满足民用建筑所必须的供电可靠性要求。所谓可靠性，是指根据民用建筑用电负荷的性质和由于事故停电给政治上、经济上造成的损失，对用电设备提出的不中断供电的要求。不同的民用建筑对供电的可靠性要求不同，供电的可靠性是由供电电源、供电方式和供电线路共同决定的。

（2）用电质量要求。低压配电线路应当满足民用建筑用电质量的要求。电能质量主要是指电压和频率两个指标。电压质量与电源和线路有关，一般情况下，低压供电半径不宜超过 250m。电能质量的频率指标我国规定为工频 50Hz。

（3）考虑发展。从工程角度看，低压配电线路应当力求接线简单、操作方便、安全，具有一定的灵活性，并能适应用电负荷发展的需要。

(4) 其他要求。民用建筑低压配电系统还应满足：

1) 配电系统的电压等级一般不宜超过两级；

2) 为便于维修，多层建筑宜分层设置配电箱，每套房间宜有独立的电源开关；

3) 单相用电设备应适当配置，力求达到三相负荷平衡；

4) 由建筑物外引来的配电线路，应在屋内靠近进线处便于操作维护的地方装设开关设备；

5) 应节省有色金属的消耗、减少电能的消耗、降低运行费用等。

2. 低压配电系统的配电方式

民用建筑低压配电线路的基本配电方式（也叫基本接线方式）有：放射式、树干式和环形式三种，如图 6-5 所示。

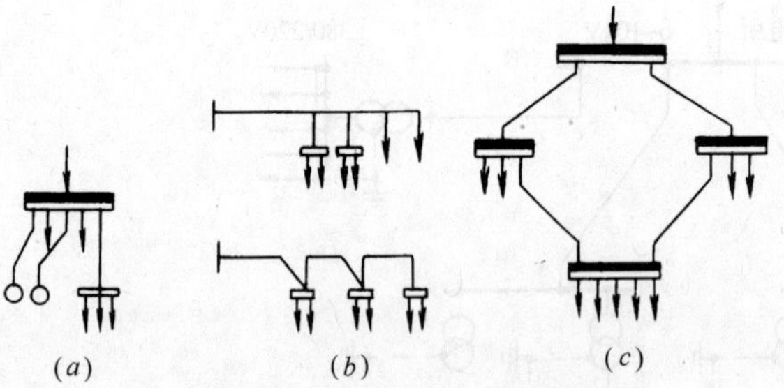

图 6-5　低压配电线路基本配电方式
(a)放射式；(b)树干式；(c)环形式

放射式接线如图 6-5(a)所示，它的优点是配电线相对独立，发生故障互不影响，供电可靠性较高；配电设备比较集中，便于维修。但由于放射式接线要求在变电所低压侧设置配电盘，这就导致系统的灵活性差，再加上干线较多，有色金属消耗也较多。

树干式接线如图 6-5(b)所示，这种配电方式使变电所低压侧结构简化，减少电气设备需用量，有色金属的消耗也减少，更重要的是提高了系统的灵活性。但这种接线方式的主要缺点是，当干线发生故障，停电范围很大。树干式配电一般只适用于用电设备的布置比较均匀、容量不大、又无特殊要求的场合。

环形式接线如图 6-5(c)所示，这种接线又分为闭环和开环两种运行状态，图 6-5(c)是闭环状态。闭环运行状态的保护整定相当复杂，如配合不当，容易发生保护误动作，使事故停电范围扩大。因此，在正常情况下，一般不用闭环运行，而用开环运行，但开环情况下发生故障会中断供电。所以环形配电线路一般只适用于对二、三级负荷供电。

在实际应用中，放射式和树干式应用较为广泛，但纯树干式也极少采用，往往是树干式与放射式的混合使用。常用照明配电系统的接线示意图见表 6-2。

常用照明配电系统接线示意图　　表 6-2

序号	供电方式	照明配电系统接线示意图	方案说明
1	单台变压器系统	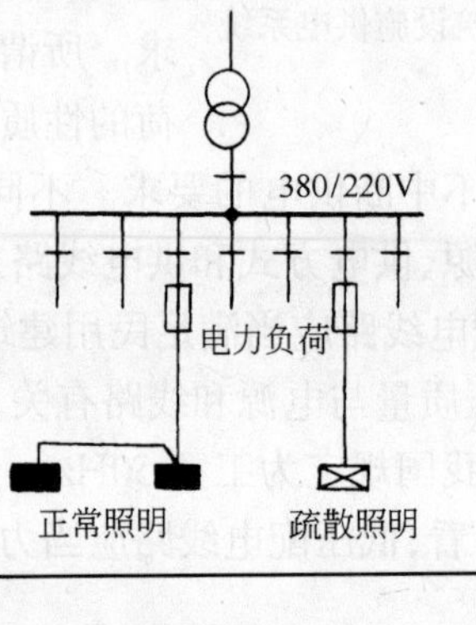	照明与电力负荷在母线上分开供电，疏散照明线路与正常照明线路分开

续表

序号	供电方式	照明配电系统接线示意图	方案说明
2	一台变压器及一路备用电源线系统	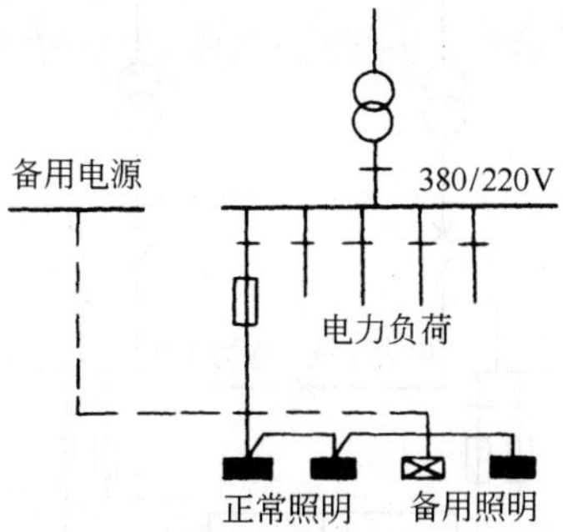	照明与电力负荷在母线上分开供电，暂时继续工作用的备用照明由备用电源供电
3	一台变压器及蓄电池组系统	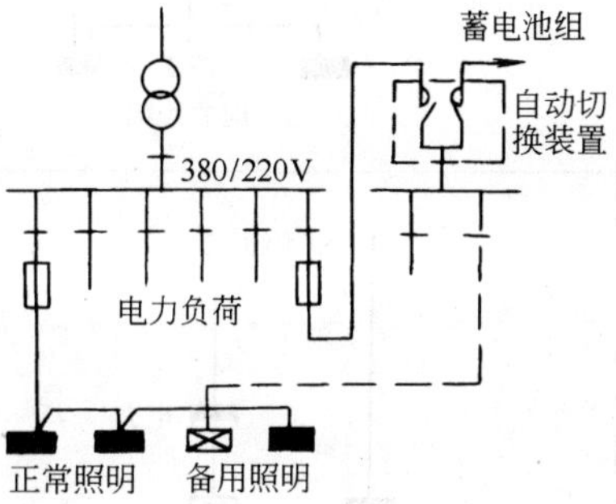	照明与电力负荷在母线上分开供电，暂时继续工作用的备用照明由蓄电池组供电
4	两台变压器系统	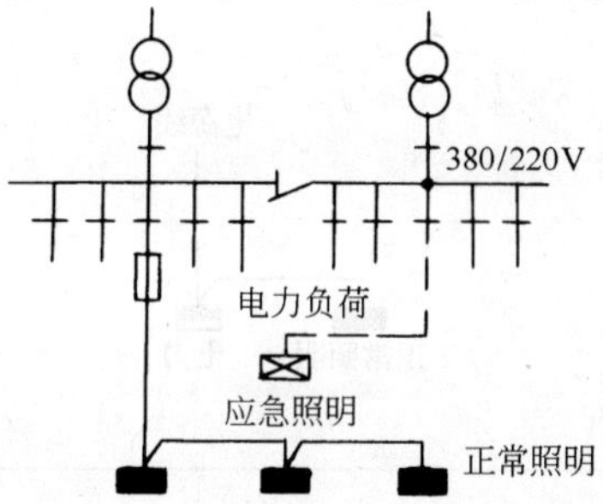	照明与电力负荷在母线上分开供电，正常照明和应急照明由不同变压器供电
5	变压器-干线（一台）系统	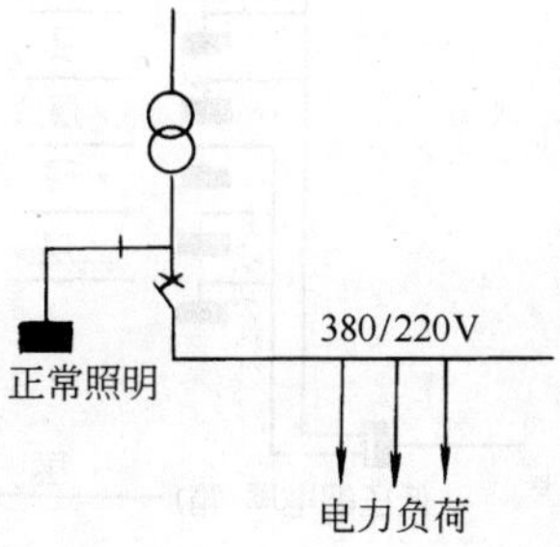	对外无低压联络线时，正常照明电源接自干线总断路器之前

续表

序号	供 电 方 式	照明配电系统接线示意图	方 案 说 明
6	变压器-干线（两台）系统	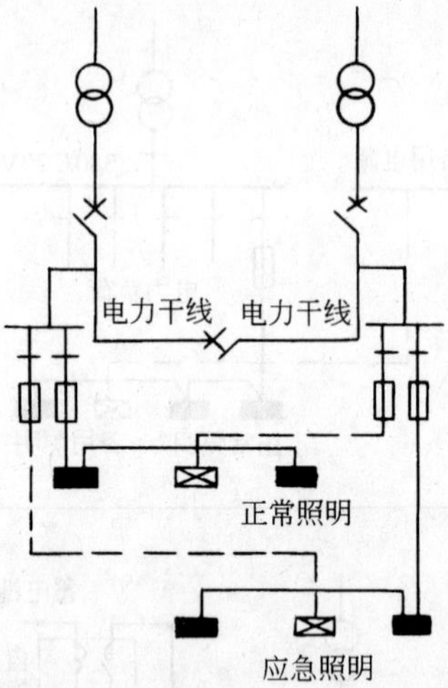	两段干线间设联络断路器，照明电源接自变压器低压总开关的后侧，当一台变压器停电时，通过联络开关接到另一段干线上，应急照明由两段干线交叉供电
7	由外部线路供电系统（2路电源）	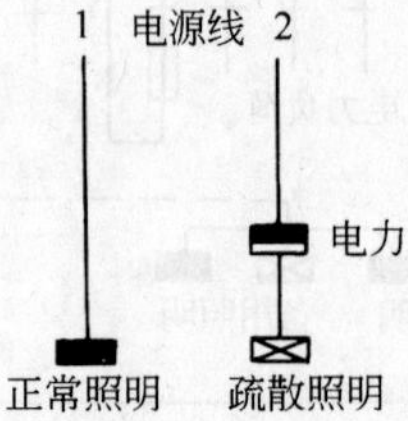	适用于不设变电所的重要或较大的建筑物，几个建筑物的正常照明可共用一路电源线，但每个建筑物进线处应装带保护的总断路器
8	由外部线路供电系统（1路电源）	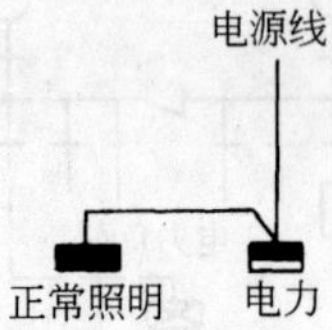	适用于次要的或较小的建筑物，照明接于电力配电箱总断路器前
9	多层建筑低压供电系统	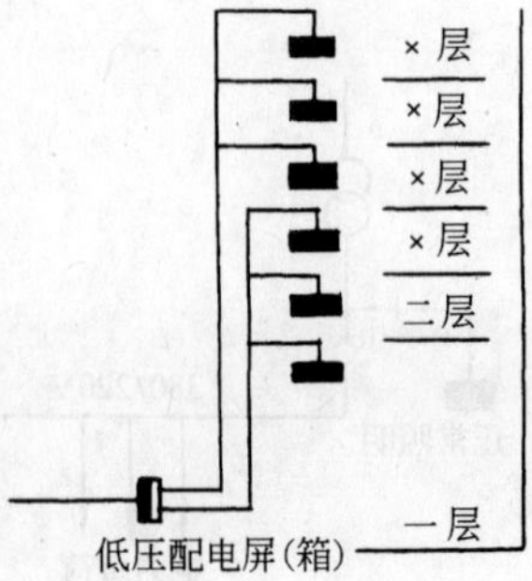	在多层建筑物内，一般采用干线式供电，总配电箱装在底层

第二节　10kV 变电所

当建筑电气设备的计算总负荷超过 100kW 时，一般需高压供电并设立 10kV 变电所，将高压侧 10kV 电压变为 380/220V 低压向用户或用电设备供电。

一、变电所的类型，结构及所址选择

1. 变电所类型与结构

变电所担负着从电力系统受电、变压的任务，是供电系统的枢纽。变电所的类型很多，工业与民用建筑设施的变电所大都采用 10kV 的变电所，这种变电所是将 10kV 进线电压降为 0.4kV 低压，供用户使用。

10kV 变电所按其变压器及高低压开关设备位置不同可分为：户内型，半户内型、户外型。

(1) 户内型。户内型变电所由高压配电室、变压器室、低压配电室、高压电容器室和值班室组成，如图 6-6。其特点是变电所安全、可靠，受环境影响小，维护、监测、管理方便，但建筑费用高，一般用于大中型企业和高层建筑。

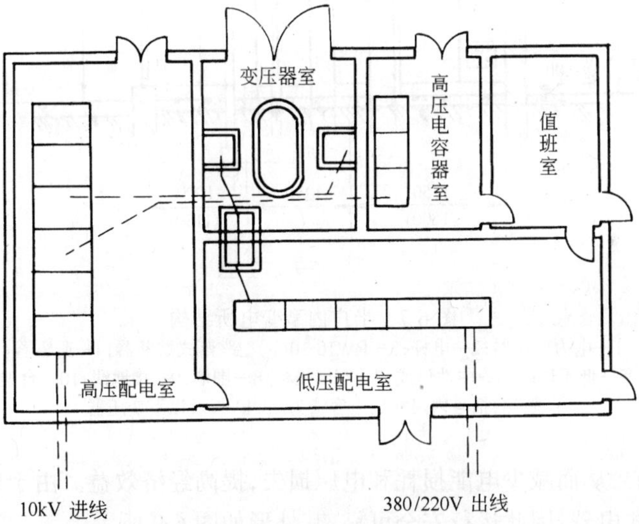

图 6-6　户内型变电所示意图

(2) 半户内型。如图 6-7 所示，半户内型变电所只是把低压配电设备放在室内，变压器和高压设备均放在室外。其特点是建筑面积较小，变压器通风散热条件好。

(3) 户外型。户外型变电所是将全部高低压设备、变压器均放在室外。这种变电所还可分为杆上式和地台式，如图 6-8 是单杆式。其特点是占地面积少，结构简单，进出线方便，变压器易于通风散热，适用于 320kVA 以下的变压器。一般用于城市生活区和建筑施工工地。

变电所除上述三种类型外，组合式变电站（俗称组合式变电站或箱式变电站）目前已逐步广泛应用于小区和高层建筑中。它包括 3 个单元：高压设备箱、变压器箱和低压配电箱。这 3 个单元均由制造厂家成套供应，因此现场安装方便、工期短，也便于搬迁，占地面积小，

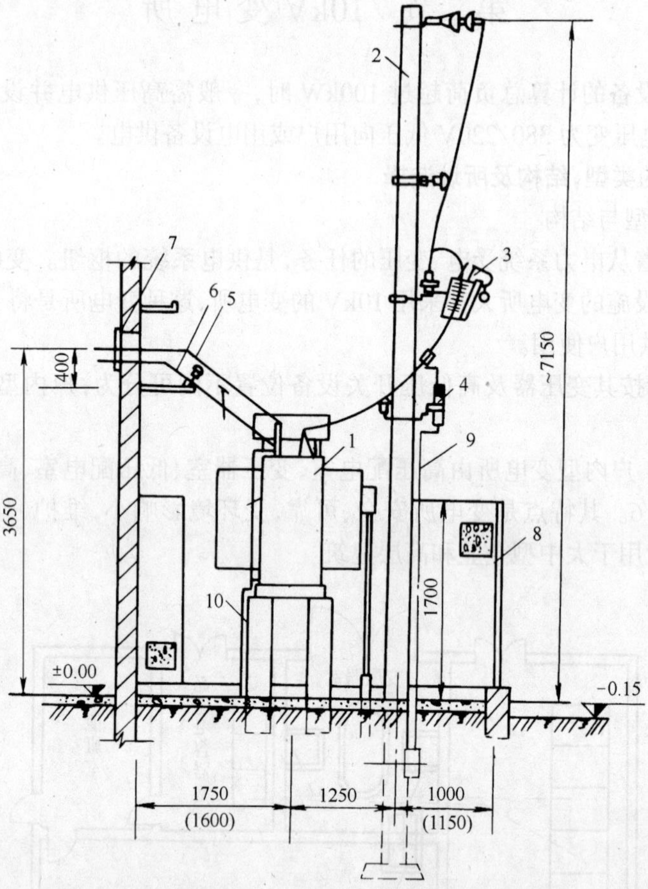

图 6-7　半户内型变电所结构

1—电力变压器；2—电杆；3—RW10-10(F)型跌落式熔断器；4—避雷器；
5—低压母线；6—中性母线；7—穿墙隔板；8—围墙；9—接地线；10—台架

附注：括号内尺寸用于容量为 630kVA 及以下变压器

便于深入负荷中心，从而减少电能损耗和电压损失，提高经济效益。由于成套变电站全部采用少油式或无油式电器，因此运行安全可靠，其外形如图 6-9 所示。

2．变电所所址的选择

变电所所址的选择，应从以下几个方面综合考虑：

(1) 尽量靠近负荷中心，距离最大负荷点一般不超过 250m。

(2) 尽量靠近高压线，且进、出线方便。

(3) 尽量避免设在多尘和有腐蚀性气体场所，有剧烈振动和低洼积水场所。

(4) 尽可能结合土建工程规划设计，减少建造投资和电能损耗。

(5) 考虑运输方便和扩建。

二、变电所常用电气设备的安装和使用要求

在 10kV 的民用建筑供电系统中，常用的电气设备，包括高压配电设备、变压器及低压配电设备。

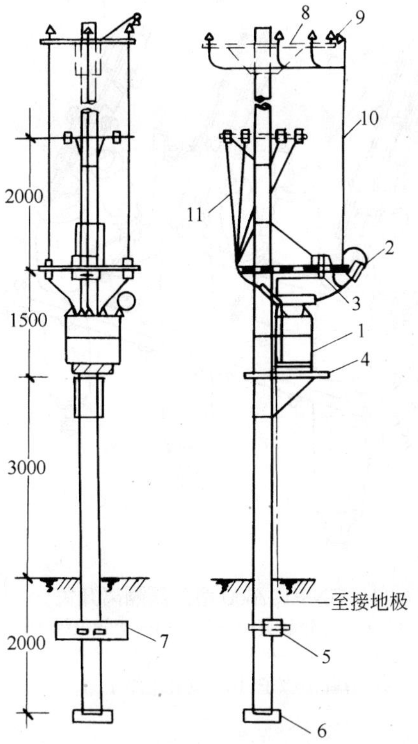

图 6-8　单杆式变压器台
1—变压器；2—跌落式高压熔断器；3—高压阀型避雷器；4—变压器台架；5—卡盘抱箍；6—底盘；7—卡盘；8—高压引下线横担；9—高压引下线支架；10—高压引下线；11—低压绝缘线引出线

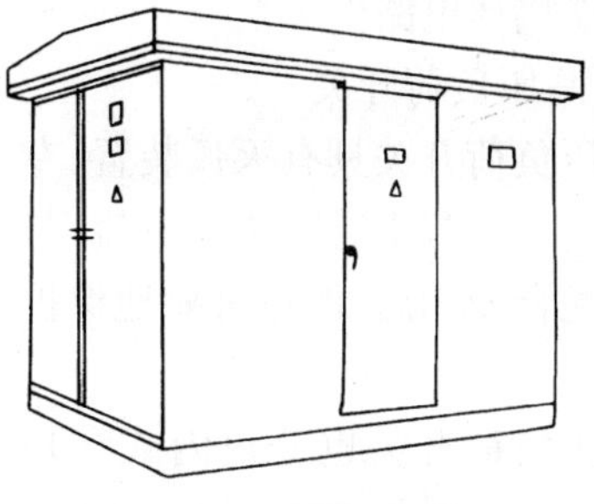

图 6-9　箱式变电站

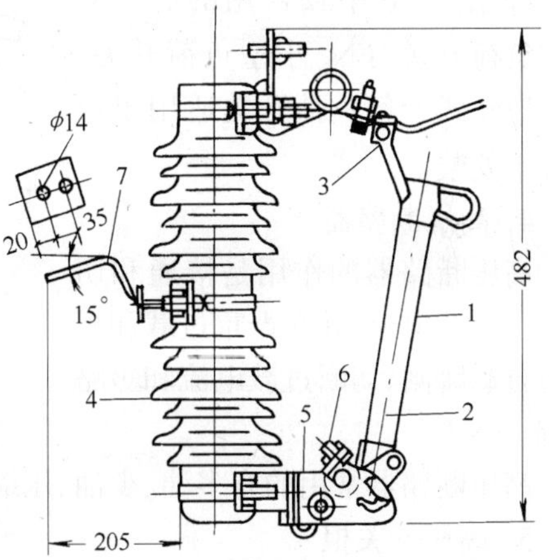

图 6-10　RW3-10(G)型跌落式熔断器结构及外形尺寸
1—熔管；2—熔丝元件；3—上触头；4—绝缘瓷套管；5—下触头；6—端部螺栓；7—紧固板

(一) 高压配电设备

高压配电设备一般有高压熔断器、隔离开关、负荷开关、断路器、开关柜、避雷装置等。

1. 高压熔断器

10kV 高压熔断器中，户内广泛采用 RN 型管式熔断器，户外则广泛采用 RW 型跌落式熔断器。RW 型跌落式熔断器结构及外形见图 6-10。这种熔断器的熔管由酚醛纸管做成，里面密封着熔丝。正常运行时该熔断器串联在线路上。当线路发生故障时，故障电流使熔丝迅速熔断。熔丝熔断后，熔管下部触头因失去张力而下翻，在熔管自重作用下跌落，形成明显的断开间隙。这种熔断器适用于周围没有急剧振动的场所，安装在电杆横担支架上，串接在高压进户线处，即可作 10kV 交流电力线路和电力变压器的短路保护，又可在一定条件下直接用绝缘钩棒来操作其熔管的开合，以断开或接通小容量的空载变压器、空载线路和小负荷电流。

2. 高压隔离开关

高压隔离开关按其安装地点分为户内式和户外式两大类。图 6-11 是 GN8-10/600 型户内高压隔离开关的外形。高压隔离开关的主要作用是隔断高压电源，并造成明显的断开点，以保证其他电气设备能安全进行检修。因为隔离开关没有专门的灭弧装置，所以不允许带负荷断开和接入电路，必须同高压断路器配合使用，即：高压断路器切断电路后才能断开隔离开关，隔离开关闭合后高压断路器才能接通电路。

3．高压负荷开关

高压负荷开关具有灭弧装置，专门用于高压装置中通断负荷电流，与熔断器配合使用后，能更可靠地保护电路。

高压负荷开关也分户内式和户外式。户内式有 FN_2、FN_3、FN_4、FN_5 等型号，其中较常用的有 FN_4 真空负荷开关、FN_5 小型负荷开关。FN_5 户外式产气负荷开关适用于户外柱上安装。

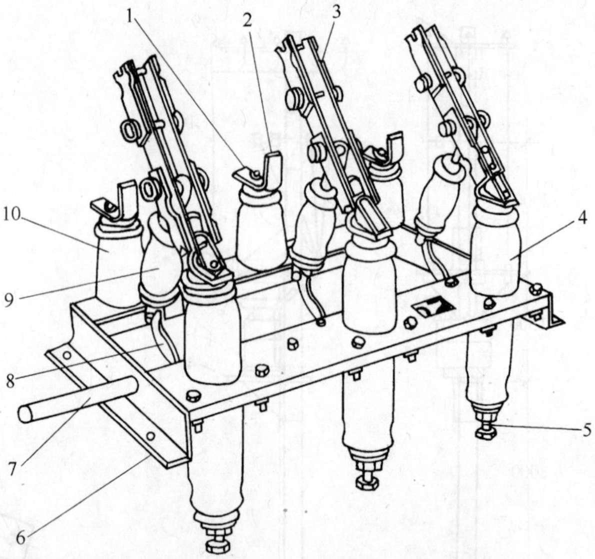

图 6-11　GN8-10/600 型高压隔离开关
1—上接线端；2—静触头；3—刀闸；4—套管绝缘子；5—下接线端；6—框架；7—转轴；8—拐臂；9—升降绝缘子；10—支柱绝缘子

4．高压断路器

高压断路器的作用是接通和切断高压负荷电流，并在严重过载和短路时自动跳闸，切断过载电流和短路电流。

高压断路器常用的有多油、少油、压缩空气及真空断路器等类型。

5．高压开关柜

高压开关柜是一种柜式的成套配电设备。它按一定的接线方案将所需的一、二次设备，如开关设备、监察测量仪表、保护电器及一些操作辅助设备组装成一个总体，在变配电所中作为控制电力变压器和电力线路之用。这种成套配电设备结构紧凑、运行安全、安装和运输方便，同时具有体积小、性能好、节约钢材和缩小配电室空间等优点。

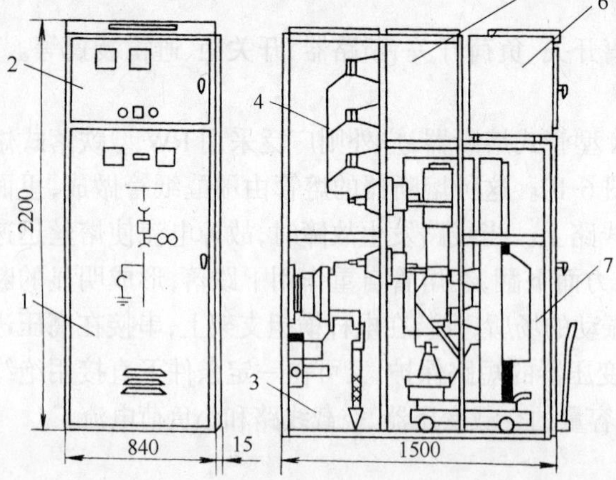

图 6-12　JYN_2-10 型开关柜外形及结构示意
1—手车室门；2—仪表板；3—电缆室；4—母线室；5—继电仪表室；6—小母线室；7—断路器室

目前我国已广泛生产和使用"五防型"高压开关柜。"五防型"是指防止误合、误分断路器；防止带负载分、合隔离开关；防止带电挂地线；防止带地线合闸；防止误入带电间隔。"五防型"高压开关柜实现高压安全操作程序化，提高了可靠、安全性能。常用型号有：JYN-10 型、KGN-10 型、KYN-10 型，其特点是断路器装在手车上，可以很方便地抽出，便于维修。图 6-12 所示为 JYN_2-10 型开关柜外形与结构。

6．避雷装置

半户内型和户外型变电所一般采用的避雷装置是高压阀型避雷器。其中 $FS_{2\text{-}10}$型、$FS_{3\text{-}10}$型、$FS_{4\text{-}10}$型阀型避雷器适用于10kV变压器高压侧防雷保护。

变压器高压侧安装阀型避雷器，其一端接高压线，另一端接接地装置。它的作用是把高压线路上的雷电流引入土地，防止变电所遭受雷击。阀型避雷器结构示意图见图6-13。

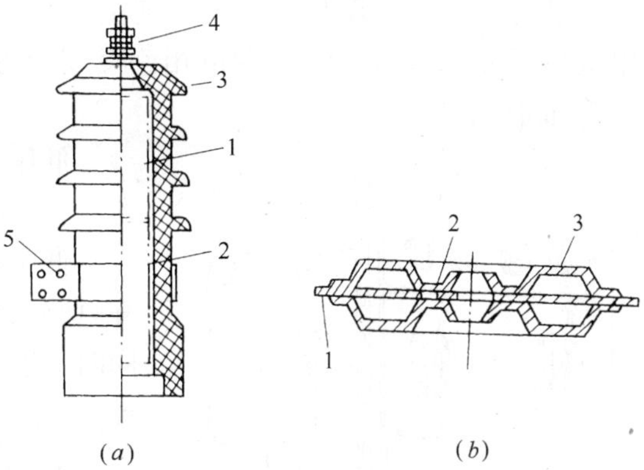

图6-13 阀型避雷器
(a)避雷器的基本结构
1—火花间隙；2—阀型电阻片；3—瓷套；
4—接线鼻；5—抱箍
(b)阀型避雷器的火花间隙
1—云母垫片；2—空气间隙；3—黄铜电极

(二) 变压器

变压器在变电所中是最重要的电气设备，其作用是把由高压电网接受的电压变换成用电设备所需的电压等级。变压器的选择是否合理，直接影响到投资的多少、运行费用的高低、供电质量的好坏及供电的可靠性。

1. 变压器形式选择

主变压器形式选择要求见表6-3。

主变压器形式的选择 **表6-3**

主变压器形式	适用范围	型号选择
油浸式	一般正常环境的变电所	应优先选用S_9等系列低损耗配电型
干式	用于防火要求较高或环境潮湿、多尘的场所	SCB8、SCL等系列环氧树脂浇注变压器，具有较好的难燃、防尘和防潮的性能
密闭式	用于具有化学腐蚀性气体、蒸汽或具有导电、可燃粉尘、纤维会严重影响变压器安全运行的场所	BS_7、BS_9等系列全密闭式变压器，具有防振、防尘、防腐蚀性能，并可与可爆性气体隔离
防雷式	用于多雷区及土壤电阻率较高的山区	Sz等系列防雷变压器，具有良好的防雷性能，承受单相负荷能力也较强
有载调压式	用于电力系统供电电压偏低或电压波动严重而用电设备对电压质量又要求较高的场所	SZ9等系列有载调压变压器，属低损耗配电变压器，可优选用

2. 变压器台数与容量选择

变压器台数主要根据负荷大小、对供电可靠性和电能质量的要求来决定。对民用建筑供电的变电所，变压器一般选1～2台，单台变压器额定容量一般不宜大于1250kVA，高压侧电压由外部电网电压等级来选择确定。

(三) 低压配电设备

低压配电设备一般由低压母线、各种低压开关、互感器等组成，它们承担着电能的控制、分配和保护的任务。

1. 低压母线

低压母线是将变压器低压侧与各种低压电器相连接的导线，它的作用是汇集、分配和输送电能，故又被称为汇流排。

低压母线一般采用铜或铝做成扁状矩形导体，常用型号有LMY硬铝母线，TMY硬铜母线。工程中常用规格有40mm×4mm、50mm×5mm、63mm×6.3mm、80mm×8mm、100mm×10mm等。

安装时由变压器低压侧,经母线连接到总开关,再由低压母线向各用电设备配电。母线安装完后,母线要涂上不同颜色的相色漆,来区别相序。

2. 低压开关

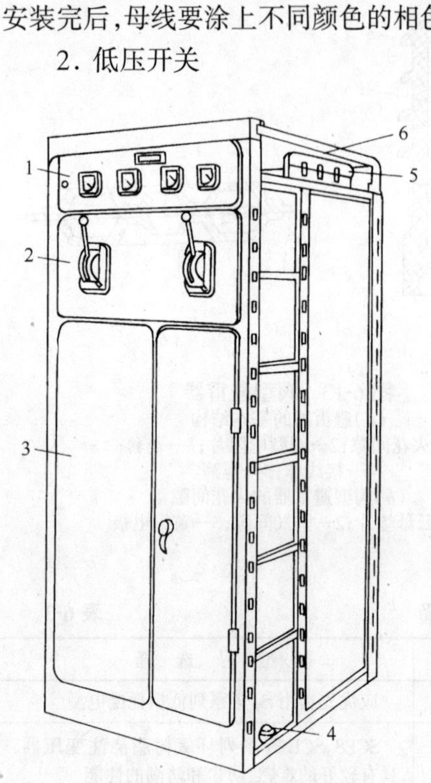

图 6-14 PGL 型低压配电屏

1—仪表板;2—操作板;3—检修门;4—中性母线绝缘子;5—母线绝缘框;6—母线防护罩

低压开关种类很多,最常用的是刀熔开关和断路器。它们的结构和工作原理详见本章第五节。

低压开关在供电系统中的主要作用是:接通或断开电路,为用电设备提供电能或为其检修提供方便,同时又能在电路发生短路、过载时自动切断电路,保证用电设备的安全。

3. 互感器

低压配电设备中互感器的作用是为各种测量仪表及保护电器提供监测和测量的各种信号。

常用的低压配电设备一般按不同的接线方案组装在一起,构成低压配电屏或低压配电柜,作动力及照明配电用。

低压配电屏装有刀开关、熔断器、自动开关、交流接触器、电流互感器、电压互感器等,按需要可组成各种系统,其类型有固定式和抽屉式两种。抽屉式低压配电屏的主要设备均装在抽屉或手车上,通过备用抽屉或手车可立即更换故障的回路单元,保证迅速供电。抽屉式低压配电屏有 BFC-1、BFC-2 及 BFC-15 型等,固定式的低压配电屏有 PGL 型。图 6-14 是 PGL 型低压配电屏外形图。

第三节 电力负荷计算

在电力系统中,用电设备所需用的电功率称为电力负荷,简称负荷,有时负荷也用电流表示。电力负荷的计算,对于合理配置电源、布置供电线路、选择输电导线和各种低压配电设备有着重要的意义。

在供配电系统中,不能把所有设备的容量简单相加来确定总负荷,而是采用一些负荷计算的方法来确定用电总负荷。

负荷计算方法可按下列原则选取:

(1) 在方案设计阶段采用单位指标法;在初步设计及施工图设计阶段,宜采用需要系数法;对于住宅,在设计的各个阶段均可采用单位指标法。

(2) 用电设备台数较多,各台设备容量相差不悬殊时,宜采用需要系数法,一般用于干线、配变电所的负荷计算。

(3) 用电设备台数较少,各台设备容量相差悬殊时,宜采用二项式法,一般用于支干线和配电箱(屏)的负荷计算。

需要系数法比较简便,在民用建筑电气设计中常用该法来确定计算负荷。

一、需要系数法

需要系数法就是根据统计规律确定需要系数(不大于1),将设备功率乘以需要系数来确定计算负荷的方法。用电设备的需要系数可查有关手册。

1. 用电设备功率 P_s 的确定

在进行负荷计算时,首先需要将各用电设备按其性质分成不同的设备组,然后确定设备组功率。成组用电设备的功率,不包括备用设备功率。

2. 需要系数法进行负荷计算

(1) 用电设备组的计算负荷及计算电流

$$P_{js} = K_x P_s \tag{6-1}$$

$$Q_{js} = P_{js} \mathrm{tg}\varphi \tag{6-2}$$

$$S_{js} = \sqrt{P_{js}^2 + Q_{js}^2} \tag{6-3}$$

$$I_{js} = \frac{S_{js}}{\sqrt{3}U_N} \tag{6-4}$$

式中 P_{js}——有功计算负荷(kW);

Q_{js}——无功计算负荷(kW);

S_{js}——视在计算负荷(kVA);

I_{js}——计算电流(A);

U_N——线路的额定电压(V);

K_x——需要系数。

(2) 配电干线或变电所的计算负荷

$$P_{\Sigma js} = K_\Sigma \Sigma P_{js} = K_\Sigma \Sigma(K_x P_s) \tag{6-5}$$

$$Q_{\Sigma js} = K_\Sigma \Sigma(P_{js} \mathrm{tg}\varphi) \tag{6-6}$$

$$S_{\Sigma js} = \sqrt{P_{\Sigma js}^2 + Q_{\Sigma js}^2} \tag{6-7}$$

K_Σ 是同时系数,它的数值也是根据统计规律确定的。

对于变电所低压母线 $K_\Sigma = 0.8 \sim 0.9$

对于配电所或低压干线 $K_\Sigma = 0.9 \sim 1.0$

二、变压器容量选择

对一个变电所的变压器容量大小的确定,要从供电的可靠性和技术经济上的合理性综合考虑,一般应满足:

$$S_N \geqslant S_{\Sigma js} \tag{6-8}$$

凡是选用两台变压器的变电所,都应考虑到其中任一台变压器容量在单独投入运行时能满足变电所总计算负荷60%以上的需要。

第四节 低压配电线路

低压配电线路,是指从低压供电电源到民用建筑内部低压设备的电力线路,其电压一般

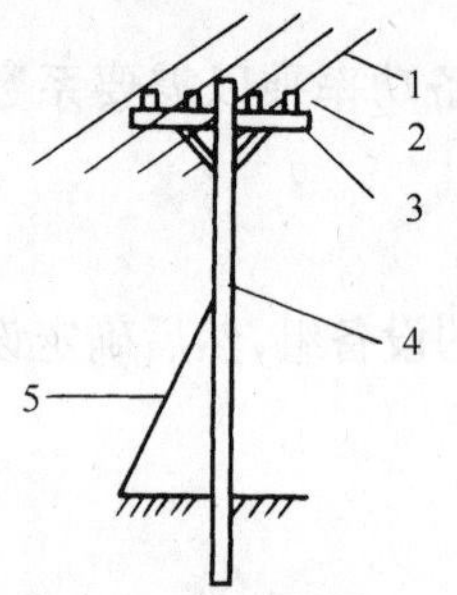

图 6-15 架空线路的结构
1—低压导线；2—针式绝缘子；3—横担；4—低压电杆；5—拉线

为 380/220V。低压配电线路布置、安装是否合理，将直接影响到供电可靠性及供电质量。本节主要介绍低压配电线路的架空线和电缆两种形式。

一、架空线路

(一) 架空线路结构

1. 电杆

架空线路是由电杆、横担、绝缘子、导线及拉线等组成，如图 6-15所示。

电杆是支撑导线的支柱。对于电杆，主要要求有足够的机械强度和足够的高度，此外还要求电杆经久耐用、价廉、便于搬运和架设等。

电杆有木杆（已很少使用）、钢筋混凝土杆（也称水泥杆）和铁塔三种。环状截面的水泥杆又有等径杆和拔梢杆之分。在低压架空线路中一般采用预应力钢筋混凝土拔梢杆。

2. 横担

横担是电杆上部用来安装绝缘子以固定导线的部件。从材料来分，有木横担（已很少用）、铁横担和瓷横担。低压架空线路常用镀锌角铁横担。横担固定在电杆的顶部，距顶部一般为 300mm。

3. 绝缘子

绝缘子又称瓷瓶，它被固定在横担上，用来使导线之间、导线与横担之间保持绝缘，同时也承受导线的垂直荷重和水平拉力。对于绝缘子主要要求有足够的绝缘强度和机械强度，对化学腐蚀有足够的防护能力，不受温度急剧变化的影响和水分渗入等特点。低压架空线路的绝缘子主要有针式和蝶式两种，耐压试验电压均为 2kV。目前已广泛采用瓷横担，它具有横担和绝缘子的双重作用。

4. 导线

(1) 架空导线的结构。架空导线的结构一般可分为三大类，即单股导线、多股导线和复合材料多股绞线。

单股导线按导电体的材料又可分为铜芯导线和铝芯导线。当单股导线截面增加时，因制造工艺等原因，使得它的机械强度下降，所以单股导线的截面一般不大于 $10mm^2$，并且在架空线路上不允许采用单股铝芯导线。

多股导线是由多股细导线绞合而成的。优点是机械强度比较高，柔韧易弯曲，且电阻比单股导线在同截面状态下略小。同样，多股导线按材料的不同又可分为多股铝绞线和多股铜绞线。

复合材料多股绞线是一种采用两种材料制成的多股导线。目前常用的是钢芯铝绞线。它是由中心部位采用钢线绞合而成，在它外面再绞上铝线。这种导线的机械强度更高，抗腐蚀能力更强。

架空配电导线按导体外绝缘材料进行分类可分为橡胶绝缘、塑料绝缘和裸导线三种。架空配电干线、支线一般采用裸导线，而在人口密集区一般采用绝缘导线。

(2) 导线的规格、型号。架空导线的型号由两部分组成，型号的前面为汉语拼音字母，后面为数字部分。

用汉字拼音的第一字母表示导线的材料结构:

L——铝导线;T——铜导线;G——钢导线;LG——钢芯铝导线;若后面再加上J,则表示多股绞线,没有J表示单股导线。

字母后面的数字表示导线的标称截面,单位是毫米^2(mm^2),钢芯铝绞线有两个数字,斜线前面的是铝线部分的标称截面,斜线后面的是钢芯的标称截面。

例如:

L-10——是指$10mm^2$的单股铝线;

T-6——是指$6mm^2$的单股铜线;

LJ-16——表示$16mm^2$的多股铝绞线;

LGJ35/6——钢芯铝绞线,铝线部分的标称截面为$35mm^2$,钢芯标称截面为$6mm^2$。

架空导线的截面规格是有一定标准的,在选择及配置导线时必须符合标准规格。

5. 拉线

拉线在架空线路中的作用是平衡电杆各方向上的拉力,以防电杆的弯曲或倾倒。所以在承力杆(例如:转角杆、终端杆、耐张杆)上均装有拉线。

常用的拉线有:普通拉线(或称为尽头拉线),主要用在终端杆,起拉力平衡作用;转角拉线,用在转角杆上,起拉力平衡作用;人字拉线(即二侧位接线拉线),用在基础不实和交叉跨越高杆、较长耐张杆中间的直线杆上,以保持电杆的平衡,避免倒杆、断杆,如图6-16所示。其他还有高桩拉线、自身拉线等。

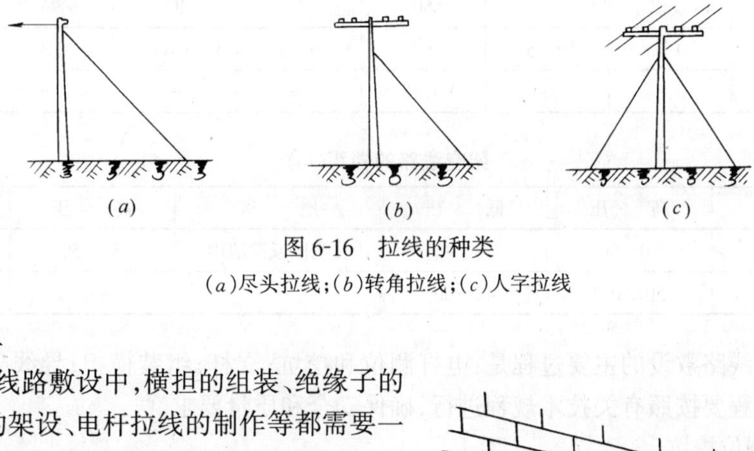

图6-16 拉线的种类

(a)尽头拉线;(b)转角拉线;(c)人字拉线

6. 金具

在架空线路敷设中,横担的组装、绝缘子的安装、导线的架设、电杆拉线的制作等都需要一些金属构件,这些金属构件统称为线路金具。

常用的线路金具有:横担固定金具,如穿心螺栓、U形抱箍等;线路金具,如挂板、线夹等;拉线金具,如心形环、花篮螺栓等。

(二) 架空线路的敷设

低压架空线路的敷设有电杆架空线路和沿墙架空线路。沿墙架空线路如图6-17,适用于建筑物间距较小不宜埋设电杆的场所。架设线路的部位如置于建筑物无门窗的外墙,则其架

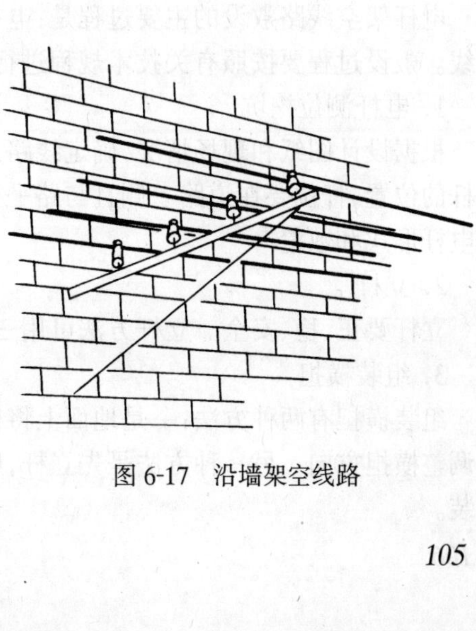

图6-17 沿墙架空线路

设高度需满足对地最小距离，见表 6-4。如置于带有门窗的外墙，线路则需与窗、门保持一定的垂直距离。否则，线路将穿管沿墙架设。这样建筑费用需增加。

架空导线与地面的最小距离(m)　　表 6-4

线路通过地区	线路电压		线路通过地区	线路电压	
	高压	低压		高压	低压
居民区	6.5	6.0	交通困难地区	4.5	4.0
非居民区	5.5	5.0			

电杆架空线路除需满足表 6-4 对地最小距离外，还需满足表 6-5、表 6-6、表 6-7 与建筑物最小距离、导线间最小距离及档距的规定。

架空线路导线与建筑物的最小距离(m)　　表 6-5

建筑物的部位	线路电压		建筑物的部位	线路电压	
	高压	低压		高压	低压
建筑物的外墙	1.5	1.0	建筑物的阳台	4.5	4
建筑物的外窗	3	2.5	建筑物的屋顶	3	2.5

架空线路导线间的最小距离(m)　　表 6-6

电压	档距(m)						
	40及以下	50	60	70	80	90	100
高压	0.6	0.65	0.7	0.75	0.85	0.9	1.0
低压	0.3	0.4	0.45	—	—	—	—

架空线路的档距(m)　　表 6-7

地区	高压	低压	地区	高压	低压
城区	40～50	30～45	住宅区或院墙内	35～50	30～40
郊区	50～100	40～60			

电杆架空线路敷设的主要过程是：电杆测位和挖坑；立杆；组装横担；导线架设；安装接户线。敷设过程要按照有关技术规程进行，确保安全和质量要求。

1. 电杆测位挖坑

根据设计图纸和现场情况，确定线路走向，确定线路的起点、终点和转角点，最后确定中间杆的位置，杆位要在道路一侧且与路平行。然后在选好的路径上，排定杆位、挖坑，确定所需电杆形式和数量。

2. 立杆

立杆要正、稳、安全。立杆方法可用三脚架立杆法、叉杆起立法、汽车起重机立杆法。

3. 组装横担

组装横担有两种方法：一是地面上将横担、金具全部组装完毕，然后整体立杆，杆立好后再调整横担方向。另一种方法是先立杆，后组装横担，要求从电杆的最上端开始，由上向下组装。

4. 导线架设

导线架设主要有放线、导线连接、紧线、调整弧垂和导线固定等步骤。

5. 架空接户线

架空接户线是从架空线电杆上引到建筑物上第一个支撑点的一段架空线路,见图 6-18。架空接户线和进户线相连。接户线的长度不宜超过 25m,否则应设立接户杆。接户线应使用绝缘导线。进户线应用橡皮绝缘导线,穿墙时应用穿墙套管加以保护。如用钢管穿入接户线,该钢管应接地。在重雷区,接户线在建筑物上第一支撑点的绝缘子铁脚应接地。为美化环境和保证安全,接户线也可采用架空电缆敷设方式,如图 6-19。

图 6-18　接户线示意图

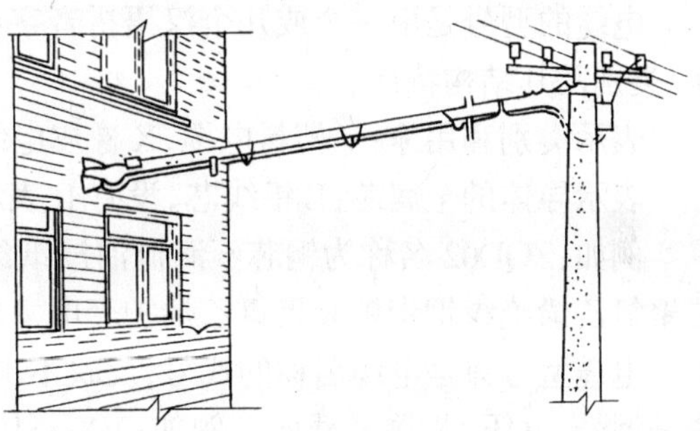

图 6-19　架空电缆引入线示意

二、电缆线路的结构与敷设

电缆是一种特殊的导线,它是将一根或数根绝缘导线组合成线芯,外面再加上密闭的包扎层加以保护。在 380/220V 的三相四线制线路中,选用的是四芯电力电缆,即三根相线和一根零线。电缆的供电可靠性高,不占地,不影响美观,特别适用于大型民用建筑、重要的用电负荷、繁华的建筑群、风景区及有腐蚀性气体,易燃易爆且不易敷设架空线路的场所。

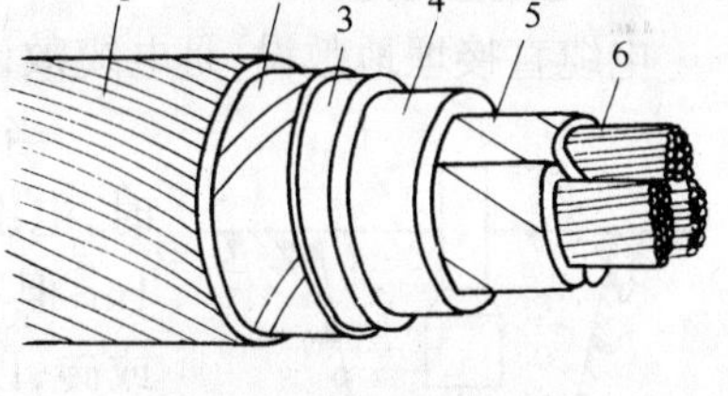

图 6-20　电缆结构

1—沥青、麻护层;2—钢带铠装;3—塑料护套;4—铝包护层;5—纸包绝缘;6—导体

(一) 电缆线路的结构

电缆线路的基本结构一般是由导电线芯,绝缘层和保护层三个部分组成,如图 6-20。

1. 导电线芯

导电线芯是用来输送电流的,通常由软铜或铝的多股铰线做成,比较柔软,且弯曲。

我国制造的电缆线芯的标称截面有:1、1.5、2.5、4、6、10、16、25、35、70、95、120、150、185、240、300、400、500、625、800(mm^2)。

2. 绝缘层

绝缘层的作用是将导电线芯与相邻导体以及保护层隔离,用以抵抗电力电流、电压、电场对外界的作用,保证电流沿线芯方向传输。

电缆的绝缘层材料有均匀质和纤维质两类。均匀质有橡胶、沥青、聚乙烯、聚氯乙烯、交联聚乙烯、聚丁烯等,纤维质有棉、麻、丝、绸等。低压电力电缆的绝缘层一般有橡胶绝缘、聚氯乙烯绝缘、纸绝缘等。

3. 保护层

保护层简称护层,它是为使电缆适应各种使用环境的要求,而在绝缘层外层所施加的保护覆盖层。其主要作用是保护电缆的敷设和运行过程中,免遭机械损伤和各种环境因素,如水、日光、生物、火灾等的破坏,以保持长时间稳定的电气性能。

电缆一般有金属护层,橡塑护层、组合护层三大类。

(二) 电力电缆的分类和型号

低压电力电缆主要有:油浸纸绝缘电力电缆、橡皮绝缘电力电缆、聚氯乙烯塑料绝缘电力电缆,交联聚乙烯绝缘电力电缆。

电缆的型号是由一个或几个汉语拼音字母和阿拉伯数字组成,分别代表电缆线路的用途、类别及其结构特征。

表示类别和用途:V 塑料电缆;X 橡皮电缆;YJ 交联聚乙烯电缆;Z 纸绝缘电缆。

表示导体的金属芯:L 铝线芯,没有 L 表示铜线芯。

例如:ZQD02 名称为铜芯不滴流油浸纸绝缘铅套聚氯乙烯套电力电缆;VV_{22}名称为铜芯聚氯乙烯绝缘钢带铠装聚氯乙烯护套电力电缆。

电缆型号只是电缆名称的代号,反映不出具体的规格和尺寸。电力电缆的完整表示方法是型号、电压、芯数×截面。例如:VV_{22}-10kV-3×95mm^2,表示 VV_{22}型的 10kV 电力电缆,3 根 95mm^2 导电芯。

(三) 电缆线路的敷设

室外电缆线路一般采用地下暗敷设,方式有:直埋、穿排管、电缆沟与电缆隧道、架空电缆等。

1. 电缆直埋敷设

电缆直接埋地敷设,是电缆敷设方法中应用最广泛的一种。

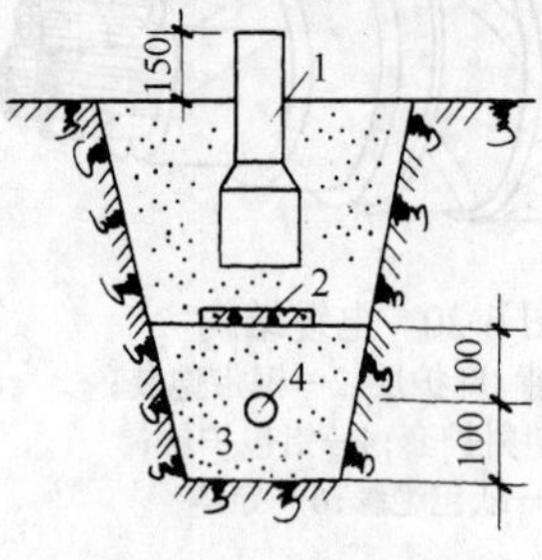

图 6-21　直埋电缆敷设示意
1—标示桩;2—盖板;
3—细砂;4—电缆

当沿同一路径敷设的电缆根数在 8 根以下,并且场地允许时,电缆宜采用直埋于地下的敷设方式。其埋深一般为 0.7～1m,但不得小于 0.7m。电缆周围填以细砂,砂层上盖混凝土板或砖,以保护电缆。为便于电缆埋设后的检修查找,应在适当部位(如起止点、转弯处)埋设标示桩。如图 6-21。直埋地下电缆之间及与各种设施之间的最小净距见表 6-8。电缆在穿越道路,进入建筑物时需穿钢管保护。

电缆直埋的方式比其他地下电缆敷设方式施工简便、建设费用较低,但故障后检修更换较困难,故对于重要负荷不宜采用。在大面积混凝土地面或道路密布场所敷设电缆,也不宜采用电缆直埋方式,而应采用电缆穿管敷设,虽然建设费用增加,但为日后检修更换电缆带来方便。

2. 电缆排管敷设

电缆排管敷设方式适用于电缆数量不多(一般不超过 12 根),而道路交叉较多、路径拥挤、又不宜采用直埋或电缆沟敷设的地段。

直埋地下电缆之间以及与各种设施之间的最小净距(m)　　表 6-8

项　　目	敷设条件	
	平行时	交叉时
与建筑物、构筑物的基础	0.5	
与电杆	0.6	
10kV 以上电力电缆之间以及与 10kV 及以下电力电缆或控制电缆之间	0.25(0.1)	0.5(0.25)
10kV 及以下电力电缆之间以及与控制电缆之间	0.1	0.5(0.25)
与通讯电缆	0.5(0.1)	0.5(0.25)
与热力管道	2.0	(0.5)
与排水明沟	1.0	0.5
与道路(平行时为路边、交叉时为路面)	1.5	1.0

注：表中括号内数字系指局部地段电缆穿管加隔板保护或加隔热层保护后允许的最小净距。

电缆排管可采用石棉水泥管、混凝土管、陶土管、PVC-C 塑料管。排管顶部距地面不得小于 0.7m,在人行道下时可减少为 0.5m。在转角、分支或变更敷设方式处应设电缆手孔井或人孔井。排管安装时,应有不小于 0.5%的排水坡度,并在人孔井内设集水坑,集中排水。石棉水泥管混凝土包封敷设见图 6-22。

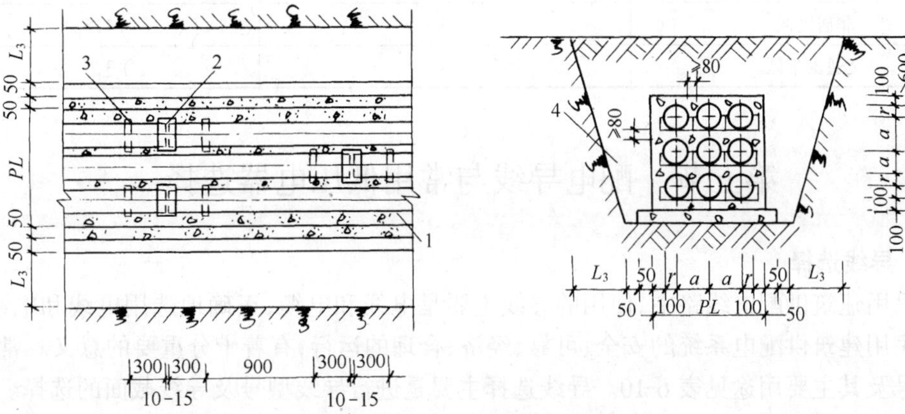

图 6-22　石棉水泥管混凝土包封敷设

1—石棉水泥管;2—石棉水泥套管;3—定向垫块;4—回填土

3. 电缆沟和电缆隧道

当电缆与地下管网交叉不多,地下水位较低且无高温介质和熔化金属液体流入可能的地区,同一路径的电缆根数为 18 根及以下时,宜采用电缆沟敷设。多于 18 根时,宜采用电缆隧道敷设。电缆沟和电缆隧道,常由土建专业施工。室外电缆沟断面如图 6-23。

4. 架空电缆

当地下情况复杂,用户密度高,用户的位置和数量变动较大,今后需要扩充和调整以及总图无隐蔽要求时,可采用架空电缆。但在覆冰严重地面不宜采用架空电缆。

架空电缆线路的电杆应使用钢筋混凝土杆。架空电缆与架空线路同杆架设时,电缆应在架空线路的下面，电缆与最下层架空线路横担垂直间距不应小于0.6m。架空电缆与地面的最小净距不应小于表6-9所列数值。

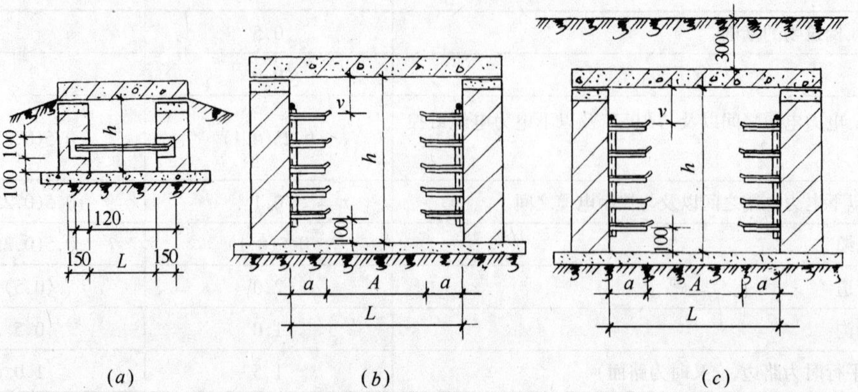

图6-23　室外电缆沟

(a)无覆盖电缆沟(一)；(b)无覆盖电缆沟(二)；(c)有覆盖电缆沟

架空电缆与地面的最小净距(m)　　　　**表6-9**

线路通过地区	线路电压	
	高　压	低　压
居民区	6	5.5
非居民区	5	4.5
交通困难区	4	3.5

第五节　配电导线与常用低压电器选择

一、导线选择

在民用建筑供配电线路中，使用的导线主要是电线和电缆，正确地选用电线和电缆，对于保证民用建筑供配电系统的安全、可靠、经济、合理的运行，有着十分重要的意义。常用导线的型号及其主要用途见表6-10。导线选择主要是进行导线型号及导线截面的选择。

常用导线的型号及其主要用途表　　　　**表6-10**

导线型号		额定电压(V)	导线名称	最小截面(mm^2)	主要用途
铝芯	铜芯				
LJ	TJ	—	裸绞线	25	室外架空线
LGJ			钢芯铝绞线		室外大跨度架空线
BLV	BV	500	聚氯乙烯绝缘线	2.5	室内架空线或穿管敷设
BLX	BX	500	橡皮绝缘线	2.5	室内架空线或穿管敷设
BLXF	BXF	500	氯丁橡皮绝缘线		室内外敷设
BLVV	BVV	500	塑料护套线		室内固定敷设

续表

导线型号		额定电压(V)	导 线 名 称	最小截面(mm^2)	主 要 用 途
铝 芯	铜 芯				
	RV	250	聚氯乙烯绝缘软线	0.5	250V以下各种移动电器接线
	RVS	250	聚氯乙烯绝缘绞型软线	0.5	—
	RVV	500	聚氯乙烯绝缘护套软线		500V以下各种移动电器接线

(一) 导线型号选择

配电导线型号基本上确定了导线的使用环境、敷设方法以及导线的耐压等级,它的选择主要从以下几方面考虑:

(1) 电缆的额定电压应等于或大于所有回路中的额定电压;当电缆截面积相同而电压等级高时,允许载流量因绝缘层增厚而下降。

(2) 在有剧烈振动的场所使用的电线、电缆应为铜芯线,经常移动的导线应为橡胶铜芯软电缆或塑料绝缘铜芯软导线等。

(3) 当电线和电缆敷设的场所有腐蚀物、腐蚀气体或较强外力冲击时,应增加对导线的保护措施。

(二) 导线截面选择

导线截面的大小确定了导线允许流过电流的大小。从物理上我们知道:导线截面越小,允许流过的电流越小。当小截面的导线流过大电流时,导线会因发热破坏绝缘层,引发火灾;导线截面小,机械强度也小;导线越长,在导线上的压降就越大,用电设备所得到的电压就越小,这样就无法保证用电设备的正常运行。所以,为保证民用建筑供电系统安全、可靠地运行,应选择合适的截面。从上述分析可知,导线截面必须满足三个方面的要求,即导线的发热条件、允许的电压损失和机械强度。

1. 按发热条件确定导线截面

按导线发热条件确定导线截面,主要是指按导线允许载流量来确定。这是因为导线流过电流后会引起发热效应。所以,要求一定大小截面的导线在通过正常最大负荷电流时,产生的温升是绝缘层允许承受的额定温升,这个温度值不会破坏绝缘材料的绝缘性能。由这个条件来确定的导线截面称“按发热条件”或“按允许载流量”选择的导线截面。

所以,要求导线的允许载流量大于或等于该导线所在线路的计算电流:即:

$$I_N \geqslant I_{\Sigma js} \tag{6-9}$$

式中 I_N——不同型号规格的导线,在不同温度及不同敷设条件下的允许载流量(A);见表6-11、表6-12、表6-13;

$I_{\Sigma js}$——该线路的计算电流(A)。

【例6-1】 某车间采用380/220V低压配电系统供电,现场最高气温为35℃,其干线的计算电流为98A,架空敷设,试确定进户导线的型号规格。

【解】 (1) 首先确定导线型号

橡皮绝缘电线明敷的载流量(A)　　表 6-11

截面 (mm²)	BLX、BLXF 铝芯				BX、BXF 铜芯			
	25℃	30℃	35℃	40℃	25℃	30℃	35℃	40℃
1					21	19	18	16
1.5					27	25	23	21
2.5	27	25	23	21	35	32	30	27
4	35	32	30	27	45	42	38	35
6	45	42	38	35	58	54	50	45
10	65	60	56	51	85	79	73	67
16	85	79	73	67	110	102	95	87
25	110	102	95	87	145	135	125	114
35	138	129	119	109	180	168	155	142
50	175	163	151	138	230	215	198	181
70	220	206	190	174	285	266	246	225
95	265	247	229	209	345	322	298	272
120	310	289	268	245	400	374	346	316
150	360	336	311	284	470	439	406	371
185	420	392	363	332	540	504	467	427
240	510	476	441	403	660	617	570	522

注：目前 BLXF 铝芯只生产 2.5～185mm 规格，BLXF 铜芯只生产≤95mm² 规格。

聚氯乙烯绝缘电线明敷的载流量(A)　　表 6-12

截面 (mm²)	BLV 铝芯				BV、BVR 铜芯			
	25℃	30℃	35℃	40℃	25℃	30℃	35℃	40℃
1.0					19	17	16	15
1.5	18	16	15	14	24	22	20	18
2.5	25	23	21	19	32	29	27	25
4	32	29	27	25	42	39	36	33
6	42	39	36	33	55	51	47	43
10	59	55	51	46	75	70	64	59
16	80	74	69	63	105	98	90	83
25	105	98	90	83	138	129	119	109
35	130	121	112	102	170	158	147	134
50	165	154	142	130	215	201	185	170
70	205	191	177	162	265	247	229	209
95	250	233	216	197	325	303	281	257
120	285	266	246	225	375	350	324	296
150	325	303	281	257	430	402	371	340
185	380	355	328	300	490	458	423	387

塑料绝缘软线、塑料护套线明敷的载流量(A) **表 6-13**

截　面 (mm²)		单　芯				二　芯				三　芯			
		25℃	30℃	35℃	40℃	25℃	30℃	35℃	40℃	25℃	30℃	35℃	40℃
BLVV 铝　芯	2.5	25	23	21	19	20	18	17	15	16	14	13	12
	4	34	31	29	26	26	24	22	20	22	20	19	17
	6	43	40	37	34	33	30	28	26	25	23	21	19
	10	59	55	51	46	51	47	44	40	40	37	34	31
RV	0.12	5	4.5	4	3.5	4	3.5	3	3	3	2.5	2.5	2
	0.2	7	6.5	6	5.5	5.5	5	4.5	4	4	3.5	3	3
RVV	0.3	9	8	7.5	7	7	6.5	6	5.5	5	4.5	4	3.5
RVB	0.4	11	10	9.5	8.5	8.5	7.5	7	6.5	6	5.5	5	4.5
RVS	0.5	12.5	11.5	10.5	9.5	9.5	8.5	8	7.5	7	6.5	6	5.5
RFB	0.75	16	14.5	13.5	12.5	12.5	11.5	10.5	9.5	9	8	7.5	7
RFS	1.0	19	17	16	15	15	14	12	11	11	10	9	8
BVV	1.5	24	22	21	18	19	17	16	15	14	13	12	11
	13	2.0	28	26	24	22	22	20	19	17	17	15	14
铜　芯	2.5	32	29	27	25	26	24	22	20	20	18	17	15
	4	42	39	36	33	36	33	31	28	26	24	22	20
	6	55	51	47	43	47	43	40	37	32	29	27	25
	10	75	70	64	59	65	60	56	51	52	48	44	41

从节约投资出发，采用铝芯导线。

在室外架空敷设，可选择橡皮绝缘导线和氯丁橡皮绝缘导线。因橡皮绝缘导线价廉，故采用它，所以导线的型号为 BLX 橡皮绝缘铝芯导线。

(2) 根据计算电流 $I_{\Sigma js}=98A$。查表 6-11 可得在 35℃ 温度时，大于或等于 98A 的载流量是 119A，截面是 $35mm^2$，即该进户线相线的截面是 $35mm^2$；又中线截面应为相线截面的 50%以上，所以中线截面为 $25mm^2$。

2. 按允许电压损失选择导线截面

线路本身存在阻抗，当线路流过电流，则会在线路上产生压降。线路越长，压降越大；线路截面越小，压降也越大。我们把线路起始端电压 U_1 与线路终了端电压 U_2 之差用 ΔU 表示，即：

$$\Delta U = U_1 - U_2 \tag{6-10}$$

线路的电压损耗为：

$$\Delta U\% = \frac{U_1 - U_2}{U_N} \times 100\% \tag{6-11}$$

式中　U_1——线路的起始端电压(V)；

U_2——线路终了端电压(V)；

U_N——线路的额定电压(V)。

每个用电设备均有一额定电压值,这个额定电压值标明了设备正常运行的电压值。当偏离了额定电压值并超过一定值时,会导致设备运行不正常或使用电设备发生故障。例如:三相异步电机的输入电压低于额定电压一定数值时,会使得电动机的转矩减小,负荷电流增大,电动机温度增高,长期运行将使电动机的绝缘层快速老化,降低电动机的寿命;若在启动时,电压的降低会造成电动机启动困难或无法启动等等情况的出现。在照明工程中,电压偏低会使热辐射光源的光通量下降,而气体放电光源会因电压偏低导致启辉困难或无法点亮。

为了确保这些用电设备的正常运行,必须保证电压经输电线路后到达用电设备时的电压在设备允许的电压偏差范围之内,即要保证输电线路的电压损失在规定的范围之内。一般用电设备允许电压损耗在5%左右。

当线路的电压降不能确保用电设备的允许电压偏差时,应适当加大导线的截面,减小线路的压降,以满足用电设备的要求。具体计算方法如下:

(1) 对于纯电阻负载,可用下式进行导线截面的选择,它适用于热辐射光源和电热设备:

$$S=\frac{P_{js}L}{C\Delta U\%} \tag{6-12}$$

式中 S——导线截面(mm^2);

P_{js}——该线路负载的有功计算负荷(kW);

L——导线长度(m);

C——电压损耗计算常数,它是由电路相数、额定电压及导线材料的电阻率等因素决定的一个常数,见表6-14;

$\Delta U\%$——允许电压损耗率。

电压损耗计算常数 *C* 值 **表 6-14**

线路额定电压(V)	线路系统及电流种类	常数 C 值	
		铝线	铜线
380/220	三相四线	45.7	75.00
380/220	二相三线	20.3	33.30
220	单相或直流	7.66	12.56
110		1.92	3.14
36		0.21	0.34
24		0.091	0.15
12		0.023	0.037

(2) 感性负载导线截面的计算公式为:

$$S=\beta\frac{P_{js}L}{C\Delta U\%} \tag{6-13}$$

式中 β——感性负载校正系数,见表6-15。

感性负载线路电压损耗校正系数 β 值 **表 6-15**

导线截面 (mm^2)	铜或铝导线明敷设时，负荷的功率因数为：					电缆明敷设或埋地、导线穿管敷设时，负荷的功率因数为：				
	0.9	0.85	0.8	0.75	0.7	0.9	0.85	0.8	0.75	0.7
6										
10										
16	1.10	1.12	1.14	1.16	1.19					
25	1.13	1.17	1.20	1.25	1.28					
35	1.19	1.25	1.31	1.35	1.40					
50	1.27	1.35	1.42	1.50	1.58	1.10	1.11	1.13	1.15	1.17
70	1.35	1.45	1.54	1.64	1.74	1.11	1.15	1.17	1.20	1.24
95	1.50	1.65	1.80	1.95	2.00	1.15	1.20	1.24	1.28	1.32
120	1.60	1.80	2.00	2.10	2.30	1.19	1.25	1.30	1.35	1.40
150	1.75	2.00	2.20	2.40	2.60	1.24	1.30	1.37	1.44	1.50

【例 6-2】 若例 6-1 中，供电干线的长度为 60m，其计算负荷 $P_{js}=65kW$，试校验 BLX-500V-($3\times35+1\times25mm^2$)规格的导线是否满足 5%的电压损耗率。

【解】 三相四线制架空敷设铝芯导线，查表 6-14 得线路的电压损耗计算常数 $C=45.7$，则可根据式(6-13)得：

$$\Delta U\%=\beta\frac{P_{js}L}{CS}=1.13\times\frac{65\times60}{45.7\times35}=3.20\%$$

因 3.20%＜5%，故满足电压损失的条件。

如果计算结果不满足电压损失条件，导线截面应放大一级，然后再进行校验。

3. 按导线的机械强度选择截面

配电导线在敷设过程中和在敷设后的正常运行中都将受其自重及其他不同的外力作用，例如：机械的振动、风、雨、雪、冰等等。为了保证在整个安装过程中和在正常运行中，不至于发生如折断导线、损伤绝缘层等现象，国家有关部门强制规定了在不同敷设条件下，导线按机械强度要求允许的最小截面，见表 6-16。

低压配电按机械强度要求允许的导线最小截面(mm^2) **表 6-16**

序号	导线敷设条件、方式及用途			导线允许的最小截面		
				铜线	软铜线	铝线
1	架空线			10		16
2	接户线	自电杆上引下	档距≤10m	4		6
			档距 10～25m	6		10
		沿墙敷设档距≤6m		4		6
3	敷设在绝缘支持上的导线	支持点间距 1～2m	室内	1.0		2.5
			室外	1.5		2.5
		支持点间距	2～6m	2.5		4
			6～15m	4		6
			15～25m	6		10
4	穿管敷设的绝缘导线或塑料护套线的明敷设			1.0	1.0	2.5

续表

序 号	导线敷设条件、方式及用途		导线允许的最小截面		
			铜 线	软铜线	铝 线
5	板孔穿线敷设的导线			1.5	2.5
6	照明灯头线	室 内 室 外	0.4 1.0	1.0 1.0	2.5 2.5
7	移动式用电设备	生活用 生产用	0.75 1.0		

导线、电缆的截面采用不同的选择计算方法，可能会得出不同的计算结果，但导线截面要求必须同时满足三个条件，所以必须采用按上述三个条件计算得到的最大截面的计算结果。

对于低压动力线路来讲，其负荷电流较大，一般先按允许载流量选择导线截面，然后用允许电压损耗及机械强度允许的导线最小截面进行校验；对于照明线路来讲，一般先按允许电压损耗确定导线截面，再用允许载流量和机械强度进行校验。

导线截面选择还需注意：

(1) 配电线路在不同环境条件敷设时，导线的载流量应按最不利的环境条件确定；

(2) 单相回路中的中性线应与相线等截面；

(3) 在三相四线制或二相三线制的配电线路中，用电负荷大部分为单相用电设备，其 N 线或 PEN 线的截面不宜小于相线截面。

在导线型号选择时还需注意：

(1) 在高层或大型民用建筑的电缆沟、夹层、竖井室内桥架和吊顶敷设的电缆、电线其绝缘或护套应具有非延燃性；

(2) 建筑物外和敞露的顶棚下等非延燃结构明敷电缆时，应采用具有防水、防老化外护层的电缆；

(3) 直埋电缆应采用具有防腐外护层的铠装电缆。

【例 6-3】 有一条从变电所引出的长 100m 干线，其供电方式为树干式，干线上接有电压为 380V 三相异步电动机共 22 台，其中 10kW 电机 20 台，4.5kW 电机 2 台，敷设地点的环境温度为 30℃，干线采用绝缘线明敷，设各台电机的需要系数 $K_x=0.35$，平均功率因数 $\cos\varphi=0.7$。试选择该干线的截面。

【解】 负荷性质属低压动力用电，且负荷量较大，线路不长，只有 100m，故可先按发热条件来选择干线截面。

用电设备总容量为

$$P_{\Sigma}=10\times20+4.5\times2=209\text{kW}$$

视在计算总负荷

$$S_{\Sigma js}=K_x\frac{P_{\Sigma}}{\cos\varphi}=0.35\times\frac{209}{0.7}=104.5\text{kVA}$$

总计算负荷电流为

$$I_{\Sigma js}=\frac{S_{\Sigma js}\times10^3}{\sqrt{3}U_N}=\frac{104.5\times10^3}{\sqrt{3}\times380}\approx159\text{A}$$

所选导线截面允许载流量 I_N 应满足

$$I_N \geqslant I_{\Sigma js} = 159A$$

表 6-12，选择截面为 70mm² 的铝芯塑料线，其允许载流量为 191A>159A，满足要求。

按电压损失校验，有功计算总负荷为

$$P_{\Sigma js} = K_x P_\Sigma = 0.35 \times 209 = 73.15kW$$

查表 6-14 和 6-15 采用铝线时，$C = 45.7$，$\beta = 1.74$，故

$$\Delta U\% = \beta \frac{P_{js}L}{CS} = 1.74 \times \frac{73.15 \times 100}{45.7 \times 70} = 3.98\%$$

可见所选导线亦能满足电压损失的要求，根据表 6-16 规定亦能满足机械强度的要求。

【例 6-4】 距离变电所 400m 远的某教学大楼，其照明负荷共计 36kW，用 380/220V 三相四线制供电。要求干线的电压损失不能超过 5%，敷设地点的环境温度为 30℃，试选择干线的导线截面。

【解】 因线路 400m 是较长的，且为照明负荷，故先按电压损失选择导线截面。取 $K_x = 0.7$，查表 6-14 采用铝线，取 $C = 45.7$，所以

$$S = \frac{P_{\Sigma js}L}{C\Delta U\%} = \frac{0.7 \times 36 \times 400}{45.7 \times 5} = 43.54mm^2$$

查表 6-12，选用截面为 50mm² 的铝芯塑料线，其载流量为 154A。

用发热条件校验

$$S_{\Sigma js} = K_x \frac{P_{\Sigma js}}{\cos\varphi} = 0.7 \times \frac{36}{1} = 25.2kVA$$

$$I_{\Sigma js} = \frac{S_{\Sigma js} \times 10^3}{\sqrt{3}U_N} = \frac{25.2 \times 10^3}{\sqrt{3} \times 380} = 38.5A$$

可见，所选导线的截面既满足了电压损失的要求，又满足了按发热条件选择（即允许载流量）的要求，根据表 6-16 规定亦能满足机械强度的要求。

二、常用低压电器的选择

（一）刀开关的选择

刀开关是一种简单的手动操作电器，其选择方法应从电压电流两方面来考虑。

1. 按电压选择

刀开关的额定电压应不小于线路电压。低压刀开关电压一般不超过 500V。

2. 按电流选择

刀开关的额定电流应不小于线路计算电流，即：

$$I_N \geqslant I_{\Sigma js} \tag{6-14}$$

式中 I_N——刀开关的额定电流（A）；

$I_{\Sigma js}$——线路的计算电流（A）。

（二）熔断器的选择

熔断器在供配电线路中起短路保护和严重过载保护作用。

熔断器的种类很多，但不论何种熔断器其选择项目都是由三部分组成，即熔体的额定电流、熔断器的额定电流和额定电压。

1. 熔体额定电流的选择

(1) 对于保护配电线路、配电干线、分支线的熔断器熔体的额定电流 I_{RN}应大于或等于线路或回路的负荷计算电流 $I_{\Sigma js}$，同时，I_{RN}应小于该回路导线或电缆允许载流量，即：

$$I_{\Sigma js} \leqslant I_{RN} \leqslant I_{al} \tag{6-15}$$

式中 I_{RN}——熔体的额定电流(A)；

I_{al}——线路或回路允许载流量(A)。

(2) 对于保护用电设备的熔断器熔体的额定电流 I_{RN}的确定，应同时满足两个条件：在正常运行下(包括照明负荷)，I_{RN}应不小于该回路正常运行时的计算电流 $I_{\Sigma js}$，即：

$$I_{RN} \geqslant I_{\Sigma js} \tag{6-16}$$

在有动力设备的线路中，其熔体的额定电流应能躲过电动机启动时的峰值电流，又能起到短路和过载保护的作用，实践经验得出其熔体的额定电流满足下面的条件：

当有多台电动机时：

$$I_{RN} = (1.5\sim2.5) I_{Nmax} + (I_{1N} + I_{2N} + \cdots + I_{nN}) \tag{6-17}$$

当有一台电动机时：

$$I_{RN} = (1.5\sim2.5) I_{N} \tag{6-18}$$

式中 I_{Nmax}——最大容量电动机的额定电流；

$I_{1N}\sim I_{nN}$——其他电动机的额定电流。

在有电焊机的线路，其熔断器熔体的额定电流由下式确定：

$$I_{RN} = 1.2\Sigma \frac{S_N}{U_N}\sqrt{\varepsilon_N} \times 10^3 \tag{6-19}$$

式中 S_N——电焊机设备的额定容量(kVA)；

U_N——电焊变压器一次侧的额定电压(kV)。

对于多台单相电焊机线路其熔断器熔体的额定电流为：

$$I_{RN} = K\Sigma \frac{S_N}{U_N}\sqrt{\varepsilon_N} \times 10^3 \tag{6-20}$$

式中 K——系数，三台及三台以下取 1，三台以上取 0.65。

(3) 对保护电力变压器的熔断器熔体的额定电流应符合下式：

$$I_{RN} = (1.4\sim2) I_{TN} \tag{6-21}$$

式中 I_{TN}——变压器的额定电流。

2. 熔断器额定电流的选择

熔断器的额定电流一般应大于或等于熔体的额定电流。

3. 熔断器额定电压的选择

熔断器的额定电压一般应大于或等于线路的额定电压。

4. 上下级熔断器的相互配合

为确保线路的安全，人们总是设置最早动作的熔断器是最靠近负荷的那级，即最末一级熔断器动作。为了确保这一点，上下级熔体额定值的选择应相差两个等级，即上一级熔体的额定电流应比下一级熔体的额定电流大两级。

熔体的额定电流等级一般有：1、2、3、4、5、6、10、15、20、25、30、40、50、60、80、100、120、

160、200(A)等。

(三) 断路器的选择

断路器具有短路保护、过载保护、欠压和失压保护的功能,所以被广泛应用。它的选择一般按下列顺序进行。

(1) 断路器的额定电压选择。断路器的额定电压应等于或大于线路的额定电压。

(2) 主触头额定电流的选择。断路器主触头额定电流 I_N、电磁脱扣器(短路保护)额定电流 I_{NER}和热脱扣器(过载保护)额定电流 I_{NTR}应满足下面的关系:

$$I_N \geqslant I_{NER} \geqslant I_{NTR} \geqslant I_{js} \tag{6-22}$$

(3) 断路器脱扣器电流整定。电动机线路使用的断路器一般是起过载保护作用,其电流的整定值 I_{OFTR}应不小于电动机正常工作电流,也不应大于电动机额定电流 I_{NM}的 1.1 倍,即:

$$1.1I_{NM} \geqslant I_{OFTR} \geqslant I_{NM} \tag{6-23}$$

电动机线路利用断路器作短路保护时,应确保电动机正常工作和启动时不动作,其电流的整定值 I_{OFER}应满足下式:

$$I_{OFER} \geqslant K_r I_{pk} \tag{6-24}$$

式中 K_r——可靠系数,一般在 1.3～2 之间;

I_{pk}——电动机的尖峰电流。

当断路器在照明线路上使用时,应满足下式:

$$I_{OFTR} \geqslant I_{\Sigma js} \tag{6-25}$$

$$I_{OFER} \geqslant 6I_{\Sigma js} \tag{6-26}$$

三、常用配电箱及其选择

配电箱是连接电源和用电设备、接受和分配电能的电气装置。配电箱内装有总开关、分开关、计量设备、短路保护元件和漏电保护装置等。

低压配电箱根据用途不同可分为电力配电箱和照明配电箱,它们在民用建筑中用量很大。按产品划分有定型产品(标准配电箱)、非定型成套配电箱(非标准配电箱)及现场制作组装的配电箱。

(一) 电力配电箱

电力配电箱亦称为动力配电箱。普遍采用的电力配电箱主要有 XL(F)-14、XL(F)-15、XL(R)-20、XL-21 等型号。

型号含义:

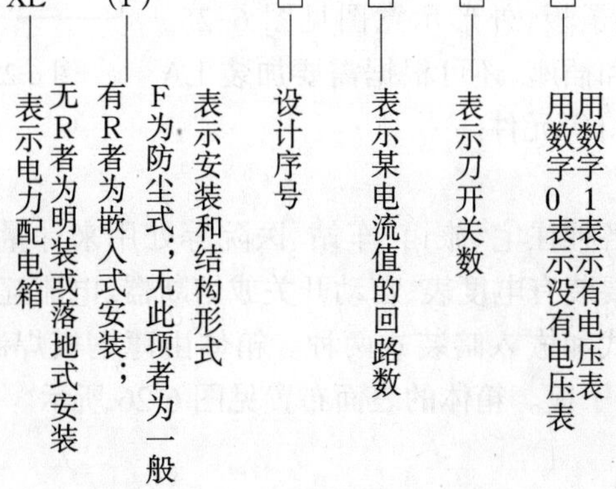

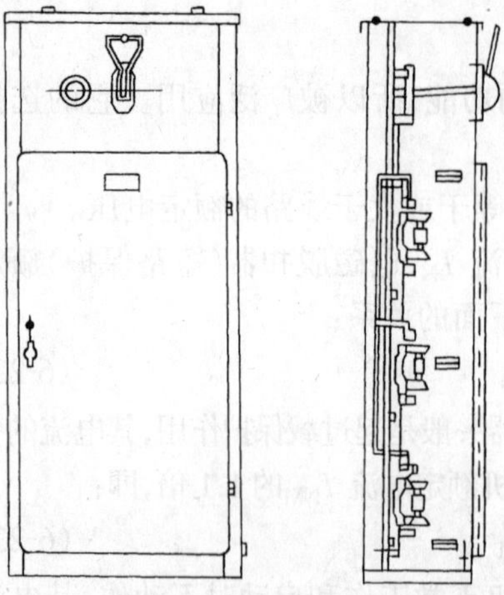

图 6-24　XL(F)-14 型、XL(F)-15 型电力配电箱外形

XL(F)-14、XL(F)-15 型电力配电箱外形见图 6-24。

XL(F)-14、XL(F)-15 型电力配电箱内部，主要有刀开关(为箱外操作)、熔断器等。刀开关额定电流一般为 400A，适用于交流 500V 以下的三相系统动力配电。

XL(R)-20、XL-21 型是新产品，采用 DZ10 型自动开关等元器件。XL(R)-20 型采取挂墙安装，可取代 XL-9 型老产品。XL-21 型除装有自动开关外，还装有接触器、磁力起动器、热继电器等，箱门上还可装操作按钮和指示灯，其一次线路方案灵活多样，采取落地式靠墙安装，适合于各种类型的低压用电设备的配电。

(二) 照明配电箱

照明配电箱一般分为挂墙式与嵌墙式，国家只对配电箱用统一的技术标准进行审查和鉴定，而不做统一设计。由于国内生产厂家繁多，外形和型号各异，在选用标准照明配电箱时，应查阅有关的产品目录和电气设备手册。常用的照明配电箱型号有 XM、PX 系列。

照明配电箱内主要装有控制各支路用的开关、熔断器，有的还装有电度表、漏电保护开关等。XM 型照明配电箱适用于交流 380V 及以下的三相四线制系统中，用作非频繁操作的照明配电，具有过载和短路保护功能。PX 型照明配电箱适用于工厂企业和民用建筑，电压 380V 以下，电流 100A 以下三相系统，作照明或动力配电用。

(三) 其他系列配电箱

1. XCZ 插座箱

这类插座箱适用于交流 50Hz，电压 500V 以下的单相及三相电路中，它具有多个电源插座。广泛应用在学校、科研单位等各类试验室，以及一般民用建筑等场所。

插座箱也分为明挂式和嵌入式两种，箱体四周及底部均有敲落孔以供进出线用，箱内备有工作零线端子板及保护零(地)线端子板，外形示意图见图 6-25。箱内主要装有自动开关和插座，还可根据需要加装 LA 型控制按钮、XD 型信号灯等元件。

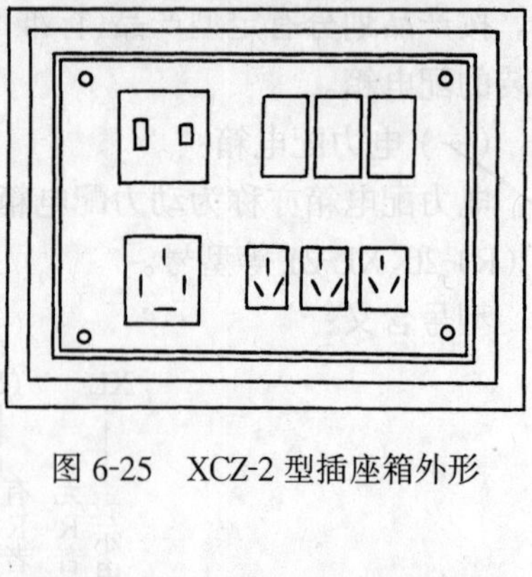

图 6-25　XCZ-2 型插座箱外形

2. XDD 计量箱

这类计量箱适用于各种住宅、旅馆、车站、医院等处用来计量频率为 50Hz 的单相以及三相有功电度。箱内主要装有电度表、自动开关或熔断器、电流互感器等。

计量箱分为封闭挂式和嵌入暗装式两种。箱体由薄钢板焊制成，上、下箱壁均有穿线孔，箱的下部设有接地端子板。箱体的表面布置见图 6-26 所示。

(四) 配电箱的选择

选择配电箱应从以下几方面考虑：

(1) 根据负荷性质和用途，确定是照明配电箱、还是动力配电箱、或计量箱、插座箱等。

(2) 根据控制对象负荷电流的大小、电压等级以及保护要求，确定配电箱内主回路和各支路的开关电器、保护电器的容量和电压等级。

(3) 应从使用环境和使用场合的要求，选择配电箱的结构形式。如确定选用明装式还是暗装式，以及外观颜色、防潮、防火等要求。

在选择各种配电箱时，一般应尽量注意选用通用的标准配电箱，以利于设计和施工。但在建筑设计需要时，也可根据设计要求向有关生产厂家订货加工非标准的配电箱。

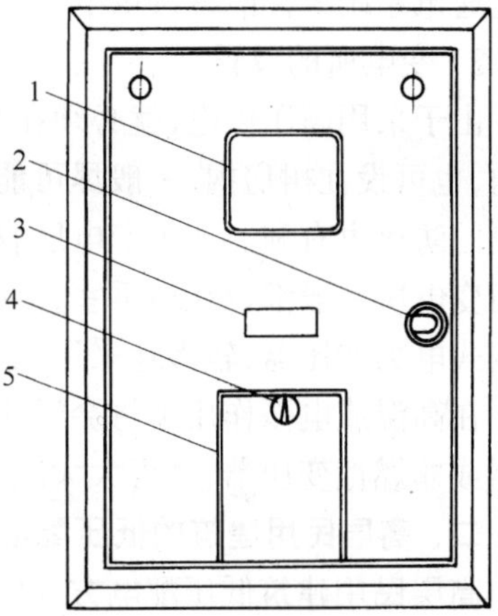

图 6-26 计量箱面板布置
1—观察窗；2—碰簧锁；3—标签框；4—拔锁；5—自动开关门

第六节 高层民用建筑供配电

高层民用建筑和普通民用建筑的划分在于建筑楼层的层数和建筑物的高度。一般规定 10 层及 10 层以上的住宅建筑和高度超过 24m 的其他民用建筑属于高层民用建筑。这种划分主要是根据消防能力决定的，因此在防火规范上，公安部门又把高层建筑分为两大类，一类是指楼层在 19 层以上或建筑高度在 50m 以上的高层建筑，另一类是指 10 到 18 层或者建筑高度 24～50m 的高层民用建筑。

一、高层民用建筑的供电电源

1. 负荷特征

高层民用建筑用电负荷与一般民用建筑相比有以下特征：

首先是在高层民用建筑中增设了特殊的用电设备。如在生活方面有生活电梯、无塔送水泵和空调机组；在消防方面有消防用水泵、电梯、排烟风机、火灾报警系统；在照明方面增设了事故照明和疏散标志灯；在弱电方面有独立的天线系统和电话系统等。

其次是高层民用建筑的用电量大而集中。这不仅因为用电设备的增多，还由于用电时间明显增加，除了电梯、水泵、空调设备外，其余设备和照明均按全部运行负荷计算。

更重要的是，高层民用建筑用电可靠性要求很高。一类建筑的消防用电设备为一级负荷，二类建筑的消防设备为二级负荷，高层民用建筑的生活电梯、载货电梯、生活水泵也属二级负荷，事故照明、疏散标志灯、楼梯照明也相应地为一级负荷或二级负荷。

2. 供电电源

高层民用建筑的供电必须按照负荷重要和负荷集中这两点来设计。为了保证高层建筑供电的可靠性，一般采用两个 10kV 的高压电源供电。如果当地供电部门只能提供一个高压电源时，必须在高层建筑内部设立柴油发电机组作为备用电源。目前新建的一些高层民用建筑，还采用三个电源供电，即两个市电电源再加上一组备用柴油发电机组。要求备用电源在电网发生事故时，至少能使高层民用建筑的生活电梯、安全照明、消防水泵、消防电梯及其他通讯系统等仍能继续供电,这是高层民用建筑安全措施的一个重要方面。

3. 变电所的设置

由于采用高压供电,就必须在高层民用建筑中设置变电所。这种变电所可设在主体建筑内,也可设在裙房内,一般尽可能设在裙房内,以方便高压进线和变压器运输,对高层主体建筑的防火也有利。如果变电所设在主体建筑内,由于首层楼面往往用作大厅、商业厅等,因而变电所一般都设在地下室,但必须做好地下室的防火处理。在高层建筑中已较少采用油浸式电力变压器,较多地采用三相干式变压器和非燃性变压器。这是因为油浸式变压器的油在高温或电弧作用下将会迅速分解,产生可燃性气体而引起燃烧或爆炸。选用干式变压器或非燃性变压器,就可大大减少火灾的危险性。

二、高层民用建筑的低压配电方式

高层民用建筑低压配电方式的确定,应满足计量、维护管理、供电安全及可靠性的要求。一般宜将动力和照明分成两个配电系统,事故照明和防火、报警等装置应自成系统。

对于高层民用建筑中容量较大的集中负荷,或重要负荷,或大型负荷,采用放射式供电,从变压器低压母线向用电设备直接供电。

对于高层民用建筑中各楼层的照明、风机等均匀分布的负荷,采用分区树干式向各楼层供电。树干式配电分区的层数,可根据用电负荷的性质、密度、管理等条件来确定,对普通高层住宅,可适当扩大分区层数。图 6-27 所示为高层建筑常用低压配电方式。

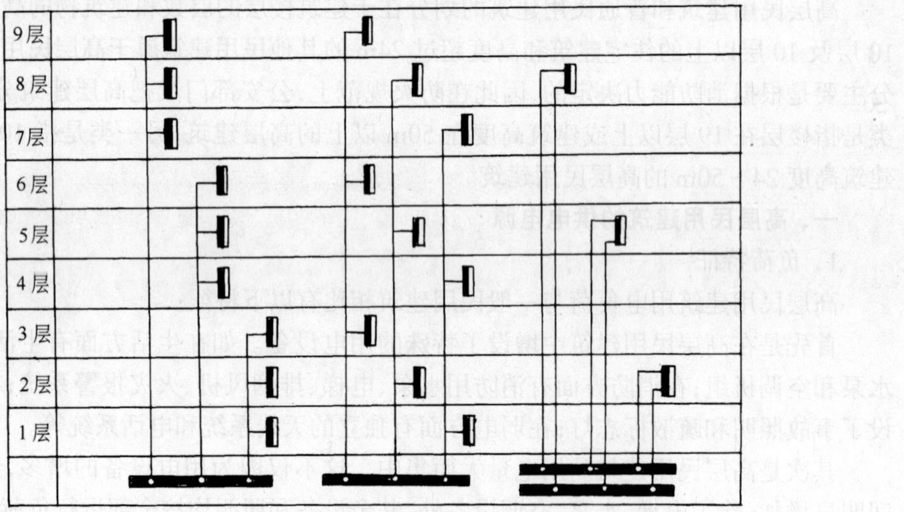

图 6-27　高层建筑常用低压配电方式

(1)单干线;(2)交叉式单干线;(3)双干线

对消防用电设备应采用单独的供电回路,其配电设备应有明显的标志,按照水平方向防火和垂直方向防火分区进行放射式供电。消防用电设备的两个电源(主电源和备用电源),应在最末一级配电箱处自动切换,自备发电设备应设有自动启动装置。

高层民用建筑中的事故照明配电线路也要自成系统。事故照明电源必须与工作照明电源分开,当装有两台以上变压器时,事故照明与工作照明的供电干线应取自不同的变压器。如果仅有一台变压器时,它们的供电干线要在低压配电屏上或母干线上分开,二者的配电线路和控制开关要分开装设。事故照明的用途有多种,有供继续工作用的,有供疏散标志用的,也有作为工作照明的一部分,具体应根据不同用途选用配电方式。

三、高层民用建筑室内配电线路的敷设

高层民用建筑与一般民用建筑相比,室内配电线路的敷设有一些特殊情况。首先由于电源在最底层,用电设备分布在各个楼层直到最高层,配电主干线垂直敷设且距离很大;其次是消防设备配线和电气主干线有防火要求。这些就形成了高层建筑室内线路敷设的特殊性。

除了层数不多的高层住宅可采用导线穿钢管墙内暗敷设外,层数较多的高层民用建筑一般都采用竖井内配线,这是高层建筑特殊性。电气竖井,就是在建筑物中从底层到顶层留下一定截面的井道。竖井的位置和数量应根据用电负荷性质、供电半径、建筑物的沉降缝设置和防火分区等因素来确定。一般要求,竖井靠近负荷中心,并要求与变压器联络,进出线方便,尽可能减少干线电缆沟道的长度。为了不使电气竖井内温度太高,要避免和烟囱、热力管道相邻近。电气竖井不允许和电梯以及其他管道共用。竖井在每个楼层上设有配电小间,它是竖井的一部分,为了电气维修方便,每层均设向外开的小门。配电主干线敷设在竖井内,配电小间中不仅有电力干线,而且安装着电力配电箱、照明配电箱和电话线、电话汇接箱、闭路电视系统、电脑控制系统等。

竖井内配线一般有以下三种形式:封闭式母线;电缆线;绝缘线穿管。母干线容量较大时宜采用封闭式母线。由于竖井配线是垂直的,应当考虑到导线及金属保护管的自重所带来的荷重及其相应的固定方法。为了保证管内导线不因自重而断裂,应该在通过一定长度的位置装设接线盒,在接线盒内将导线固定住。一般情况下,当导线截面在 $50mm^2$ 以下,长度大于 30m 时,就要装设接线盒。导线截面在 $50mm^2$ 以上,长度大于 20m 时,也要安装接线盒。竖井内敷设的电缆,较多采用聚氯乙烯护套细钢丝铠装电力电缆,这种电缆能承受较大的拉力。

高层建筑中的供电干线,近年来推荐采用封闭式母线,这是一种用组装插接方式引接电源的新型电气配电装置,它具有安全可靠、简化供电系统、组装方便等特点。图 6-28 是封闭

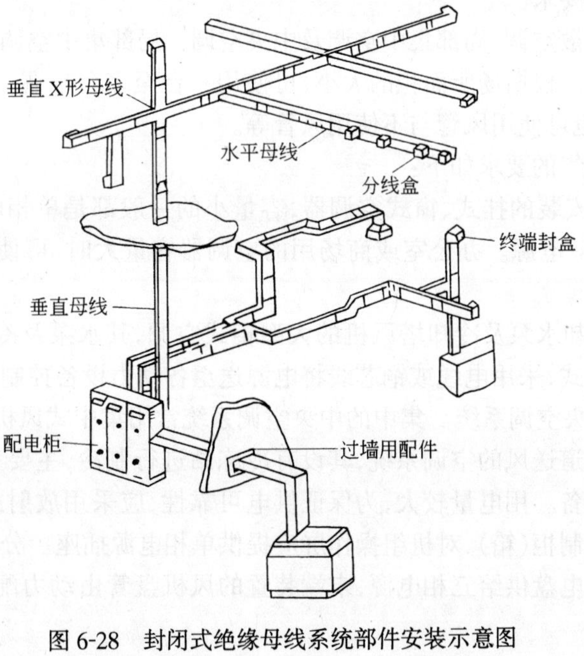

图 6-28 封闭式绝缘母线系统部件安装示意图

式绝缘母线系统部件安装示意图。

对于消防用电设备的配电线路应采取穿金属管保护。暗敷时应敷设在不燃烧体结构内,明敷时必须在金属管上采取防火保护措施。专供消防设备用的电源配电箱,其全部器件、导线等均应采用耐火、耐热型。

第七节 生活用锅炉房及空调系统的供配电

一、锅炉房的供配电

1. 负荷特征

锅炉房与一般民用建筑相比,用电负荷有以下特征:

锅炉房有锅炉机组,属于动力设备;照明方面有局部照明和事故照明,对某些局部照明灯具的电压要进行安全电压限制;消防方面,对于燃油锅炉房有气体灭火系统;锅炉房内必须设置电话。

在以上用电负荷中,锅炉机组、事故照明、消防系统对供电可靠性要求较高。

2. 配电电源及配电方式

锅炉房在要求不中断供汽时,应由双回路供电。为保证供电的可靠性,一般采用放射式动力配电方式。事故照明及消防用电设备,应采用单独的供电回路。

3. 配电线路和敷设

锅炉房的电力线路宜采用电缆穿金属管布线。动力及照明电缆,需配合土建墙体及地面垫层施工,预埋通至锅炉设备及辅助设备的电缆管。线路不允许沿锅炉、烟道、热水箱和其他载热体表面敷设,电缆不得在煤场下通过,电缆施工应符合现行的施工验收规范。

二、空调系统的供配电

空调系统的作用是对空气进行处理,使空气的温度、湿度、流动速度及新鲜度、洁静度等指标符合场所使用要求。

空调可分为分散空调、局部集中空调及中央空调。局部集中空调主要有柜式空调系统,其机组制冷量较大。根据场所面积的大小,可使用一台至多台空调。局部集中空调可采用水冷却或风冷却,也可使用风管与不使用风管等。

空调系统对电气的要求如下:

(1) 对于分散安装的挂式、窗式空调器,容量小的一般都是单相电源,家庭用的基本上都是使用单相220V电源。办公室或商场用的空调器容量大时,可使用三相电源的柜式空调器。

(2) 对于有冷却水泵及冷却塔风机的大型柜式空调,其水泵及冷却塔等动力设备一般采用放射式供电方式,采用电缆或铜芯线将电源送至各动力设备控制柜(箱)。

(3) 集中的中央空调系统。集中的中央空调系统常用集中式风机盘管为末端装置的空调系统及集中式管道送风的空调系统,其设有冷冻站进行制冷,主要有空调机组、冷却塔风机和水泵等动力设备。用电量较大,为保证供电可靠性,应采用放射式供电方式,将电源线敷设至动力设备控制柜(箱),对机组操作屏应提供单相电源插座。分散在各楼层的新风机、送风机可由动力配电盘供给三相电源,末端装置的风机盘管由动力配电盘以树干式配电提供单相电源。

空调系统的水泵、风机等在有条件时,应尽量采用变频控制方式,以大幅度节约电能。

本 章 小 结

(1) 电力系统是由发电厂、电力网和用电设备组成的统一整体。衡量电力系统电能质量的两个基本参数是电压和频率。

(2) 民用建筑电力负荷根据其重要性可划分为三个等级,这三个等级的用电负荷对供电可靠性的要求不同。民用建筑低压配电系统有放射式、树干式、环式三种配电方式。

(3) 10kV 变电所的形式一般分为户内型、半户内型和户外型,所内常用电气设备有高压配电设备、变压器及低压配电设备。

(4) 电力负荷计算一般采用需要系数法,其计算步骤如下:

1) 确定用电设备容量 P_s;

2) 确定设备组的计算负荷(将相同需要系数、相同功率因素的设备分在同一组):

$$P_{js} = K_x P_s$$

$$Q_{js} = P_{js} \mathrm{tg}\varphi$$

3) 确定总计算负荷:

$$P_{\Sigma js} = K_{\Sigma} \Sigma P_{js}$$

$$Q_{\Sigma js} = K_{\Sigma} \Sigma Q_{js}$$

$$S_{\Sigma js} = \sqrt{P_{\Sigma js}^2 + Q_{\Sigma js}^2}$$

在确定总计算负荷后,进行变压器容量选择。

(5) 低压配电线路的敷设方式有架空线路和电缆线路。它们的敷设都应符合国家有关施工及验收的规范。

(6) 配电导线的选择一般应按环境条件和敷设方式选择导线的型号,其截面应按发热条件、允许电压损耗和机械强度这三个条件来选择确定。

当线路较短而负荷较大时,一般先按发热条件选择,然后按允许电压损耗和机械强度要求进行校验;当线路较长负荷较小时,一般先按电压损耗选择导线截面,再用发热条件和机械强度要求进行校验。

(7) 低压电器的选择一般按额定电压和额定电流两个条件来确定。

(8) 高层民用建筑的用电量既大又集中,供电的可靠性要求较高,因此对供电电源提出特殊要求:要求备用电源有足够的容量;一般采用干式变压器;配电方式较多采用分区树干式;敷设方法较多采用电气竖井。电气竖井位置的选择要考虑负荷的分配,竖井的施工要有防火措施,竖井内的电缆应选用不滴油或全塑电缆。

(9) 锅炉房和空调系统动力设备较多,耗电量大,各用电设备对供电要求亦不尽相同,应根据不同情况采用相应的配电方式。

思考题与习题

1. 什么叫电力系统和电力网?它们的作用是什么?

2. 我国规定的衡量电能质量的两个重要参数是什么？它们对用电设备有何影响？

3. 变电所有哪几种基本形式？

4. 如何选择低压配电系统的接线方式？在住宅建筑中，一般采取何种接线方式？

5. 在确定多组用电设备的总的视在计算负荷时，可不可以直接将各组的视在计算负荷相加？为什么？

6. 室外低压配电线路有哪些敷设方式？

7. 为什么一般情况下，低压动力线路先按发热条件选择导线截面，再按电压损耗和机械强度要求校验？

8. 高层民用建筑的供电有什么特殊要求？如何满足？

9. 某实验室有220V的单相加热器5台，其中3台1kW，2台3kW。试合理分配各单相加热器于380/220V的线路上，并求计算负荷及计算电流。

10. 某建筑工地有下列负载：(1)混凝土搅拌机3台，每台7kW；(2)砂浆搅拌机3台，每台2.8kW；(3)单相交流电焊机5台，电压380V，$\varepsilon=25\%$，5台共25kW；(4)塔式起重机一台，行走电动机7.5kW×2，主钩电动机22kW；旋转电动机3.5kW，$\varepsilon=40\%$。由10kV电源供电，试选择变压器。

11. 有一条三相四线制380/220V低压线路，其长度为200m，计算负荷为100kW，功率因素为$\cos\varphi=0.9$，线路采用铝芯橡皮绝缘导线穿钢管暗敷。已知敷设地点环境为30℃，试按发热条件选择导线截面，并用电压损耗和机械强度要求进行校验。

12. 某住宅区照明负荷为27kW，电压220V，功率因数$\cos\varphi=0.9$，由300m处的变压器供电，采用380/220V三相四线制架空线路，要求电压损失不超过5%，试选择导线截面及熔丝规格。

第七章 建筑电气照明

电气照明是通过照明电光源将电能转换成光能,在夜间或天然采光不足的情况下,创造一个明亮的环境,以满足生产、生活和学习的需要。电气照明由于具有光线稳定、易于控制调节及安全、经济等优点,被作为现代人工照明的基本方式,广泛用于生产和生活等各个方面。

合理的电气照明对于保证安全生产、改善劳动条件、提高劳动生产率、减少生产事故、保证产品质量、保护视力及美化环境都是必不可少的。电气照明已成为建筑电气一个重要组成部分。

本章主要介绍电气照明的基本知识,电光源及灯具的选择、布置,照明线路的敷设及照明设备的安装等主要内容。

第一节 电气照明的基本知识

电气照明是以光学为基础的综合性技术,所以我们必须首先对有关光学的几个基本物理量及有关知识有所了解。

一、照明的基本物理量

(一) 光通量

一个光源不断地向周围空间辐射能量,在辐射的能量中,有一部分能量使人的视觉产生光感。光源(发光体)在单位时间内向周围辐射使人眼产生光感觉的能量,称为光通量,符号为 Φ,单位是流明(lm)。例如 一只220V,40W白炽灯发光时的光通量为350lm,而一只220V,40W的荧光灯发光时的光通量为2100lm。

(二) 照度

被照物体单位面积上接受的光通量称为照度,符号为 E,单位为勒克斯(lx)。

$$E=\frac{\Phi}{S} \tag{7-1}$$

式中 E——被照面的照度(lx);

Φ——被照面 S 上接收到的总光通量(lm);

S——被照面面积(m^2)。

照度是表示物体被照亮程度的物理量。在夏季阳光强烈的中午,地面照度约为5000lx;在冬季的晴天,地面照度约为2000lx;而在晴朗的月夜,地面照度约为0.2lx。对于不同的工作场合,根据工作特点和对保护视力的要求,国家规定了必要的最低照度值。

二、照明质量

照明是为了创造满意的视觉条件,它要求照明质量良好,投资低,耗电省,便于维护和管理,使用安全可靠。衡量照明质量的好坏,主要有以下几个方面:

（一）照度合理

照度是影响视觉条件的指标。为保证必要的视觉条件，提高工作效率，应根据建筑规模、空间尺寸、服务对象、设计标准等条件，选择适当的照度值。

（二）照度均匀

在工作环境中，如果被照面的照度不均匀，当人眼从一个表面转移到另一个表面时，就需要一个适应过程，从而导致视觉疲劳。因此，应合理地布置灯具，力求工作面上的照度均匀。

（三）照度稳定

照度不稳定主要由以下两个原因造成：一是光源光通量的变化；二是灯具摆动。

电压波动会引起光源光通量的变化，灯具长时间连续摆动使照度不稳定，也影响光源寿命。所以灯具吊装应设置在无气流冲击处或固定安装。

（四）避免眩光

若光源的亮度太亮或有强烈的亮度对比，则会对人眼产生刺激作用，这种现象称为眩光。它使人感觉不舒适，且对视力危害极大。一般可以采取限制光源的亮度，降低灯具表面的亮度，也可以通过正确选择灯具，合理布置灯具位置，并选择适当的悬挂高度来限制眩光。照明灯具的悬挂高度增加，眩光作用就可以减小。

（五）光源的显色性

同一颜色的物体在不同光源照射下，能显出不同的颜色。光源对被照物体颜色显现的性质，称为光源的显色性。

如白炽灯、日光灯显色性较好，而高压水银灯的显色性较差。为了改善光源的显色性，有时可以采用两种光源混合使用，即混光照明。由此可见，光源的显色性能也是衡量照明质量好坏的一个标准。

（六）频闪效应的消除

气体放电光源（荧光灯、荧光高压汞灯等）在交流电源供电下，其光通量随电流作周期性变化。在其光照下观察到的物体运动显示出不同于实际运动的现象，称频闪效应。所以在有旋转设备的场所还应考虑光源的频闪效应。

三、照明种类

电气照明种类可分为：正常照明、事故照明、值班照明、警卫照明、障碍照明和气氛照明等。

（一）正常照明

正常照明是使室内、外满足一般生产、生活的照明。例如在使用房间内以及工作、运输、人行的室外皆应设置正常照明。正常照明有一般照明、局部照明、混合照明三种方式。

（二）事故照明

当正常照明因故障而中断时，供事故情况下继续工作或人员安全疏散的照明。事故照明有备用照明和应急照明两种。

（三）值班照明

值班照明是指在非生产时间内供值班人员用的照明。如非连续生产的大厂房，在切断全部照明后，希望少数照明器继续得电，均匀分布在全部面积上，达到打扫房间和看守人员通行所需要的照度。值班照明可以是工作照明的一部分，但应能独立控制；也可以是事故照明的一部分或全部作为值班照明。

(四) 警卫照明

警卫照明设置在保卫区域或仓库等范围内。是否设置警卫照明应根据企业的重要性和当地保卫部门的要求而定,并尽量和厂区照明合用。

(五) 障碍照明

障碍照明设在特高建筑尖端上或机场周围较高建筑上作为飞行障碍标志,或设在有船舶通行的航道两侧建筑物上作为航行障碍标志。障碍照明必须用透雾的红光灯具,有条件时宜采用闪光照明灯。障碍照明应按民航和交通部门的有关规定设置。

(六) 气氛照明

指创造和渲染某种气氛和人们所从事的活动相适应的照明方式,一般采用彩灯照明。例如,在高大建筑正面轮廓上装置的建筑彩灯,用来显示建筑物的艺术造型;装在邻近建筑上的泛光灯,从不同角度照射主建筑,使光线均匀,有层次,可达到理想的艺术效果;满足各种专门需要的气氛照明,如喷泉照明,舞厅照明等。

第二节 电光源与灯具

常用的照明电光源可分为两大类,一类是热辐射光源,如白炽灯、卤钨灯等;另一类是气体放电光源,如荧光灯、高压汞灯、高压钠灯、金属卤化物灯、氙灯等。

电光源的分类和典型产品可归纳如下:

- 电光源
  - 热辐射光源
    - 钨丝白炽灯(白炽灯),如普通照明灯泡
    - 卤钨循环白炽灯(卤钨灯),如管形卤钨灯
  - 气体放电光源
    - 金属
      - 汞灯
        - 低压汞灯,如荧光灯
        - 高压汞灯,如荧光高压汞灯
      - 钠灯
        - 低压钠灯
        - 高压钠灯
    - 惰性气体
      - 氙灯,如管形氙灯
      - 汞氙灯,如管形汞氙灯
    - 金属卤化物,如钠铊铟灯、管形镝灯

一、照明常用电光源

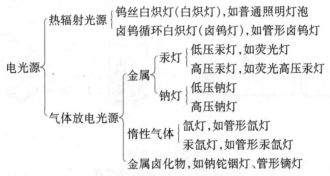

电光源问世以来,已经历了三代,其品种繁多,功能各异。这里介绍一些照明常用的电光源。

(一) 白炽灯

白炽灯是第一代电光源,属于热辐射光源。主要由灯头、灯丝、玻璃泡组成,如图 7-1 所示。灯丝用高熔点的钨丝制成,当电流通过钨丝时,由于电流的热效应,使灯丝温升至白炽状态而发光。凡 40W 以下的灯泡,玻璃泡内抽成真空;60W 以上大功率灯泡在抽成真空的玻璃泡内,再充入惰性气体氩或氮,以延长钨丝寿命。

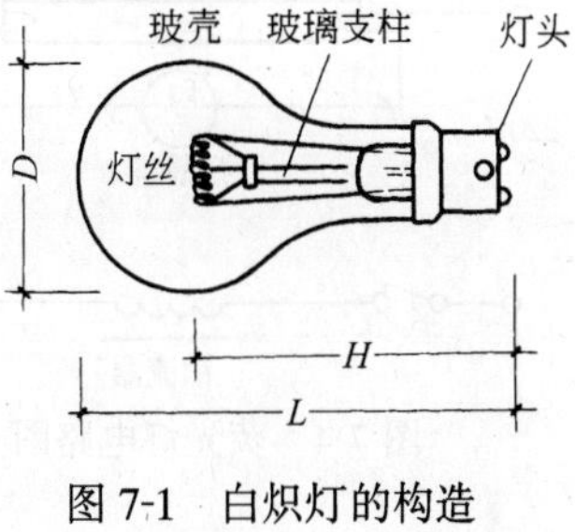

图 7-1 白炽灯的构造

白炽灯的发光效率较低,输入白炽灯的电能只有 20% 以下被转化成光能,80% 以上转化为红外线辐射能和热能浪费了。但因其构造简单,价格便宜,安装方便,启动迅速,显色性

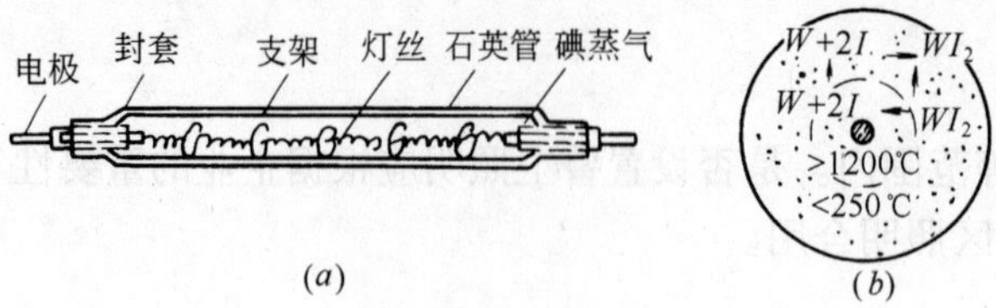

图 7-2　卤钨灯

(a)卤钨灯的构造;(b)卤钨循环

好,便于控制等优点,仍被广泛采用。

（二）卤钨灯

卤钨灯也是一种热辐射光源,其构造如图 7-2 所示。灯管多采用石英玻璃,灯头一般为陶瓷制,灯丝通常做成螺旋形直线状,灯管内充入适量的氩气和微量卤素碘或溴,因此,常用的卤钨灯有碘钨灯和溴钨灯。

卤钨灯的发光原理与白炽灯相同,但它利用了卤钨循环的作用,使得卤钨灯比普通白炽灯光效高,寿命长,光通量更稳定,光色更好。

卤钨灯使用时注意事项:

(1) 卤钨灯工作温度高,灯丝长,耐振性较差,不宜在振动场所使用,也不宜在有易燃易爆及灰尘较多的环境中使用,也不允许采用任何人工冷却方式(如电扇吹、水淋等)进行降温。

(2) 安装时必须保持水平,倾斜角不得大于 ±4°。

(3) 卤钨灯需配专用的照明灯具。

（三）荧光灯

荧光灯又称日光灯,是第二代电光源的代表,属于气体放电光源。

图 7-3 所示,为荧光灯的组成部分:荧光灯管、镇流器和启辉器。

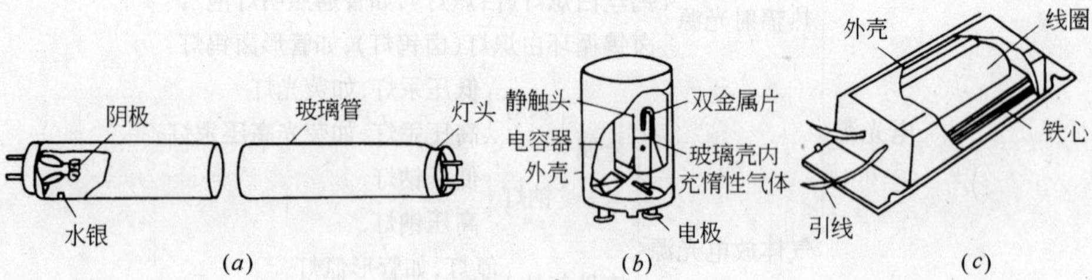

图 7-3　荧光灯

(a)灯管;(b)启辉器;(c)镇流器

荧光灯是一种低压汞放电灯,直管形荧光灯管内充有低压汞蒸气及少量帮助启燃的氩气。灯管内壁涂有一层荧光粉,当灯管两个电极上加上电压后,由于气体放电产生紫外线,紫外线激发荧光粉发出可见光。图 7-4 为荧光灯安装接线图。荧光灯管不能直接接入标准电源,而必须在荧光灯电路中串联一个镇流器,限制灯的电流。普通电感式镇流器耗电量约占灯功率的 20%,同时,尚需在灯管电极间联接一个启辉器,帮助灯启燃。荧光灯电路因接入电感镇流器而导致功率因数较低。

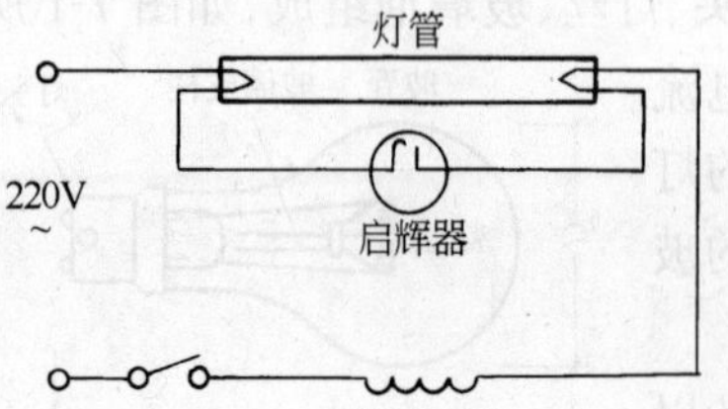

图 7-4　荧光灯电路图

普通荧光灯光效比白炽灯高得多,其颜色一般有日光色、冷白色和暖白色三种,最广泛使用的是日光色。其形状除直管形外,尚有 U 形、环形、反射型等异型产品。

近年来，相继生产出配有快速启动镇流器、高功率因数镇流器、高频电子镇流器的荧光灯，使荧光灯在启动、功率因数、光效、调光、节能诸方面获得较好的性能指标。

荧光灯使用时注意事项：

(1) 荧光灯不宜频繁启动，电源电压波动不宜超过±5%，否则将影响光效和灯管使用寿命。

(2) 灯管必须与相应规格的镇流器配套使用，破损灯管要妥善处理以防汞害。

(3) 荧光灯工作的最适宜环境温度为18～25℃，温度过高或过低都会造成启动困难或光效降低，低于－5℃时则不能启动。

(4) 荧光灯管发光时会产生频闪效应，对于机加工车间，一般不宜采用荧光灯照明，或不单独采用荧光灯照明。

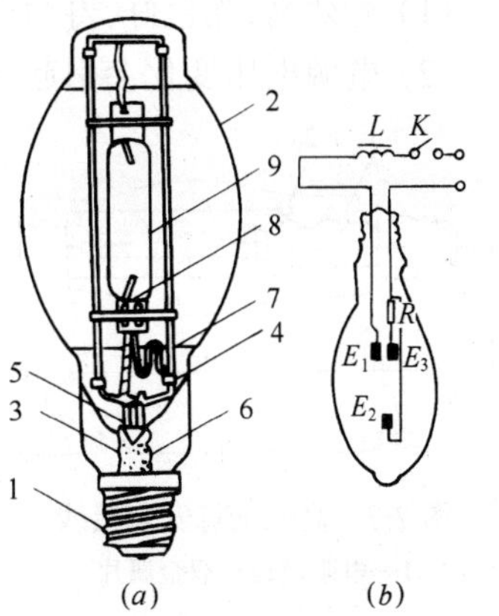

图 7-5 高压汞灯

(a)高压汞灯的构造；(b)高压汞灯的工作电路图

1—灯头；2—玻璃壳；3—抽气管；4—支架；5—导线；6—主电极 E_1、E_2；7—启动电阻；8—辅助电极 E_3；9—石英放电管

(四) 荧光高压汞灯

荧光高压汞灯又称高压水银灯，其结构和工作电路见图 7-5。其发光原理和荧光灯一样，只是构造上增加一个内管。它是一种功率大、发光效率高的光源，常用于空间高大的建筑物中，悬挂高度一般在5m以上。由于它的光色差，在室内照明中可与白炽灯、碘钨灯等光源混合使用。

荧光高压汞灯使用时注意事项：

(1) 荧光高压汞灯必须按规格与镇流器配套使用。

(2) 电源电压波动不能过大。若电压突然降低超过5%时，可能使灯泡自行熄灭。

(3) 启动时间较长。即熄灭后，必须经过5～10min冷却时间，才能再次点燃，所以不能用作事故照明和要求迅速点亮的场所。

(4) 灯泡外壳温度较高，配用灯具必须考虑散热条件。外壳破碎后灯虽仍能点燃，但大量紫外线辐射易灼伤眼睛和皮肤。

(5) 灯管破损后要妥善处理，防止汞害。

(五) 金属卤化物灯

金属卤化物灯是在高压汞灯基础上发展起来的电光源，它是在石英放电管内添加某些金属卤化物。金属卤化物灯和汞灯相比，不但提高了光效，显色性也有很大改进。目前我国生产的钠铊铟灯、镝灯都属于金属卤化物灯系列，其外形示意见图 7-6。

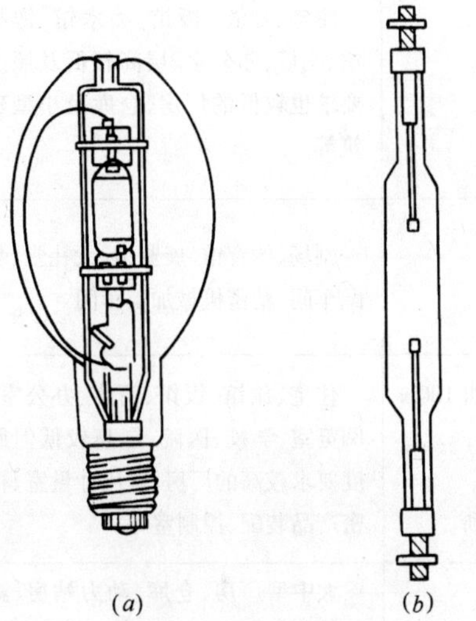

图 7-6 金属卤化物灯

(a)镝灯外形图；(b)钠铊铟灯外形

选择适当的金属卤化物并控制它们的比例，可制成不同光色的金属卤化物灯。多用于繁华的街道及要求照度高，显色性好的大面积照明场所。

金属卤化物灯的特点及使用注意事项：

(1) 光效高,光色好,寿命较高压汞灯短,但显色性远优于高压汞灯。

(2) 电源电压变化会引起光效、光色的变化,电压降低5%时,也会引起熄灭。

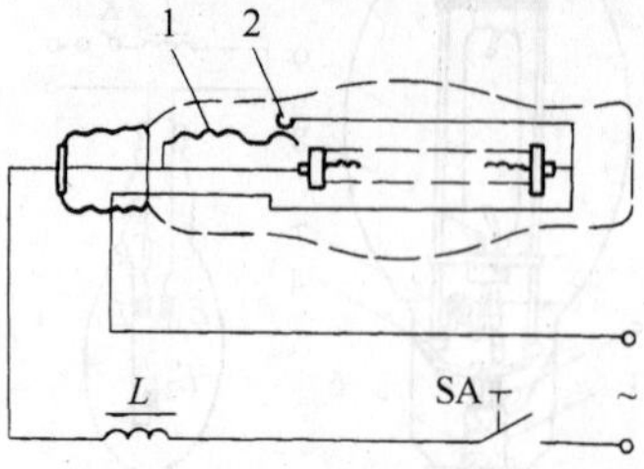

图 7-7 高压钠灯安装接线

1—电阻丝;2—双金属片

(3) 无外壳的金属卤化物灯,应加玻璃外罩,以防紫外线,否则悬挂高度不应低于14m。

(4) 使用时需配置专用镇流器,1000W钠铊铟灯还需配专用触发器。管形镝灯的安装要注意方向的规定。

(六) 高压钠灯

高压钠灯是利用高压钠蒸气放电而工作的,其外形及安装接线见图7-7。它光效高、寿命长、紫外线辐射少,光色为金白色,透雾性好,但显色性差。多用于室外需要高照度的场所(如道路,桥梁),也常与高压汞灯混光用于体育馆(场)、大型车间的照明。

(七) 管形氙灯(长弧氙灯)

氙灯利用高压氙气放电产生很强的白光,和太阳光十分相似(俗称"人造小太阳"),显色性好、功率大、光效高。

管形氙灯功率通常都很大,一般不用镇流器,但需用触发器启动。可瞬时点燃,工作稳定,适用于广场、机场、海港等照明。管形氙灯外形图见图7-8。

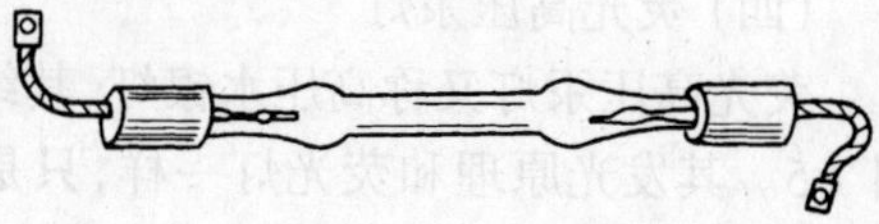

图 7-8 管形氙灯

随着科学技术发展,新型电光源不断出现,它们的发光原理各有特色,其结构和工作原理也各不相同,此处不一一列举。

表7-1为照明常用电光源的适用场所及举例。

各种电光源的适用场所及举例 **表 7-1**

光源名称	适用场所	举例
白炽灯	1. 照明开关频繁,要求瞬时启动或要避免频闪效应的场所 2. 识别颜色要求较高或艺术需要的场所 3. 局部照明、事故照明 4. 需要调光的场所 5. 需要防止电磁波干扰的场所	住宅、旅馆、饭馆、美术馆、博物馆、剧场、办公室、层高较低及照度要求也较低的厂房、仓库及小型建筑等
卤钨灯	1. 照度要求较高,显色性要求较好,且无振动的场所 2. 要求频闪效应小 3. 需要调光的场所	剧场、体育馆、展览馆、大礼堂、装配车间、精密机械加工车间
荧光灯	1. 悬挂高度较低(例如6m以下),要求照度又较高者(例如100lx以上) 2. 识别颜色要求较高的场所 3. 在无自然采光和自然采光不足而人们需长期停留的场所	住宅、旅馆、饭馆、商店、办公室、阅览室、学校、医院、层高较低但照度要求较高的厂房、理化计量室、精密产品装配、控制室等
荧光高压汞灯	1. 照度要求较高,但对光色无特殊要求的场所 2. 有振动的场所(自镇流式高压汞灯不适用)	大中型厂房、仓库、动力站房、露天堆场及作业场地、厂区道路或城市一般道路等

续表

光源名称	适用场所	举例
金属卤化物灯	高大厂房,要求照度较高,且光色较好场所	大型精密产品总装车间、体育馆或体育场等
高压钠灯	1. 高大厂房,照度要求较高,但对光色无特别要求的场所 2. 有振动的场所 3. 多烟尘场所	铸钢车间、铸铁车间、冶金车间、机加工车间、露天工作场地、厂区或城市主要道路、广场或港口等
管形氙灯	1. 要求照明条件较好的大面积场所 2. 短时需要强光照明的地方,一般悬挂高度在20m以上	露天作业场所,广场照明等

二、灯具

灯具是将光通量按需要进行再分配的控制器。其主要作用是:使光源发出的光通量按需要方向照射,提高光源光通量的利用率;保护视觉,减少眩光,固定光源,保护光源,免受机械损伤,还起着装饰和美化环境的作用。

(一) 灯具分类

灯具的分类方法很多,具体如下:

1. 灯具按光通量在空间上、下半部分布情况分类,见表7-2。

光通量在空间上、下半部分配比例 **表7-2**

灯具类型		直接型	半直接型	漫射型	半间接型	间接型
光通量分配比例(%)	上半部	0~10	10~40	40~60	60~90	90~100
	下半部	90~100	60~90	40~60	10~40	0~10
配光示意图			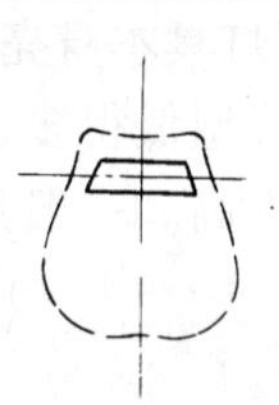	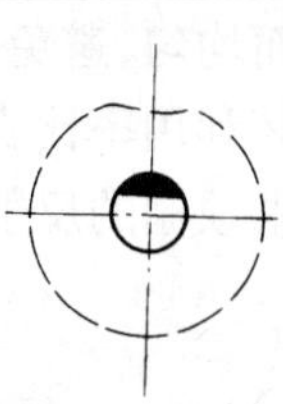	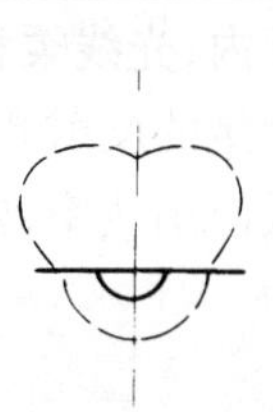	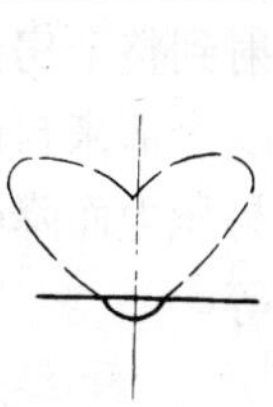

(1) 直接型。由反光性能良好的不透明材料制成,如搪瓷、铝抛光和镀银镜面等,光线通过灯罩的内壁反射和折射,将90%以上的光通量向下直射,如工厂灯、镜面深照型灯、暗装顶棚灯等均属此类。如图7-9所示。

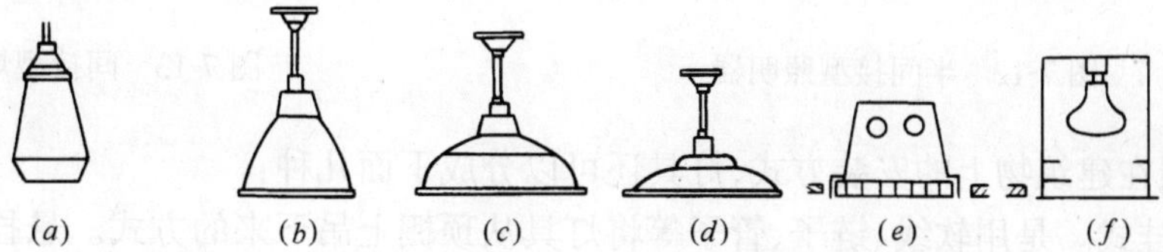

图7-9 各种直接型灯具

(a)特深照型;(b)深照型;(c)配照型;(d)广照型;(e)嵌入式荧光灯;(f)暗灯

(2) 半直接型。为了改善室内的亮度分布,消除灯具与顶棚之间亮度的强烈对比,常采用半透明材料制作灯罩,或在灯罩上方开少许缝隙,使光的一部分透射出去,这样就形成了半直接型配光。如常用的乳白玻璃菱形灯罩、上方开口玻璃灯罩均属此类。如图 7-10 所示。

这一类灯具既有直接型灯具的优点,能把较多的光线集中照射到工作面上,又使空间环境得到适当照明,改善了建筑物内的亮度比。

(3) 漫射型。漫射型灯具是用漫射透光材料做成的任何形状的封闭灯罩,乳白色玻璃球吊灯就是一例。这类灯具在空间每个方向上的发光强度几乎相等,光线柔和,室内能得到优良的亮度分布。其缺点是因工作面光线不集中,只可作建筑物内一般照明,多用于楼梯间、过道等场所,如图 7-11 所示。

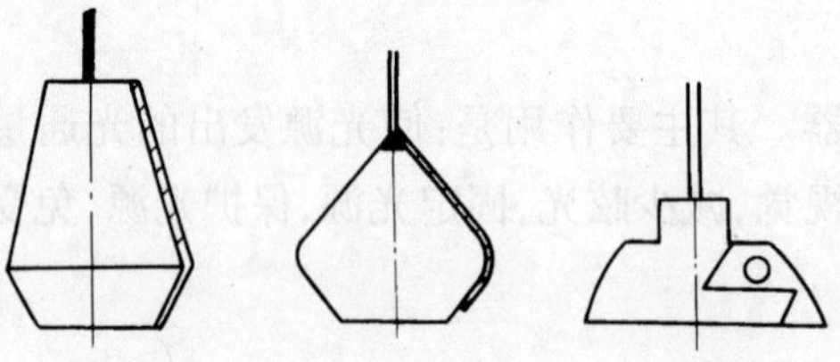

(*a*)　　(*b*)　　(*c*)

图 7-10　半直接型灯具

(*a*)玻璃菱形罩灯;(*b*)玻璃荷叶灯;(*c*)上方开缝的灯

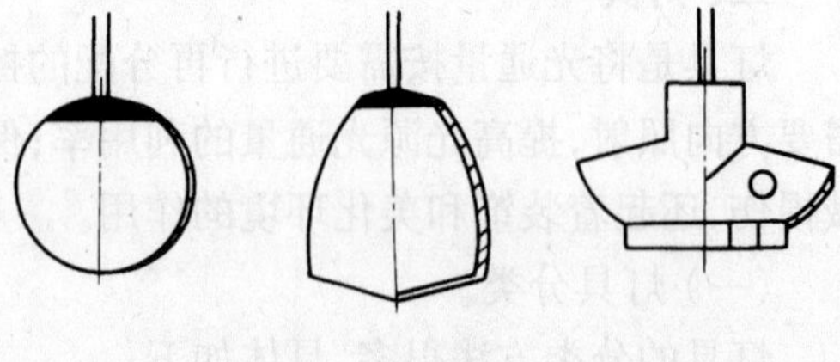

图 7-11　漫射型灯具

(4) 半间接型。又称半反射型,如图 7-12 所示,为几种半间接型灯具,它们的灯具上半部用透明材料制成,而下半部则用漫射透光型材料制成。分配在上半球的光通量达 60%。由于增加了反射光的比例,光线更加柔和均匀。但在使用过程中,灯具上部易积灰尘,会影响灯具的效率。

(5) 间接型。又称反射型,如图 7-13 所示为间接型灯具。灯具的全部光线都从顶棚反射到整个房间内,光线柔和而均匀,避免了灯具本身亮度高而形成的眩光。但由于有用的光线全部来自间接的反射光,其利用率比直接型低得多,在照度要求高的场所不适用,而且容易积尘而降低使用效率,要求顶棚的反射率高。一般只用于公共建筑照明,如医院、展览厅等。

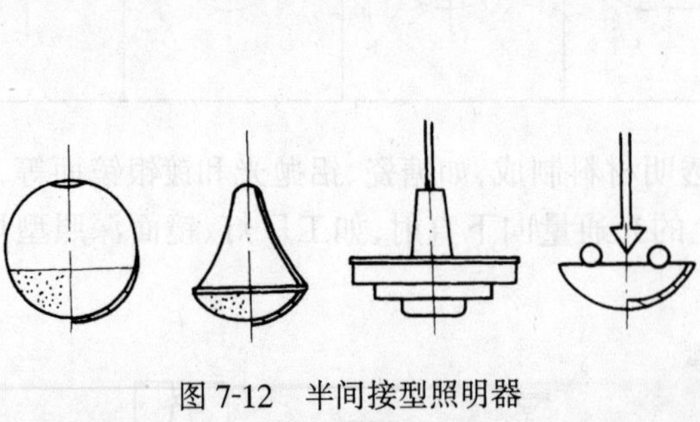

图 7-12　半间接型照明器

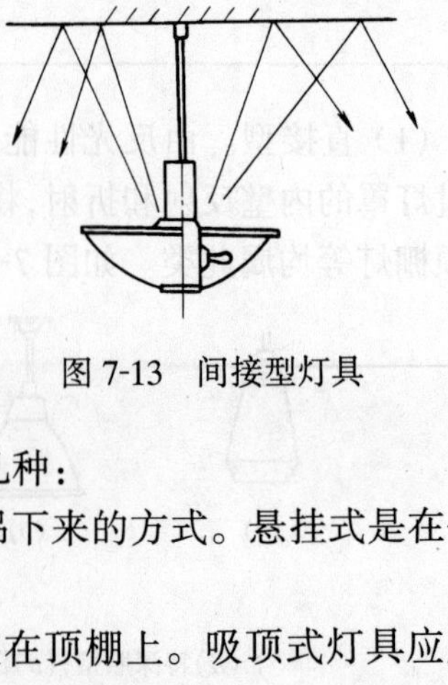

图 7-13　间接型灯具

2. 按照在建筑物上的安装方式,灯具还可以分成下面几种:

(1) 悬挂式。是用软线、链子、管子等将灯具从顶棚上吊下来的方式。悬挂式是在一般照明中应用较多的一种安装方式。如图 7-14 所示。

(2) 吸顶式。如图 7-15 所示。吸顶式是将灯具吸贴装在顶棚上。吸顶式灯具应用广泛,如吸顶安装的裸灯泡,常用于厕所,配用适当的灯具则可用于各种室内场合。为防止眩光,常采用乳白玻璃吸顶灯。

(3) 嵌入式(暗式)。是在有吊顶的房间内,将灯具嵌入吊顶内安装,如图 7-16 所示。这种安装方式可以消除眩光作用,与吊顶相结合能产生较好的装饰效果。

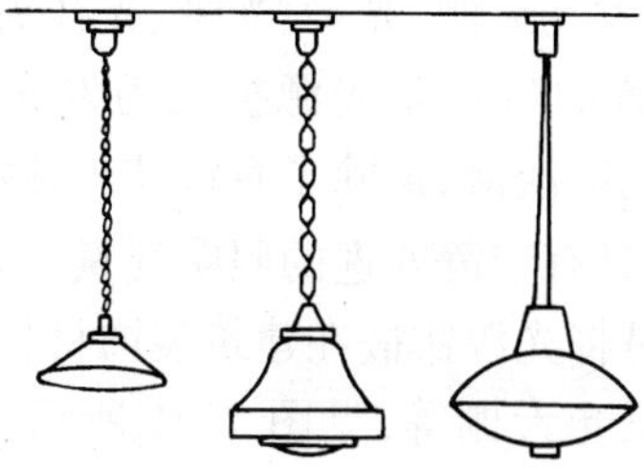

图 7-14　悬挂式灯具

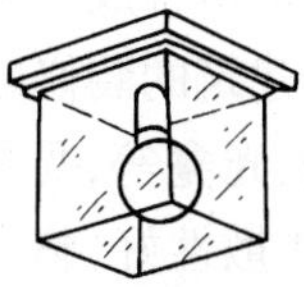

图 7-15　吸顶式灯具

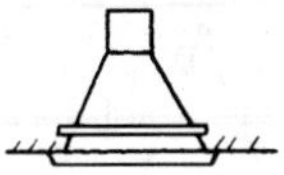

图 7-16　嵌入式灯具

(4) 半嵌入式(半暗式)。如图 7-17 所示。在吊顶深度不够的场合,或有特殊装饰要求的位置,灯具可以安装成一部分嵌入顶棚内,另一部分留在顶棚外。

(5) 壁式。用托架将灯具直接装在墙壁上称为壁灯。如图 7-18 所示。主要用于室内装饰,兼作加强照明,是一种辅助性照明。

除上述 5 种之外,还有用作局部照明或装饰照明用的落地式和台式灯具。如图 7-19 所示。

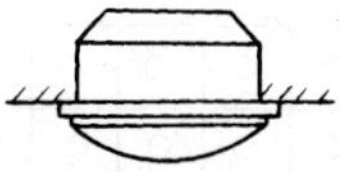

图 7-17　半嵌入式安装灯具

图 7-18　壁灯

图 7-19　落地灯和台灯

以上所介绍的灯具均属于普通型,除此之外,还有适应特殊环境的特殊灯具。

(1) 防潮型:将光源用透光的玻璃罩密闭起来(有密封衬垫),使光源与外界环境隔离。如防潮灯、防水防尘灯等。它适用于浴室、潮湿的车间以及露天广场等照明。

(2) 防爆安全型。它是采用较高强度的透光罩和灯具外壳,将光源与周围环境严密隔离的一种照明器。它适用于正常情况下有可能形成爆炸危险的场所。

(3) 隔爆型。隔爆型灯具不是靠密封性防爆,而是有隔爆间隙,当气体在灯内部发生爆炸经过间隙逸出灯外时,高温气体即可被冷却,从而不会引起外部爆炸性混合物的爆炸。灯的部件、外壳透光罩等均用高强度材料制成,它应用于有可能发生爆炸的场所。

(4) 防腐蚀型。将光源封闭在透光罩内,不使腐蚀性气体进入灯内,灯具外壳用耐腐蚀的材料制成。

（二）建筑化、装饰化照明装置及空调灯具

1. 建筑装饰化照明装置

为配合建筑艺术的需要，可采用建筑化、装饰化的照明装置。它们的特点是把照明灯具与室内建筑或装饰组合成一体，形成具有照明功能的室内建筑或装饰灯。建筑化照明装置是将光源隐蔽于建筑的装修之中。其中一类是透光的发光天棚、光梁、光带、光柱头等；另一类是反光的光檐、光龛等，见图 7-20。建筑化照明装置的特点是光源扩大为发光面、发光带，因而光线的扩散性好，整个受照面的光照度均匀，阴影淡薄，消除了直接眩光，减弱了反射眩光，具有宁静安逸的照明气氛。装饰化照明装置是将光源镶嵌在建筑装饰材料表面，如格栅式反光天棚等，见图 7-21 所示。它需要采用小功率点光源密布于具有镜面反射性能的格栅之中，使之能形成多个光源影响，达到晶莹闪烁，金碧辉映的效果。

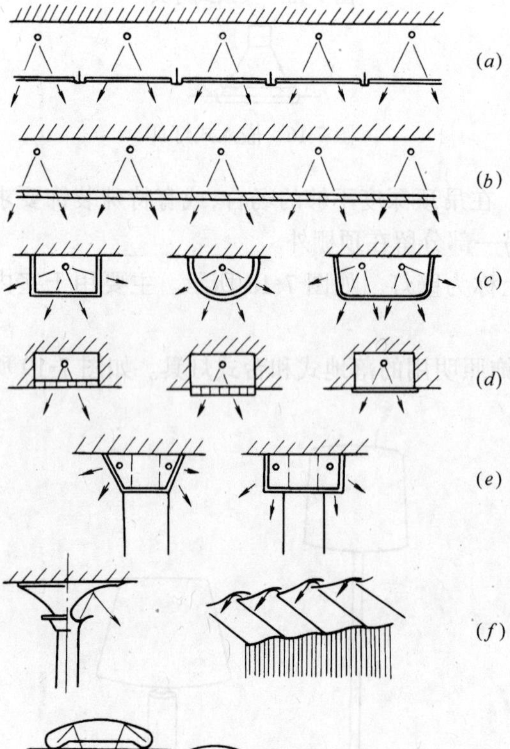

图 7-20 建筑装饰化照明装置示意
(a)玻璃发光顶棚；(b)格栅发光顶棚；(c)光梁；
(d)光带；(e)光柱头；(f)光檐；(g)光龛

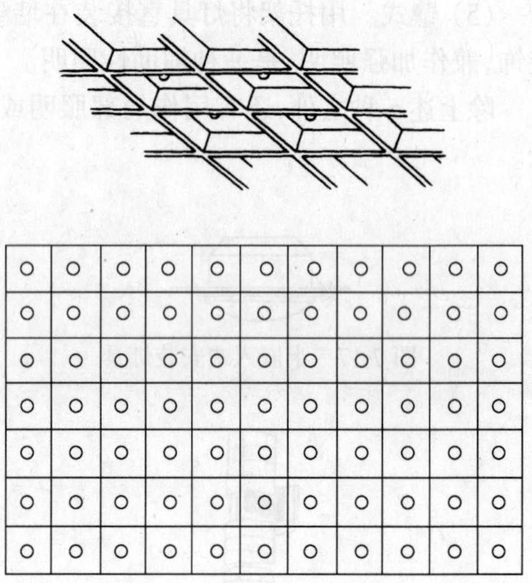

图 7-21 装饰化照明装置示意

2. 空调灯具

随着空调在建筑中应用的发展，空调灯具应运而生。空调灯具是将风口与灯具结合在一起，见图 7-22 所示。图(a)为单层罩型，气流直接从光源的周围通过，对灯管的冷却作用大，但尘埃将污染灯管；图(b)为双层罩型，气流从灯具壳体外流过，这样可减少污染，有一定冷却作用；图(c)为三层罩型，风道与灯具脱离，此种形式便于灯具拆装与检修，但冷却作用小。空调灯具主要作用是节能。同时，风口和灯具融为一体，便于顶棚的处理，增加美观。

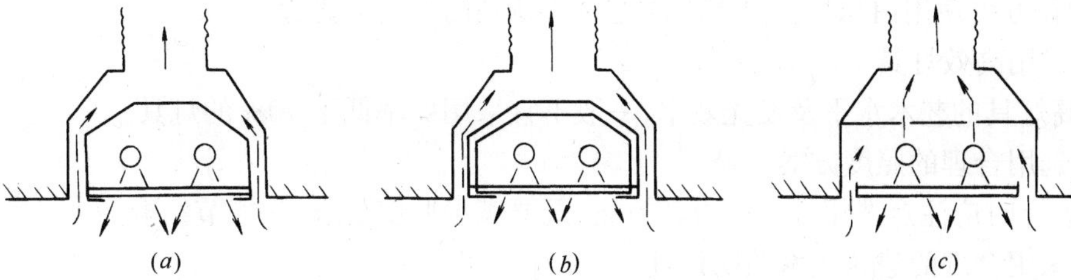

图 7-22　空调灯具示意

(a)单层罩型；(b)双层罩型；(c)三层罩型

（三）灯具的选择

灯具的选择主要按光通量分配要求和环境要求这两个因素来进行，并尽可能选择高效灯具。

1. 按光通量分配要求选择

一般生活用房和公共建筑物多采用半直接型、漫射型灯具或荧光灯，使顶棚和墙壁均有一定的照度，并使整个空间照度分布比较均匀；生产厂房照明较多采用直接型；室外照明一般采用广照型灯具。

2. 按环境条件选择

空气干燥和少尘场所，可选用开启式灯具；空气潮湿和多尘场所宜选用防水防尘等密闭式灯具；有爆炸危险的场所应按等级选用相应的隔爆灯具；还有如室外宜用防雨式灯具；在有机械碰撞处应采用有保护网的灯具等等。

（四）灯具的布置

室内灯具的布置与房间的结构及照明要求有关，既要实用、经济，又要尽可能协调、美观。一般照明灯具的布置方式有如下两种：

1. 均匀布置

均匀布置是指灯具间距按一定规律进行均匀布置的方式，如正方形、矩形、菱形等形式，可使整个工作面上获得较均匀的照度。在一般的公共建筑如教室、实验室、会议室中多采用这种布置方式。图 7-23 是点光源灯具的几种常见的均匀布置方案。

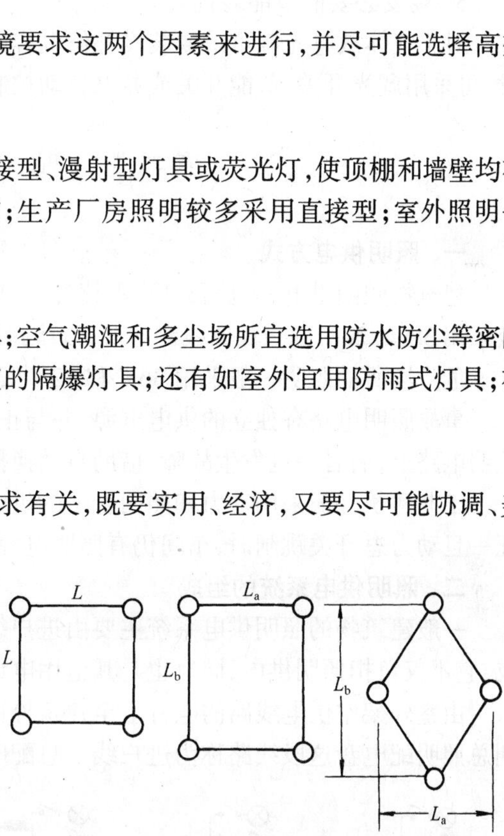

图 7-23　几种常见的点光源灯具均匀布置方案

(a)正方形；(b)长方形；(c)菱形

2. 选择布置

选择布置是满足局部照明要求的灯具布置方式。适用于采用均匀布置达不到所要求的照度分布的场所中。大多是按工作面对称布置，力求使工作面获得最有利的光通方向和消除阴影。在这些情况下照明采用选择布置与全部采用均匀布置相比，可减少总的照明安装容量，同时可得到较好的照明质量。

三、照明节能

照明节能对于提高民用建筑的经济效益有着重要的意义，常用的节能措施有下述几种。

1. 采用高效电光源

大力推广使用气体放电光源，只有在开关频繁或特殊需要时，如展览馆、影剧院、星级饭店等场所，方可使用白炽灯。要不断注意采用新型的节能电光源。

2. 采用高效灯具

提高灯具的艺术水平及发光效率，一般不宜采用效率低于 70% 的灯具。

3. 选用合理的照度方案

在设计时应注意选用合理的设计方案，既要满足照度要求，又能节约电能。

4. 采用合理的建筑艺术照明设计

建筑艺术照明设计是必要的，但也应讲究实效，避免片面追求形式。在安装建筑装饰照明灯具时，应力求艺术效果和节能的统一。

5. 装设必要的节能装置

对于气体放电光源可采取装设补偿电容的措施来提高功率因数；当技术经济条件允许时，可采用调光开关、节能开关或光电自动控制装置等节能措施。

第三节 照明供电系统

一、照明供电方式

建筑物照明供电，当负载电流不超过 30A 时，一般采用 220V 的单相二线制电源，否则应采用 380/220V 的三相四线制电源，以维持电网平衡，接线时，负载被均匀分配在各相上。

危险场所的照明一般采用 36V 和 12V 安全电压。

事故照明电路有独立的供电电源，并与正常照明电源分开，或者事故照明电路接在正常照明电路上，后者一旦发生故障，借助自动换接开关，接入备用的事故照明电源。

工业建筑一般采用动力和照明合一的供电方式，但照明电源接在动力总开关之前，以保证一旦动力总开关跳闸时，车间仍有照明电源。

二、照明供电系统的组成

一般建筑物的照明供电系统主要由进户线、配电盘、配电线路以及开关、插座、用电器组成，它不仅负担照明供电，同时也是其他用电设备如家用电器的供电电源。

由室外架空供电线路的电杆上至建筑外墙的支架，这段线路称为接户线。从外墙支架到总照明配电盘这段线路称为进户线。总配电盘至分配电盘的线路称为干线。分配电盘引出的线路称为支线。如图 7-24 所示。

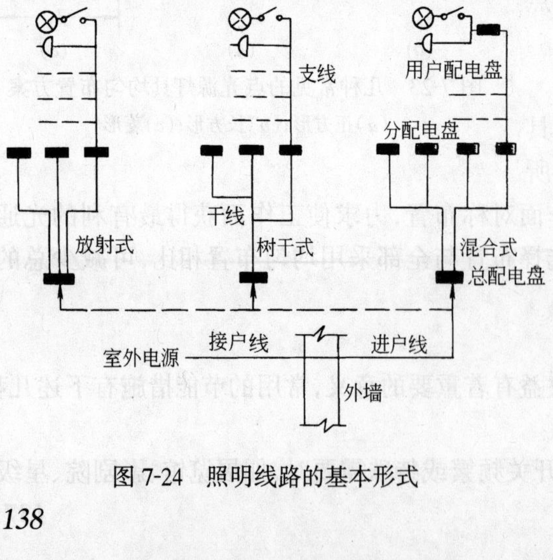

图 7-24 照明线路的基本形式

(一) 进户线

它完成将建筑物外电网的电能引入建筑物内的任务。对进户线的敷设一般应从下面几方面考虑：

(1) 一般建筑只设一处进户线，当建筑物的长度超过 60m 或用电设备特别分散时可考虑两处或两处以上的进线；

(2) 进户线一般从建筑物的背面或侧面引入，引入点应尽量接近负荷中心；

(3) 进户线当采用架空方式引入室内时，应距地 3.5m 以上，多层建筑物应从二层引入；

(4) 进户线穿墙引入时应穿管保护。

(二) 干线

室内照明配电干线的任务是将电能输送到分配电箱。其配电方式有放射式、树干式、混合式。

1. 放射式

如图 7-25(a)所示。它的特点是各负荷独立受电，其供电可靠性高，某一干线发生故障不会涉及到其他干线，但建设投资较高，有色金属耗量较大。它适用于重要的建筑负荷，如政府的政治经济中心、通讯大楼及银行等建筑。

2. 树干式

如图 7-25(b)所示。树干式配电系统与放射式相比，其供配电的可靠性差，当某一干线发生故障时将涉及到所有的干线，但它投资费用低，经济效益高。它适用于不重要的建筑负荷，如住宅及临时供电等。

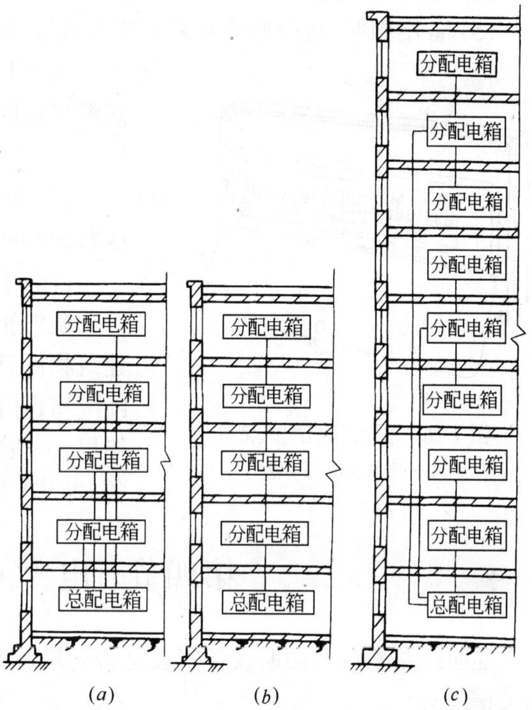

图 7-25 干线布置方式

(a)放射式；(b)树干式；(c)混合式

3. 混合式

如图 7-25(c)所示。它将放射式和树干式两者的优点集于一体，供电的可靠性比树干式高，但比放射式差一点；投资费用比放射式低，但比树干式高一点。它是在实际工程中应用最为广泛的一种供配电形式，如目前的综合服务大楼及高层写字楼等一般采用此种方式。

在照明工程的实际应用中，往往是将上述的三种基本方式进行综合运用，力争做到可靠、安全、经济、合理。

(三) 支线

照明支线又称照明回路，是指分配电箱到用电设备这段线路，即将电能直接传递给用电设备的配电线路称为照明支线。

支线的敷设布置应满足下列基本要求：

(1) 首先将用电设备进行分组，即把灯具、插座等尽可能均匀地分成几组，有几组就有几回支线，即每一组为一供电支线；分组时应尽可能地使每相负荷平衡，一般最大相负荷与最小相负荷的电流差不宜超过 30%；

(2) 每一单相回路，其电流不宜超过 16A；灯具采用单一支线供电时，灯具数量不宜超过 25 盏；

(3) 作为组合灯具的单独支路其电流最大不宜超过 25A，光源数量不宜超过 60 个；而建筑物的轮廓灯每一单相支线其光源数不宜超过 100 个，且这些支线应采用铜芯绝缘导线；

(4) 插座宜采用单独回路，单相独立插座回路所接插座不宜超过 10 组(每一组为一个二孔加一个三孔插座)，且一个房间内的插座宜由同一回路配电；当灯具与插座共支线时，其

中插座数量不宜超过 5 个(组);

(5) 备用照明、疏散照明回路上不宜设置插座;

(6) 不应将照明支线敷设在高温灯具的上部,接入高温灯具的线路应采用耐热导线或者采用其他的隔热措施;

(7) 回路中的中性线和接地保护线的截面应与相线截面相同。

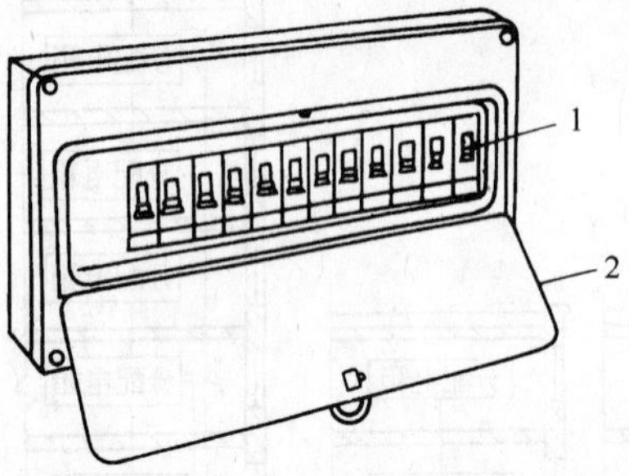

图 7-26　普通照明配电箱外形

1—开关手柄;2—箱门

(四) 配电箱

配电箱是接受和分配电能的装置。用电量较小的建筑物可只设一个配电箱,对多层建筑可在某层设总配电箱,并由此引出干线向各分配电箱配电。在配电箱里,一般装有小型断路器、熔断器、电度表等电气设备。如图 7-26 所示为普通照明配电箱的外形。

第四节　电 气 照 明 施 工

照明线路敷设及照明设备安装是否合理、安全、可靠,是关系到电气照明工程正常运行的关键之一。

一、照明线路敷设

照明线路敷设有室内和室外之分,环境不同其敷设方法也不同;按布线方式又分为明敷和暗敷;按线路的性质,还可分为支线和干线。这里就室内照明线路敷设方法作一简单的介绍。

室内照明线路敷设方法一般有明敷和暗敷两种。

(一) 明敷设

明敷设是将导线直接或穿管敷设在墙壁、顶棚表面、桁架及支架等处。室内照明线路的明敷设常采用瓷夹、瓷瓶、槽板、卡钉及穿管等配线方法;而在现代建筑物中一般已不采用瓷夹、瓷瓶的配线方法,往往采用的是后面几种方法进行明敷配线。不论采用什么配线方法进行敷设配线,都应做到横平竖直,即在线路进行明敷设时,一般沿建筑物顶棚四周或墙角配线等;当线路需转角时应按直角路径敷设,转角应呈 90°,以达到线路整齐美观的效果,如图 7-27 所示。

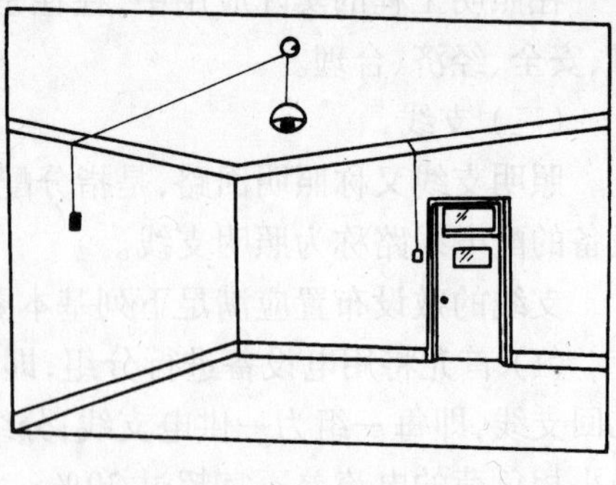
图 7-27　明敷线路的走向示意图

1. 塑料槽板明敷配线方式

槽板分为木槽板和塑料槽板两种,而目前木槽板已较少使用,大多采用塑料槽板。

塑料槽板采用非延燃性塑料制作,如图 7-28 所示。塑料槽板有两线、三线槽等,安装时只准在每个槽内敷设一条导线,且遇墙或楼板时应穿管保护。一般在较简易建筑物中采用。

2. 塑料线槽明敷方式

塑料线槽如图 7-29 所示，采用非延燃性塑料制成，其敷设方式应满足下列条件：

(1) 同一路径无防干扰要求的线路可敷设于同一线槽内，线槽内电线或电缆的总面积不能超过线槽内总面积的 20%，且载流导体不宜超过 30 根。

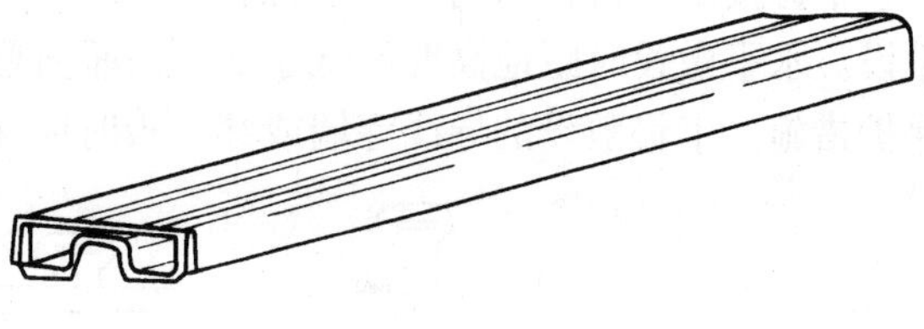

图 7-28　塑料槽板

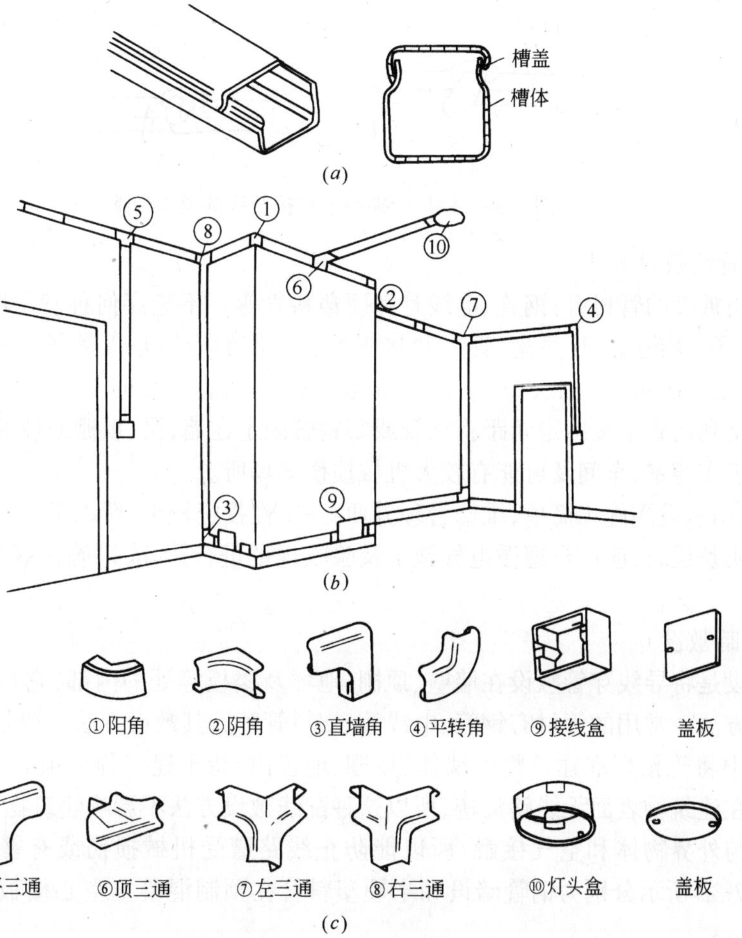

图 7-29　塑料线槽明敷

(a)塑料线槽外形图；(b)明敷示意图；(c)附件外形图

(2) 电线与电缆在线槽内不得有接头，分支接头应在接线盒内进行。

(3) 塑料线槽敷设时，槽底固定点间距应按要求确定。

(4) 塑料线槽在布线时遇到连接、转角、分支及终端处时应采用相应的附件，如图 7-29 所示。

塑料线槽配线方式一般适用于正常环境的室内场所，在高温和易受机械损伤的场所不宜采用；安装时利用槽盖与槽口挤压接合。它的特点是：安装、维修、更换电线电缆方便。

3. 卡钉敷设

卡钉按制作材料不同可分为:铝卡钉和塑料卡钉两种。它一般适用于塑料护套线的明敷设。水平敷设时距地高度不低于2.5m;垂直敷设时在距地1.8m内的线段应采取适当的保护措施。卡钉敷设的导线穿墙或穿楼板时应穿管保护。铝皮卡钉布线示意见图7-30。

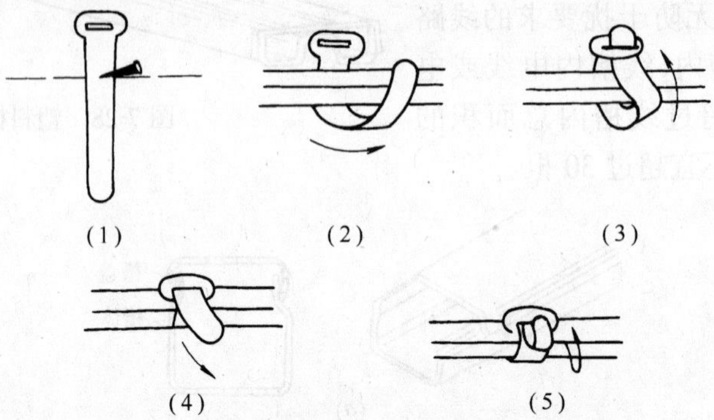

图7-30 铝片卡夹持塑料护套线的操作步骤

4. 穿管明敷设方式

穿管明敷设的管材有:钢管、电线管和硬塑料管等。不论穿何种管子明敷,它们的组成一般为:管子、接线盒、开关盒、管卡和接头等。它们的规格是以管子直径:15mm、20mm、25mm、32mm、40mm、50mm、70mm、80mm、100mm等进行分类的。

敷设是利用管卡按一定间距将钢管或塑料管固定在墙、梁、顶棚或柱的表面。这种敷设方式适用于实验室、车间及可能有较大机械损伤等场所。

总之,明敷设因施工简单,维修管理方便,一次性投资较少,所以至今仍被广泛应用。在线路进行明敷设时,应严格遵循电气施工及验收规范进行操作,以确保线路安全、可靠地运行。

(二) 暗敷设

暗敷设是将导线穿管敷设在墙壁、顶棚、地坪及楼板等处的内部,它是照明线路敷设常用的一个方法。常用的管材有钢管、电线管、塑料管等。其敷设方法一般是在建筑土建工程进行过程中将管预埋在建筑物的墙体、顶棚、地板内,待土建工程封顶后,再将导线穿入管内。由于在建筑物表面无线路痕迹,所以这种配线敷设方法不影响建筑物的美观整洁,同时还因它不与外界物体和空气接触,所以能防止线路遭受机械损伤或有害气体的侵蚀。图7-31及图7-32所示分别为钢管暗设和半硬塑料管在预制混凝土空心楼板夹缝内暗设的情况。

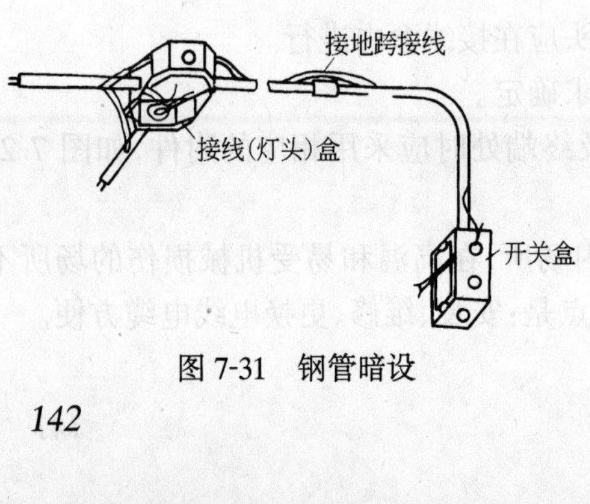

图7-31 钢管暗设

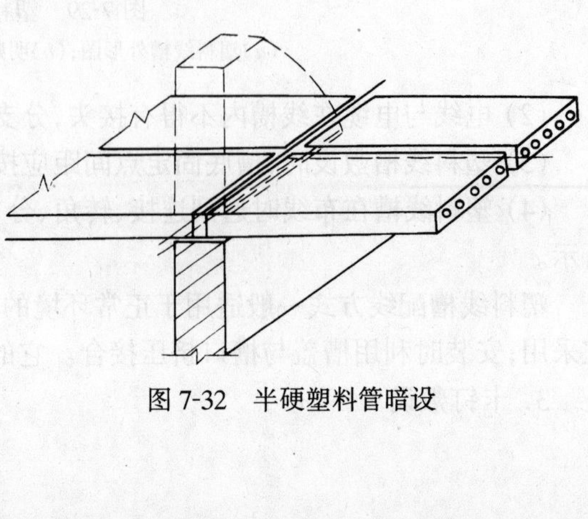

图7-32 半硬塑料管暗设

穿管敷设虽然有很多优点，但它存在一次性投资较大，施工、维修困难，同时还受施工方式及配管配线诸多因素的影响，要能安全可靠地发挥它的作用就必须严格按国家的规范进行施工，且必须执行：

(1) 根据发热条件，按绝缘导线允许穿管根数及对应的最小管径，进行穿管配线；满足绝缘导线允许的载流量及穿管根数相对应的最小截面。

(2) 3根及以上绝缘导线穿同一根管时，其总面积不应超过管内面积的40%；一般一根管子最多允许穿入8根绝缘导线。

(3) 不同回路的线路一般不应穿同一根管子；在电压为50V以下、同一设备或同联动系统设备的电力回路和无防干扰要求的控制回路、同一照明花灯的几个回路，可不执行此规定。

(4) 管路较长或有弯头时，应适当加入接线盒，其两点间的距离应符合以下要求：

1) 无弯的管路超过45m，应加装接线盒；

2) 两点间有一个弯头且超过30m，应加装接线盒；

3) 两点间有两个弯头且超过20m，应加装接线盒；

4) 两点间有三个弯头且超过12m，应加装接线盒。当加装接线盒有困难时，可考虑适当加大管径。

(5) 采用金属管配线的交流线路，应将同一回路的所有相线和中性线穿于同一管内。

(6) 导线穿管敷设时如遇到热水管、蒸汽管等，穿管导线应敷设在它们的下面；有困难时，也可敷设在其上面，但应满足有关条件。

暗敷设配线，在施工时应走最近路径；而在多孔楼板上进行暗敷设时，应沿墙体和板孔方向布线。

总之，照明线路采用何种敷设方法，应根据实际情况，从安全、可靠、经济、美观和维修管理方便等诸多因素出发，然后确定敷设方法；在施工时还必须与土建、水暖等工程密切配合，确保电气安装工程保质、保量地完成。

二、照明设备的安装

照明设备的安装包括：照明配电箱、开关、插座及灯具的安装，它是电气照明工程中的一个重要部分。安装是否符合电气照明施工验收规范及质量要求，将直接关系到照明工程能否正常运行，关系到照明系统在运行中维修管理是否便捷，费用是否较高等诸多问题。所以照明设备的安装是至关重要的。

(一) 配电箱的安装

配电箱有总配电箱和分配电箱。把汇集支线回路接入干线的配电装置称分配电箱；把汇集干线接入进户线的配电装置称总配电箱。

1. 配电箱数量的确定

(1) 用电量较小(一般在30A以下)的建筑可只设置一个配电箱；

(2) 对用电量较大或用电设备较分散的建筑物应设置总配电箱和分配电箱；

(3) 每个配电箱的供电半径一般不超过30m，超过时可考虑增加配电箱；

(4) 每个配电箱的出线一般以6～9条为宜。

2. 配电箱位置的确定

配电箱位置的选择一般应考虑下列因素：

(1) 配电箱应尽可能地接近负荷中心；

(2) 对于多层建筑(如多层住宅楼),各层配电箱应尽可能地布置在同一方向、同一位置,以便导线的敷设和维修管理;

(3) 配电箱应安置在采光良好、干燥通风、便于操作与维修的位置上。

3. 配电箱的安装

配电箱的安装方式有明装和暗装两种:明装配电箱有落地式和悬挂式。悬挂式配电箱安装时一般箱底距地 2m;暗装配电箱一般箱底距地 1.5m。不论是明装还是暗装配电箱,其导线进出配电箱时必须穿管保护。配电箱安装示意见图 7-33、图 7-34。

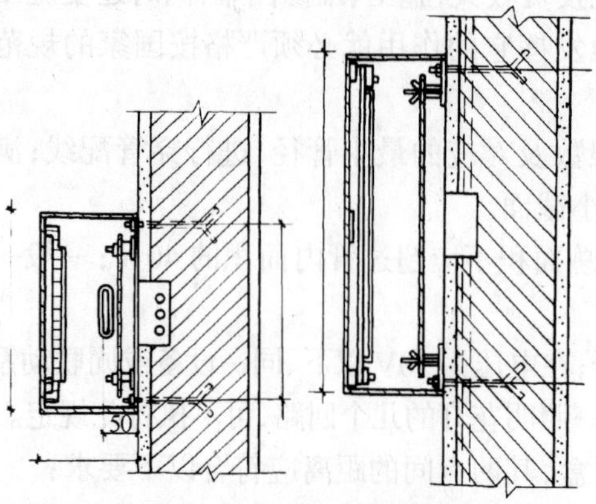

图 7-33 明装配电箱做法

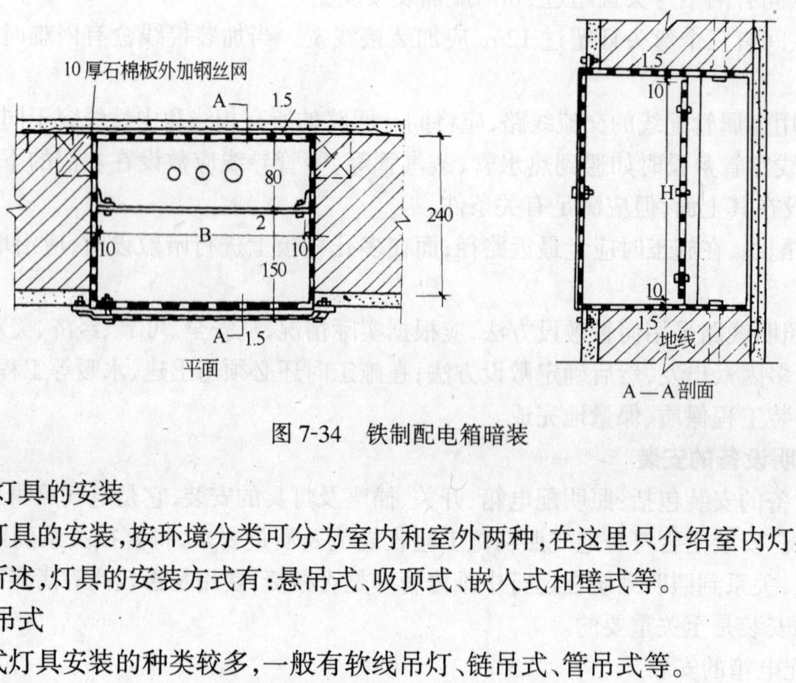

图 7-34 铁制配电箱暗装

(二) 灯具的安装

照明灯具的安装,按环境分类可分为室内和室外两种,在这里只介绍室内灯具的安装。如前所述,灯具的安装方式有:悬吊式、吸顶式、嵌入式和壁式等。

1. 悬吊式

悬吊式灯具安装的种类较多,一般有软线吊灯、链吊式、管吊式等。

一般质量在 1kg 以下可采用软线吊灯,例如:软线吊白炽灯,它是将木台固定在顶棚上,再装吊线盒,引出软导线在灯座内打结而成,如图 7-35 所示。

当质量超过 1kg 时,应加吊链或钢管。采用链吊式时,导线宜与吊链编织在一起,如图 7-36 所示。当采用钢管安装灯具时,钢管内径一般不小于 10mm,它一般也是采用在顶棚上固定木台,再在木台上安装吊管,其导线由钢管内穿出,然后与灯具连接,如图 7-36 所示。一般在车间使用的广照型灯具采用钢管吊式。

当吊灯(一般常见的吊花灯)灯具质量超过 3kg 时,应预埋吊钩或螺栓,其中固定吊花灯的吊钩,其圆钢直径不应小于灯具吊挂销钉的直径,且不得小于 6mm。

2. 吸顶灯的安装

吸顶灯的安装,一般是将木台固定在顶棚的预埋木砖或预埋的螺栓上,再将灯具固定在

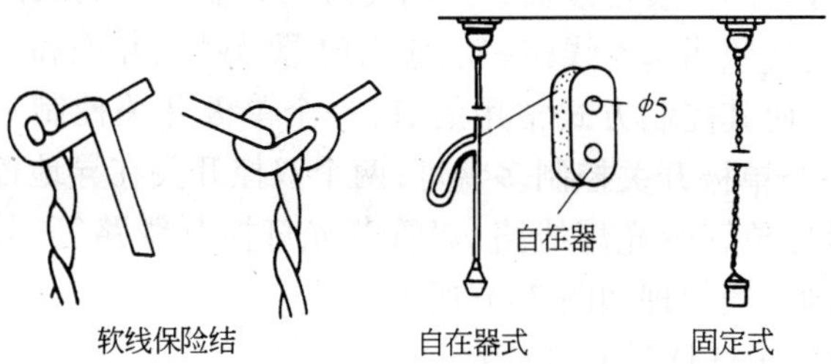

图 7-35　吊线灯安装

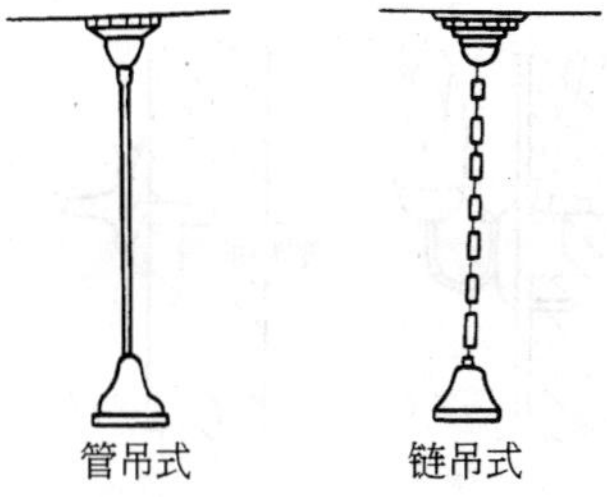

图 7-36　管吊和链吊灯安装

木台上，如图 7-37 所示。若灯泡与木台较近时，应在灯泡和木台间放置隔热层。

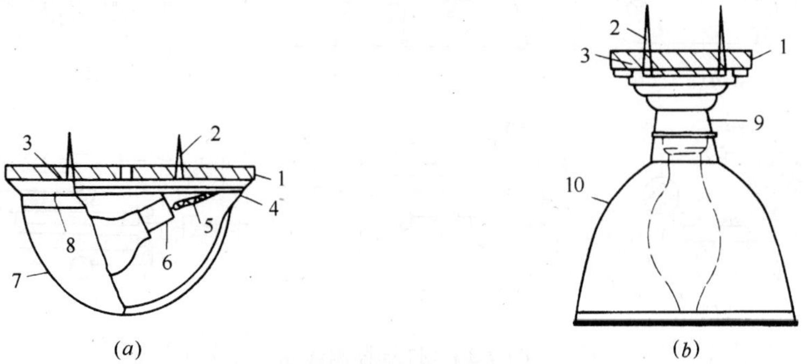

图 7-37　吸顶灯安装

(a)白炽灯；(b)高压水银灯(也可装白炽灯)

1—圆木(厚 25mm，直径按灯架尺寸选配)；2—固定圆木用木螺丝；3—固定灯架用木螺丝；4—灯架；5—灯头引线(规格与线路相同)；6—管接式瓷质螺口灯座；7—玻璃灯罩；8—固定灯罩用螺丝；9—铸铝壳瓷质螺口灯座；10—搪瓷灯罩(注意灯罩上口应与灯座铝壳配合)

3．嵌入式灯具的安装

嵌入式灯具的安装是将光源嵌入建筑结构装饰物内，与建筑物或装饰物配合，常用于发光顶棚、光带、光柱等，如图 7-38 所示。当照明电器需要这样安装时，应与其他专业密切配合(如在土建施工时预埋光盒等)。

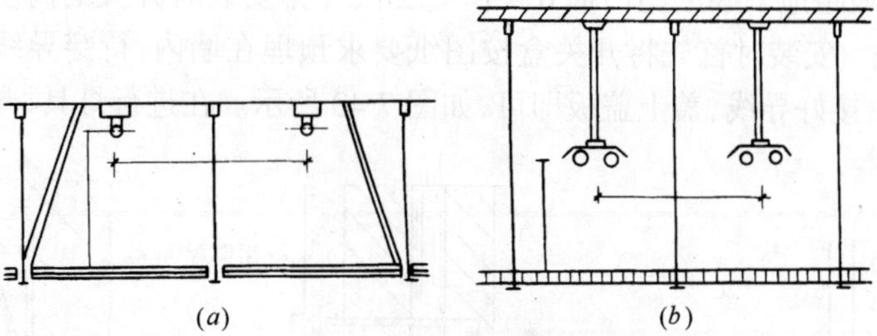

图 7-38　发光顶棚

(a)光盒式发光顶棚；(b)吊顶式发光顶棚

4．壁灯的安装

壁灯可以安装在墙上或柱上。当壁灯安装在墙上时，一般在墙体砌砖时预埋木砖，也可以采用塑料膨胀管法固定壁灯；当壁灯安装在柱上时，一般在柱子上预埋金属构件或采用抱箍形式将金属构件固定在柱子上，如图 7-39 所示。

灯具安装采用什么方法，应根据建筑设计要求、建筑装饰要求及照明基本要求来确定。

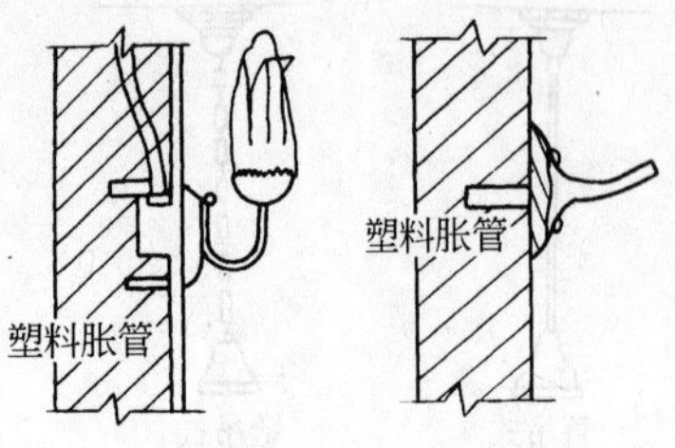

图 7-39　壁灯安装

灯具的安装还涉及到照明光源与控制电器的线路问题。电气照明基本线路一般应由电源、导线、开关和负载组成。而其控制方式常用的有:一个单极开关控制一盏灯;一个单极开关控制多盏灯;两个双控开关在异地控制一盏灯;单管荧光灯线路;双管荧光灯控制线路等,其基本控制接线原理如图 7-40 所示。

（三）灯具开关的安装

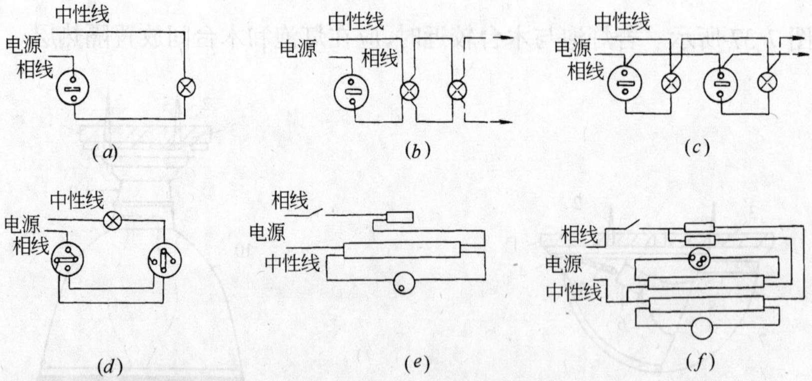

图 7-40　灯具控制线路

(a)一个单极开关控制一盏灯;(b)一个单极开关控制多盏灯;(c)两个单极开关控制两盏灯;
(d)两个双控开关在异地控制一盏灯;(e)单管荧光灯线路;(f)双管荧光灯线路

灯具开关的安装是由开关的类型确定的。开关一般分为明装开关和暗装开关两种。

1．明装开关

目前常用的明装开关为拉线开关。拉线开关一般距地 2～3m,距门框 0.15～0.2m,且拉线的出口应向下,成排安装时开关相邻间距一般不小于 20mm,安装时首先用螺丝将木台固定在墙上,然后再在木台上安装开关,如图 7-41 所示。

2．暗装开关

暗装开关一般距地 1.3m,距门框 0.15～0.2m,并排安装时开关的高度应一致,其高低差不应大于 2mm。安装时首先将开关盒按图纸要求预埋在墙内,待穿导线完毕后,即可将开关固定在盒内,接好导线,盖上盖板即可,如图 7-42 所示。在进行灯具、开关安装时,必须

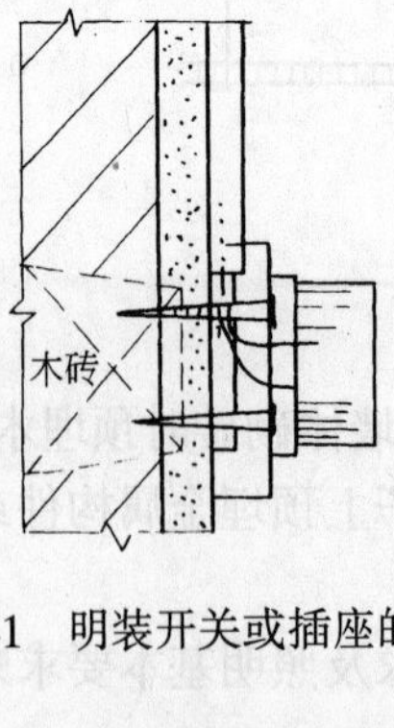

图 7-41　明装开关或插座的安装

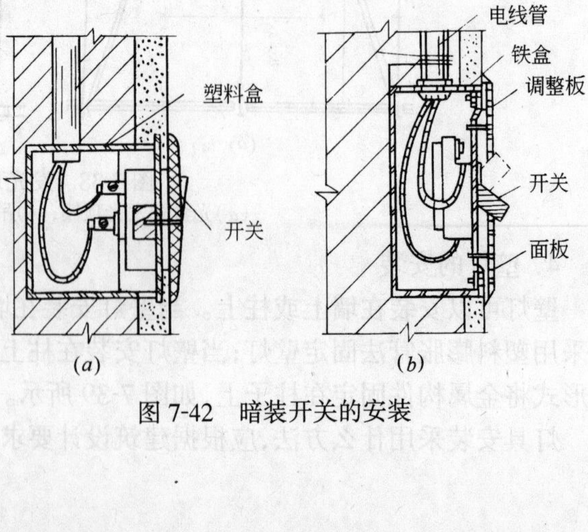

图 7-42　暗装开关的安装

保证相线进开关，零线进灯头，以确保在使用时的安全。

(四) 插座的安装

室内插座安装同样分为明装和暗装两种。不论是明装还是暗装，它又可分为单相双孔、单相三孔、三相四孔插座。单相双孔和单相三孔插座的安装接线是左零、右相或左零、右相、上接地保护线；而三相四孔插座则左 A、右 C、下 B、上零线或接地保护线，如图 7-43 所示。

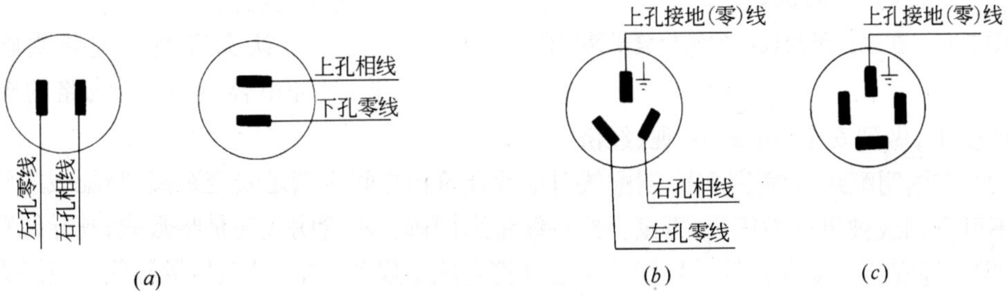

图 7-43 插座的接线方式

(a)单相双孔插座；(b)单相三孔插座；(c)三相四孔插座

插座安装还应遵循：一般插座的安装高度距地 1.3m，有儿童经常出没的地方插座距地高度应不低于 1.8m，暗装插座一般不低于 0.3m，成排安装的插座其高低差应不大于 2mm；同一场所内交直流插座或不同电压等级的插座应有明显区别的标志。

(五) 吊扇的安装

吊扇的安装应在土建施工中，按电气照明施工平面图上的位置要求预埋吊钩，而吊扇吊钩的选择、安装将是吊扇能否正常、安全、可靠工作的前提，否则有可能出现吊扇坠落等恶性事故。具体要求如下：吊扇的安装高度不低于 2.5m，安装时严禁改变扇叶的角度。扇叶的固定螺丝钉应有防松装置，吊杆与电机间螺纹连接的啮口长度不小于 20mm，并必须有防松装置；吊扇吊钩挂上吊扇后应使吊扇重心与吊钩垂直部分在同一垂直线上；吊钩的直径不应小于吊扇悬挂销钉的直径，且不小于 10mm；吊钩伸出建筑物的长度应以盖上风扇吊杆护罩后能将整个吊钩全部罩住为宜。

在现浇混凝土中预埋吊钩时，吊钩应采用 T 或 L 形圆钢，并与主筋焊接；在多孔预制板中预埋吊钩，应在铺好多孔板且未做地面时，在需安装吊钩的位置凿一对穿孔，安好吊钩和接线盒。吊钩做法见图 7-44、图 7-45。

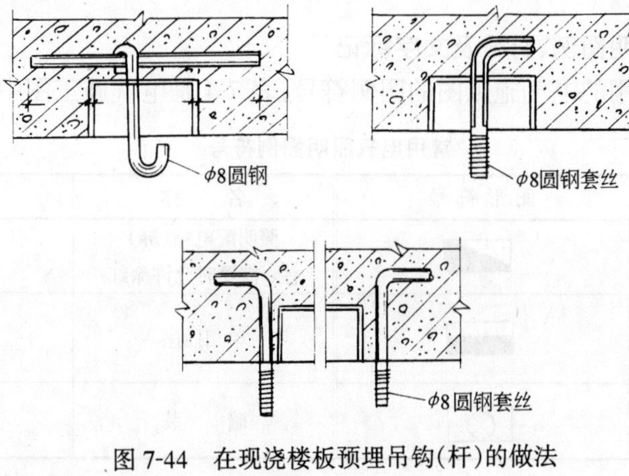

图 7-44 在现浇楼板预埋吊钩(杆)的做法

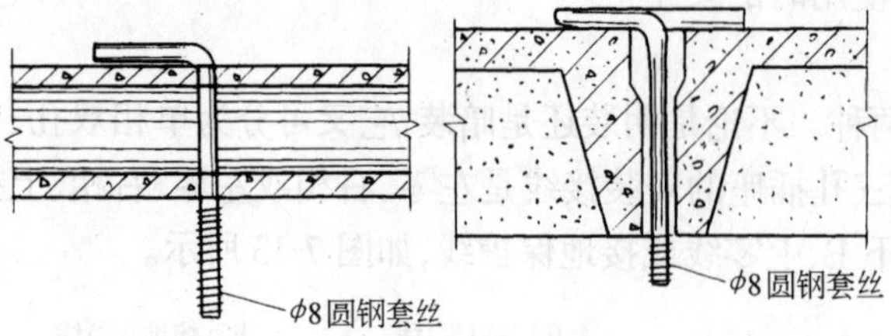

图 7-45　在多孔预制板或预制板缝吊钩(杆)的做法

三、电气照明施工注意事项

电气照明施工的质量好坏,对于安全使用各种电器设备,满足生活和工作的需要,创造一个良好的照明环境是有重要意义的。在施工中应注意以下几点:

(1) 认真审阅电气照明施工图纸,保证电器的安装、线路的敷设符合设计要求,做到安全、可靠、美观、经济。

(2) 室内明配线应横平竖直,明配线对地及建筑物之间应满足安全距离;暗配线应注意线管切不可弯扁或被机械力压扁,否则会给穿线带来困难。不管明线还是暗敷线,凡导线穿墙过梁,均需预埋穿墙过梁保护管。导线连接必须符合施工规范要求,且应尽量避免导线接头。

(3) 灯具安装应牢固、平正。灯具开关应接在相线上。螺口灯的相线应接在螺口灯头中心舌片的端子上,零线接在螺口部分。照明灯具及其发热附件应与可燃物保持安全距离,做好防火隔热处理。

(4) 在危险性较大的场所,灯具安装高度低于 2.4m、电源电压在 36V 以上的灯具金属外壳,必须做好保护接地(接零)。灯具内须有专用接地螺丝,并加垫圈和弹簧垫圈压紧。照明线路的进户线在进户支架处,应将零线重复接地。进出建筑物的金属线管应接地(接零),钢管之间、钢管与其他电气设备之间应注意接地跨接。

(5) 做好与土建施工的配合。电气照明施工中的暗配管、接线盒的预埋,过墙、过梁保护管的预埋,固定灯具用的木砖预埋,吊扇吊钩的预埋等等,都必须在土建施工过程中预先考虑好,以免造成施工过程的被动,甚至造成不可弥补的损失。

第五节　电气照明施工图

电气照明施工图是电气照明设计的具体表现,是电气照明工程施工的主要依据。图中采用了规定的图例、符号、文字标注等,用于表示实际线路和实物。因此对电气照明施工图的识读应首先熟悉有关图例符号和文字标记,其次还应了解有关设计规范、施工规范及产品样本等。

一、常用电气照明图例、符号及文字标记

表 7-3 是目前常用的电气施工图的图例符号,表 7-4 是电气施工图中文字符号的含义。

常用电气照明图例符号　　表 7-3

名　称	图形符号	名　称	图形符号
多种电源配电箱(屏)		照明配电箱(屏) 注:需要时允许涂红	
动力或动力—照明配电箱 注:需要时符号内可标示电流种类符号		单相插座	
信号板信号箱(屏)	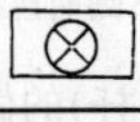	暗　装	

续表

名　称	图形符号	名　称	图形符号
密闭(防水)		单极拉线开关	
防　爆			
带保护接点的插座 (带接地插孔的单相插座)		单极双控拉线开关	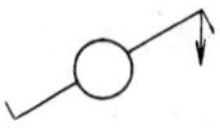
暗　装		双控开关(单极三线)	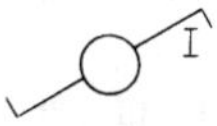
密闭(防水)		灯或信号灯一般符号	
防　爆			
带接地插孔的三相插座	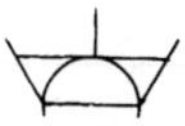	投光灯一般符号	
暗　装		聚　光　灯	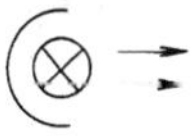
带接地插孔的三相 插座密闭(防水)	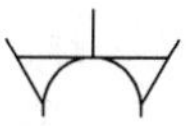	示出配线的照明 引出线位置	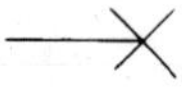
防　爆	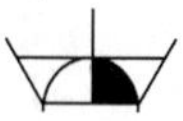		
带熔断器的插座		在墙上的照明引出线	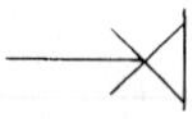
开关的一般符号	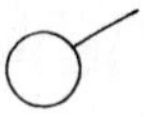	荧光灯一般符号	
单极开关	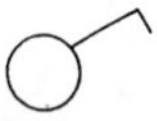	三管荧光灯	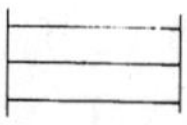
暗　装	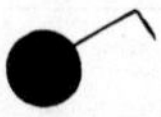		
密闭(防水)	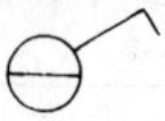	五管荧光灯	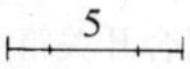
防　爆		熔断器箱	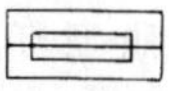
双极开关		分线盒一般符号 注：可加注$\frac{A-B}{C}D$ A——编号 B——容量 C——线序 D——用户线	
暗　装	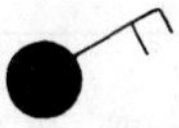		
密闭(防水)	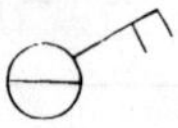		
防　爆	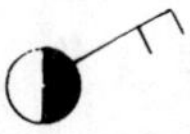		

续表

名　称	图形符号	名　称	图形符号
室内分线盒 可加注$\frac{A-B}{C}D$		局部照明灯	
室外分线盒 可加注$\frac{A-B}{C}D$		矿　山　灯	
避　雷　针		安　全　灯	
电源自动切换箱(屏)	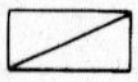	防　爆　灯	
电　阻　箱	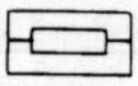	顶　棚　灯	
自动开关箱		花　　灯	
刀开关箱		壁　　灯	
带熔断器的刀开关箱		应　急　灯	
弯　　灯		在专用电路上 的事故照明灯	
组合开关箱	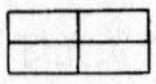	避　雷　器	
深 照 型 灯		电　　钟	
广照型灯(配照型灯)		电　流　表	
防水防尘灯		电　压　表	
球　形　灯		电　度　表	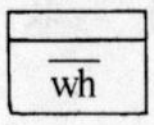
		电　　铃	

电气照明常用文字标注方法(括号内标注为新符号) **表 7-4**

线路的文字表达			灯具及灯具安装方式的文字表达		
相序	L_1	电源 A 相	常用灯具	J	水晶底罩灯
	L_2	电源 B 相		S	搪瓷伞形罩灯
	L_3	电源 C 相		T	圆筒形罩灯
	A(V)	设备 A 相		W	碗形罩灯
	B(V)	设备 B 相		P	玻璃平盘罩灯
	C(V)	设备 C 相		YG	荧光灯
	N	中性线		BX	壁灯
	PE	接地保护线		MX	花灯
线路敷设方式	M(E)	导线明敷设	灯具的安装	X(WP)	线吊式
	A(C)	导线暗敷		L(C)	链吊式
	S(M)	钢索敷设		G(P)	管吊式(杆吊式)
	QD(AL)	卡钉敷设		B(W)	壁式
	CB	槽板敷设		D	吸顶式
	G(S)	穿钢管(厚壁)敷设		R	嵌入式
	DG(T)	穿电线管(薄壁)敷设		Z	柱上安装
	VG(P)	穿硬塑料管敷设	灯具标注	$a-b\frac{c\times d\times L}{e}f$	
	RG(P)	穿半硬塑料管敷设			
线路敷设部位	L(B)	沿梁或跨梁敷设		a	灯具数
	Z(C)	沿柱或跨柱敷设		b	灯具型号
	Q(W)	沿墙敷设		c	每盏灯灯泡(灯管)数
	P(CE)	沿屋面或本层顶棚敷设		d	灯光(灯管)容量(W)
	D(F)	沿地下或本层地板内敷设		e	悬挂高度(m)
	PNM	能进人的顶棚内敷设		f	安装方式
	PNA	不能进人的顶棚内敷设		L	光源种类
			导线标注	$a-b(c\times d)e-f$	
				a	线路回路编号(进户线一般不标)
				b	导线型号
				c	导线根数
				d	导线截面
				e	导线敷设方法(穿管材料规格等)
				f	导线敷设部位

二、电气照明施工图的组成及内容

电气照明施工图主要由系统图、平面图、设计说明、主要设备材料表组成。现以一栋住宅楼为例进行分析，图 7-46 所示为其系统图和平面图。

(一) 电气照明系统图

电气照明系统图用来表明照明工程的供电系统、配电线路的规格、采用管径、敷设方式及部位、线路的分布情况、计算负荷和计算电流、配电箱的型号及其主要设备的规格等。通过系统图具体可表明以下几点：

1. 供电电源种类及进户线标注

应表明本照明工程是由单相供电还是由三相供电，电源的电压、频率及进户线的标注。

图 7-46(*b*)所示的照明系统为三相四线制供电电源，电压交流 380/220V，进户线由业主自理。进户线在进户处还需将中性线重复接地，其接地电阻不大于 10Ω，以确保供电系统的安全。

2. 总配电箱、分配电箱

在系统图中用虚线、点划线、细实线围成的长方形框便是配电箱的展开图。系统图中应标明配电箱的编号、型号、控制计量保护设备的型号及规格。如图 7-46(*b*)中总配电箱有这样的标注：

总配电箱编号：1DBX

总配电箱型号：非标准配电箱

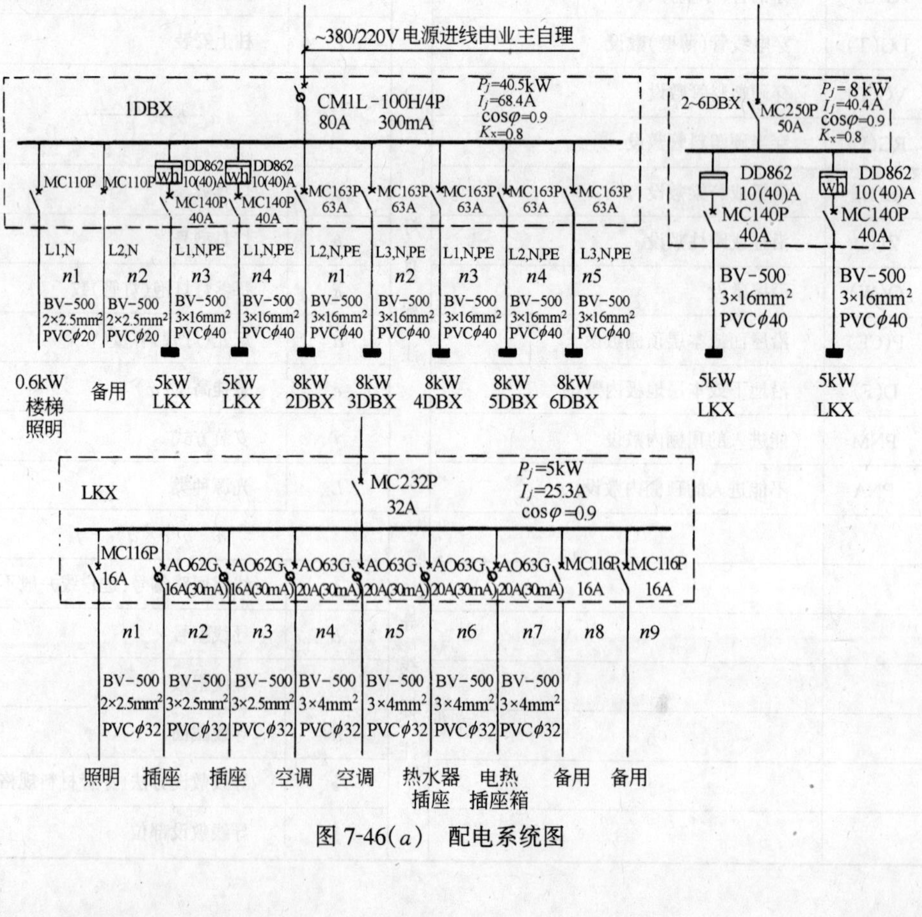

图 7-46(*a*) 配电系统图

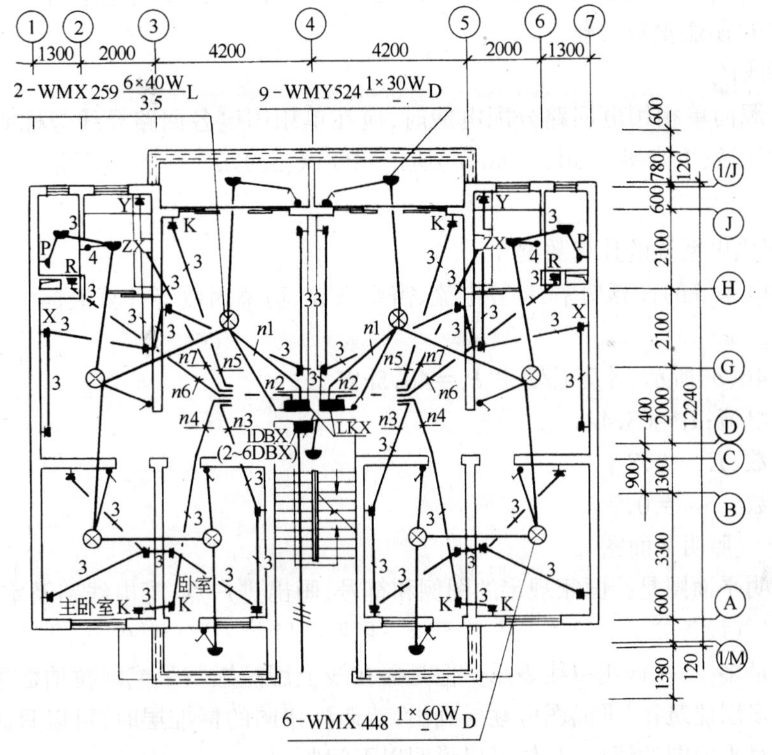

图例说明：

K 空调用插座(～250V　16A)距地 2.0m 暗装

R 电热水器用插座(防溅型～250V　16A)距地 1.4m 暗装

X 洗衣机用插座(防溅型～250V　10A)距地 1.4m 暗装

Y 抽油烟机用插座(防溅型～250V　10A)距地 2.0m 暗装

普通用插座(～250V　10A)距地 0.3m 暗装

P 排气扇插座(防溅型～250V　10A)距地 2.0m 暗装

ZX 电热插座箱距地 1.4m 暗装

跷板开关距地 1.4m 暗装

节能开关距地 1.4m 暗装

图 7-46(*b*)　一～六层照明平面图

总控制开关型号及规格：CM1L-100H/4P　80A、300mA

分配电箱　2～6DBX　内装有 DD 系列电度表，DD862　10(40)A 即额定电流 10A，可过载到 40A。

配电箱内的开关、保护和计量设备的型号规格都必须标注在设备旁边。

3. 干线、支线

从图面上可以直接表示出干线的接线方式是放射式、树干式还是混合式，以便作为施工时干线的接线依据。还能表示出干线、支线的导线型号、截面、穿管管径、管材、敷设部位及敷设方式，用导线标注格式来表示。

如图 7-46(*b*)所示，干线接线方式采用放射式，一层支线回路 n_1-BV-500-2×

2.5mm^{2}PVCϕ20　含义是，编号为 1 的回路是 2 根 2.5mm^2 的塑料绝缘铜芯导线，穿直径为 20mm 的 PVC 阻燃塑料管敷设。

4. 相别划分

三相电源向单相用电回路分配电能时，应在单相用电各回路导线旁标明相别 L_1、L_2、L_3，避免施工时发生错接。如图 7-46(*b*)所示，4DBX、5DBX、6DBX 电源相线分别是 L_1、L_2、L_3。

5. 照明供电系统的计算数据

照明供电系统的计算功率、计算电流、需要系数、功率因数等计算值标注在系统图上明显位置。

如图 7-46(*b*)所示，计算总功率 $P_j = 40.5$kW

计算总电流：$I_j = 68.4$A

需要系数：$K_x = 0.8$

功率因数：$\cos\varphi = 0.9$

(二) 电气照明平面图

电气照明平面图是按国家规定的图例和符号，画出进户点、配电线路及室内的灯具、开关、插座等电气设备的平面位置及安装要求。照明线路都采用单线画法，即不论该段线路上导线的根数是多少，一律用单线表示。但是要在线上用短撇数量或阿拉伯数据来表示导线根数。对于多层建筑物，平面图应逐层画出，若遇到相同的标准层时，可以只画一张图纸来表示。通过对平面图的读识，具体可以说明以下问题：

1. 进户线的位置，总配电箱及分配电箱的位置。

从表示配电箱所用的图例符号可以表明配电箱的安装方式。

如图 7-46(*a*)中的进户点是从建筑物的南面进线引入至一层总配电箱，进线三相四线，且在进户线处将中性线做了重复接地。配电箱采用暗装，其位置在楼梯间墙上。

2. 进户线、干线、支线的走向，导线的根数，支线回路的划分都在平面图上表示清楚。

在电气照明平面图中，导线的走向应表达清楚。如图 7-46(*a*)所示，从总配电箱分出的干线进分配电箱，采用干线立管式穿楼板向上配线，用带箭头的圆点表示。从分配电箱引至各灯具、插座的支线采用沿墙、板暗敷方式，各支线旁都有回路代号。如图 7-46(*a*)照明支线采用 n_1 回路，普通插座支线采用 n_2 回路。在支线上凡导线超过 2 根者都应标出导线根数。

3. 用电设备的平面位置及灯具的标注

灯具、灯具开关、插座等电气设备的安装平面位置，灯具的标注也要在平面图上表明，有时平面图应结合施工安装规范同时考虑。

如图 7-46(*a*)：2-WMX259 $\frac{6\times40W}{3.5}$L，它的含义是：有 2 盏型号为 WMX259 的艺术花灯，每盏灯内有 6 个 40W 电光源，距地 3.5m，吊链式安装。

(三) 电气设计说明

在系统图和平面图中未能表明而又与施工有关的问题，可在设计说明中予以补充。

说明应包括下列内容：

(1) 电源提供形式，电源电压等级，进户线敷设方法，保护措施等。

(2) 通用照明设备安装高度,安装方式及线路敷设方法。

(3) 施工时的注意事项,施工验收执行的规范。

(4) 施工图中无法表达清楚的内容。

对于简单工程可以将说明并入系统图或平面图中。

图 7-46 的设计说明如下:

(1) 本设计采用～380/220V 电源配电,电源进线由甲方自理,电源进户处中性线应做重复接地,要求自变电所至电源进线处的电压降<2.5%。

(2) 本设计除注明者外,所有线路均采用铜芯导线 BV-500V 2.5mm^2 穿阻燃塑料管 PVC-ϕ20 暗敷。

(3) 电表箱(DBX)、漏电开关箱(LKX)底距地 1.6m 暗装;跷板开关距地 1.4m 暗装;一般插座距地 0.3m 暗装,空调插座(K)、排气扇插座(P)、抽油烟机插座(Y),距地 2.0m 高暗装,洗衣机插座(X)、电热水器插座(R)距地 1.4m 高暗装、电热插座箱距地 1.4m 高暗装。

(4) 接地保护线(PE 线)要求采用黄绿相间的铜芯导线以便区别。电气装置正常不带电的金属部分及三孔插座的接地端均应与 PE 线连接。

(5) 凡图中未详部分的具体做法请参照有关的国家标准设计图集及施工验收规范进行施工。

(四) 主要设备材料表

将电气照明工程中所使用的主要材料进行列表,便于施工单位进行材料采购,同时有利于施工监理部门的检查验收。主要设备材料表中应包含以下内容:序号、在施工图中的图形符号,对应的型号规格单位,数量,生产厂家和备注等。对自制的电气设备,也可在材料表中说明其规格、数量及制作要求。图 7-46 的部分设备材料见表 7-5。

设备材料表 **表 7-5**

序号	图 例	名 称	型 号	规 格	单位	数 量	备 注
1	▬	电表箱 DBX			个	6	
2	▬	漏电开关箱 LKX			个	12	
3	◒	吸顶灯	WMY524	1×30W	盏	54	
4	⊗	环形日光灯	WMX448	1×60W	套	36	
5	⊗	花 灯	WMX259	6×40W	套	12	
6	⚲	普通三极插座(二极+三极)	LM4/10U	250V 10A	个	144	
7	⚲K	空调插座	LM4/16	250V 16A	个	36	
8	⚲R	电热水器插座	LM4/16	250V 16A	个	12	防溅型
9	⚲X	洗衣机用插座	LM4/10U	250V 10A	个	12	防溅型
10	⚲Y	抽油烟机用插座	LM4/10U	250V 10A	个	12	防溅型

续表

序号	图　例	名　　称	型　号	规　　格	单位	数　量	备　注
11	P	排气扇插座	LM4/10U	250V　10A	个	12	防溅型
12	ZX	电热插座箱			个	12	
13		单控单极跷板开关	LM31/1	250V　10A	个	78	
14		单控三极跷板开关	LM33/1	250V　10A	个	12	
15		节能开关	L31S100	250V　10A	个	6	
16		铜芯导线	BV-500V	$2.5mm^2$	m	2500	
17		铜芯导线	BV-500V	$4mm^2$	m	3000	
18		铜芯导线	BV-500V	$16mm^2$	m	200	
19		阻燃型塑料电线套管		PVCϕ20	m	500	
20		阻燃型塑料电线套管		PVCϕ32	m	800	
21		阻燃型塑料电线套管		PVCϕ40	m	60	
22		镀锌钢板		100×100×8	块	4	
23		镀锌圆钢		ϕ12	m	70	
24		镀锌扁钢		−25×4	m	65	
25		镀锌扁钢		−40×4	m	60	

三、电气照明施工图识读的步骤

(1) 全面了解电气照明工程的施工顺序，主要操作工艺并掌握常用图例和符号。

(2) 了解建筑物土建情况，包括结构形式、层数、层高及墙体、顶板、地面、吊顶等情况，结合土建施工图看照明施工图。

(3) 在阅读图纸目录及施工说明时，了解电气工程的设计内容和各类图纸的主要内容，以及它们之间的相互关系。

(4) 逐层逐段阅读平面图，通过读图了解以下内容：

1) 电源进户线方式、位置，干线配线方式，采用管和导线的型号及敷设部位。

2) 各支线配线方式，采用管和导线的型号及敷设部位。

3) 配电箱、盘或电度表的安装方式和高度。

4) 各种灯具型号、功率、安装方式、安装高度和部位，各种开关、插座的型号、安装高度及部位。

在阅读照明平面图过程中，要核实各干线、支线导线的根数、管位是否正确，线路敷设是否可行，线路和各电器安装部位与其他管道的距离是否符合施工要求。

(5) 阅读系统图。阅读照明系统图应弄懂以下内容：

1) 各配电箱、盘电源干线的接线和采用导线的型号、截面积。

2) 各配电箱、盘引出各回路的编号、负荷名称和功率，各回路采用导线型号、截面积及控制方法。

3) 各配电箱、盘的型号及箱、盘上各电器名称、型号、电流额定值及熔丝的规格及各电器的接线。

本 章 小 结

(1) 建筑电气照明涉及到光学的基本参数是光通量 Φ、照度 E。对照明的基本要求是：照度合理、照度稳定、照度均匀、限制眩光。照明的方式主要有工作照明、事故照明和气氛照明。

(2) 电光源分热辐射光源和气体放电光源。各种电光源具有不同的结构、工作原理和技术特性，使用时应注意其特性和使用场合。

(3) 灯具的主要作用是分配光线，固定光源，保护光源和限制眩光，同时还具有装饰美化作用。它一般分为直射型、反射型、漫射型等，也可按安装方式不同分为悬挂式、吸顶式和壁式等。

(4) 照明供电系统由进户线、配电箱、干线和支线组成。一般采用 380/220V 的三相四线制供电，在负载电流不超过 30A 时，可采用 220V 单相三线制电源供电。

(5) 灯具的布置方式有均匀布置、选择布置和混合布置。确定灯具的布置方式应根据建筑物的功能、特点、环境及灯具的类型等进行综合考虑。

(6) 室内照明线路敷设有明敷和暗敷两种。明敷线应做到横平竖直，暗敷线应走捷径以减少弯头。照明设备安装应执行相关的建筑安装工程施工及验收规范。

(7) 电气照明施工图由系统图、平面图、设计说明及主要设备材料表组成，它是电气安装施工的技术依据。

思考题与习题

1. 常用电光源有哪些？各有什么优缺点？适用什么场合？

2. 灯具有什么作用？按光通量分布情况分类，灯具可分为哪几类？对于工业厂房应选择什么灯具？医院、庭园呢？

3. 普通建筑照明、危险场所都以什么形式的电源供电？

4. 照明供电系统由哪几部分组成？室内照明配电干线有哪几种布置方式？各有什么特点？一般的住宅照明配电干线采用哪种布置方式？

5. 室内照明线路敷设有哪些方法？各适用于什么场合？

6. 试说出下列文字标注的含义：

(1) n_3-BV-500V($3\times4mm^2$)ϕ20　QA

(2) VV-1KV-1($3\times25+1\times10mm^2$)ϕ40　DA

(3) $6\text{-BT}_2\dfrac{2\times25}{1.8}\text{B}$

(4) $5\text{-YG}_{6-2}\dfrac{2\times40}{2.5}\quad\text{L}$

7．试说明图 7-47 中各段导线根数及导线组成情况。

8．图 7-48 是某照明平面图中分支线路的单线画法，试展开成图符表示的实际接线图。

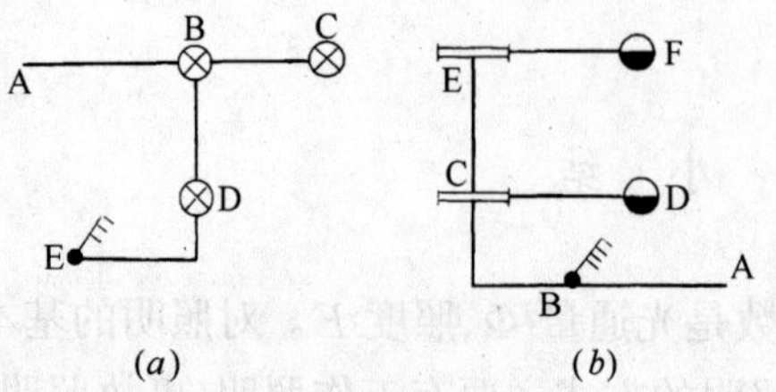

图 7-47　题 7 图

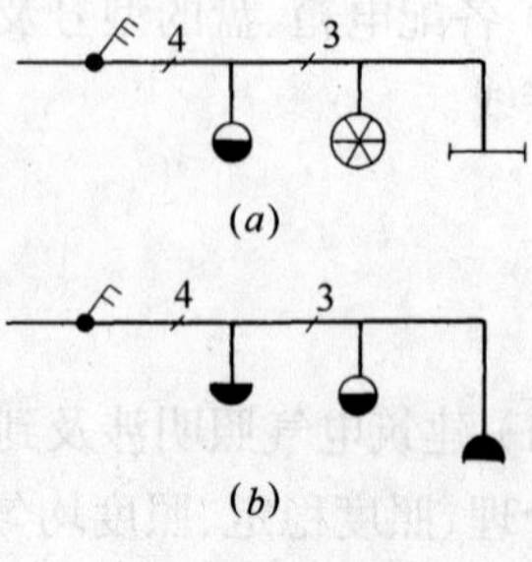

图 7-48　题 8 图

第八章　建筑辅助电气设备

建筑辅助电气设备常用的有：电话系统、电缆电视系统、火灾自动报警与消防联动系统、保安系统等，它们是建筑电气的重要组成部分。相对动力、照明而言，以上系统的施工较复杂。本章主要介绍上述系统的构成及其主要设备的安装、线路的敷设。

第一节　电话通信系统

随着科学技术的发展和人类社会信息化的需要，通讯技术在不断的变革、进步。现代化的通讯技术包括语言、文字、图像、数据等多种信息的传递，程控电话成为普遍采用的通讯手段。光纤接入网的建设又在提高电话普及率、发展窄带及宽带业务、优化通讯网络结构、提高经济效益等方面起着至关重要的作用。通讯建设已成为现代建设的一项重要内容，这里我们仅介绍最普通和常见的电话系统。

一、电话系统的组成

电话系统主要由电话交换机及其配套辅助设备、话机及各种线路设备和线材等几部分组成。住宅楼电话系统框图，如图 8-1 所示。

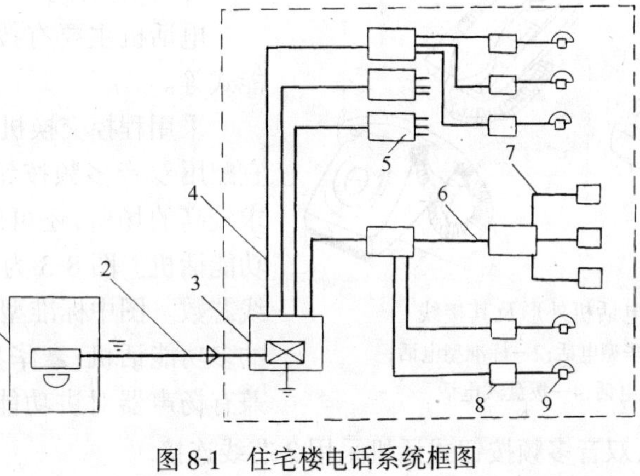

图 8-1　住宅楼电话系统框图

1—电话局；2—地下通信管道；3—电话交接间；4—竖向电缆管路；
5—分线箱；6—横向电缆管路；7—用户管路；8—出线盒；9—电话机

(一) 电话交换机

电话交换机，目前普遍采用的是数字式程控交换机。从基本原理看，主要由话路系统、中央处理系统、输入输出系统三部分组成。它预先把交换机的顺序编成程序，集中存放在储存器中，然后按程序自动控制交换机的交换连续动作，以完成用户之间的通话。

由于使用数字电路对交换机的工作进行程序控制，因此数字程控交换机可以根据需要实现众多的服务功能。如图 8-2 所示。

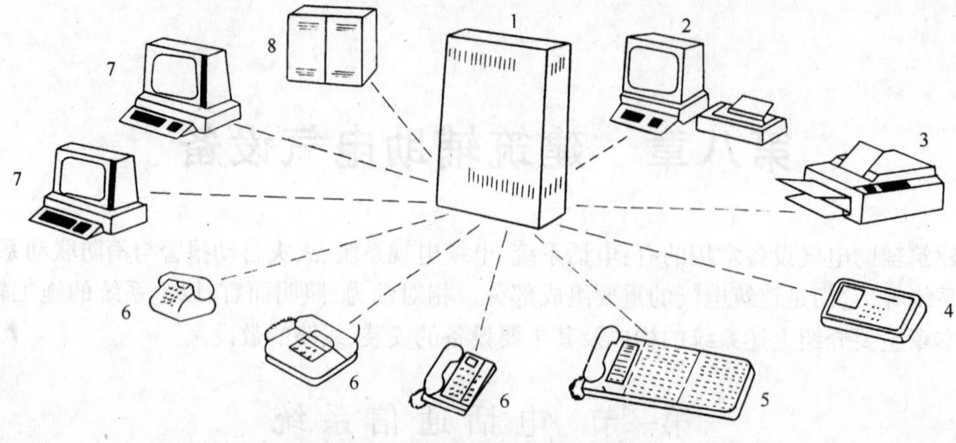

图 8-2 程控电话综合业务网示意

1—程控电话交换机;2—文字处理机;3—传真机;4—通话费管理装置;
5—多功能电话机;6—电话机;7—个人用电脑;8—计算机主机

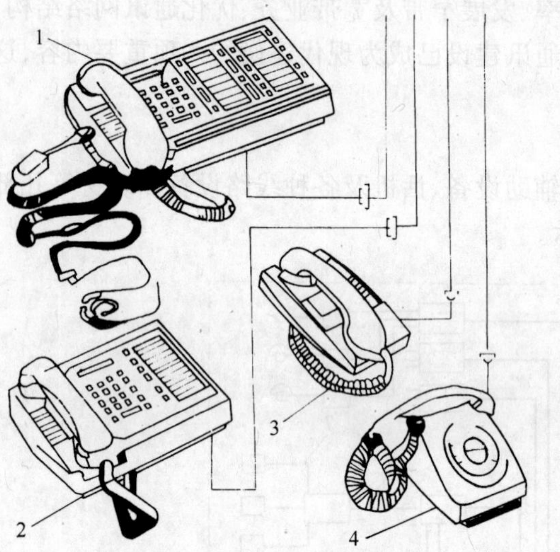

图 8-3 电话机外形及其接线

1—话务台豪华型电话;2—标准型电话;
3—按键电话;4—拨盘式电话

(二) 交换机配套辅助设备

程控交换机的辅助设备,主要包括交流配电盘、直流配电盘、蓄电池及总配线架。这些辅助设备可以随交换机配套提供,但个别设备如蓄电池组,也可由建设单位另购。

(三) 电话机

电话机主要有拨盘式,按键式和多功能式等。

采用程控交换机时,为保证通话质量,宜配用双音多频按钮式话机。此外,在要求较高的场所,还可配备留言电话机和多功能话机。图 8-3 为部分话机外形及其联线芯数。图中标准型电话机是含 8 功能键的多功能话机;豪华型话机是含 8 功能键兼有扬声器对讲功能的话机,这两种话机都采用 4 芯线连接,双音多频按钮式话机采用 2 芯线连接。

二、电话站

(一) 电话站站址选择

民用建筑内的电话交换机房宜设置在四层以下的房间,主机房尽量朝南,电池室必须有自然通风。电话机房不宜设在建筑物的厕所、浴室、开水房等易积水房间附近及通风机房等振动场所附近,也不宜设在变压器室、配电室的楼上、楼下或隔壁房间。

转接台室应与电话交换室、总配线架室相邻,转接台的安装应尽量使话务员通过观察窗正视或侧视机列上的信号灯。电话交换机室可在总配线架室与转换台室的中间。电力室应靠近电池室。

500～1000门程控电话站的平面布置示例见图8-4。因其设备尺寸较小，蓄电池采用镉镍电池，故数百门的电话站也仅占用较小的房间。

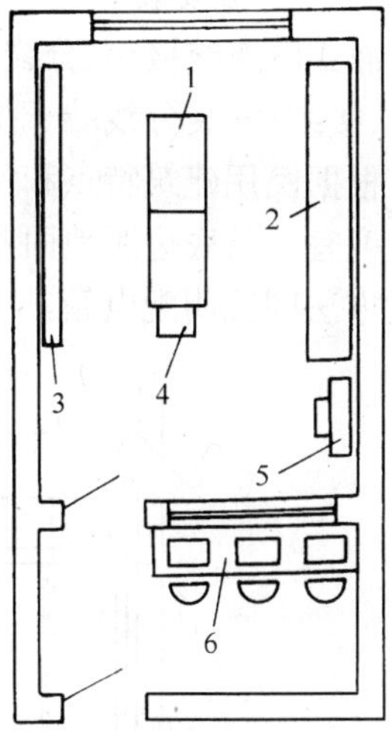

图8-4　500～1000门程控电话站平面布置示例

1—机柜；2—蓄电池；3—配线箱；4—打印机；5—电源设备；6—话务机

(二) 电话站的接地

电话站的接地包括：直流电源接地、电信设备机壳的保护与屏蔽接地、入站通信电缆的金属护套或屏蔽层接地、避雷器及防高电位侵入接地等，这些接地一般采取一点接地方式，总接地电阻不大于4Ω，当与建筑物的供电系统接地、防雷接地互相连接在一起时，总接地电阻不应大于1Ω(工频)。

三、电话线路设备安装

(一) 交接箱安装

电话交接箱是用于连接主干电缆和配线电缆的设备。

室外交接箱，应设置在人行道边的绿化带内、院落的围墙角、背风处、不易受外界损伤、比较安全隐蔽的地方。且应避开高温、高压、腐蚀严重、易燃易爆、低洼等严重影响交接箱安全的场所，还应缩短引入交接箱的电缆长度，且便于施工和维修。室外交接箱安装方式有架空式和落地式。

落地式交接箱应和交接箱基座、人孔、手孔配套安装，如图8-5所示。住宅电话交接箱还应进行接地，接地电阻不大于4Ω。

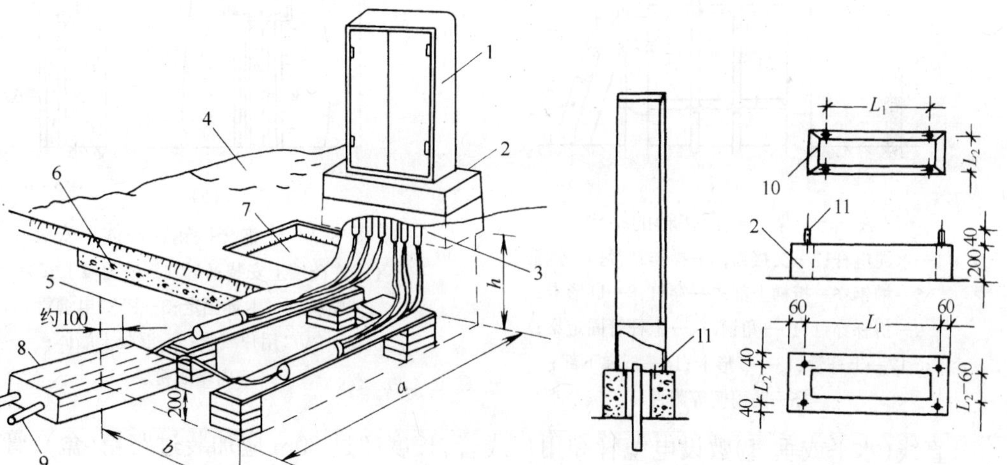

图8-5　室外落地式电话交接箱安装(mm)

1—交接箱；2—混凝土底座；3—成端接头(气闭接头)；4—地面；5—手孔；6—手孔上覆；7—手孔口圈；8—电缆管道；9—电缆；10—交接箱底面；11—M10×100镀锌螺栓

架空式交接箱一般在水位较高，地面湿度较大，或架空电缆条数较多，引上施工不易的场合采用。可以安装在木杆或水泥杆上。为了维修方便，最好装在"H"形水泥电杆上，如图8-6所示。

(二) 壁龛安装

嵌式电缆交接箱、分线箱及过路箱统称为壁龛,以供电话电缆在上升管路及楼层管路内分支、接续、安装分线端子排用。

根据民用建筑特点和室外配线电缆敷设方式,壁龛可设置在建筑物的底层或二层,其安装高度宜为其底边距地面 0.5~1m,壁龛及管路应随土建墙体施工预埋,如图 8-7 所示,其埋设方法同照明配电箱。

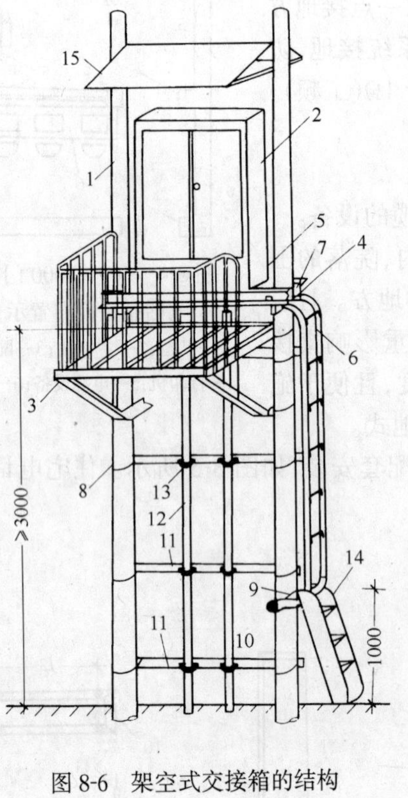

图 8-6 架空式交接箱的结构

1—水泥电杆;2—交接箱;3—操作站台;4—抱箍;5—槽钢;6—折梯上部;7—穿钉;8—U 形卡;9—折梯穿钉;10—角钢;11—上杆管固定架;12—上杆管;13—U 形卡;14—折梯下部;15—防雨棚等附件

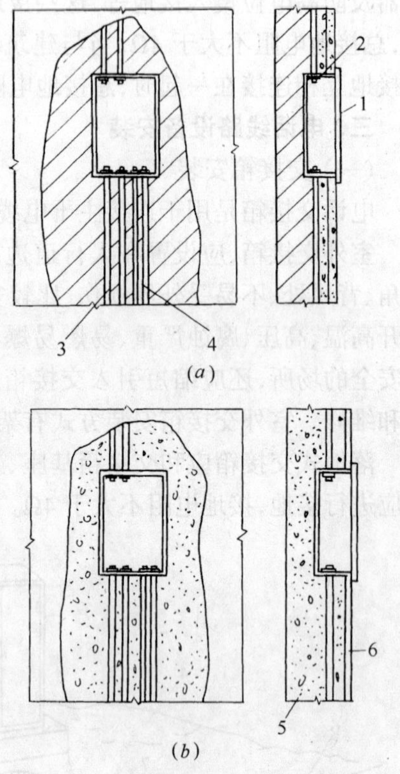

图 8-7 壁龛交接箱在墙体上安装

(a)在砖墙上安装;(b)在混凝土墙上安装

1—贴脸;2—卡环固定;3—PVC 电缆管;4—PVC 用户线管;5—混凝土墙体;6—内墙面粉层

直线(水平或垂直)敷设电缆管和用户线管,长度超过 30m 应加装过路箱(盒),管路弯曲敷设两次应加装过路箱(盒)以方便穿线。过路盒应设置在建筑物的公共部分,宜为底边距地 0.3~0.4m。

(三) 分线盒与出线盒安装

电话分线盒主要用于户内分支电话管路。住宅楼电话分线盒安装高度应为上边距顶棚 0.3m,如图 8-8 所示。

用户出线盒用于连接电话机与电话线路。安装高度应为底边距地(楼)面 0.2~0.3m。如采用地板式电话出线盒时,宜设在人行通路以外的隐蔽处,其盒口应与地面平齐。电话出线盒安装,如图 8-9 所示。

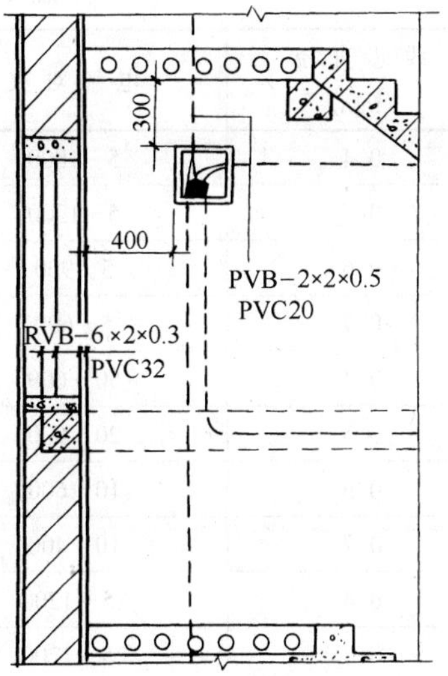

图 8-8　分线盒安装（mm）

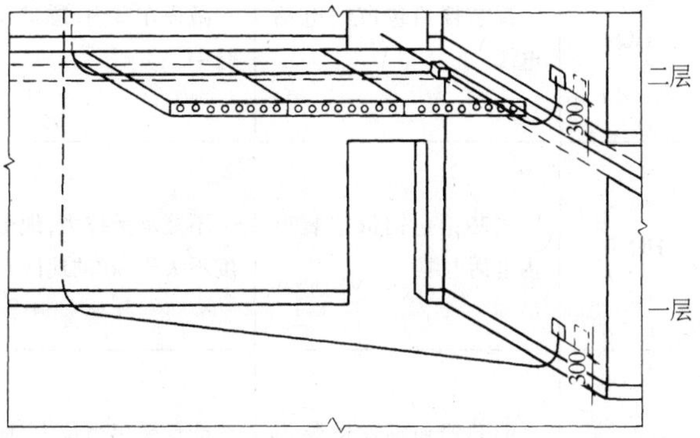

图 8-9　电话出线盒安装（mm）

（四）电话出线盒面板与电话机安装

电话出线盒面板类似于插座，其安装示意图如图 8-10。电话机通过电话出线盒面板与电话线路连接。室内暗管线路电话机引线用插头与出线盒面板相连接。

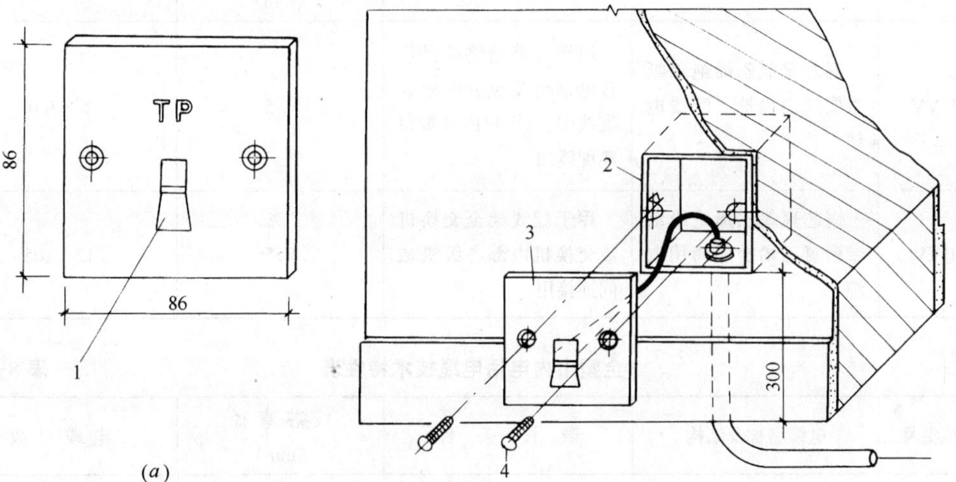

(*a*)　　(*b*)

图 8-10　电话出线盒面板安装（mm）

(*a*)电话出线盒面板；(*b*)安装图

1—电话插孔门；2—86×86 出线盒；3—面板；4—M3×10 沉头螺钉

四、电话线路敷设

在通讯线路中常用的几种电缆的型号规格，主要特性，使用条件和用途见表 8-1、表 8-2、表 8-3、表 8-4。

室外电话电缆线路架空敷设时宜在 100 对及以下。冰凌严重地区不宜采用架空电缆。电话电缆用钢丝架空吊挂敷设。架空电话电缆不宜与电力线路同杆架设，如同杆敷设时应

铅护套电缆技术特性表 **表 8-1**

电缆型号	电缆名称及结构	敷设条件	线芯直径(mm)	电缆对数
HQ	铜芯裸铅包市内电话电缆	敷设在室内、隧道及沟管中	0.4	5～1800
			0.5	5～1200
			0.6	5～900
			0.7	5～600
HQ20	铜芯铅包钢带铠装市内电话电缆	不能承受拉力,地形坡度不大于30°的地区	0.4	50～600
			0.5	20～600
			0.6	10～600
			0.7	10～400
HQ33	铜芯铅包钢丝铠装市内电话电缆	能承受相当拉力,地形坡度大于30°地区	0.4	25～1200
			0.5	25～1200
			0.6	15～800
			0.7	10～600

配线电缆技术特性表 **表 8-2**

电缆型号	电缆名称及结构	主要用途	芯线直径(mm)	对数
HPVV	铜芯聚氯乙烯绝缘纸带聚氯乙烯护层配线电缆	用于线路始终端供连接电话电缆至分线箱或配线架,也作户内外短距离配线用	0.5	5～300
HJVV	铜芯聚氯乙烯绝缘纸带聚氯乙烯护层局用电缆	用于配线架至交换机或交换机内部各级机械间连接用	0.5	12～105

全塑市内电话电缆技术特性表 **表 8-3**

电缆型号	电缆名称及结构	敷设条件	线芯直径(mm)	电缆对数
HYVC	铜芯全塑聚乙烯绝缘聚氯乙烯护层自承式市内通信电缆	敷设在电缆沟内	0.5	5～400
			0.6	5～400
			0.7	5～300
HYV	铜芯全塑聚乙烯绝缘聚氯乙烯护层市内通信电缆	直埋、电缆沟敷设	0.5	5～500
			0.6	5～500
			0.7	5～500
HYV2	铜芯全塑聚乙烯绝缘聚氯乙烯护层钢带铠装市内通信电缆	架空	0.5	5～100

通信线及软线技术特性表 表 8-4

电缆型号	电缆名称及结构	芯数×线径	用　途
HPV	铜芯聚氯乙烯绝缘通信线	2×0.5	电话、广播
		2×0.8	
		2×1.0 平行	
HBV	铜芯聚氯乙烯绝缘电话线	2×1.2	电话配线
		4×1.2 绞型	
HVR	聚氯乙烯绝缘电话软线	6/2×1.0	连接电话机与接线盒

采用铅包电缆(外皮接地),且与低压 380V 线路相距 1.5m 以上。架空电话电缆与广播线同杆架设时,间距不应小于 0.6m。架空电缆的杆距一般为 35～45m,电缆与路面的距离为 4.5～5.5m 。电话电缆亦可沿墙敷设,卡钩间距为 0.5～0.7m,距地为 3.5～5.5m。

室外电话电缆多采用地下暗敷设,与市内电话管道有接口或线路重要且有较高要求时,宜采用管道电缆,一般可采用直埋电缆。

直埋电缆敷设一般采用钢带铠装电话电缆,在坡度大于 30°的地区或电缆可能承受拉力的地段需采用钢丝铠装电话电缆。直埋电缆四周各铺 50～100mm 砂或细土,并在上面盖一层砖或混凝土板保护,穿越道路时需用钢管保护。转弯点与其他管路交叉处及直线段,每隔 200m 应设电缆标志,进入室内应穿管引入。

电话电缆可与电力电缆同沟架设,此时应尽量各置地沟的一侧,宜采用铠装电缆,如环境较好的室内地沟也可采用塑料护套电缆。

电话电缆管道或直埋电话电缆与地下其他管道及建筑物的间距最小要求见表 8-5。

电话电缆管道或直埋电话电缆与地下设施的间距 表 8-5

靠近设施名称	平行净距(m)		交叉净距(m)	
	电缆管道	直埋电缆	电缆管道	直埋电缆
75～100mm 给水管	0.5	0.5		
200～400mm 给水管	1.0	1.0	0.15	0.5
400mm 以上给水管	1.5	1.5		
排　水　管	1.0	1.0	0.15	0.5
热　水　管			0.25	
压力为≤0.3MPa 的煤气管	1.0			
压力为≤0.3MPa 的煤气管	0.2	1.0	0.15	0.5
压力为>0.8MPa 煤气管	0.2			
35kV 以下电力电缆	0.5	0.5		
建筑物的散水边缘		0.5	0.5	0.5
建筑物的基础	1.5	1.5		

室内电话电缆一般采用穿钢管暗敷设,管径的选择应符合电缆截面积不小于管子截面积的 50%。当一段管路长度为 30m 有一个弯或长度为 20m 有两个弯时,需放大一号管径。在地下室敷设的电话电缆,可采用明敷设。明敷设的电缆采用裸铅包或塑料护套型时,与热

力管道的平行间距或交叉间距不应小于0.5m,与煤气管道的平行间距不应小于0.3m,交叉间距不应小于0.2m,达不到时应做防护措施。

室内电话支线分为明敷和暗敷两种。明敷设用于工程完毕后,根据需要在墙角或踢脚板处用卡钉敷设。暗敷设可采用钢管或塑料管埋于墙内及楼板内,或采用线槽敷设于吊顶内。其敷设方法与照明支线基本相同。导线可采用RVB型或RVS型$2\times0.5mm^2$的铜芯塑料绝缘双股软线,管径一般不超过25mm,电话线对数一般应在5对以内,以便于维修和更换。一般薄壁电线管,3对以内时可选内径为15mm,4对线可选内径为20mm,5对线时则应选内径为25mm。对于塑料管,3对以内时可选内径为16mm,5对时则应选内径为20mm。用户线应采用同一平面布线,不宜不同层次上下交错布线。所谓用户线即为分线盒与用户盒之间的布线。

对于高层建筑,常采用弱电专用竖井,弱电竖井位置应选择进出线方便的地点,宜设置在建筑物的公共部位。

电缆竖井的宽度不宜小于600mm,深度宜为300～400mm。电缆竖井的外壁在每层楼都应装设阻燃防火操作门,门的高度不低于1.85m,宽度与电缆竖井相当。为了便于安装和维修,其操作门的形式、色彩宜与周围环境协调。每层楼的楼面洞口应按消防规范设防火隔板。电缆在专用井道内最好穿管后用U形卡头固定在井壁,U形卡头在井壁采用膨胀螺栓固定,其间距为1m。

在借用电力电缆井道内敷线时,则应与其分侧布置,若分侧敷线有困难,其间隔应大于0.5m。

第二节　电缆电视系统

电缆电视系统早期称为共用天线电视系统,简称为CATV系统。

最初的CATV系统,主要是为了解决远离电视台的边远地区和城市中、高层建筑密集地区难以收到电视信号的问题。而随着广播电视事业和通讯技术的发展,现在的CATV系统已经与闭路电视、通讯、计算机、光缆技术的发展相联系,其应用范围已远远超过早期的CATV系统。因此将CATV系统称为电缆电视系统含义更广。

一、电缆电视系统的组成

电缆电视系统主要由前端、传输分配网、用户终端三个部分组成,如图8-11。

(一)前端部分

前端部分由信号源部分和信号处理部分组成。信号源获取信号,信号处理部分对信号源提供的各路信号进行必要的处理和控制,并输出高质量的信号给传输分配网。

(二)传输分配网

传输分配网主要由干线传输系统和用户分配系统组成。干线传输系统的任务是把前端输出的高质量信号尽可能保质保量地传送给用户分配系统。干线传输系统是在特大型(万户以上)的CATV系统中起传输作用,中小型的CATV系统则不存在,而是由前端直接与用户分配系统相连。

用户分配系统的作用在于将干线的信号能量尽可能均匀地分配给每台用户电视机,并保证其信号质量,它由分配器、分支器、馈线、线路放大器等组成。

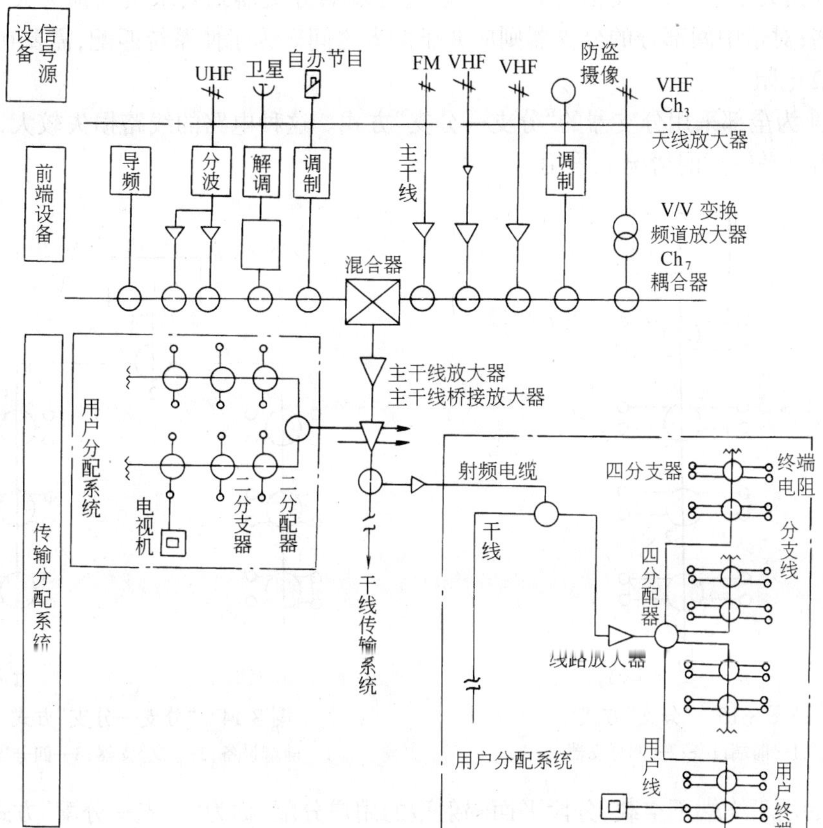

图 8-11　电缆电视系统组成示意图

分配器的功能是将一路输入信号的能量均等地分配给两个或多个输出的器件，一般有二分配器、三分配器、四分配器。分配器的输出端不能开路或短路，否则会造成输入端严重失配，同时也会影响到其他输出端。

分支器是串在干线中，从干线耦合部分信号能量，然后分一路或多路输出的器件。它与分配器配合使用组成多种传输分配网络，其分配方式一般有以下几种：

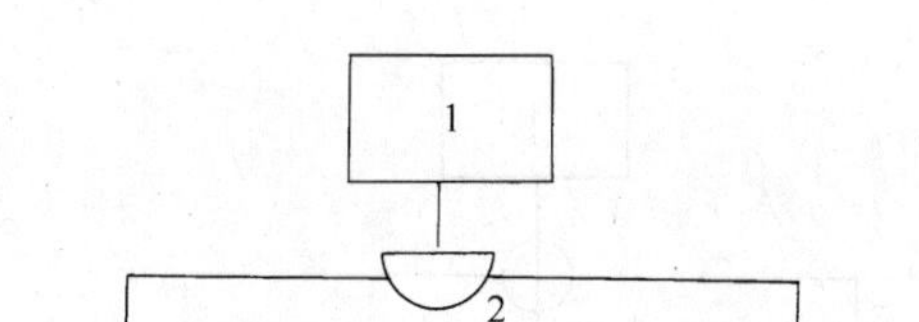

图 8-12　“分配—分配”方式

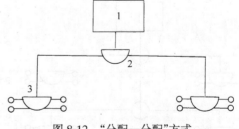

1—前端设备；2—二分配器；3—四分配器

图 8-12 示出了全部采用“分配—分配”方式。这种系统的分配损失较小，在信号较强的地区可不用放大器。缺点是一路空载时对其他几路影响较大，故在某一路输出暂时不用时，一定要接以 75Ω 匹配电阻。因此这种方式多用于干线分配。

图 8-13 为全部采用分支器的分配方式，称为“分支”方式。上分支器的主路输出端与下分支器的主路输入端的连接电缆称为干线；分支器的分支输出至用户端的电缆，称为分支线。为了使各分支器的输出电平尽可能接近，需选用不同损失的分支器。靠近前端的分支

器要求接入损失小一些，分支损失大一些；靠近终端的分支器则要求接入损失大一些，分支损失小一些；对于中间部分的分支器则应介于两者之间。为了使系统匹配，需要在干线的终端接入 75Ω 电阻。

图 8-14 为全部采用分支器的“分支—分支”方式。这种电路的线路损失较大，适宜于前端设备输出电平较高的情况下采用。

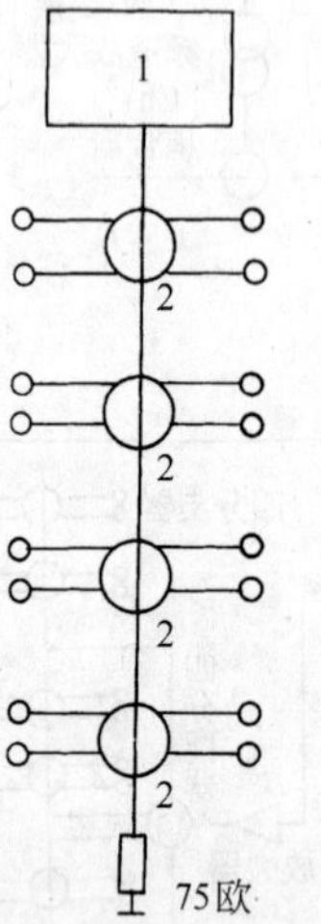

图 8-13　“分支”方式

1—前端设备；2—四分支器

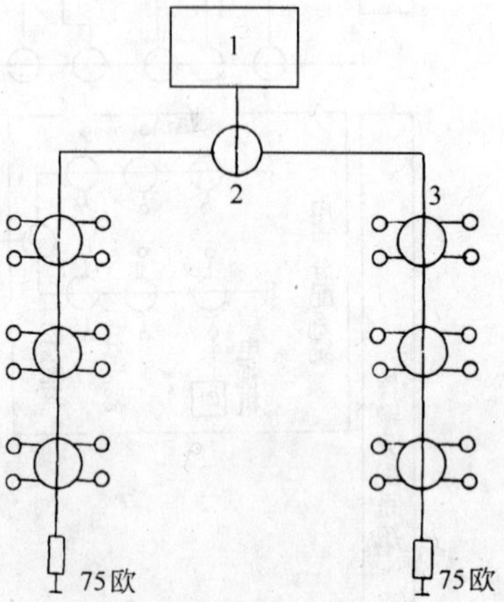

图 8-14　“分支—分支”方式

1—前端设备；2—二分支器；3—四分支器

图 8-15 用于终端不空载，分段平面辐射型的用户分配，称为“分支—分配”方式。

图 8-16 用于用户端垂直位置相同、上下成串的多层与高层建筑中，可节省管线，称为“分配-分支”方式。由于各条干线终端均接有 75Ω 匹配电阻，因而对于每一条干线来说基本上可保持匹配，四分配器的每一路一般也不会出现完全空载状态。图 8-17 示出各种“串联分支”方式，其中：

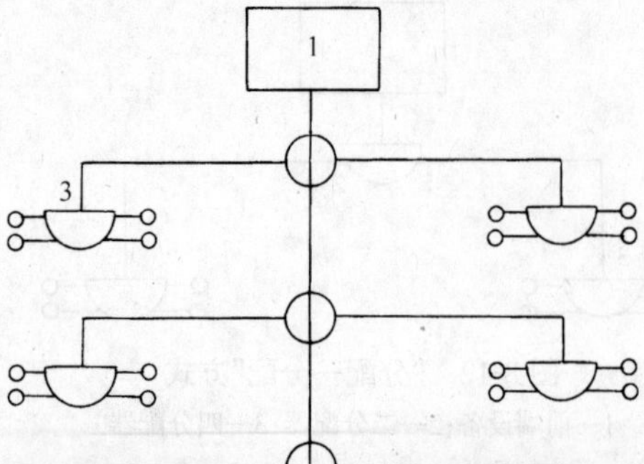

图 8-15　“分支—分配”方式

1—前端设备；2—二分支器；3—四分配器

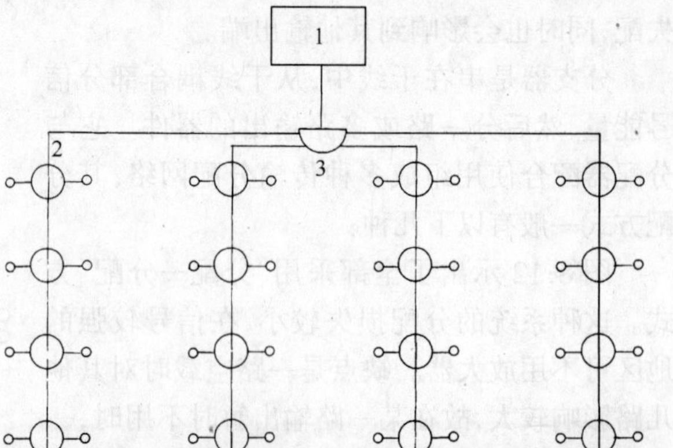

图 8-16　“分配—分支”方式

1—前端设备；2—二分支器；3—四分配器

图 8-17(a)采用串联一分支器连成一串,这样在串接数较多时,始端与终端的输出电平相差可能较大;

图 8-17(b)采用串联二分支器的情况,所用的串联单元具有两个输出端,可在同一墙的两侧。上述串接分支器是将一分支器或二分支器装在用户端盒内,其性能指标与前面所述完全相同,集分支器与终端用户盒于一身,造价低,走线安装方便。主要用于住宅走线规则、自成一路的地方;

图 8-17(c)将一路信号先用二分配器分成两路,这样每串的数量减少了一半,上下间的输出电平差减少;

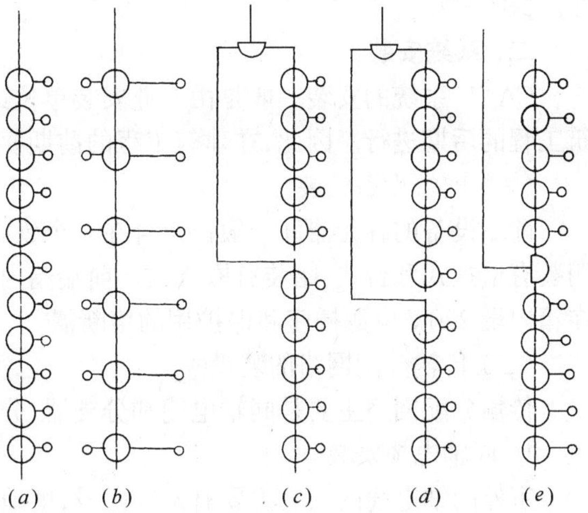

图 8-17 "串联分支"方式

图 8-17(d)考虑到下串电缆较长而比上串电缆的损耗大,故在下串少串一个,上串多串一个;

图 8-17(e)把二分配器放在中间,这样上下两端可得到对称的电平。

在以上各分配系统中,各元件之间均用馈线连接,它是提供信号传输的通路,分为主干线、干线、分支线等。主干线接在前端与传输分配网络之间;干线用于传输分配网络中信号的传输;分支线用于分配网络与用户终端的连接。馈线应能以最小的损耗有效地传输电磁能,同时本身不应拾取外界杂散干扰波。

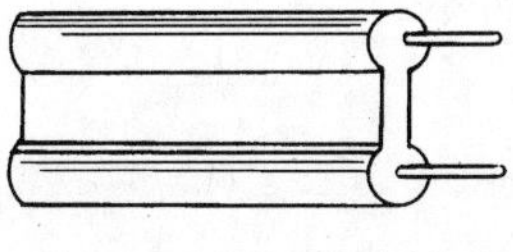
图 8-18 平行馈线外形

馈线一般有两种类型:平行馈线和同轴电缆。

平行馈线由两根平行导线组成,见图 8-18 导线之间用聚氯乙烯或聚乙烯一类绝缘材料固定。平行导线对地电容相等,对于杂散干扰信号所感应的电流会互相抵消,称为平衡式或对称式馈线,特性阻抗为 300Ω。

同轴电缆是由一根导线作芯线和外层屏蔽铜网组成,内外导体间填充绝缘材料,外包塑料皮,见图 8-19。因铜网接地,两导体对地不对称,故为不对称式或不平衡式馈线。同轴电缆不会向外产生辐射,对静电场有一定的屏蔽作用,但对磁屏蔽不起作用,而且对不同频率的干扰信号其电屏蔽效果不同,频率越低,屏蔽作用越差。所以,同轴电缆不能与有强电流的线路并行敷设,也不能靠近低频信号线路,如广播线和载波电话线。

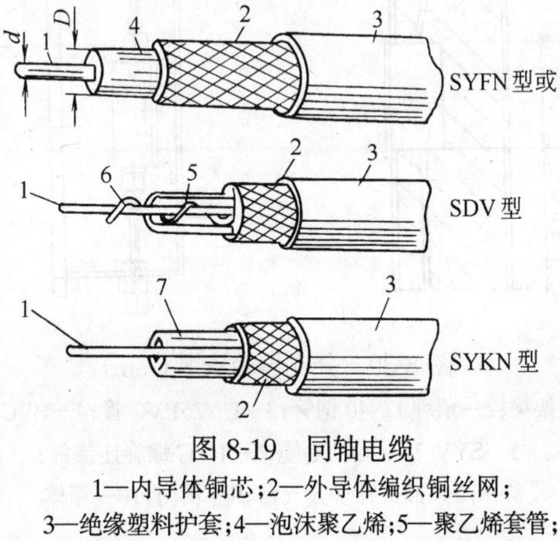

图 8-19 同轴电缆

1—内导体铜芯;2—外导体编织铜丝网;3—绝缘塑料护套;4—泡沫聚乙烯;5—聚乙烯套管;6—聚乙烯螺旋绝缘绳;7—藕芯聚乙烯绝缘层

(三) 用户终端

用户终端是电视信号和调频广播的输出插座。有单孔盒和双孔盒之分。单孔盒仅输出电视信号,双孔盒既能输出电视信号又能输出调频广播的信号。

二、系统安装

CATV系统的安装一般是由专业安装单位或设备制作厂家承接安装与调试，而且在建筑工程的后期进行。因此，在建筑工程的前期要预留管路设备箱(盒)等安装条件。

(一) 前端设备安装

前端设备的各元器件一般都组合在一个铁箱内，称为前端箱，箱体可采用明装或暗装。明装有壁挂式和台式，暗装有嵌入式。前端箱内一般均装有放大器，故需引入交流电源。可在箱内设220V电源插座和保护用的熔断器。

(二) 传输分配网络的装设

传输分配网络主要是同轴电缆和分支器、分配器的装设。

1. 同轴电缆安装

室外同轴电缆的安装主要有架空敷设，埋地敷设和沿墙敷设等方式。

室内同轴电缆一般宜穿钢管或硬塑料管暗敷，一根管子一般穿一根电缆。管长超过25m时需加过路盒。主干线一般采用SYV-75-9型电缆，管径相应为25mm。分支线一般采用SYV-75-5-1型电缆，管径相应为15mm。对于高层建筑，可以在专用弱电竖井内敷设电缆。

2. 分配(分支)器安装

在CATV系统中，分配(分支)器一般采用明装或暗装两种方式。对于暗装，有木箱与铁箱两种，并装有单扇或双扇箱门，颜色尽量与墙面相同。安装示意图见图8-20。

(三) 用户盒安装

用户盒分明装与暗装，明装用户盒只有塑料盒一种，暗装盒有塑料盒、铁盒两种。

明装用户盒直接固定在墙上，盒底距地0.3~1.8m，如图8-21所示。

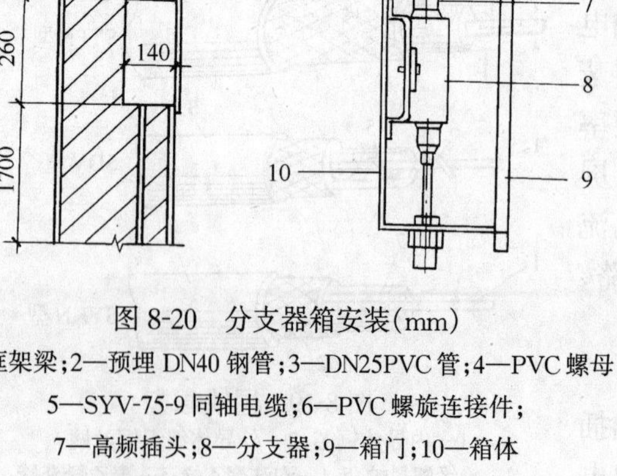

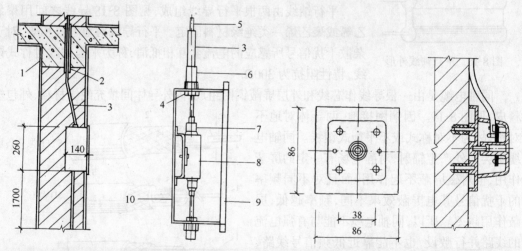

图8-20 分支器箱安装(mm)

1—框架梁；2—预埋DN40钢管；3—DN25PVC管；4—PVC螺母；
5—SYV-75-9同轴电缆；6—PVC螺旋连接件；
7—高频插头；8—分支器；9—箱门；10—箱体

图8-21 用户盒明装(mm)

暗装用户盒应在土建施工时将盒与电缆保护管预先埋入墙内，盒口应和墙体抹灰面平齐,待装饰工程结束后,进行穿放电缆,接线安装盒体面板。如图 8-22。

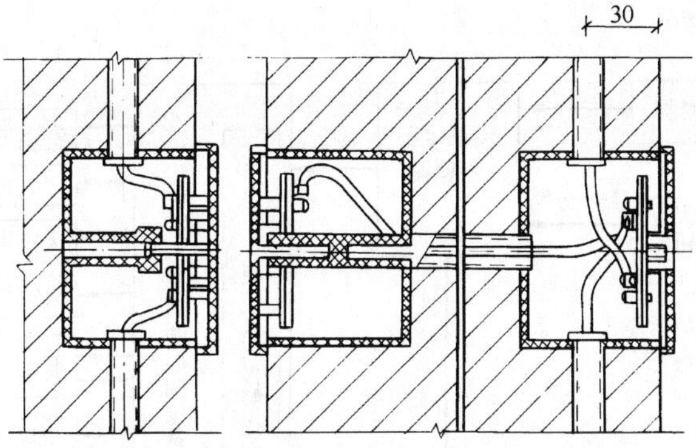

图 8-22　用户盒暗装

第三节　火灾自动报警与消防联动系统

随着建筑物规模的逐步增大,标准逐步提高以及高层建筑日益增多,建筑物对于防火要求也在不断提高。火灾自动报警与消防联动系统对于某些重要建筑或高层建筑是必备的一种建筑设备工程。

火灾自动报警与消防联动系统的功能是:自动捕捉火灾监测区域内火灾发生时的烟雾或热气、光线,从而发出声光报警,并有联动输出接点,控制自动灭火系统、消防电梯、事故照明、广播、电话、防排烟设施等,实现监测、报警和灭火的自动化。其示意图见图 8-23。

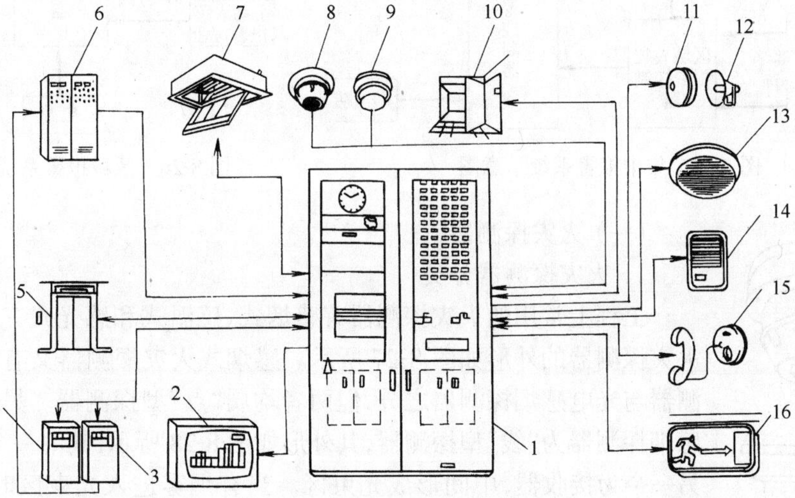

图 8-23　自动报警与自动灭火系统联动示意图

1—消防中心;2—火灾区域显示;3—水泵控制盘;4—排烟控制盘;5—消防电梯;6—电力控制柜;7—排烟口;8—感烟探测器;9—感温探测器;10—防火门;11—警铃;12—警报器;13—扬声器;14—对讲机;15—联络电话;16—诱导灯

一、火灾自动报警系统

火灾自动报警系统有控制中心报警系统(如图 8-24 所示)、集中报警系统(如图 8-25 所示)和区域报警系统(如图 8-26 所示)之分。就火灾报警系统组成而言有火灾探测器、区域报警器和集中报警器等。

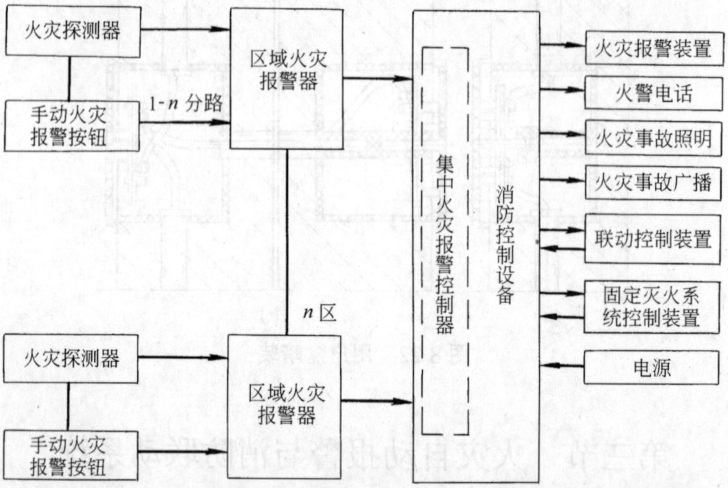

图 8-24　控制中心报警系统示意图

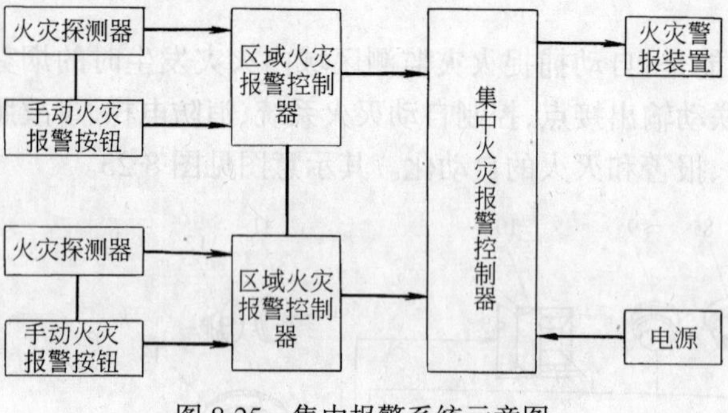

图 8-25　集中报警系统示意图

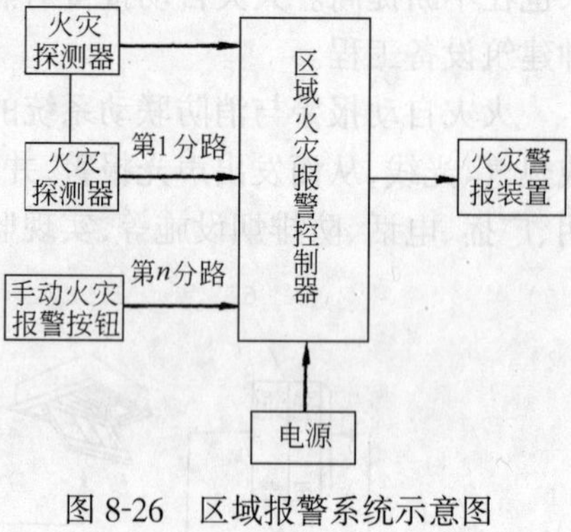

图 8-26　区域报警系统示意图

(一) 火灾探测器

1．火灾探测器分类

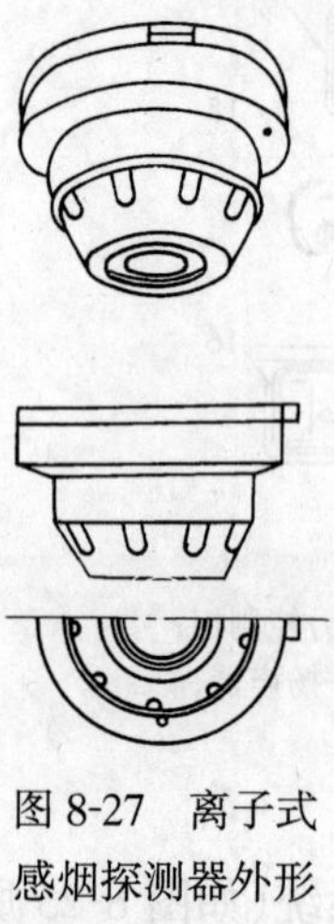

图 8-27　离子式感烟探测器外形

工程上常用的火灾探测器有感烟式、感温式和感光式三类。感烟式火灾探测器的外形如图 8-27 所示。感烟式火灾探测器又有离子感烟探测器与光电感烟探测器之分,但两者均属“点”型探测器。另有红外光束感烟探测器为“线”型探测器,其外形如图 8-28 所示,其中一个为发光器,另一个为接收器,中间形成光束区。当有烟雾进入光束区时,接收的光束衰减,从而发出报警信号。

感温式火灾探测器根据组成结构分为:双金属片型探测器、膜盒型探测器和电子感温式探测器。双金属片型探测器和膜盒型探测器(也叫差动式探测器)的外形如图 8-29 所示。

感光式火灾探测器对光产生反应。按火灾的规律,发光是在烟的生成及高温之后，因而它是属于火灾晚期探测器，但对于易燃、易爆物有特殊的作用。紫外线探测器对火焰发出的紫外光产生反应；红外线探测器对火焰发出的红外光产生反应，而对灯光、太阳光、闪电、烟尘和热量均不反应，其规格为监视角。

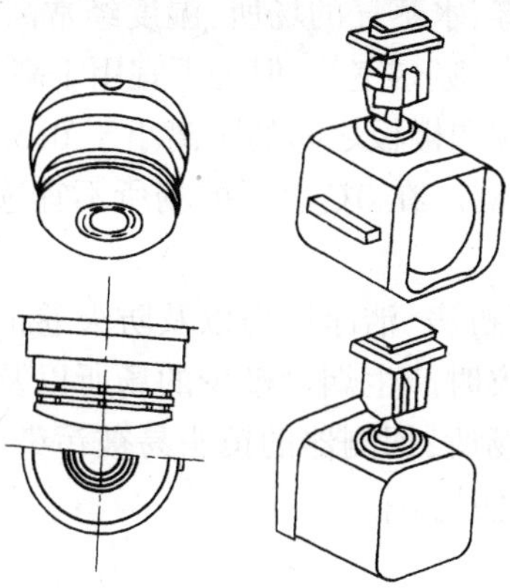

(a)　　(b)

图 8-28　光电式感烟探测器外形

(a)一般光电式感烟探测器；(b)红外线光电式感烟探测器

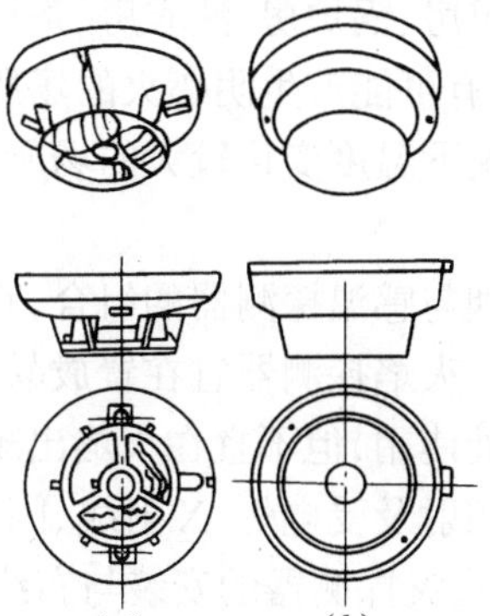

(a)　　(b)

图 8-29　感温式火灾探测器

(a)双金属片型探测器；(b)膜盒型探测器

2．火灾探测器的选用

在火灾自动探测系统中，探测器的选用应按探测区域内可能发生火灾的特点、空间高度、气流状况等选用其所适宜类型的探测器或几种探测器的组合。

其选用原则如下：

对火灾初期有阴燃阶段，即有大量烟并有少量热产生、很少或没有火焰辐射的火灾，如棉、麻织物的引燃等，应选用感烟探测器；对蔓延迅速、有大量烟和热产生、有火焰辐射的火灾，如油品燃烧等宜选用感温、感烟、火焰探测器或它们的组合；对有强烈的火焰辐射而仅有少量烟和热产生的火灾，如轻金属及它们的化合物的火灾，应选用火焰探测器；对情况复杂或火灾形成特点不可预料的火灾，应在燃烧试验室进行模拟试验、根据试验结果选用适宜的探测器；在散发可燃气体或可燃蒸汽的场所，宜选用可燃气体探测器，如使用煤气的厨房宜采用煤气泄漏探测器。感烟探测器在房间高度大于 12m 时不宜采用。

作为前期报警、早期报警，感烟探测器是非常有效的，凡是要求火灾损失小的重要地方都应采用感烟探测器。离子或光电感烟探测器一般适用于饭店和旅馆的卧室、厅堂；机关办公室和科研楼的办公室、会议室、电子计算机房、通讯机房、电影放映机房；书库、档案库、地下仓库；楼梯、走廊、电梯间、管道井；有电气火灾危险的场所等。但是，离子感烟探测器不宜用在湿度长期大于 95% 的场所，气流速度大于 5m/s 的场所，有灰尘、细粉末或水蒸气大量滞留的场所，有可能产生腐蚀性气体的场所，厨房及其他在正常情况下有烟雾滞留的场所，产生醇类、醚类、酮类等有机物质的场所以及显著高温的场所。例如在有浴室的房间，感烟探测器不能装在浴室门口，以免水汽对探测器产生影响而误动作；光电感烟探测器不宜用在有可能产生黑烟的场所、大量积聚灰尘和污物的场所、有可能产生蒸汽和油雾的场所、工艺过程中产生烟的场所，以及产生高频电磁场的场所。

感温探测器用于火灾形成期（早期、中期）的报警，它工作稳定，不受非火灾性烟雾气尘等干扰。凡无法应用感烟探测器、允许产生一定的损失、非爆炸性的场合都可应用感温探测器。感温探测器按其灵敏度适用于不同高度的房间:一级感温探测器不适合于高度大于 8m 的房间;二级感温探测器不适合于高度大于 6m 的房间;三级感温探测器不适合于高度大于 4m 的房间。火焰探测器在高度为 20m 以下的房间内部都可以采用。

感温探测器特别适用于经常存在大量粉尘、烟雾、水蒸气的场所,湿度经常高于 95% 的房间如厨房、锅炉房、洗衣房、茶炉房、烘干室、汽车库、吸烟室等,但是不宜用于高度大于 8m 的房间、有可能产生阴燃火的场所以及在吊顶内顶棚和楼板之间的距离小于 0.5m 的场所。正常情况下温度变化较大的场所不宜选用差温探测器。在 0℃ 以下的场所不宜选用定温探测器。

感烟与感温探测器的组合,宜用于大、中型计算机房、洁净厂房以及防火卷帘设置的部位等处。火焰探测器宜在置放易燃物品的房间、火灾时产生烟量极少的场所以及高湿度的场所等处使用,但不宜在火焰出现前有浓烟扩散的场所,探测器的镜头易被污染、遮挡或易受阳光照射及受电焊、X 射线、闪电等影响的场所中使用。

3. 火灾探测器的安装与布线

探测器的安装位置需考虑以下几点:

探测器安装在梁的下皮时,探测器的下端到顶棚面的距离,对感温探测器而言不应大于 0.3m,对感烟探测器而言不应大于 0.6m,如图 8-30 所示。

探测器的设置位置距探测区域内的货物、设备的水平和垂直距离应大于 0.5m。

探测器在顶板下安装时与墙壁或梁的距离不应小于 0.5m,如图 8-31 所示。

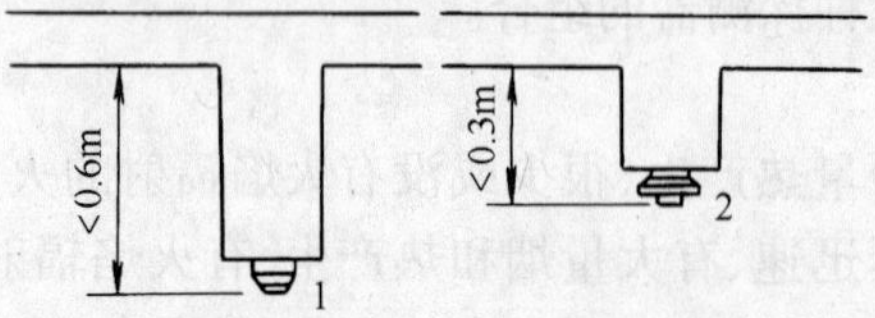

图 8-30 探测器在梁下皮安装时至顶棚的尺寸

1—感烟探测器;2—感温探测器

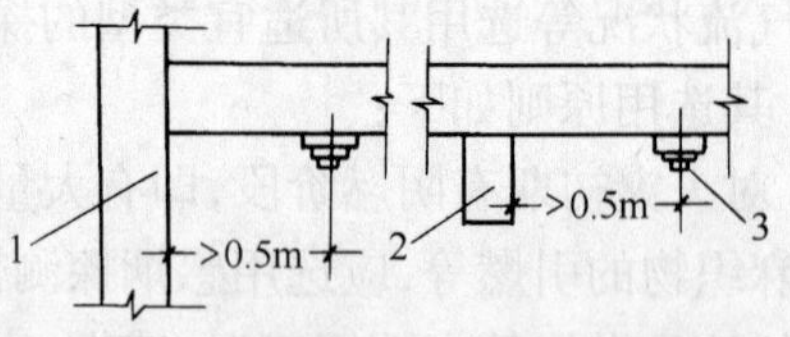

图 8-31 探测器至墙、梁水平距离示意图

1—墙;2—梁;3—探测器

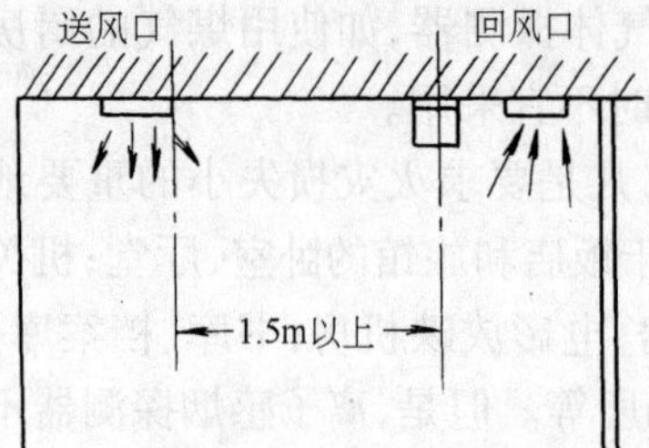

图 8-32 探测器设在有送回风口附近

当通风管道的下表面距离顶棚超过 150mm 时,则探测器与其侧面的水平距离不应小于 0.5m。

在有空调的房间内,探测器的位置至空调送风口的水平距离不应小于 1.5m,并需靠近回风口,如图 8-32 所示。

在经常开窗的房间内,探测器宜靠近窗口些,以免轻微的烟流全部流出窗外而漏报火警。

当建筑的室内净高小于 2.5m 或房间面积在 $30m^2$ 以下且无侧面上送风的集中空调设备时,感烟探测器宜设在顶棚中央偏向房间出入口一侧。

当建筑的内走廊宽度小于 3m 时,所安装的感温探测器其间距不应大于 10m,感烟探测器的间距不应超过 15m。靠近走廊尽端的探测器至端墙的距离不应大于探测器安装间距的 1/2。在走廊的转弯处,宜安装一只探测器。

电梯井内应在井顶设置感烟探测器。当其机房有足够大的开口,且机房内已设置感烟探测器时，井顶可不设探测器。

敞开楼梯、坡道等，可按垂直距离每隔15m设置一个感烟探测器。

顶棚为人字形其斜度大于15°时，应在屋脊处设置探测器。

锯齿形顶棚应在每个屋脊处设探测器。

探测器在顶棚上一般应水平安装，当必须有倾斜时，倾斜角不应大于45°。

感烟、感温探测器一般通过探测器底座安装在建筑物上。探测器底座有两个安装孔，其间距为70mm。当探测器线路为暗敷设时，探测器底座固定在接线盒的安装孔上(接线盒的安装孔间距为70mm)；当探测器明敷设时，探测器底座直接固定在顶板上，如图8-33所示。

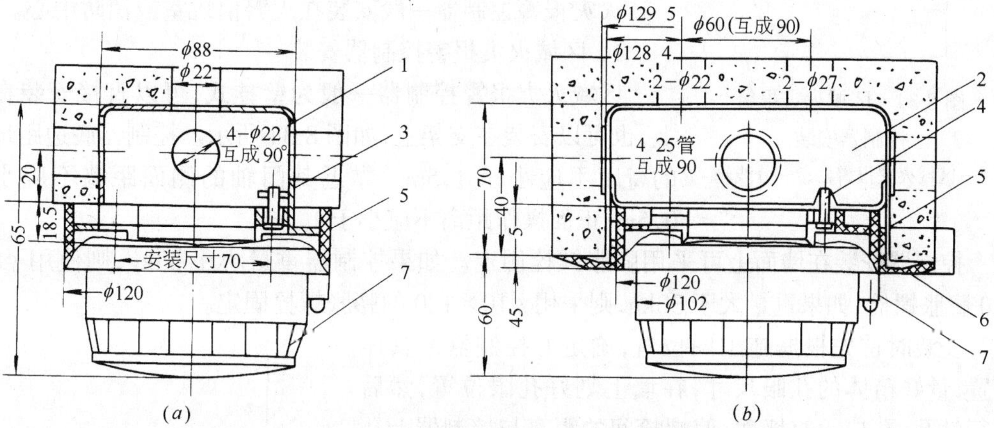

图8-33 JTY-GD-2700/001型光电感烟探测器安装(mm)
(a)探测器底座明装；(b)探测器底座暗装

探测器线路应采用不低于250V的铜芯绝缘导线。导体的允许载流量不应小于线路的负荷工作电流，其电压损失一般不应超过探测器额定工作电压的5%，当线路穿管敷设或在线槽内敷设时导线截面积不得小于$0.75mm^2$，当采用多芯电缆时，芯线截面积不得小于$0.2mm^2$。连接探测器的正负电源线、信号线、故障检查线等，宜选用不同颜色的绝缘导线，以便于识别。

探测器线路宜穿入管内或线槽内敷设。暗敷设宜采用钢管，能起到电磁屏蔽作用；对于周围环境电磁干扰较小的场合，也可采用塑料管敷设。明敷设时可采用金属线槽、铠装电缆或明配管。管内穿线时，导线的总直径不应超过管径的2/3。

(二) 火灾报警控制器

火灾报警控制器是一种能为火灾探测器供电以及将探测器接收到的火灾信号接收、显示和传递，并能对自动消防等装置发出控制信号的报警装置。这是火灾自动报警系统的重要组成部分。

在一个火灾自动报警系统中，火灾探测器是系统的感觉器官，随时监视周围环境的情况，而火灾报警控制器是系统的核心。它的主要作用是：供给火灾探测器高稳定的工作电源；监视连接各火灾探测器的传输导线有无断线、故障、保证火灾探测器长期、有效地工作；当火灾探测器探测到火灾形成时，指示火灾发生的具体部位，以便及时采取有效的处理措施。

火灾自动报警器分为区域火灾报警器和集中火灾报警器。区域火灾报警器作用是将一

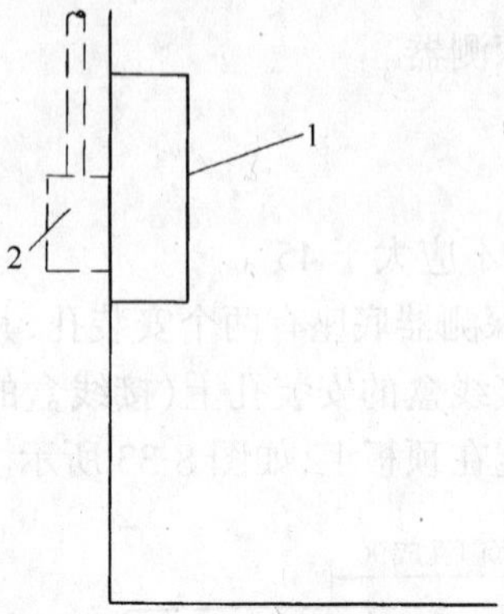

图 8-34 区域火灾报警控制器安装

1—区域火灾报警器;2—分线箱

个防火区的火警信号汇集到一起,进行报警显示,并输出火灾信号给集中报警器。

集中报警器是将所监视的各个探测区域内的区域报警器所输入的电信号以声、光的形式显示出来,这不仅具有区域报警器的功能,而且能向联动控制设备发出指令。

火灾报警控制器是建筑物的一种防火设备。要保证它的正常工作,不仅与报警控制器质量有关,还与合理的安装施工有关。

火灾报警控制器一般安装在火警值班室或消防中心。

1. 区域火灾报警控制器安装

区域火灾报警控制器一般为壁挂式,可以直接安装在墙上,也可以安装在支架上,如图 8-34 所示。控制器底边距地面的高度不应小于 1.5m。靠近其门轴的侧面距墙不应小于 0.5m,正面操作距离不应小于 1.2m。

控制器安装在墙面上可采用膨胀螺栓固定。如果控制器重量小于 30kg,则使用 $\phi8\times120$ 膨胀螺栓,如果重量大于 30kg,则采用 $\phi10\times120$ 的膨胀螺栓固定。

安装时首先根据施工图位置,确定好控制器的具体位置,量好箱体的孔眼尺寸,在墙上划好孔眼位置,然后进行钻孔,孔应垂直墙面,使螺栓间的距离与控制器上孔眼位置相同。安装控制器时应平直端正,否则应调整箱体上的孔眼位置。

如果报警控制器安装在支架上,应先将支架加工好,并进行防腐处理,支架上钻好固定螺栓的孔眼,然后将支架装在墙上,控制箱装在支架上,安装方法与上述基本相同。

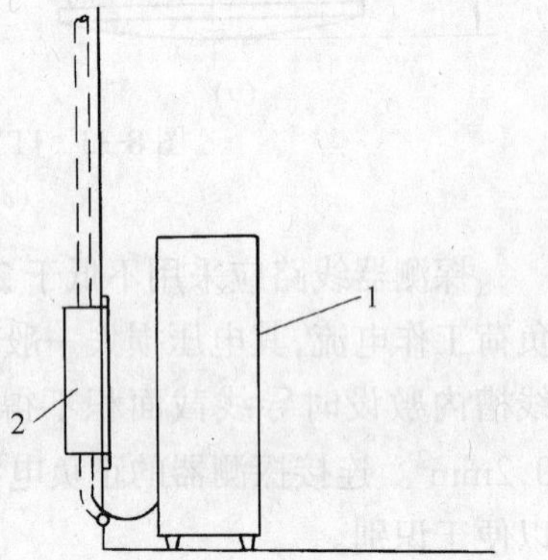

图 8-35 集中火灾报警控制器安装

1—集中火灾报警器;2—分线箱

2. 集中火灾报警控制器

集中火灾报警控制器一般为落地式安装,柜下面有进出线地沟,如图 8-35 所示。如果需要从后面检修时,柜后面板距离不应小于 1m,当有一侧靠墙安装时,另一侧距墙不应小于 1m。

集中报警控制器的正面操作距离,当设备单列布置时不应小于 1.5m,双列布置时不应小于 2m,在值班人员经常工作的一面,控制盘前距离不应小于 3m。

集中火灾报警控制箱(柜)、操作台的安装,应将设备安装在型钢基础底座上,一般采用 8～10 号槽钢,也可以采用相应的角钢。型钢的底座制作尺寸,应与报警控制器相等。

当火灾报警控制设备经检查,内部器件完好、清洁整齐、各种技术文件齐全、盘面无损坏时,可将设备安装就位。

报警控制设备固定好后,应进行内部清扫,用抹布将各种设备擦干净,柜内不应有杂物,同时应检查机械活动部分是否灵活,导线连接是否紧固。

一般设有集中火灾报警系统的规模都较大。竖向的传输线路应采用竖井敷设,每层竖井分线处应设端子箱,端子箱内最少有 7 个分线端子,分别作为电源负线、故障信号线、火警信号线、自检线、区域号线、备用1和备用2分线。两根备用公共线是供给调试时作为通讯联络用。由于楼层多、距离远，在调试过程中用步话机联络不上，所以必须使用临时电话进行联络。

（三）其他消防控制设备

1．水流指示器

水流指示器一般装在配水干管上，靠管内的压力水流动的推力推动水流指示器的桨片，带动操作杆使内部延时电路接通，经过一段时间后使继电器动作，输出电信号供报警及控制用。有的水流指示器由桨片直接推动微动开关接点而发出报警信号。它们的报警信号一般均作为区域报警信号。

2．水力报警器

它包括水力警铃及压力开关。水力警铃装在湿式报警阀的延迟器后，压力开关是装在延迟器上部的水-电转换器，将水压信号转变为电信号，从而实现自动报警及启动消防泵的功能。当系统进行喷水灭火时，管网中水压下降到一定值，这时安装在延迟器上部的压力开关动作，将水压转变成电信号，实现对喷淋泵自动控制并同时产生喷水灭火的回馈信号。与此同时，装在延迟器后面的水力警铃发出火灾报警信号。

3．消防按钮

消防按钮是消火栓灭火系统中主要报警元件。按钮上面有一玻璃面板，作为遥控起动消防水泵用，此种按钮为打破玻璃起动式的专用消防按钮，如图8-36所示。当火灾发生时，打破消防按钮上面的玻璃面板，使受面板压迫而闭合的触点复位断开，发出起动消防泵的命令，消防水泵立即起动工作，不断供给所需的消防水量、水压。

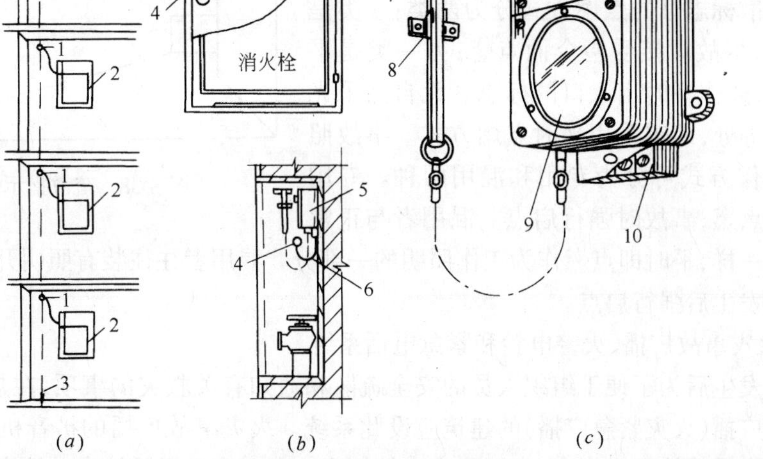

图8-36　消防按钮安装

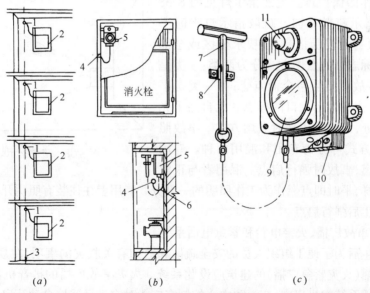

（*a*）消防按钮安装立管示意图；（*b*）消防按钮在消火栓安装做法；（*c*）消防按钮外形

1—接线盒；2—消火栓箱；3—引至消防泵房管线；4—出线孔；5—消防按钮；6—塑料管或金属软管；7—敲击锤；8—锤架；9—玻璃窗；10—接线端子；11—指示灯

4．手动报警按钮

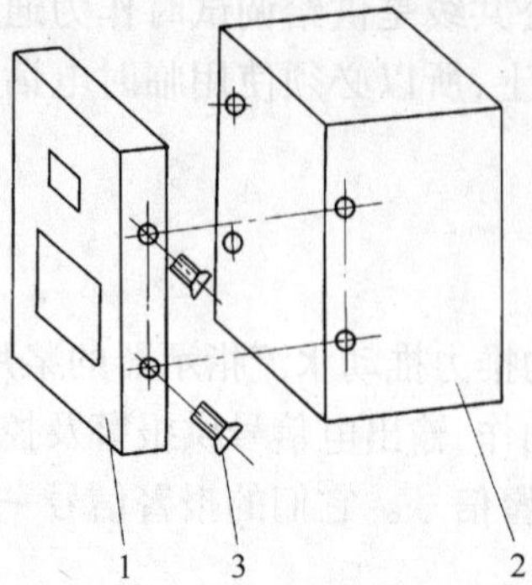

图 8-37 FJ-2712 型手动火灾报警按钮外形

1—盒盖;2—盒体;3—固定螺钉

当人们发现火灾后,可通过装于走廊、楼梯口等处的手动报警按钮进行人工报警。手动报警按钮为装于金属盒内的拉键。一般将金属盒嵌入墙内,外露红边框的保护罩。人工确认火灾后,捅破保护罩,将键按下,此时一方面本地的报警设备(如火警讯响器、火警电铃)动作;另一方面还将手动信号送到区域报警器,发出火灾警报。像探测器一样,手动报警按钮也在系统中占有一个部位号。有的手动报警按钮还有动作指示、接受回答信号等功能。手动报警按钮应设置在建筑物的安全出口、安全楼梯口等便于操作的部位,通常手动开关和火警电铃同装于消火栓旁边。从一个防火区内的任何位置到邻近手动报警按钮的最远水平距离不应大于30m。手动报警器的高度为距地1.5m。手动报警按钮外形如图 8-37。

二、消防联动系统

1. 火灾应急照明与疏散指示标志

火灾事故照明与疏散指示标志是保证建筑在发生火灾之际,其重要房间或部位能正常工作;大厅、通道有指明出入口方向及位置的标志,便于有秩序地进行疏散。

火灾事故照明包括火灾事故工作照明与火灾事故疏散照明。疏散指示标志包括通道疏散指示灯及出入口标志灯。

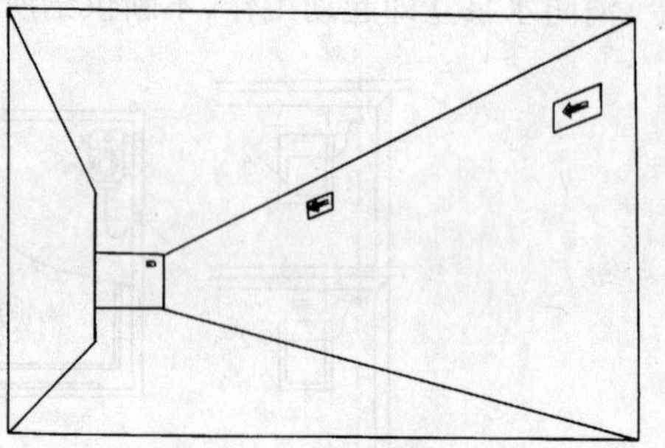

图 8-38 疏散指示灯示意

事故照明灯及疏散标志灯应设玻璃或其他非燃材料制作的保护罩。疏散指示灯见图 8-38所示,箭头指示疏散方向。疏散指示灯平时不亮,如遇有火警时接受指令,按要求分区或全部点燃。疏散标志灯的点燃方式分为两类:一类是平时不亮,事故时接受指令而点燃;另一类是平时即点燃,兼作平时出入口的标志。无自然采光的地下室等处,即需采用平时点燃方式。事故照明灯的工作方式可分为专用和混用两种。专用者平时不点燃,事故时强行启点。混用者与正常工作照明一样,平时即点燃作为工作照明的一部分。混用者往往装有照明开关,必要时需在火灾事故发生后强行启点。

2. 火灾事故广播、火警电铃和紧急电话系统

火灾发生后为了便于组织人员的安全疏散和通知有关救灾的事项,在规范规定应设置火灾事故广播(火灾紧急广播)的建筑应设此系统。火灾事故广播的扩音机需专用,但可放置在其他广播系统的机房内,在消防中心控制室应能对它进行遥控自动开启,并能在消防中心直接用话筒播音。火灾事故广播的扬声器宜按防火区设置和分路,每个防火区中的任何部位到最近一个扬声器的水平距离应不大于25m。在公共场所或走廊内每个扬声器的功率应不小于3W。火灾广播系统可与建筑物内的背景音乐或其他功能的大型广播系统合用扬声器,但要求在火灾事故广播时能强行切入,且设在扬声器处的开关或音量控制器不再起作

用，这些功能通常是依靠线路与继电器控制来实现的。

火灾事故电铃或火警讯响器安装于走廊、楼梯等公共场所。全楼设置的火灾事故电铃系统，宜按防火分区设置，其报警方式与火灾事故广播系统相同，采取分区报警。设有火灾事故广播系统后，可不再设火灾事故电铃系统。在装设手动报警开关处，需装设火警电铃或讯响器，一旦发现火灾后操作手动报警开关即可向本地区报警。火警电铃或讯响器的工作电压一般为DC 24V，通常为嵌入墙壁安装。

火灾事故紧急电话是与普通电话分开的独立系统，用于消防中心控制室与火灾报警器设置点及消防设备机房等处的紧急通话。火灾事故紧急电话通常采用集中式对讲电话，主机设在消防中心控制室，分机设在其他各部位。某些大型火灾报警系统，在大楼各层的关键部位及机房等处设有与消防控制中心联系的紧急通话插孔，巡视人员携带的话机可随时插入插孔进行紧急通话。

3、防排烟设施

火灾时产生的烟一般以一氧化碳为主，在这种气体的窒息作用下，人员的死亡率可达50%～70%以上。由于烟气对人视线的遮挡，使人们在疏散时难以辨别方向，尤其是高层建筑因其自身的"烟囱效应"，使烟的上升速率极快，如不及时排除会很快地垂直扩散至各处。因此，火灾发生后应立即使防排烟系统工作，把烟气迅速排出，并防止烟气窜入防烟楼梯，消防电梯及非火灾区内。

防排烟系统由建筑与设备专业确定，选用自然排烟、自然与机械排烟并用或机械加压送风方式。排烟系统示意图见图8-39。

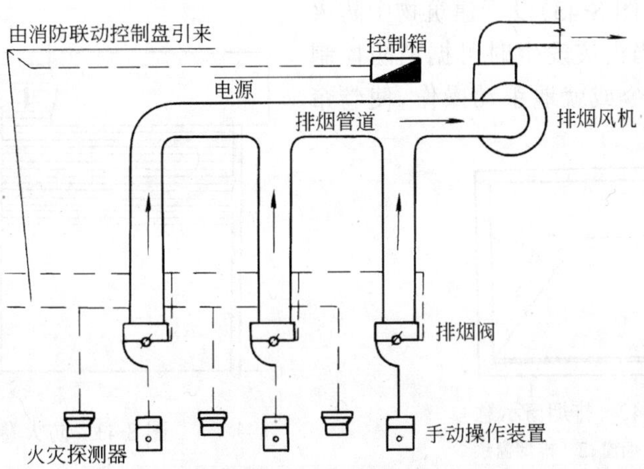

图8-39　排烟系统示意图

防烟垂壁如图8-40所示，由DC 24V，0.6A电磁线圈及弹簧锁等组成防烟垂壁锁，平时用它将防烟垂壁锁住，火灾时可通过自动控制或手柄操作使垂壁降下。自动控制时，从感烟探测器或联动控制盘发来指令信号，电磁线圈充电，把弹簧锁的销子拉进去，开锁后防烟垂壁由于重力的作用靠滚珠的滑动而落下。手动控制时，操作手动杆也可使弹簧锁的销子拉回而开锁，防烟垂壁落下。把防烟垂壁升回原来的位置即

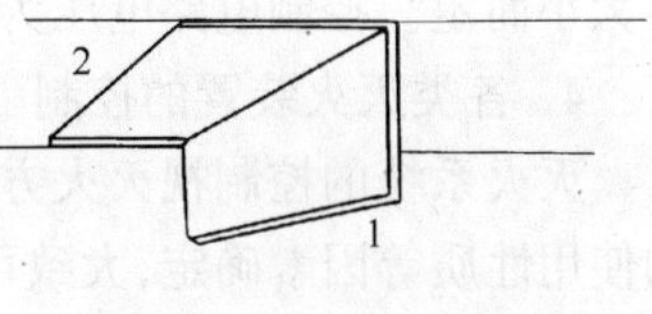

图8-40　防烟垂壁示意

1—防烟垂壁；2—防烟垂壁锁

可复原,被防烟垂壁锁固定住。

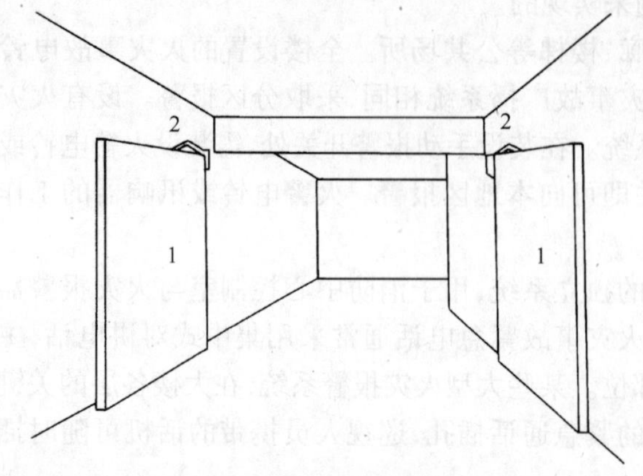

图 8-41 防火门示意
1—防火门;2—闭门器

防火门如图 8-41 所示,防火门锁按门的固定方式一般有两种。一种是防火门被永久磁铁吸住处于开启状态,火灾时可通过自动控制或手动关闭防火门。自动控制时由感烟探测器或联动控制盘发来指令,使 DC 24V,0.6A 电磁线圈的吸力克服永久磁铁的吸着力,从而靠弹簧将门关闭;手动操作时只要把防火门和永久磁铁的吸着板拉开,门即关闭。另一种是防火门被电磁锁的固定销扣住,呈开启状态。火灾时由感烟探测器或联动控制盘发出指令信号,使电磁锁动作。固定的锁销被解开,防火门靠弹簧将门关闭,或用手拉防火门使固定销掉下,门被关闭。

排烟窗如图 8-42 所示。排烟窗平时关闭,即用排烟锁(也可用于排烟门)锁住,在火灾时可通过自动控制或手动操作将窗打开。自动控制时,从感烟探测器或联动控制盘发来的指令接通电磁线圈,弹簧锁的锁头偏移,利用排烟窗的重力(或排烟门的回转力)打开排烟窗(或排烟门)。手动操作是把手动操作柄扳倒,使弹簧锁的锁头偏移而打开排烟窗(或排烟门)。

防火卷帘门(图 8-43)设于建筑物中防火分区通道口处。当火灾发生时可据消防控制室或探测器的指令或就地手动操作,使卷帘

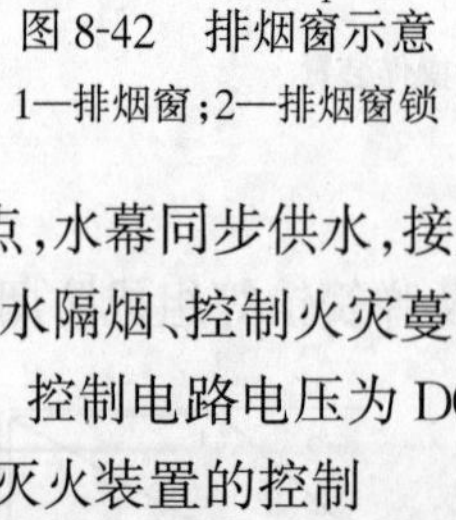

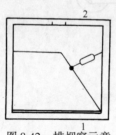

图 8-42 排烟窗示意
1—排烟窗;2—排烟窗锁

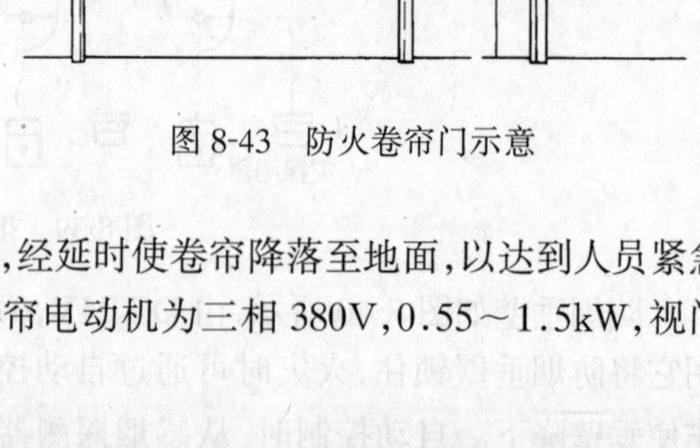

图 8-43 防火卷帘门示意

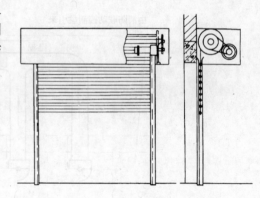

下降至预定点,水幕同步供水,接受关闭信号后,经延时使卷帘降落至地面,以达到人员紧急疏散、灾区隔水隔烟、控制火灾蔓延的目的。卷帘电动机为三相 380V,0.55～1.5kW,视门体大小而定。控制电路电压为 DC 24V。

4. 各类灭火装置的控制

灭火系统的控制视灭火方式而定。灭火方式是由建筑设备专业根据规范要求及建筑物的使用性质等因素确定,大致可分为消火栓灭火、自动喷水灭火(水喷淋灭火)、水幕阻火、气体灭火、干粉灭火等。建筑电气专业按灭火方式等要求对灭火系统的动力设备、管道系统及阀门等设计电气控制装置。

消火栓灭火是最常见的灭火方式，为使喷水枪在灭火时具有相当的水压，往往需要采用加压设备。加压设备常用的是消防水泵。采用消防水泵时，在每个消火栓内设置消防按钮，常态按钮被小玻璃窗压下。灭火时用小锤敲击按钮的玻璃窗，玻璃被打碎后，按钮不再被压下，即恢复常开状态，从而通过控制电路启动消防泵。如设有消防控制室且需辨认哪一处的消火栓工作时，可在消火栓内装一个限位开关，当喷枪被拿起后限位开关动作，向消防控制室发出信号。

自动喷水灭火设备属于固定式灭火系统，它可分为湿式和干式两种，干式与湿式的区别主要在于喷水管道内是否经常处于充水状态。湿式系统的自动喷水是由玻璃球水喷淋头的动作而完成的，当发生火灾时，装有热敏液体的玻璃球（动作温度为 57℃、68℃、79℃、93℃等）由于内压力的增加而炸裂，此时密封垫脱开，喷出压力水。喷水后由于水力的降低，压力开关动作，将水压信号变为电信号，从而启动喷水泵保持水压。喷水时水流通过装于主管道分支处的水流开关，其桨片随着水流动作，接通延时电路，在延时 20～30s 后发出电信号给消防控制室，以辨认发生火灾区域。

干式自动喷水系统采用开式水喷头，当发生火灾时由探测器发出的信号经过消防控制室的联动盘发出指令，启动电磁或手动两用阀打开阀门，从而各开式喷头就同时按预定方向喷洒水滴，与此同时联动盘还发出指令启动喷水水泵保持水压。水流流经水流开关，发出信号给消防控制室，表明喷洒水滴火灾的区域。

水幕阻火对阻止火势扩大与蔓延有良好的作用。电气控制与自动喷水系统相同。

5．消防电梯的控制

在火灾期间，消防电梯主要供消防人员使用，以扑救火灾和疏散伤员。高层主体部分最大楼层的建筑面积不超过 1500m^2 时设置一台消防电梯。消防电梯可与客梯或工作电梯兼用，但需符合消防电梯的要求。消防电梯内应设有电话及消防队专用的操纵按钮。在火灾期间，应保证对消防电梯连续供电不小于 1 小时。大型公共建筑中有一般电梯与消防电梯多部，在首层应设“万能按钮”，其功能主要是供消防队操作，使消防电梯按要求停靠在任何楼层，同时其他电梯从任何一个楼层位置降到底层并停止工作。

6．消防控制盘（柜）

消防控制盘可包括多种装置：消防水泵、自动喷洒灭火及固定灭火系统的控制与信号装置；电动防火门、防火卷帘、防火阀的控制与信号装置；空调通风及排烟设备的控制与信号装置；电梯的控制设备；消防通讯事故广播、火灾事故照明、疏散指示标志及电源系统的控制设备等。消防控制盘应具有如下联动功能。在探测器报警后：按通风空调系统的分区，停止与报警部位有关区域的空调机、送风机及管道上的防火阀，并接收其反馈信号；启动与报警有关区域的排烟机（包括正压送风）、防烟垂壁及管道上的排烟口（或阀），并接收其反馈信号。在火灾确定后：关闭有关部位的电动防火门、防火卷帘，并接收其反馈信号；按防火分区和疏散顺序切断非消防电源，接通火灾事故照明灯和疏散指示标志灯；向电梯控制盘发出信号，强制电梯全部（包括消防电梯、客用电梯及货用电梯）下行停位于底层，除消防电梯外其他电梯停止使用。控制程序为：二层及以上楼层发生火灾时，应先接通着火层及其上一层的设施；底层发生火灾时，应先接通一、二层及地下各层的设施；地下室发生火灾时，应选接通地下各层及地上一层的设施。

消防控制盘可与集中火灾报警器组合在一起。当集中火灾报警器与消防控制盘分开设

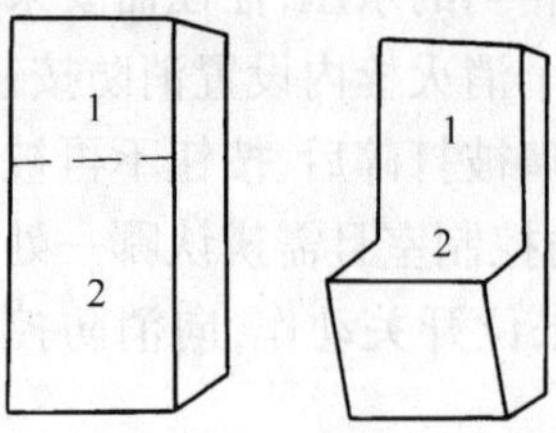

图 8-44　消防控制盘示意
1—显示;2—操作

置时,消防控制盘有控制柜式或控制屏台式,如图 8-44 所示,控制柜式显示部分在柜的上半部,操作部分在柜的下半部。控制屏台式的显示部分设于屏面上,而操作部分设于台面上。

三、系统布线

火灾自动报警系统的传输线路,应采用铜芯绝缘导线或铜芯电缆,其电压等级不应低于交流 250V。

火灾自动报警系统传输线路的线芯截面选择,除应满足自动报警装置的技术条件要求外,还应满足机械强度的要求。绝缘导线、电缆线芯按机械强度要求的最小截面,不应小于表 8-6 的规定。

铜芯绝缘导线、电缆线芯的最小截面　　　　**表 8-6**

类　别	线芯的最小截面(mm^2)	类　别	线芯的最小截面(mm^2)
穿管敷设的绝缘导线	1.00	多芯电缆	0.50
线槽内敷设的绝缘导线	0.75		

火灾自动报警系统传输线路采用绝缘导线时,应采取穿金属管、硬质塑料管、半硬质塑料管或封闭式线槽保护方式布线。

消防控制、通讯和警报线路,应采取穿金属管保护,并宜暗敷在非燃烧体结构内,其保护层厚度不应小于 3cm。当必须明敷设,应在金属管上采取防火保护措施。当采用绝缘和护套为非延燃性材料的电缆时,可不穿金属管保护,但应敷设在电缆井内。

不同系统、不同电压、不同电流类别的线路,不应穿于同一根管内或线槽的同一槽孔内。但电压为 50V 及以下回路、同一台设备的电力线路和无防干扰要求的控制回路可除外。此时电压不同的回路的导线,可以包含在一根多芯电缆内或其他的组合导线内,但安全超低压回路的导线必须单独地或集中地按其中存在的最高电压绝缘起来。

横向敷设的报警系统传输线路如采用穿管布线时,不同防火分区的线路不宜穿入同一根管内,但探测器报警线路若采用总线制布设时可不受此限。

弱电线路的电缆竖井,宜与强电线路的电缆竖井分别设置。如受条件限制必须合用时,弱电与强电线路应分别布置在竖井两侧。

火灾探测器的传输线路,宜选择不同颜色的绝缘导线。一般红色为“正极”,黑色为“负极”,其他种类导线的颜色,亦应根据需要而定。信号线可采用粉红色,检查线采用黄色。同一工程中相同线别的绝缘导线颜色应一致,接线端子应有标号。

穿管绝缘导线或电缆的总截面积不应超过管内截面积的 40%。敷设于封闭式线槽内的绝缘导线或电缆的总截面积,不应大于线槽的净截面积的 50%。

布线使用的非金属管材、线槽及其附件,应采用不燃或非延燃性材料制成。

四、系统接地

消防控制室专设工作接地装置时,接地电阻值不应大于 4Ω。采用共同接地时,接地电阻不应大于 1Ω。

当采用共同接地时,应用专用接地干线由消防控制室接地板引至接地体。专用接地干线应选用截面积不小于 $25mm^2$ 的塑料绝缘铜芯电线或电缆两根。由消防控制室接地板引至各消防设备的接地线,应选用铜芯绝缘软线,其线芯截面积不应小于 $4mm^2$。

各种火灾报警控制器、防盗报警控制器和消防控制设备等电子设备的接地及外露可导电部分的接地，均应符合接地及安全的有关规定。

接地装置施工完毕后，应及时作隐蔽工程验收。

第四节 保 安 系 统

目前，越来越多的高层建筑，公共建筑内设置了保安系统，这里介绍几种常用的保安系统。

一、对讲机-电锁门保安系统

高层住宅常采用对讲机-电锁门保安系统。在住宅楼宇入口，设有电磁门锁，门平时总是关闭的。在门外墙上设有对讲总控制箱。来访者须按探访对象的层次和单元号相对应的按钮，则被访家中的对讲机铃响，主人通过对讲机与门外来访客人讲话，客人可取用总控箱内另一对讲机进行对话。当主人问明来意与身份并同意探访时，即可按动附设在话筒上的按钮，使电锁门的电磁铁通电将门打开，客人即可进入，否则，探访者将被拒之门外。这是高层住宅常采用的对讲机-电锁门保安系统。图 8-45 是这类保安系统的原理图。图 8-46 为这类保安系统的实际应用图。

二、可视-对讲-电锁门保安系统

高层住宅的住户除了对来访者直接通话外，还希望能看清来访者的容貌及来访入口的现场，则可在入口门外安装电视摄像机。将摄像机视频输出经同轴电缆接入调制器，再由调制器输出射频电视信号进入混合器，并引入大楼内共用天线电视系统，这就构成可视-对讲-电锁门保安系统，如图 8-47 所示。

当住户与来访者通话的同时，可打开电视机相应频道，即可看到摄像机传送来的入口现场情况。

三、闭路电视保安系统

闭路监视电视保安系统通常由摄像、控制、传输和显示四部分组成。在办公大厦和高级宾馆或酒店的入口、主要通道、客梯轿厢等处设置摄像机，在保安中心或保安管理处设置监视器。根据监视对象不同，有不同形式系统的监视方式，主要有：单头单尾型、多头单尾型、单头多尾型。

当在一处连续监视一个固定目标时，宜选单头单尾型，如图 8-48 所示。

当传输距离较长时，需在线路中增设视频放大器，如图 8-49 所示。

当在一处集中监视多个分散目标时，宜选多头单尾型，如图 8-50 所示。

当在多处监视一个固定目标时，宜选单头多尾型，如图 8-51 所示。

在闭路电视保安系统的传输通道中，当传输距离不超过 200m 时，可选用多芯闭路电视电缆(SSYV-20 型)传输电视信号；当超过 200m 时，宜用同轴电缆传输视频信号，用其他电缆传送控制信号。

四、自动门在防盗保安系统中的应用

高层办公大厦、宾馆、酒店、大型商场的大门，以及其各单元的入口，大多采用各类自动门。由于设置了自动门，使得分离各区间的门始终保持关闭状态，这对保安工作的管理提供了条件。

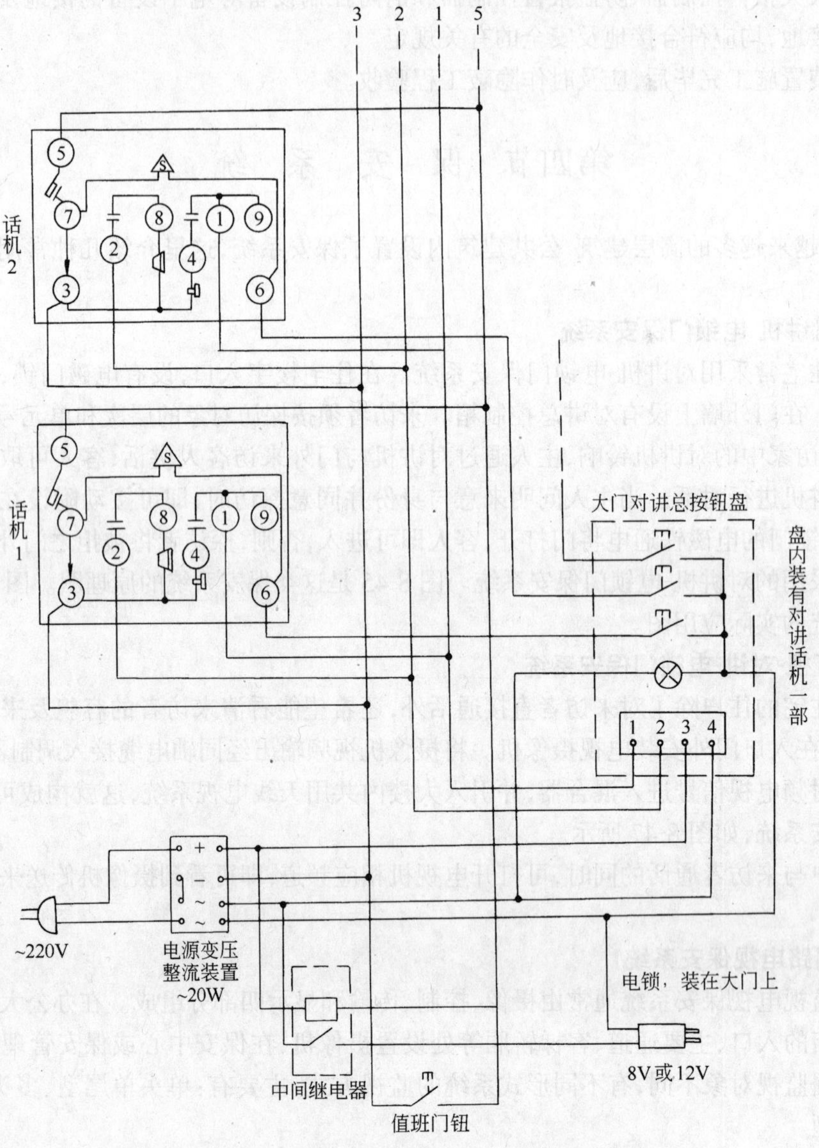

图 8-45 对讲机一电锁门保安系统原理图

在人流情况需要加以识别的场所，可采用自动门来组成识别系统。在图书馆的开架阅览室、办公大厦的资料室以及样品陈列室等场合，可采用先进的电磁出纳装置和自动门组成的识别保安系统。若要把图书或资料样品携带出门，必须先把放入的电磁出纳装置经过消磁处理或输入允许出门的信号，才可携带出门，并自由通过自动门；否则，当未办理出纳手续者走近自动门时将被识别，并发出报警讯号通知管理人员，且自动门不会开启，起到识别保安的作用。

任何保安系统的设计与施工都必须保密，所用设备及线路都必须隐蔽和可靠。对于系统的组成及其现场布置图一旦泄密，就有可能被坏人利用造成损失。对于特种场所的保安设计(如银行的金库等)，应遵照当地保安部门的指示，并在其领导和监督下进行。防盗、保安系统应由建设单位委托当地公安部门监管的保安公司负责施工。

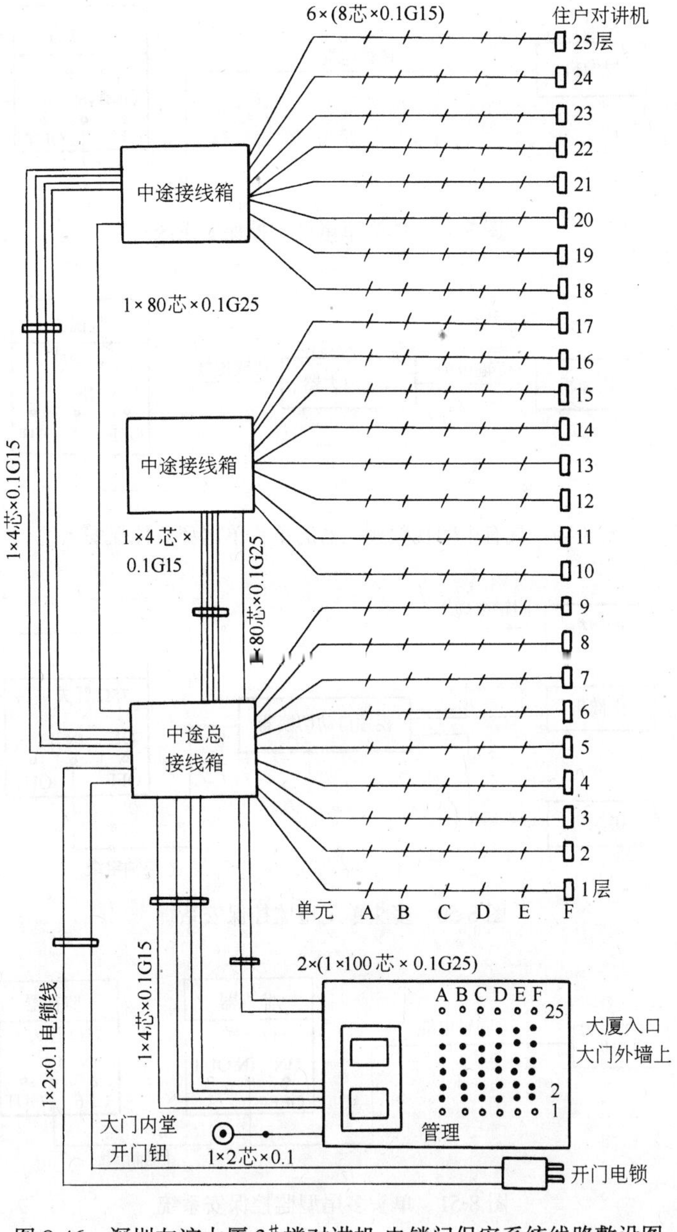

图 8-46　深圳友谊大厦 3# 楼对讲机-电锁门保安系统线路敷设图

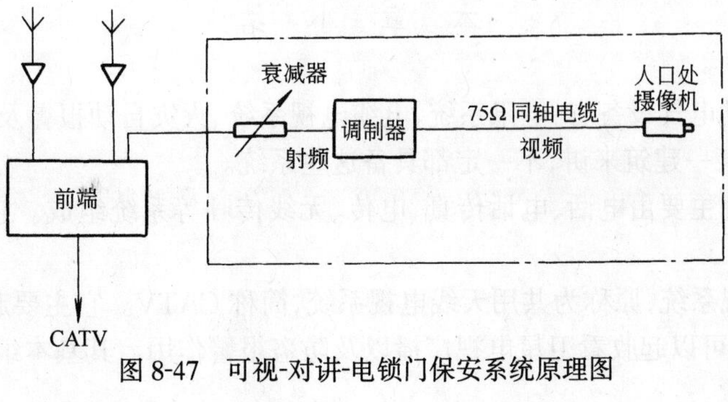

图 8-47　可视-对讲-电锁门保安系统原理图

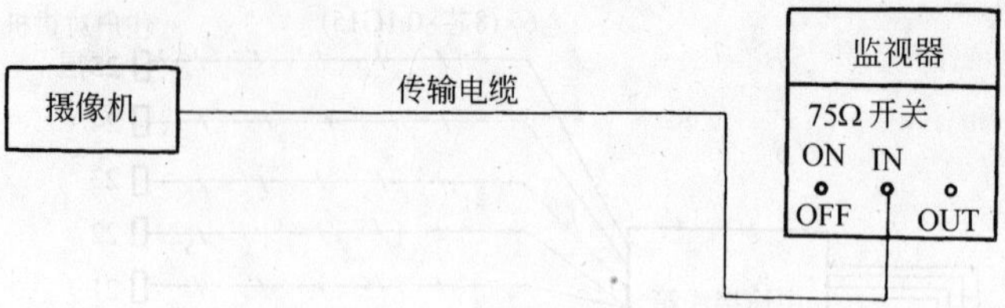

图 8-48　单头单尾型监控保安系统

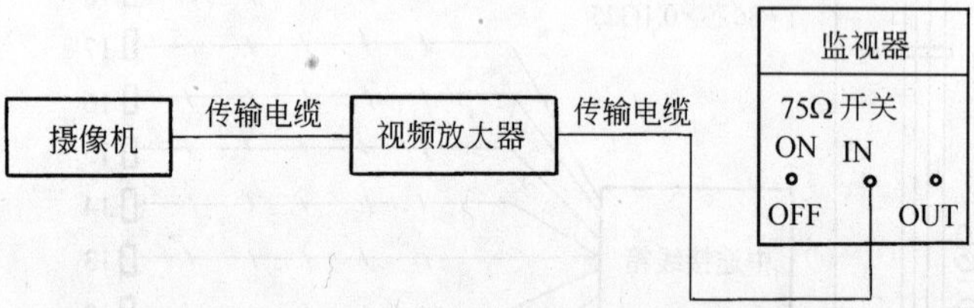

图 8-49　具有中间视频放大器的单头单尾型监控保安系统

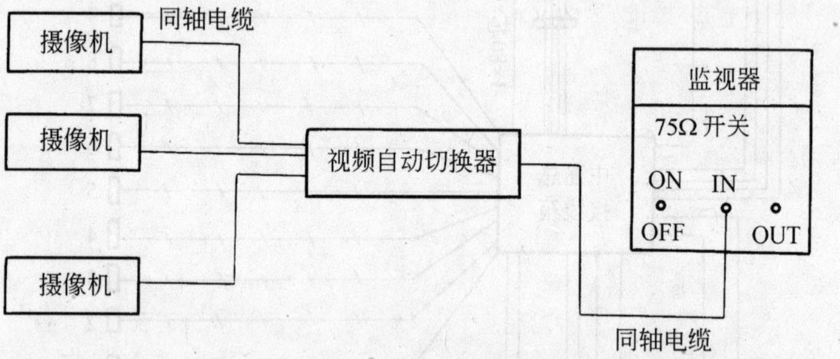

图 8-50　多头单尾型监控保安系统

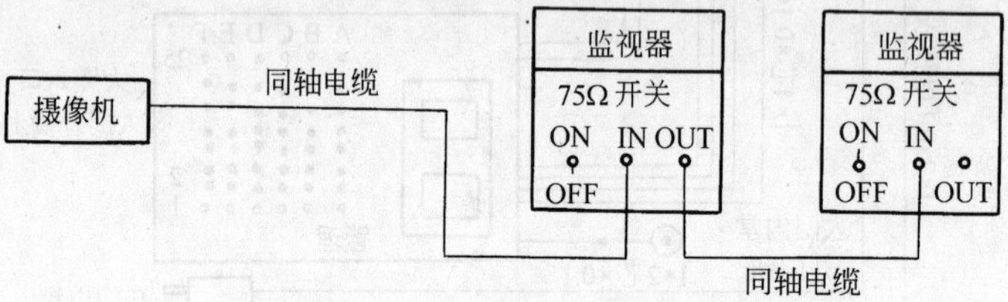

图 8-51　单头多尾型监控保安系统

本　章　小　结

(1) 建筑辅助电气设备有：电讯系统、电缆电视系统、火灾自动报警及消防联动系统、保安系统等。对于某一建筑来讲，不一定都具备这些系统。

(2) 电讯系统主要由电话、电话传真、电传、无线传呼等系统组成。它们是迅速传递信息的有力工具。

(3) 电缆电视系统，原称为共用天线电视系统，简称 CATV。它主要起提高收看电视图像质量的作用，还可以起收看卫星电视广播以及防盗报警作用。其基本组成部分是：前端设备、传输分配系统、用户终端。

(4) 火灾自动报警与消防联动系统可以早期发现并及时通报火灾，并利用消防灭火设备将火灾消灭在初始阶段，将火灾造成的损失降低到最低程度。火灾自动报警系统主要有火灾探测器、报警控制器等设备。消防联动系统则包含事故照明、疏散指示、紧急广播及通讯、防排烟、自动灭火、消防电梯控制等系统。

(5) 保安系统是技术先进、发展迅速的新领域。保安系统的形式主要有：对讲机—电锁门式、可视—对讲—电锁门式、闭路电视式等。

思考题与习题

1. 电话系统由哪几部分组成？
2. 什么是电缆电视系统？其作用是什么？
3. 电览电视系统由哪几部分组成？
4. 火灾自动报警与消防联动系统有什么作用？
5. 火灾探测器有哪几种类型？如何安装？
6. 火灾报警控制器有哪几种类型？
7. 防排烟设施有哪些？各有什么作用？
8. 火灾报警系统对导线有什么要求？
9. 火灾报警系统如何接地？
10. 常见的保安系统有哪几种？

第九章　建筑防雷、接地与安全用电

防雷与接地是建筑电气必不可少的内容。防雷涉及到建筑物及其内部设备的安全，接地涉及到建筑的供电系统、设备及人身的安全。本章主要介绍民用建筑的防雷分类，防雷措施及高层民用建筑的防雷要求；低压配电系统的接地方式，保护接地、保护接零及其基本要求；安全用电基本常识。

第一节　建　筑　防　雷

一、雷电的形成及其危害

(一) 雷电的形成

雷电是由雷云(带电的云层)对地面建筑物及大地的自然放电引起的，它会对建筑物或设备产生严重破坏。因此，对雷电的形成过程及其放电条件应有所了解，从而采取适当的措施，保护建筑物不受雷击。

在天气闷热潮湿的时候，地面上的水受热变成蒸汽，并且随地面的受热空气而上升，在空中与冷空气相遇，使上升的水蒸汽凝结成小水滴，形成积云。云中水滴受强烈气流吹袭，分裂为一些小水滴和大水滴，较大的水滴带正电荷，小水滴带负电荷。细微的水滴随风聚集形成了带负电的雷云；带正电的较大水滴常常向地面降落而形成雨，或悬浮在空中。由于静电感应，带负电的雷云，在大地表面感应有正电荷。这样雷云与大地间形成了一个大的电容器。当电场强度很大，超过大气的击穿强度时，即发生了雷云与大地间的放电，就是一般所说的雷击。

雷云放电速度很快，雷电流的变化也很激烈，雷云开始放电时，雷电流急剧增大，在闪电到达地面的瞬间，雷电流最大值可达 200～300kA，电压可达几百万伏，温度可达 2 万摄氏度。在几个微秒时间内，使周围的空气通道烧成白热而猛烈膨胀，并出现耀眼的光亮和巨响，这就是通常所说的“打闪”和“打雷”。打到地面上的闪电称“落雷”，落雷击中建筑物、树木或人畜，会引起热的、机械的、电磁的作用，造成人畜伤亡、建筑物及建筑设备的损坏称为“雷击事故”。

(二) 雷电的危害

雷电的破坏作用基本上可以分为三类：

1. 直击雷

雷云直接对建筑物或地面上的其他物体放电的现象称为直击雷。雷云放电时，引起很大的雷电流，可达几百千安，从而产生极大的破坏作用。雷电流通过被雷击的物体时，产生大量的热量，使物体燃烧。被击物体内的水分由于突然受热，急骤膨胀，还可能使被击物劈裂。所以当雷云向地面放电时，常常发生房屋倒塌、损坏或者引起火灾，发生人畜伤亡。

2. 雷电的感应

雷电感应是雷电的第二次作用，即雷电流产生的电磁效应和静电效应作用。雷云在建筑物和架空线路上空形成很强的电场，在建筑物和架空线路上便会感应出与雷云电荷极性相反的电荷(称为束缚电荷)。在雷云向其他地方放电后，云与大地之间的电场突然消失，但聚集在建筑物的顶部或架空线路上的电荷不能很快全部汇入大地，残留电荷形成的高电位，往往造成屋内电线、金属管道和大型金属设备放电，击穿电气绝缘层或引起火灾、爆炸。

3．雷电波侵入

当架空线路或架空金属管道遭雷击，或者与遭受雷击的物体相碰，以及由于雷云在附近放电，在导线上感应出很高的电动势，沿线路或管路将高电位引进建筑物内部称为雷电波侵入，又称高电位引入。出现雷电波侵入时，可能发生火灾及触电事故。

雷电的形成与气象条件(即空气湿度、空气流动速度)及地形(山岳、高原、平原)有关。湿度大、气温高的季节(尤其是夏天)以及地面的突出部分较易形成闪电。夏季，突出的高建筑物、树木、山顶容易遭受雷击，就是这个道理。随着我国社会主义建设事业的不断发展，高层建筑物日益增多，因而，如何防止雷电的危害，保证人身、建筑物及设备的安全，就成为十分重要的问题。

二、建筑物遭受雷击的有关因素

建筑物遭受雷击次数的多少，不仅与当地的雷电活动频繁程度有关，而且还与建筑物所在环境、建筑物本身的结构、特征有关。

首先是建筑物的高度和孤立程度。旷野中孤立的建筑物和建筑群高耸的建筑物，容易遭受雷击。其次是建筑物的结构及所用材料。凡金属屋顶、金属构架、混凝土结构的建筑物，容易遭雷击。

建筑物的地下情况，如地下金属管道、金属矿藏，建筑物的地下水位较高，这些建筑物也易遭雷击。

建筑物易遭雷击的部位是屋面上突出的部分和边沿，如平屋面的檐角、女儿墙和四周屋檐；有坡度的屋面的屋角、屋脊和屋檐；此外高层建筑的侧面墙上也容易遭到雷电的侧击。

建筑物的雷击部位如下：

(1) 不同屋顶坡度(0°、15°、30°、45°)建筑物的雷击部位见图 9-1；

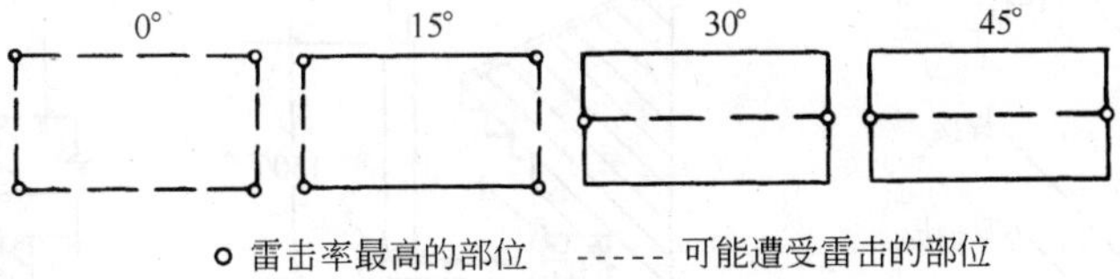

图 9-1　不同屋顶坡度建筑物的雷击部位

(2) 屋角与檐角的雷击率最高；

(3) 屋顶的坡度愈大，屋脊的雷击率也愈大；当坡度大于 40°时，屋檐一般不会再受雷击。

(4) 当屋面坡度小于 27°，长度小于 30m 时，雷击点多发生在山墙，而屋脊和屋檐一般不再遭受雷击。

(5) 雷击屋面的几率甚少。

三、建筑物的防雷分类

根据建筑物的重要程度、使用性质、雷击可能性的大小，以及所造成后果的严重程度，民用建筑物的防雷分类，按《建筑物防雷设计规范》GB 50057—94（2000 年版）规定，可以划分为第一类、第二类和第三类防雷建筑物。

四、建筑物的防雷措施

建筑物是否需要防雷保护，应采取哪些防雷措施，要根据建筑物的防雷等级来确定。第一类防雷建筑物和第二类防雷建筑物中有爆炸危险的场所，都应有防直击雷和防雷电波侵入的措施。

（一）防直击雷的措施

防直击雷采取的措施是引导雷云与避雷装置之间放电，使雷电流迅速流散到大地中去，从而保护建筑物免受雷击。避雷装置由接闪器、引下线和接地装置三部分组成。

1. 接闪器

接闪器也叫受雷装置，是接受雷电流的金属导体。接闪器的作用是使其上空电场局部加强，将附近的雷云放电诱导过来，通过引下线注入大地，从而使离接闪器一定距离内一定高度的建筑物免遭直接雷击。接闪器的基本形式有避雷针、避雷带、避雷网、笼网 4 种。

（1）避雷针。避雷针的针尖一般用镀锌圆钢或镀锌钢管制成。上部制成针尖形状，钢管厚度不小于 3mm，长为 1～2m 。高度在 20m 以内的独立避雷针通常用木杆或水泥杆支撑，更高的避雷针则采用钢铁构架。

图 9-2、图 9-3、图 9-4、图 9-5 为避雷针安装示意图。

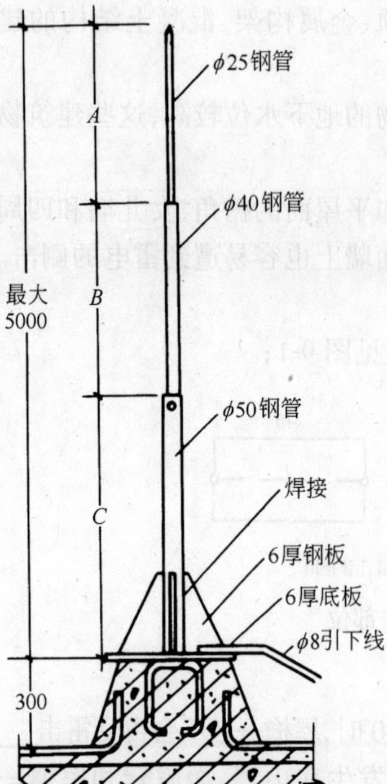

图 9-2 避雷针在平屋面上安装（mm）

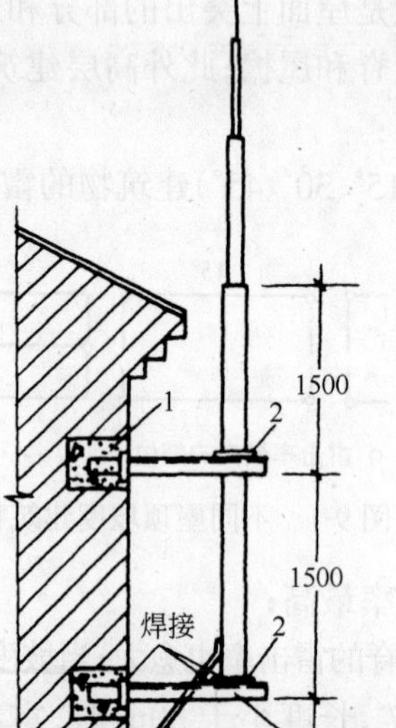

图 9-3 避雷针在墙上安装（mm）
1—预制钢筋梁；2—厚 6 毫米钢板；
3—角钢支架；4—引下线

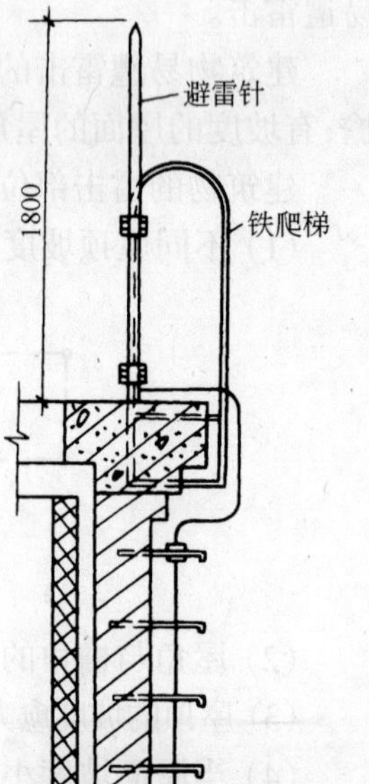

图 9-4 烟囱防雷装置的安装（mm）

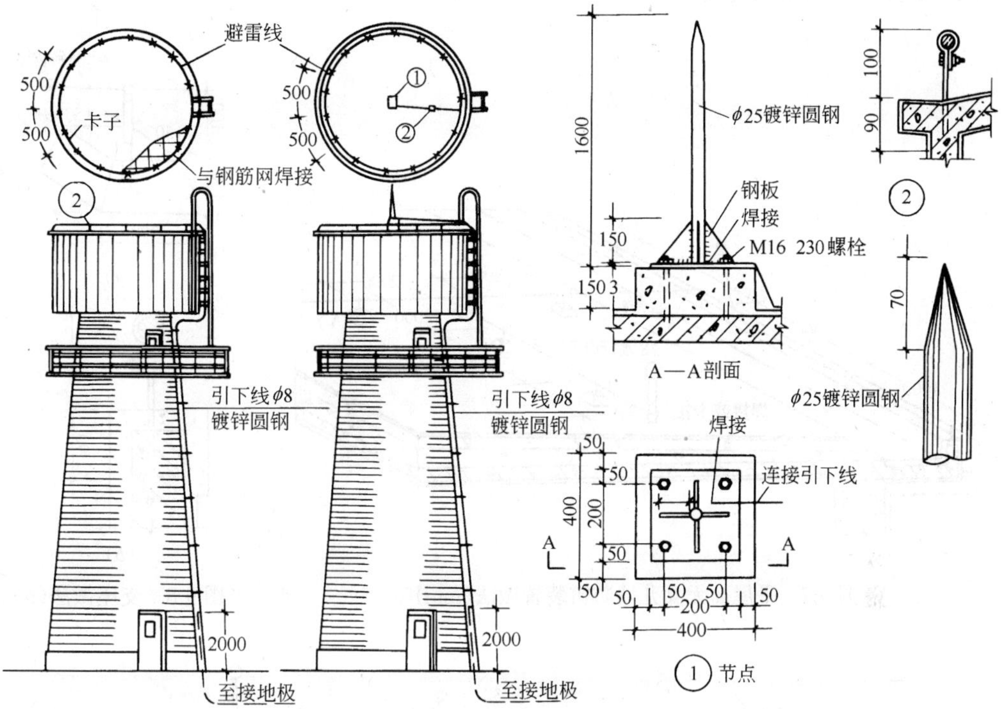

图 9-5　水塔防雷装置的安装(mm)

砖木结构房屋,可将避雷针敷于山墙顶部或屋脊上,用抱箍或对锁螺栓固定于梁上,固定部分的长度约为针高的 1/3。避雷针插在砖墙内的部分约为针高的 1/3,插在水泥墙的部分约为针高的 1/4～1/5。

避雷针的保护范围可以用一个以避雷针为轴的圆锥形来表示。图 9-6 为单根避雷针保护范围示意图。如果建筑物正处于这个空间范围内,就能够得到避雷针的保护。

(2) 避雷带。避雷带是用小截面圆钢做成的条形长带,装设在建筑物易遭雷击部位。根据长期经验证明,雷击建筑物有一定的规律,最可能受雷击的地方是屋脊、屋檐、山墙、烟囱、通风管道以及平屋顶的边缘等。在建筑物最可能遭受雷击的地方装设避雷带,可对建筑物进行重点保护。为了使对不易遭受雷击的部位也有一定的保护作用,避雷带一般高出屋面 0.2m,而两根平行的避雷带之间的距离要控制在 10m 以内。避雷带一般用 φ8mm 镀锌圆钢或截面不小于 $50mm^2$ 的扁钢做成,每隔 1m 用支架固定在墙上或现浇的混凝土支座上,如图 9-7、图 9-9、

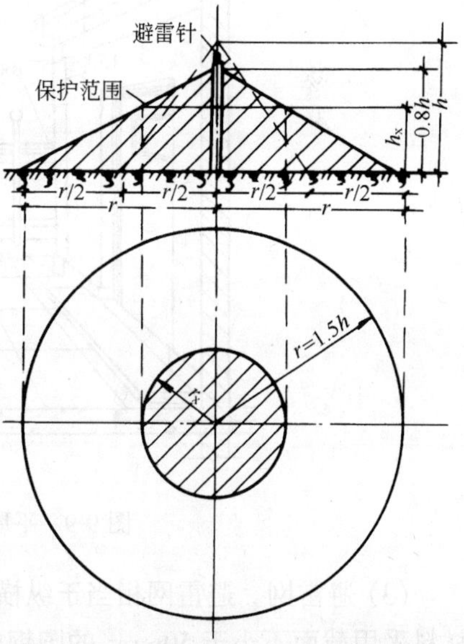

图 9-6　单根避雷针保护范围

h—避雷针高度(m);h_x—被保护物高度;

r_x—在 h_x 高度的水平保护半径(m);

r—在地面上的保护半径(m)

图9-10所示。支座做法见图 9-8。

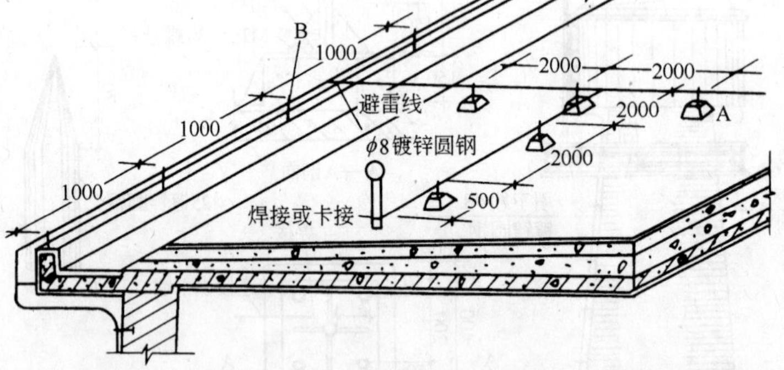

图 9-7　平屋面无女儿墙防雷装置做法(mm)

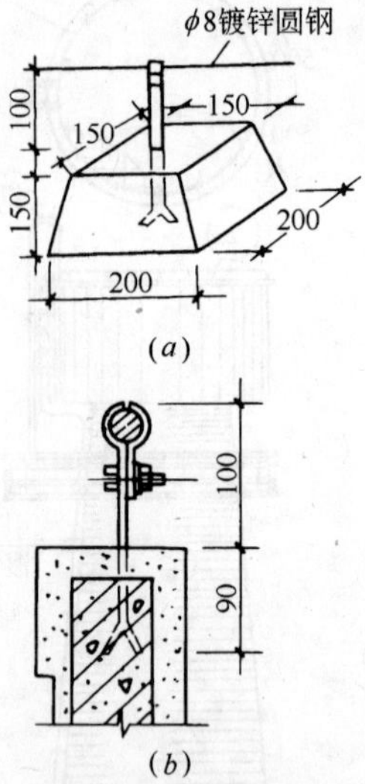

图 9-8　支座做法(mm)

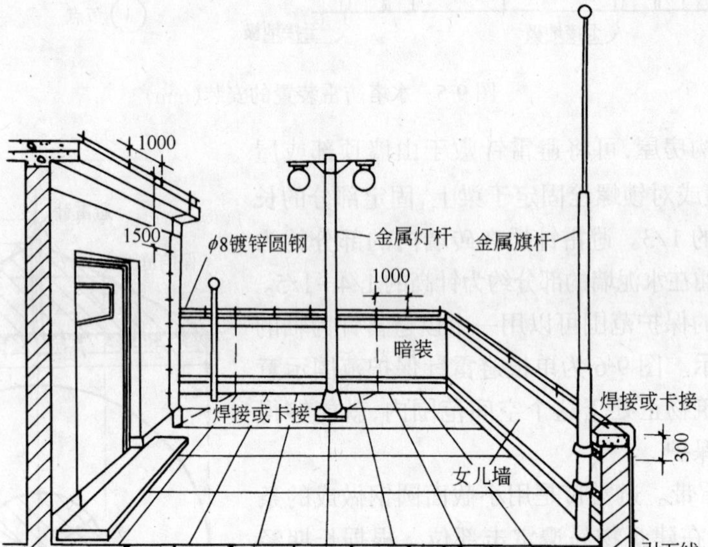

图 9-9　平屋面有女儿墙防雷装置做法(mm)

(3) 避雷网。避雷网相当于纵横交错的避雷带叠加在一起,它的原理与避雷带相同,其材料采用截面不小于 50mm² 的圆钢或扁钢,交叉点需要进行焊接。避雷网宜采用暗装,其距面层的厚度一般不小于 20mm。有时也可利用建筑物的钢筋混凝土屋面板作为避雷网,钢筋混凝土板内的钢筋直径不小于 8mm,并须连接良好。当屋面装有金属旗杆或金属柱时,均应与避雷带或避雷网连接起来。避雷网是接近全保护的一种方法,它还起到使建筑物不受感应雷害的作用,可靠性更高。

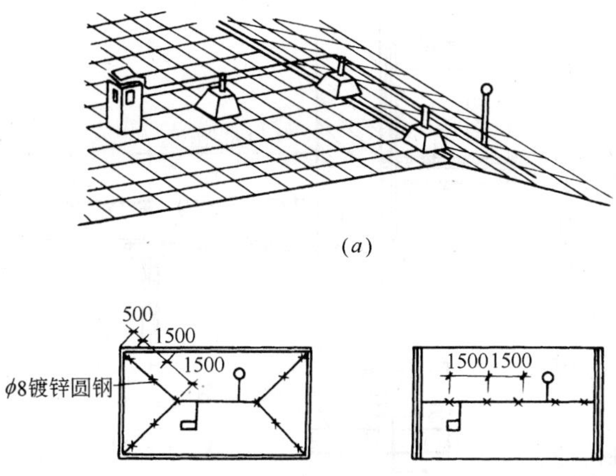

图 9-10 瓦坡屋顶防雷装置的做法(mm)

(a)安装示意图;(b)四坡顶平面;(c)两坡顶平面

(4) 防雷笼网。防雷笼网是笼罩着整个建筑物的金属笼,它是利用建筑结构配筋所形成的笼做接闪器,对于雷电它能起到均压和屏蔽作用。接闪时,笼网上出现高电位,笼内空间的电场强度为零,笼上各处电位相等,形成一个等电位体,使笼内人身和设备都被保护。对于预制大板和现浇大板结构的建筑,网格较小,是理想的笼网,而框架结构建筑,则属于大格笼网,虽不如预制大板和现浇大板笼网严密,但一般民用建筑的柱间距离都在7.5m以内,所以也是安全的。利用建筑物结构配筋形成的笼网来保护建筑,即经济又不影响建筑物的美观。

另外,建筑物的金属屋顶也是接闪器,它好像网格更密的避雷网一样。屋面上的金属栏杆,也相当于避雷带,都可以加以利用。

2. 引下线

引下线又称为引流器,接闪器通过引下线与接地装置相连。引下线的作用是将接闪器“接”来的雷电流引入大地,它应能保证雷电流通过而不被熔化。引下线一般采用圆钢或扁钢制成,其截面不得小于48mm^2,在易遭受腐蚀的部位,其截面应适当加大。为避免腐蚀加快,最好不要采用胶线作引下线。

建筑物的金属构件,如消防梯、烟囱的铁爬梯等都可作为引下线,但所有金属部件之间都应连成电气通路。

引下线沿建(构)筑物的外墙明敷设,固定于埋设在墙里的支持卡子上。支持卡子的间距为1.5m。为保持建筑物的美观,引下线也可暗敷设,但截面应加大。

引下线不得少于两根,其间距应符合规范要求,最好是沿建筑物周边均匀引下。当采用两根以上引下线时,为了便于测量接地电阻以及检查引下线与接地线的连接状况,在距地面1.8m以下处,设置断接卡子。引下线应躲开建筑物的出入口和行人较易接触的地点。

在易受机械损伤的地方,地面上1.7m至地下0.3m的一段,可用竹管、木槽等加以保护。引下线与接地装置的连接如图9-11所示。

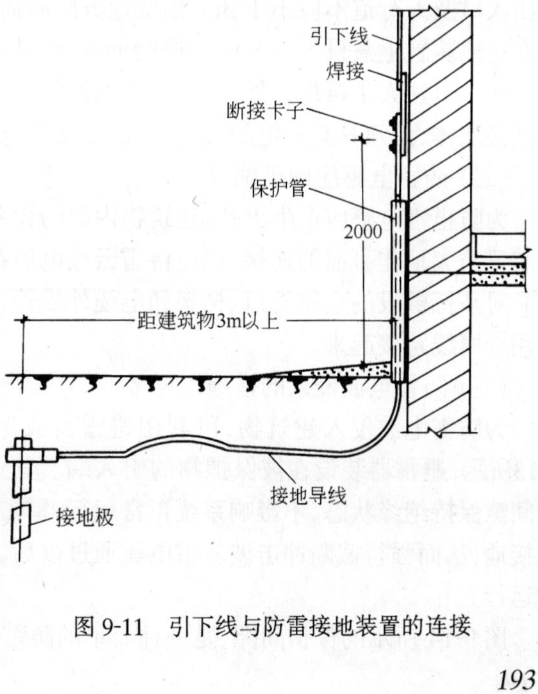

图 9-11 引下线与防雷接地装置的连接

在高层建筑中,利用建筑物钢筋混凝土屋面板、梁、柱、基础内的钢筋作防雷引下线,是我国常用的方法。

3. 接地装置

接地装置是埋在地下的接地导体(即水平连接线)和垂直打入地内的接地体的总称。其作用是把雷电流疏散到大地中去。接地装置如图 9-12 所示。

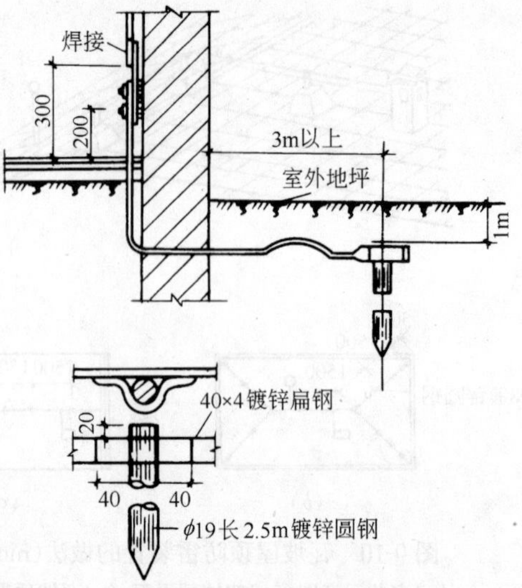

图 9-12 接地装置图

接地体的接地电阻要小(一般不超过10Ω),这样才能迅速地疏散雷电流。

一般情况下,接地体均应使用镀锌钢材,使其延长使用年限,但当接地体埋设在可能有化学腐蚀性的土壤中时,应适当加大接地体和连接条的截面,并加厚镀锌层。各焊接点必须刷樟丹油或沥青油,以加强防腐。在安装接地体时,首先从地面挖下 0.8m 左右,然后把接地体垂直打入地下,顶端与接地体焊接在一起。

为满足接地电阻的要求,垂直埋设的接地体常不只 1 根,用水平埋设的扁钢将它们连接起来,所采用扁钢的截面不小于 $100mm^2$,扁钢厚度不小于 4mm。为了减少相邻接地体间的屏蔽效应,垂直接地体间的距离一般为 5m,当受地方限制时,可适当减少。

接地体不应该在回填垃圾、灰渣等地带埋设,还应远离由于高温影响使土壤电阻率升高的地方。接地体埋设后,应将回填土分层夯实。

当有雷电流通过接地装置向大地流散时,在接地装置附近的地面上,将形成较高的跨步电压,危及行人安全,因此接地体应埋设在行人较少的地方,要求接地装置距建筑物或构筑物出入口及人行道不应小于 3m,当受地方限制而小于 3m 时,应采取降低跨步电压的措施,如在接地装置上敷设 50～80mm 厚的沥青层,其宽度超过接地装置 2m。

除了上述人工接地体外,还可利用建筑物内外地下管道或钢筋混凝土基础内的钢筋作自然接地体,但须具有一定的长度,并满足接地电阻的要求。

(二) 防雷电感应的措施

为防止雷电感应产生火花,建筑物内部的设备、管道、构架、钢窗等金属物,均应通过接地装置与大地作可靠的连接,以便将雷云放电后在建筑上残留的电荷迅速引入大地,避免雷害。对平行敷设的金属管道、构架和电缆外皮等,当距离较近时,应按规范要求,每隔一段距离用金属线跨接起来。

(三) 防雷电波侵入的措施

为防雷电波侵入建筑物,可利用避雷器或保护间隙将雷电流在室外引入大地。如图 9-13所示,避雷器装设在被保护物的引入端。其上端接入线路,下端接地。正常时,避雷器的间隙保持绝缘状态,不影响系统正常运行;雷击时,有高压冲击波沿线路袭来,避雷器击穿而接地,从而强行截断冲击波。雷电流通过以后,避雷器间隙又恢复绝缘状态,保证系统正常运行。

图 9-14 所示的保护间隙,是一种简单的防雷保护设备,由于制成角型,所以也称羊角间

隙,它主要由镀锌圆钢制成的主间隙和辅助间隙组成。保护间隙结构简单,成本低,维护方便,但保护性能差,灭弧能力小,容易引起线路开关跳闸或熔断器熔断,造成停电。所以对于装有保护间隙的线路,一般要求设有自动重合闸装置或自动重合熔断器与其配合,以提高供电可靠性。

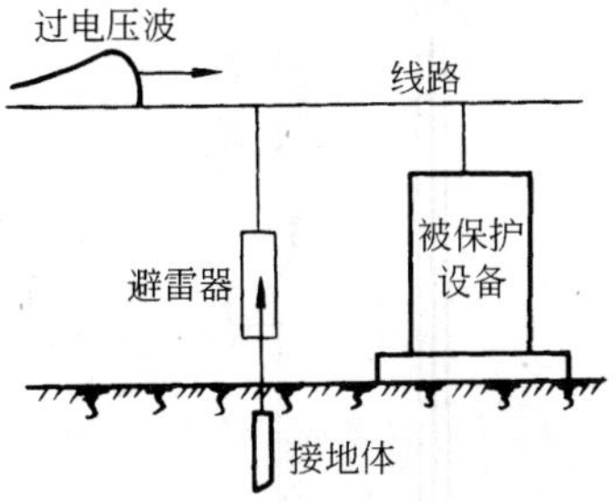

图 9-13　避雷器与系统连接

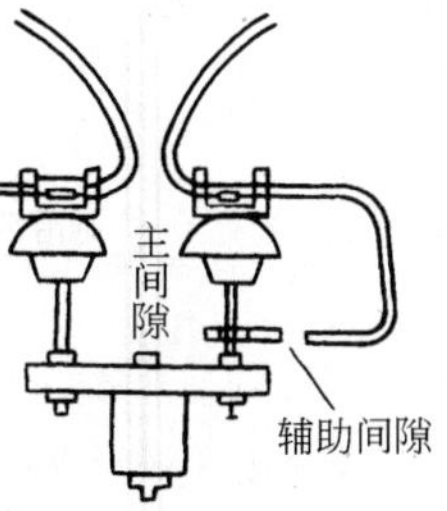

图 9-14　保护间隙

常用的阀型避雷器,其基本元件是由多个火花间隙串联后再与一个非线性电阻串联起来,装在密封的瓷管中。一般非线性电阻用金钢砂和结合剂烧结而成。如图 9-15 所示。

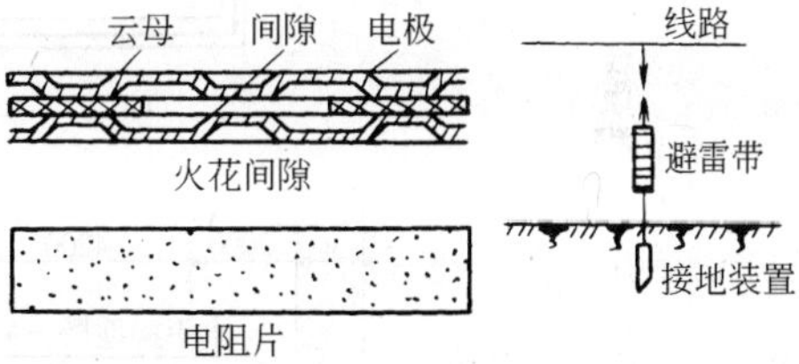

图 9-15　阀型避雷器

正常情况下,阀片电阻很大,而在过电压时,阀片电阻自动变得很小,则在过电压作用下,火花间隙被击穿,过电流被引入大地,过电压消失后,阀片又呈现很大电阻,火花间隙恢复绝缘。

为防止雷电波沿低压架空线侵入,在入户处或接户杆上应将绝缘子的铁脚接到接地装置上。

此外,还要防止雷电流流经引下线产生的高电位对附件金属物体的雷电反击。当防雷装置接受雷击时,雷电流沿着接闪器、引下线和接地体流入大地,并且在它们上面产生很高的电位。如果防雷装置与建筑物内外电气设备、电线或其他金属管线的绝缘距离不够,它们之间就会产生放电现象,这种情况称之为“反击”。反击的发生,可引起电气设备绝缘被破坏,金属管道被烧穿,甚至引起火灾、爆炸及人身事故。

防止反击的措施有两种。一种是将建筑物的金属物体(含钢筋)与防雷装置的接闪器、引下线分隔开,并且保持一定的距离。另一种是,当防雷装置不易与建筑物内的钢筋、金属管道分隔开时,则将建筑物内的金属管道系统,在其主干管道处与靠近的防雷装置相连接,有条件时,宜将建筑物每层的钢筋与所有的防雷引下线连接。

五、建筑防雷施工图

建筑防雷施工图一般由屋面防雷装置平面图,基础接地装置平面图、设计说明及材料表组成。图中用图例、符号表示出接闪器、引下线、接地装置的安装位置,说明接闪器、引下线及接地装置选用材料的尺寸,以及对施工方法、接地电阻的要求,施工时执行的规范等作为安装时依据。图 9-16 是某建筑的建筑防雷施工图。

防雷说明

(1) 根据《建筑物防雷设计规范》(GB 50057—94),本工程的防雷按第三类建筑物的防

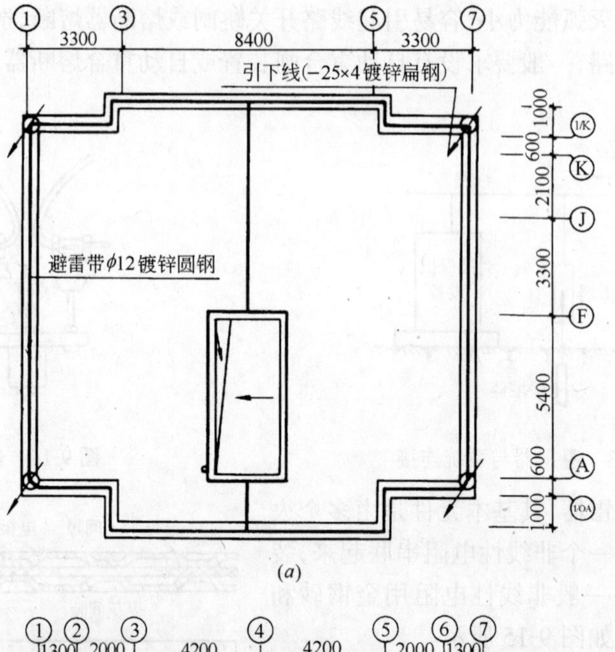

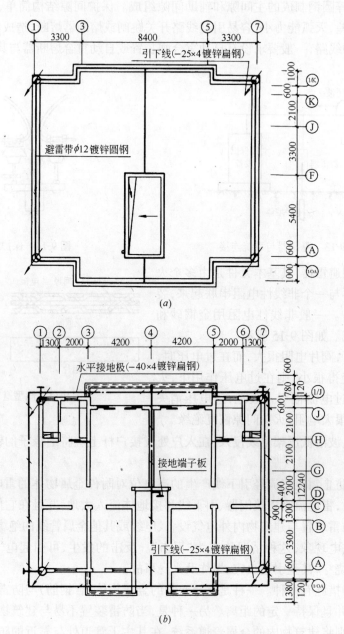

图 9-16 建筑防雷施工图(mm)

(a)屋面防雷平面图;(b)接地装置平面图

雷标准设防。天面沿女儿墙、水池顶、屋檐等敷设避雷带做接闪器,天面上所有外露的金属构件均应就近与避雷带可靠焊连。

(2) 按符号 $\varnothing$ 的位置用－25×4 的底锌扁钢沿外墙(暗敷在抹灰层内)自下而上焊连成电气通路作为引下线,其下端与水平地极可靠焊连,上端与避雷带可靠焊连,在距地 1.6m 高处设断接卡。

(3) 水平地极(符号 ≁－－≁)系采用－40×4 镀锌扁钢沿地基外侧焊连成闭合电气通路,

埋深 1m。

(4) 符号 T 表示接地端子板(采用 100×100×8 镀锌钢板)其做法参见国标图集 99D562 第 2～21 页(用-40×4 镀锌扁钢与就近接地极可靠焊连),室内(外)距地面 0.5m 高(有注明者除外)。

(5) 本工程要求进行总等电位连结,所有进出本建筑物的金属管道和电缆金属外皮均应就近与水平地极焊连。

(6) 本工程要求防雷与电力接地共用接地装置,其接地电阻应不大于 4Ω,若实测达不到应另增设接地极。

(7) 所有防雷接地装置的制作、安装均应按国际图集 99D562,86D563,97D567 相应部分的要求进行施工。

六、高层建筑防雷

一类建筑和二类建筑中的高层民用建筑,其防雷,尤其是防直接雷,有特殊的要求和措施。这是因为一方面越是高层的建筑,落雷的次数越多。高层建筑落雷次数 N 与建筑物高度 H 的平方、雷电日天数 n 成正比例关系,即

$$N=3\times15^{-5}n\cdot H^2 \tag{9-1}$$

另一方面,由于建筑物很高,有时雷云接近建筑物附近时发生的先导放电,屋面接闪器(避雷带、避雷网等)未起到作用;有时雷云随风飘移,使建筑受到雷电的侧击。

当然,同为高层建筑,但属于不同防雷类别,其防雷措施也有所不同。现以第一类防雷高层建筑为例,说明其防雷措施的特殊性。主要是增设防止侧击雷的措施,其具体要求和做法是:

(1) 建筑物的顶部全部采用避雷网,网格尺寸如图 9-17 和表 9-1。

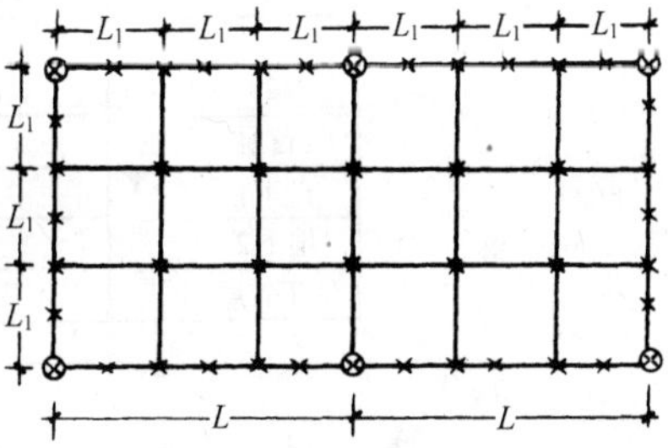

图 9-17 屋顶避雷网格尺寸及引下线连接示意图

屋顶避雷网格间距(m) **表 9-1**

建筑物防雷分类	L_1	备　　注
第　一　类	＜10×10	上人屋顶敷设在顶板内 5cm 处,不上人屋顶敷设在顶板上 15cm 处
第　二　类	＜20×20	

(2) 从 30m 以上,每三层沿建筑物四周设置避雷带。

(3) 从 30m 以上的金属栏杆、金属门窗等较大的金属物体,应与防雷装置连接。

(4) 每三层沿建筑物周边的水平方向设均压环,所有的引下线,以及建筑物内的金属结构、金属物体,都与均压环相连接,如图 9-18 所示。

(5) 引下线的间距更小(一类建筑不大于 18m,二类建筑不大于 24m)。接地装置围绕建筑物构成闭合回路,其接地电阻值要求更小(一、二类建筑不大于 4Ω)。

(6) 建筑物内的电气线路全部采用钢管配线,垂直敷设的电气线路,其带电部分与金属外壳之间应装设击穿保护装置。

(7) 室内的主干金属管道和电梯轨道,应与防雷装置连接。

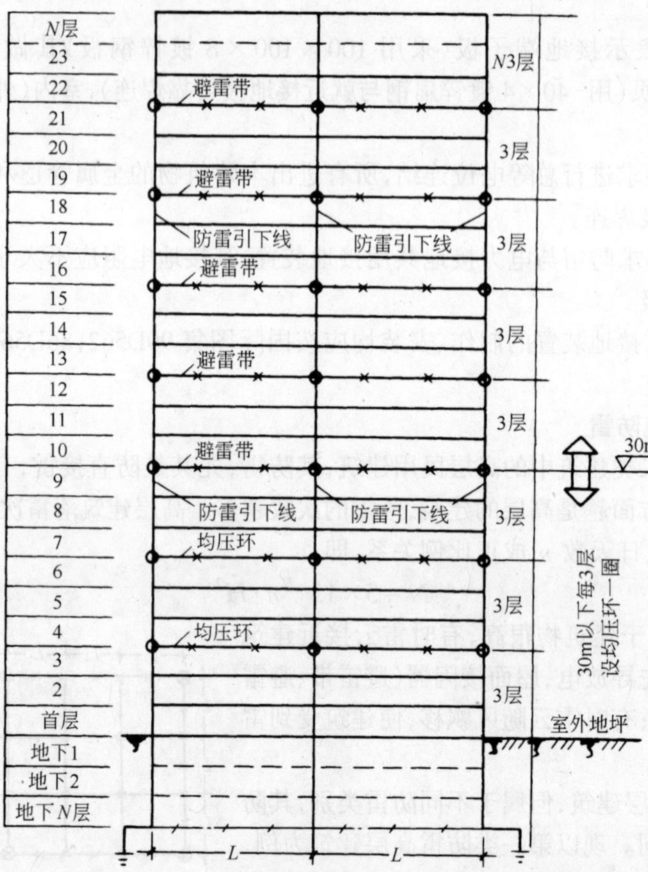

图 9-18　高层建筑避雷带、均压环等的做法

(8) 高层建筑的进线，宜采用直埋电缆，电缆两端的金属外皮均应接地。

(9) 建筑物内竖向走线的管线或电缆，宜敷设在有屏蔽的竖井内。竖井构件用厚 3～4mm 的铁板或钢筋混凝土板制作，各段竖井的接头应连接紧密。

(10) 建筑物内的电气设备宜实行保护接零。

第二类、第三类高层建筑的防雷措施和第一类高层建筑的防雷措施大体相同，但要求适当放低。

总之，高层民用建筑为防止侧击雷，应设置许多层避雷带、均压环，在外墙的转角处设引下线。一般在高层建筑物的边缘和凸出部分，少用避雷针，多用避雷带，以防雷电侧击。

目前，高层建筑的防雷设计是把整个建筑物的梁、板、柱基础等主要结构的钢筋，通过焊接连成一体。在建筑物的顶部，设避雷网压顶，在建筑物的腰部，多处设置避雷带、均压环，这样，使整个建筑物及每层分别连成一个整体笼式避雷网，对雷电起到均压作用。当雷击时，建筑物各处构成了等电位面，对人和设备都安全。同时由于屏蔽效应，笼内空间电场强度为零，笼上各处电位基本相等，则导体间不会发生反击现象。建筑物内部的金属管道由于与房屋建筑的结构钢筋作电气连接，也能起到均衡电位的作用。此外，各结构钢筋连为一体，并与基础钢筋相连。由于高层建筑基础深，面积大，利用钢筋混凝土基础中的钢筋作为防雷接地体，它的接地电阻一般都能满足 4Ω 以下的要求。

七、建筑物综合防雷的概念

以避雷针(带)为主体的传统防雷技术,无疑在人类社会200多年的防雷史上起到了积极有效的保护作用。但是,随着社会的发展,时代的进步和实践的深化,其局限性越来越显露出来。

从富兰克林发明避雷针至今的200多年的实践中,人们发现雷电作为一种破坏因素时,其呈现的形式不是单一的,有直接雷击、感应雷击、雷电入侵波等等之分;而雷电对现代建筑的破坏渠道也不是单一的,有空间通道、天馈通道、信号通道、电源通道、地电位反击通道、地电流反冲通道和落雷点建筑物高位冲击通道等等之分。几十年来的电气化时代是从电子管、晶体管向集成电路逐渐过渡的。由于电子管、晶体管的耐冲能力较强,由传统避雷针产生的感应雷击对当时的电气设备没有太大的威胁,因而,感应雷击没能引起人们的足够重视。20世纪80年代以来,随着大量微电子设备在建筑领域的广泛应用,特别是近几年,智能化建筑在国内的迅速发展,其显著特征是采用国际上先进4C技术将3A系统集成为整个智能建筑的管理系统,实现建筑的智能化功能,采用了大量的微电子设备和技术,而微电子设备的工作电压仅几伏,工作电流在微安到毫安数量级,而感应雷电电磁脉冲在这类微电子设备上引起的过电压通常都在千伏以上。为了确保建筑物内微电子设备的正常运转,现代建筑内微电子设备的防雷安全保护问题已显得日益突出。今天,防雷技术还局限于任何一个单一的防雷器件,都无法保证现代建筑物内所有保护对象的防雷安全。因此,对于某些建筑物,必须采取综合防雷的方式:即在常规防雷基础上,针对建筑物、特殊用户和重要设施辅以各种相应的防雷保护措施,以确保建筑物和建筑物内所有保护对象的防雷安全。

北京东方中光建筑防雷技术有限公司提出的智能建筑综合防雷工程示意图见图9-19。

八、露天可燃液体贮罐、管道的防雷

1.露天油罐的防雷

(1) 易燃液体,闪点低于或等于环境温度的可燃液体的开式贮罐和建筑物,正常时有挥发性气体产生,是属于第一类防雷构筑物,应设独立避雷针,保护范围按开敞面向外水平距离20m、高3m进行计算;对露天注送站,保护范围按注送口以外20m以内的空间进行计算,独立避雷针距开敞面不小于23m,冲击接地电阻不大于10Ω。

(2) 带有呼吸阀的易燃液体贮罐,罐顶钢板厚不小于4mm,属于第二类防雷构筑物,可在罐顶直接安装避雷针,但与呼吸阀的水平距离不得小于3m,保护范围高出呼吸阀不得小于2m,冲击接地电阻不大于10Ω,罐上接地点不少于2处,两接地点间不宜大于24m。

(3) 可燃液体贮罐,壁厚不小于4mm,属于第三类防雷构筑物,可不装避雷针,只作接地,冲击接地电阻不大于30Ω。

(4) 浮顶油罐,球形液化气贮罐壁厚大于4mm时,只作接地,但浮顶与罐体应用25mm^{2}软件铜线或绞线可靠连接。

(5) 埋地式油罐,覆土在0.5m以上者可不考虑防雷设施,但如有呼吸阀引出地面者,在呼吸阀处需作局部防雷处理。

2.户外架空管道的防雷

(1) 户外输送易燃或可燃液体的管道,可在管道的始端、终端、分支处、转角处以及直线部分每隔100m处接地,每处接地电阻不大于30Ω。

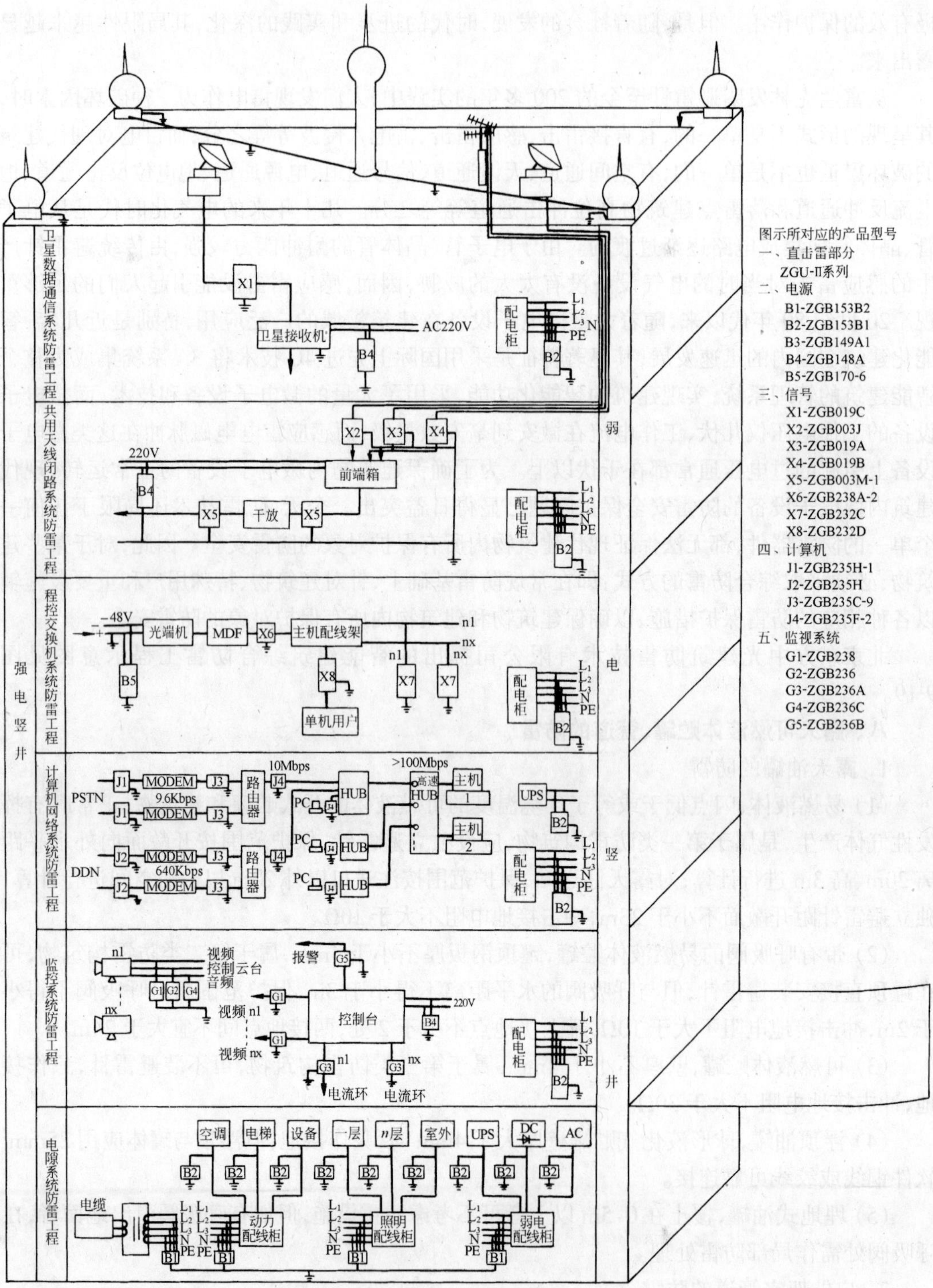

图 9-19 智能建筑综合防雷工程示意图

(2) 上述管道当与爆炸危险厂房平行敷设而间距不小于10m时,在接近厂房的一段,其两端及每隔30～40m应接地,接地电阻不大于20Ω。

(3) 当上述生产管道连接点(弯头、阀门、法兰盘等)不能保持良好的电气接触时,应用金属线跨接。

(4) 接地引下线可利用金属支架,活动支架需增设跨接线。非金属支架必须另作引下线。

(5) 接地装置可利用电气设备保护接地装置。

第二节　接 地 与 接 零

一、低压配电系统接地方式分类

所谓电力系统和设备的接地,简单说来是各种设备与大地的电气连接,通常电源侧的接地称为系统接地,负载侧的接地称为保护接地。按国际电工委员会(IEC)标准,系统的接地有IT系统、TT系统、TN系统三种方式。

(一) IT系统

电源端带电部分与大地不直接连接,而电气设备金属外壳直接接地,如图9-20所示。

这种系统具有较高的供电可靠性,适用于环境条件不良,易发生一相接地或火灾爆炸的场所,如煤矿、化工厂、纺织厂等,民用建筑内很少采用。该系统不能装中性线(N线)断线保护装置,也不应设置中性线重复接地。

(二) TT系统

电源中性点直接接地,用电设备金属外壳接至电气上与电源端接地点无关的接地极,如图9-21所示。

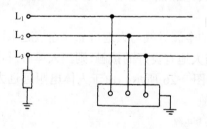

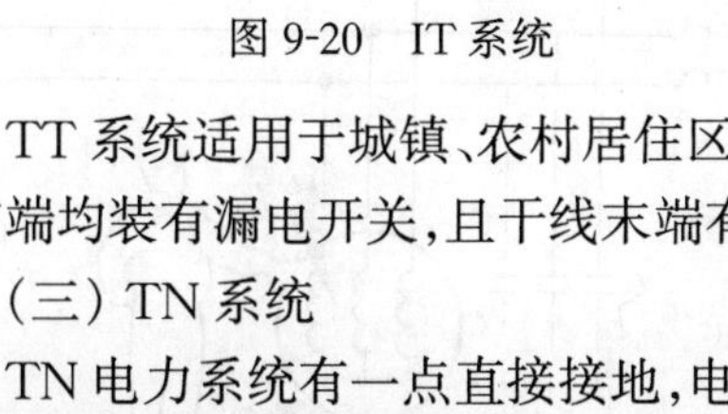

图9-20　IT系统

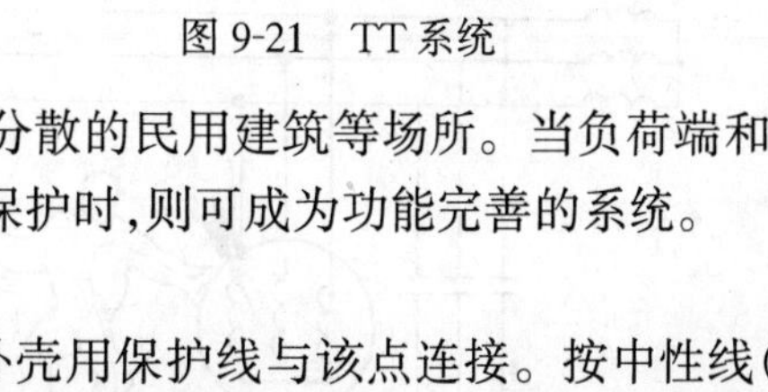

图9-21　TT系统

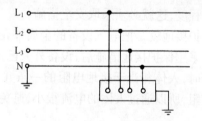

TT系统适用于城镇、农村居住区,工业企业和分散的民用建筑等场所。当负荷端和线路首端均装有漏电开关,且干线末端有中性线断线保护时,则可成为功能完善的系统。

(三) TN系统

TN电力系统有一点直接接地,电气设备金属外壳用保护线与该点连接。按中性线(N线)与保护线(PE)线的组合情况,公认的TN系统有以下三种形式:

1. TN-S系统

整个系统的中性线与保护线是分开的,如图9-22所示。该系统适用于工业企业、高层建筑及大型民用建筑。

2．TN-C-S系统

系统中有一部分中性线与保护线是合一的，如图9-23所示。该系统适用于工业企业与一般民用建筑。当负荷端装有漏电开关，干线末端装有断零保护时，也可用于新建住宅小区。

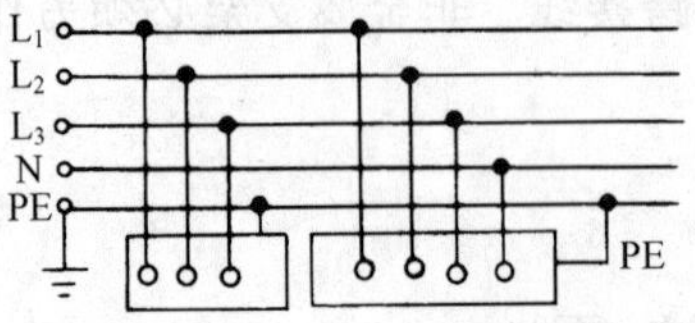

图9-22　TN-S系统

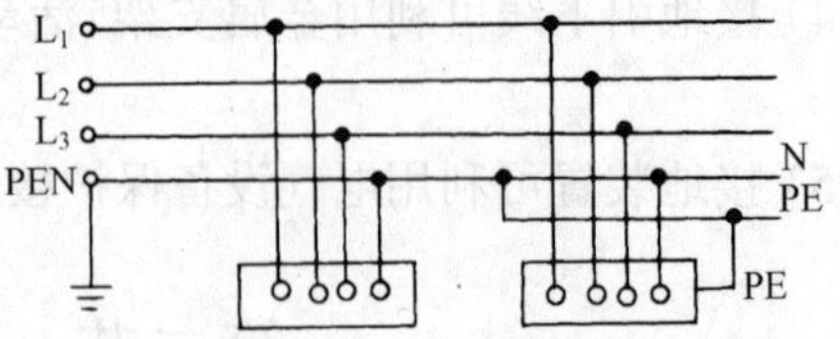

图9-23　TN-C-S系统

3．TN-C系统

整个系统的中性线与保护线是合一的，如图9-24所示，该系统适用于设有单相220V、携带式、移动式用电设备，而单相220V固定式用电设备较少，但不必接零的工业企业。

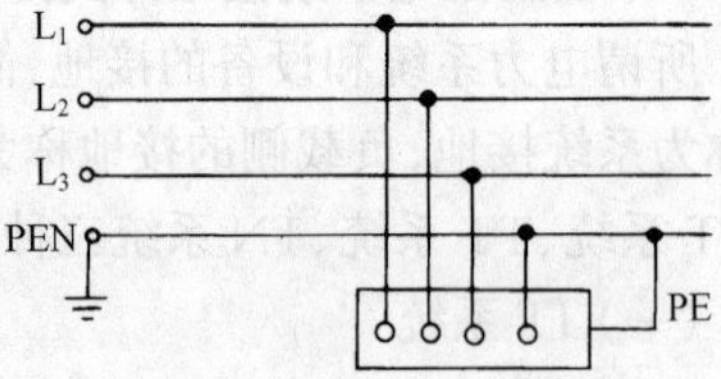

图9-24　TN-C系统

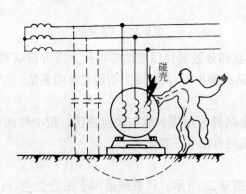

在上述IT系统、TT系统、TN系统中，民用建筑应推荐使用TN-S系统，继续使用TN-C-S系统，停止推广使用TN-C系统。

二、保护接地

在中性点不接地的三相电源系统（如IT系统）中，当接到这个系统上的某电气设备因绝缘损坏而使外壳带电时，如果人站在地上用手触及外壳，由于输电线与地之间有分布电容存在，将有电流通过人体及分布电容回到电源，使人触电，如图9-25所示。在一般情况下这个电流是不大的。但是，如果电网分布很广，或者电网绝缘强度显著下降，这个电流可能达到危险程度，这就必须采取安全措施。

保护接地就是把电气设备的金属外壳用足够粗的金属导线与大地可靠地连接起来。电气设备采用保护接地措施后，设备外壳已通过导线与大地有良好的接触，则当人体触及带电的外壳时，人体相当于接地电阻的一条并联支路，如图9-26所示。由于人体电阻远远大于接地电阻，所以通过人体的电流很小，避免了触电事故。

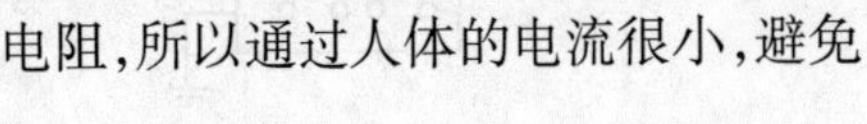

图9-25　没有保护接地的电动机一相碰壳情况

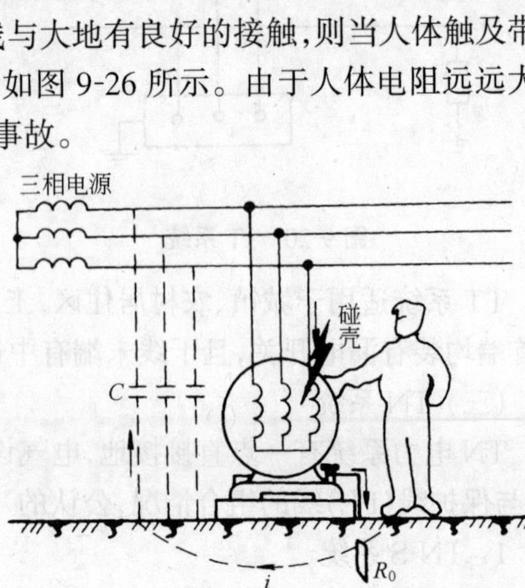

图9-26　装有保护接地的电动机一相碰壳情况

保护接地适用于中性点不接地的配电系统中。

三、保护接零

(一) 保护接零的概念

所谓保护接零(又称接零保护)就是在中性点接地的系统(如 TN 系统)中,将电气设备在正常情况下不带电的金属部分与零线作良好的金属连接。图 9-27 是采用保护接零情况下故障电流的示意图。当某一相绝缘损坏使相线碰壳,外壳带电时,由于外壳采用了保护接零措施,因此该相线和零线构成回路,单相短路电流很大,足以使线路上的保护装置(如熔断器)迅速熔断,从而将漏电设备与电源断开,从而避免人身触电的可能性。

保护接零适用于 380/220V,三相四线制、电源的中性点直接接地的配电系统。

在电源的中性点接地的配电系统中,只能采用保护接零,如果采用保护接地则不能有效地防止人身触电事故。如图 9-28 所示,若采用保护接地,电源中性点接地电阻与电气设备的接地电阻均按 4Ω 考虑,而电源电压为 220V,那么当电气设备的绝缘损坏使电气设备外壳带电时,则两接地电阻间的电流将为:

$$I_d = \frac{220}{R_o + R_d} = \frac{220}{4+4} = 27.5\text{A}$$

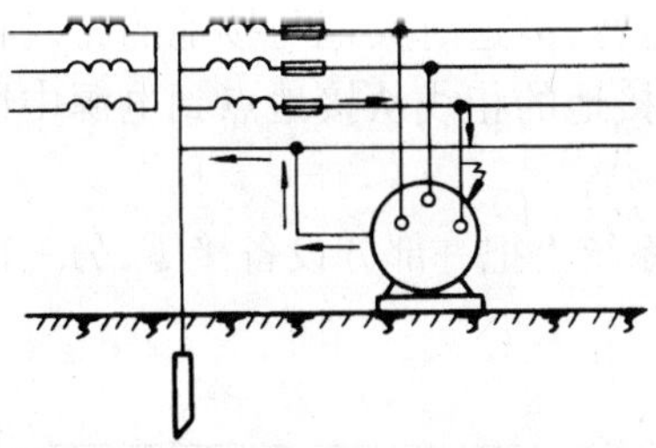

图 9-27　保护接零

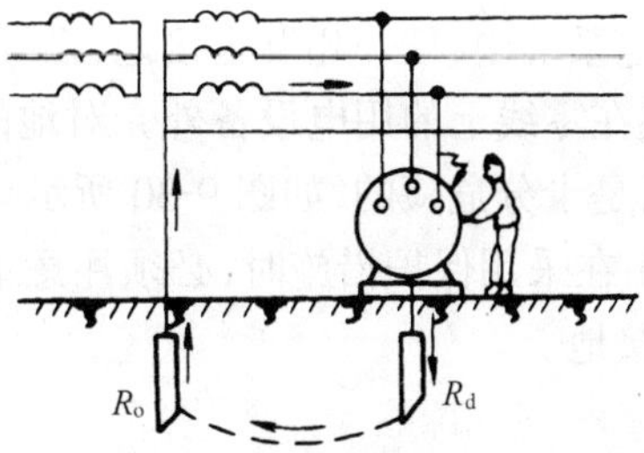

图 9-28　中性点接地系统采用保护接地的后果

熔断器熔体的额定电流是根据被保护设备的要求选定的,如果设备的容量较大,为了保证设备在正常情况下工作,所选用熔体的额定电流也会较大,在 27.5A 接地短路电流的作用下,将不能熔断,外壳带电的电气设备不能立即脱离电源,所以在设备的外壳上长期存在对地电压 U_d,其值为

$$U_d = 27.5 \times 4 = 110\text{V}$$

显然,这是很危险的。如果保护接地电阻大于电源中性点接地电阻,设备外壳的对地电压还要高,这时危险更大。

(二) 系统采用保护接零时需要注意的问题

(1) 在保护接零系统中,零线起着十分重要的作用。一旦出现零线断线,接在断线处后面一段线路上的电气设备,相当于没作保护接零或保护接地。如果在零线断线处后面有的电气设备外壳漏电,则不能构成短路回路,使熔断器熔断,不但这台设备外壳长期带电,而且使接在断线处后面的所有作保护接零设备的外壳都存在接近于电源相电压的对地电压,触电的危险性将被扩大,如图 9-29(a)所示。

对于单相用电设备,即使外壳没漏电,在零线断开的情况下,相电压也会通过负载和断线处后面的一段零线,出现在用电设备的外壳上,如图 9-29(b)所示。

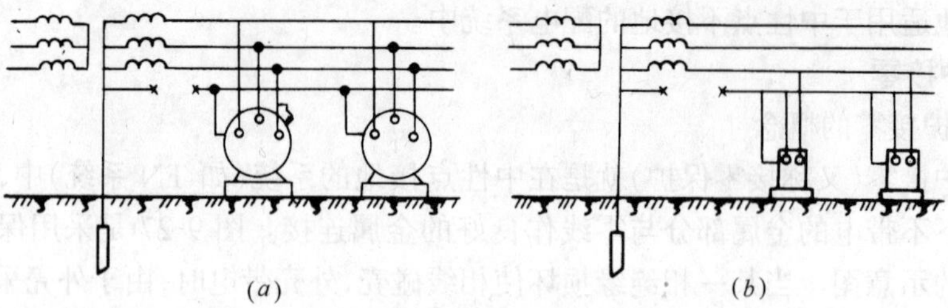

图 9-29　采用保护接零时零线断开的后果

零线的连接应牢固可靠、接触良好。零线的连接线与设备的连接应用螺栓压接。所有电气设备的接零线均应以并联方式接在零线上，不允许串联。在零线上禁止安装保险丝或单独的断流开关。在有腐蚀性物质的环境中，为了防止零线的腐蚀，应在其表面涂以必要的防腐涂料。

(2) 电源中性点不接地的三相四线制配电系统中，不允许用保护接零，而只能用保护接地。

在电源中性点接地的配电系统中，当一根相线和大地接触时，通过接地的相线与电源中性点接地装置的短路电流，可以使熔断器熔断，立即切断发生故障的线路。但在中性点不接地的配电系统中，任一相发生接地，系统虽仍可照常运行，但这时大地与接地的相线将等电位，则接在零线上的用电设备外壳对地的电压将等于接地的相线从接地点到电源中性点的电压值，是十分危险的，如图 9-30 所示。

(3) 在采用保护措施时，必须注意不允许在同一系统上把一部分设备接零，另一部分用电设备接地。

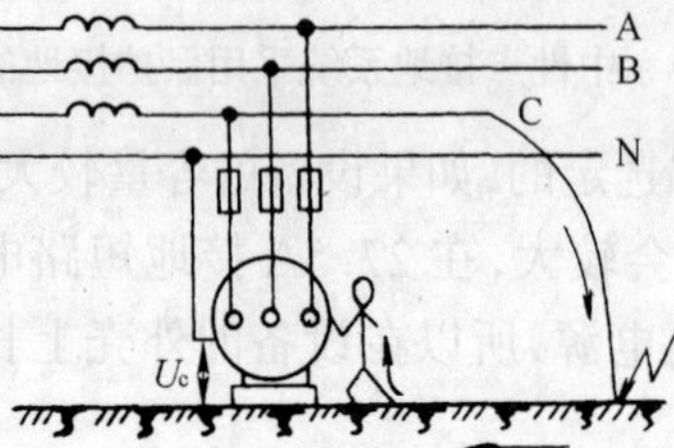

图 9-30　中性点不接地系统采用保护接零的后果

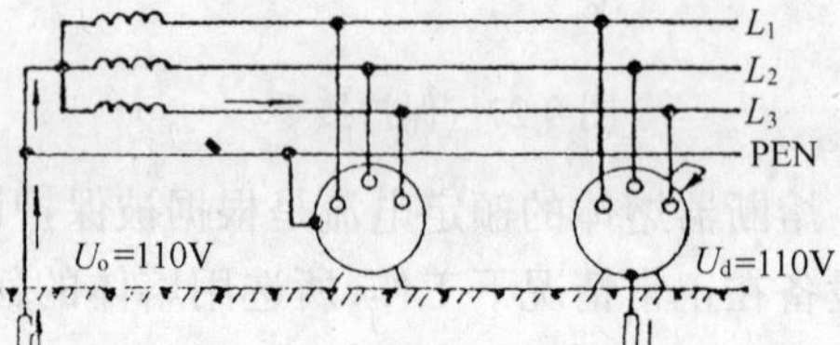

图 9-31　同时采用接地和接零的危险情况

在图 9-31 中，当外壳接地的设备发生碰壳漏电，而引起的事故电流烧不断熔丝时，设备外壳就带电 110V，并使整个零线对地电位升高到 110V，于是其他接零设备的外壳对地都有 110V 电位，这是很危险的。由此可见，在同一个系统上不准采用部分设备接零、部分设备接地的混合做法。即使熔丝符合能烧断的要求，也不允许混合接法。因为熔丝在使用中经常调换，很难保证不出差错。

(4) 在采用保护接零的系统中，还要在电源中性点进行工作接地和在零线的一定间隔距离及终端进行重复接地。

在三相四线制的配电系统中，将配电变压器副边中性点通过接地装置与大地直接连接叫工作接地。将电源中性点接地，可以降低每相电源的对地电压，当人触及一相电源时，人体受到的是相电压。而在中性点不接地系统中,当一根相线接地,人体触及另一根相线时,作用于人体的是电源的线电压,其危险性很大。同时配电变压器的中性点接地,为采用保护接零方式提供必备条件。工作接地的接地电阻不得大于4Ω,如图9-32所示。

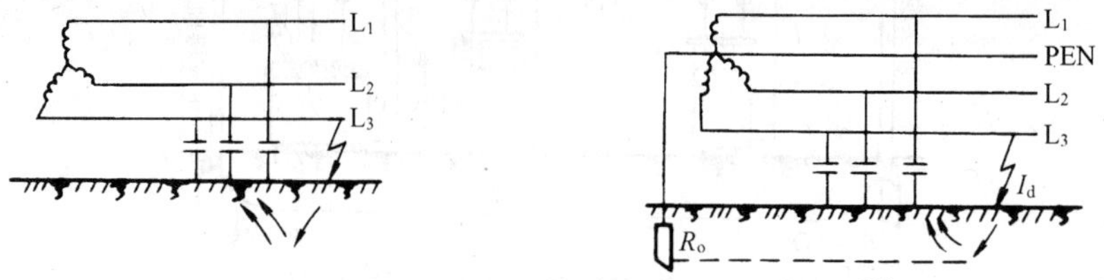

(a)　　(b)

图9-32　工作接地示意图

(a)电源中性点不接地系统;(b)电源中性点接地系统

在中性点接地的系统中,除将配电变压器的中性点做工作接地外,沿零线走向的一处或多处还要再次将零线接地,叫重复接地。

重复接地的作用是当电气设备外壳漏电时可以降低零线的对地电压;当零线断线时,也可减轻触电的危险。

当设备外壳漏电时,如前所述,经过相线、零线构成了短路回路,短路电流能迅速将熔断器熔断,切断电路,金属外壳亦随之无电,避免发生触电的危险性。但是从设备外壳漏电到熔断器熔断要经过一个很短的时间,在这短时间内,设备外壳存在对地电压,其值为短路电流在零线上的电压降。在这很短的时间内,如果有人触及设备外壳,还是很危险的。若在接近该设备处,再加一接地装置,即实行重复接地,如图9-33所示,设备外壳的对地电压则可降低。

此外,如果没有重复接地,当零线某处发生断线时,在断线处后面的所有电气设备就处在既没有保护接零,又没有保护接地的状态。一旦有一相电源碰壳,断线处后面的零线和与其相连的电器设备的外壳都将带上等于相电压的对地电压,是十分危险的,如图9-34所示。

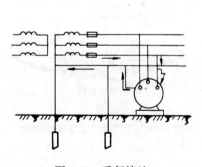

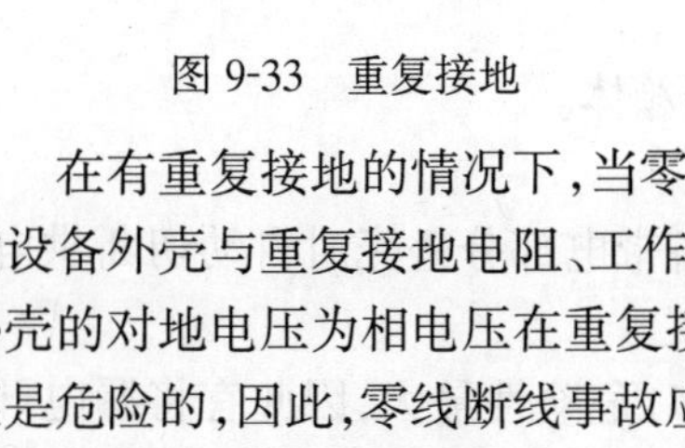

图9-33　重复接地

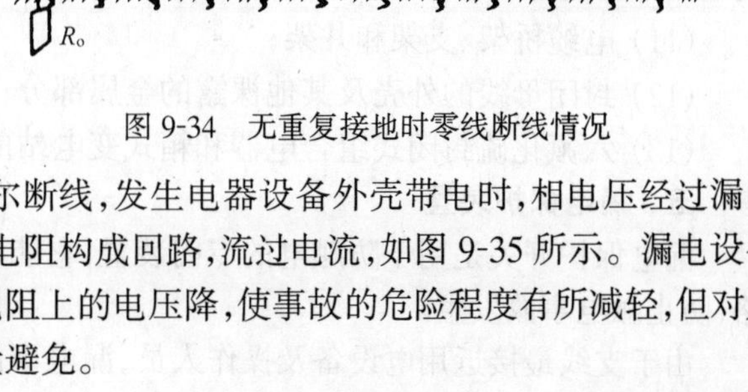

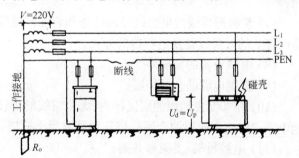

图9-34　无重复接地时零线断线情况

在有重复接地的情况下,当零线偶尔断线,发生电器设备外壳带电时,相电压经过漏电的设备外壳与重复接地电阻、工作接地电阻构成回路,流过电流,如图9-35所示。漏电设备外壳的对地电压为相电压在重复接地电阻上的电压降,使事故的危险程度有所减轻,但对人还是危险的,因此,零线断线事故应尽量避免。

在作接零保护的线路中,架空线路的干线和分支线的终端及沿线每一公里处,零线应重复接地。电缆线路和架空线路在引入建筑物处,零线亦应重复接地,但是如无特殊要求

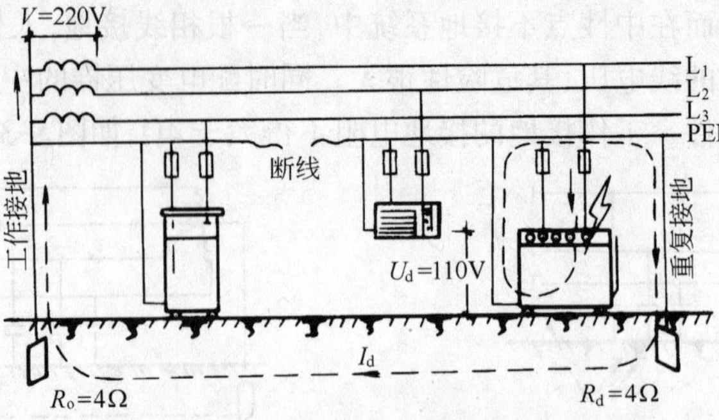

图 9-35　有重复接地时零线断线情况

时，距接地点不超过 50m 的建筑物可以不作重复接地。进户线重复接地做法见图 9-36。

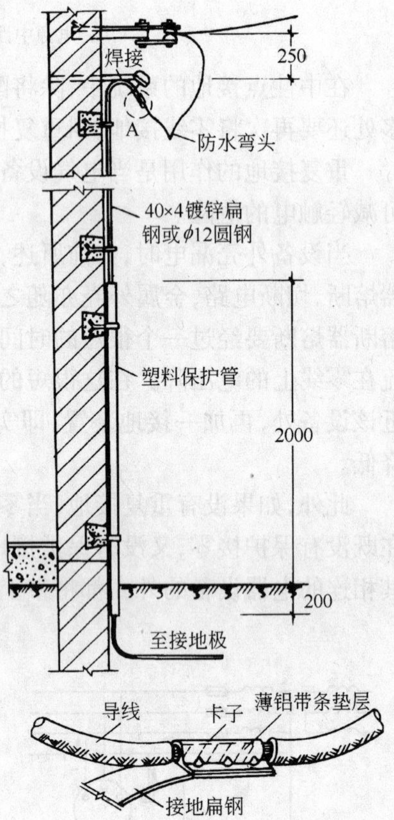

图 9-36　进户线处重复接地做法

四、保护接零和保护接地的适用范围

对于以下电气设备的金属部分均应采取保护接零或保护接地措施。

(1) 电机、变压器、电器、照明器具、携带式及移动式用电器具等的底座和外壳；

(2) 电气设备的传动装置；

(3) 电压和电流互感器、电焊变压器及局部照明变压器的二次绕组；

(4) 配电屏与控制屏的框架；

(5) 室内、外配电装置的金属架、钢筋混凝土的主筋和金属围栏；

(6) 穿线的钢管、金属接线盒和电缆头、盒的外壳；

(7) 装有避雷线的电力线路的杆塔和装在配电线路电杆上的开关设备及电容器的外壳；

(8) 电热设备的金属外壳；

(9) 控制电缆的金属护层；

(10) 在非沥青地面的居民区内，无避雷线的小接地电流架空电力线路的金属杆塔和钢筋混凝土杆塔；

(11) 电缆桥架、支架和井架；

(12) 封闭母线的外壳及其他裸露的金属部分；

(13) 六氟化硫封闭式组合电器和箱式变电站的金属箱体。

五、漏电保护装置

漏电保护开关是用于防触电的专门装置，它能在设备带电部分碰壳时自动切断供电回路，防止触电事故发生。

由于支线最接近用电设备及操作人员，漏电事故最多，危险性最大，因此宜将漏电开关装设在支线上。这样，动作后停电影响范围小，也容易寻找故障，但需要装设的数量较多。支线上一般选用额定动作电流为 30mA 以下、0.1s 以内动作的高速型漏电开关。只在干线上装设比较经济，但因支线线路多，动作后停电范围大，寻找故障范围也较困难。另一种为干线及支线上都安装漏电保护开关，即在支线上装设 30mA 高速型漏电保护开关，干线上装设动作电流较大（如 500mA）的并具有延时的漏电保护开关，这对于防止火灾、电弧烧毁设备等都是行之有效的。

漏电开关的形式有电流动作型、电压动作型，一般应优先选择电流动作型、纯电磁式漏电开关。若负荷为单相两线，则选用两级的漏电开关，负荷为三相三线，则选用三级的漏电开关，负荷为三相四线，则选用四级漏电开关。

为确保漏电开关真正起到触电和漏电保护作用，必须按正确的要求和方面安装。不同供电系统，漏电开关的正确接线方法见表 9-2。

漏电保护器的接线方法 **表 9-2**

相数 \ 极数		二极	三极	四极
单相 220V		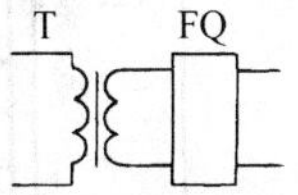		
三相 380/220V 接零保护	TN-S 系统	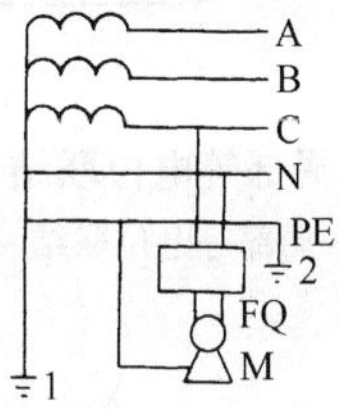	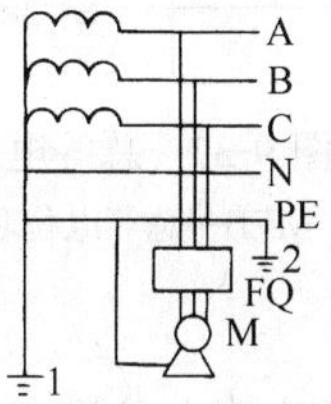	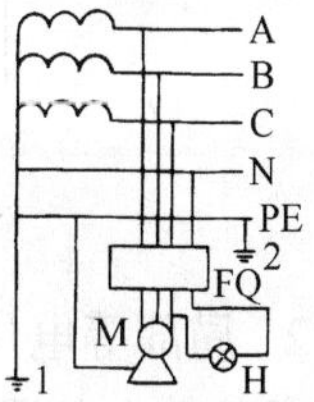
三相 380/220V 接地系统	TT 系统	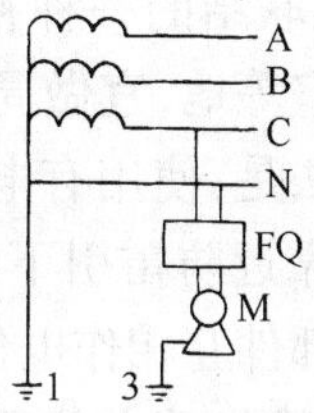	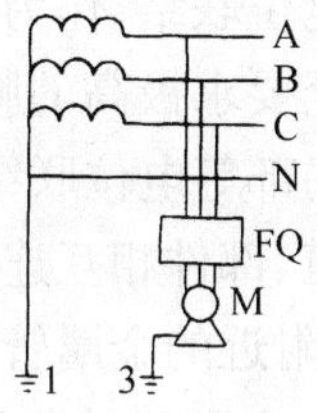	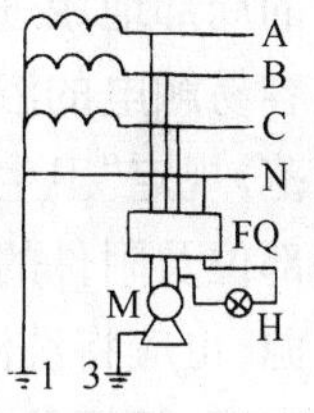

注：A、B、C—相线；N—工作零线；1—工作接地；2—重复接地；3—保护接地；M—电动机（或家用电器）；H—灯；FQ—漏电保护器；T—隔离变压器。

六、等电位联结

等电位联结是使电气装置各外露可导电部分和装置外可导电部分基本相等的一种电气联结。等电位联结的作用，在于降低接触电压，以保障人员安全。按规定：采用接地故障保护时，在建筑物内应作总等电位联结，缩写为 MEB。当电气装置或其某一部分的接地故障保护不能满足规定要求时，尚应在局部范围内做局部等电位联结，缩写为 LEB。

等电位联结是使各个外露可导电部分及装置外导电部分的电位作实质上相等的电气连接。克服各电气装置之间的电位差，是在发生电气故障时保护人身和财产安全的重要措施之一。因此，IEC 标准把等电位联结作为电气装置最基本的保护。应注意：国际电工标准中常将设备外壳与 PE 线的连接称作“联结”而不用“连接”。因为“连接”是指导体间的接触导通，其中包括通过正常工作电流的接触导通。而“联结”是指只传导电位，平时不通过电流，只在故障时才通过部分故障电流的导体间的相互接触导通。

1. 总等电位联结

总等电位联结是在建筑物进线处，将 PE 线或 PEN 线与电气装置接地干线，建筑物内的各种金属管道（如水管、煤气管、采暖空调管等）以及建筑物金属构件等都接向总等电位联结端子，使它们都具有基本相等的电位，见图 9-37 中 MEB。

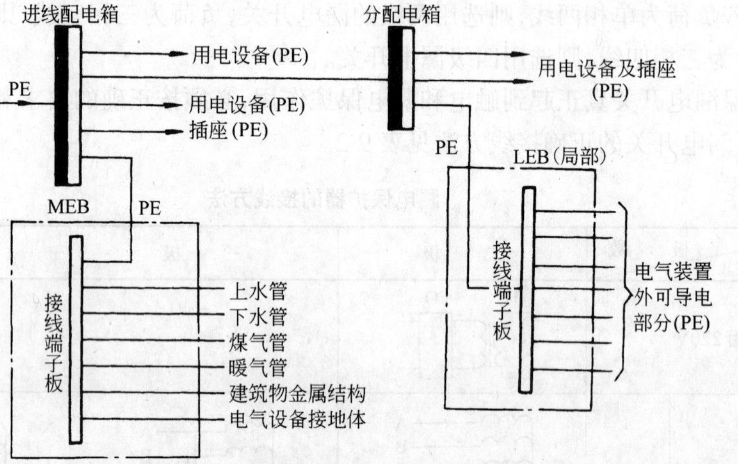

图 9-37 总等电位联结和局部等电位联结

MEB—总等电位联结；LEB—局部等电位联结

2. 局部等电位联结

局部等电位联结又称辅助等电位联结，是在远离总等电位联结处、非常潮湿、触电危险性大的局部地域进行的等电位联结，作为总等电位联结的一种补充，见图 9-37 中 LEB。通常在容易触电的浴室及安全要求极高的胸腔手术室等地，宜做局部等电位联结。如《住宅设计规范》规定“卫生间宜做局部等电位联结”，其作法是：使用有电源的洗浴设备，用 PE 线将洗浴部位及附件的金属管道、部件相互连接起来，靠近防雷引下线的卫生间，洗浴设备虽未接电源，也应将洗浴部位及附近的金属管道、金属部件互相作电气通路的连接。高层住宅的外墙窗框、门框及金属构件，应和建筑物防雷引下线作等电位联结。电缆竖井内应设公共 PE 干线，公共 PE 干线截面按竖井内最大的一个供电回路 PE 线的选择确定（其中相线截面 400～800mm^2，PE 线为 200mm^2，相线截面超过 800mm^2 时，PE 线为 1/4 相线截面），除竖井内各层引出回路 PE 线接该 PE 干线外，应将竖井内各金属管道、支架、构件、设备外壳接公共 PE 干线，构成局部范围内的辅助等电位联结。

总等电位联结主母线的截面规定不应小于装置中最大 PE 线截面的一半，但不小于 6mm^2。如果是采用铜导线，其截面可不超过 25mm^2。如为其他材质导线时，其截面应能承受与之相当的载流量。

连接两个外露可导电部分的局部等电位线，其截面不应小于接至该两个外露可导电部分的较小 PE 线的截面。

连接装置外露可导电部分与装置外可导电部分的局部等电位联结线，其截面不应小于相应 PE 线截面的一半。

PE 线、PEN 线和等电位联结线，以及引至接地装置的接地干线等，在安装竣工后，均应检测其导电是否良好,绝不允许有不良或松动的连接。在水表、燃气表处,应作跨接线。管道连接处,一般不需跨接线,但如导电不良则应作跨接线。

第三节　安全用电基本知识

随着电能在人们生产、生活中的广泛应用,使人接触电气设备的机会增多,而造成的电气事故的可能性增加了。电气事故包括设备事故和人身事故两种。设备事故是指设备被烧毁或设备故障带来的各种事故,设备事故会给人们造成不可估量的经济损失和不良影响;人身事故指触电死亡或受伤等事故,它会给人们带来巨大的痛苦。因此,应了解安全用电常识,遵守安全用电的有关规定,避免损坏设备或发生触电伤亡事故。

一、电流对人体的伤害

电流对人体的伤害是电气事故中最为常见的一种,它基本上可以分为电击和电伤两大类。

(一) 电击

人体接触带电部分,造成电流通过人体,使人体内部的器官受到损伤的现象,称为电击触电。在触电时,由于肌肉发生收缩,受害者常不能立即脱离带电部分,使电流连续通过人体,造成呼吸困难,心脏麻痹,以至于死亡,所以危险性很大。

直接与电气装置的带电部分接触、过高的接触电压和跨步电压都会使人触电。而与电气装置的带电部分因接触方式不同又分为单相触电和两相触电。

1．单相触电

单相触电是指当人体站在地面上,触及电源的一根相线或漏电设备的外壳而触电。

单相触电时,人体只接触带电的一根相线,由于通过人体的电流路径不同,所以其危险性也不一样。如图 9-38 所示,为电源变压器的中性点通过接地装置和大地作良好连接的供电系统,在这种系统中发生单相触电时,相当于电源的相电压加给人体电阻与接地电阻的串联电路。由于接地电阻较人体电阻小很多,所以加在人体上的电压值接近于电源的相电压,在低压为 380/220V 的供电电系统中,人体将承受 220V 电压,是很危险的。

图 9-39 所示为电源变压器的中性点不接地的供电系统的单相触电,这种单相触电,电流通过人体、大地和输电线间的分布电容构成回路。显然这时如果人体和大地绝缘良好,流经人体的电流就会很小,触电对人体的伤害就会大大减轻。实际上,中性点不接地的供电系统仅局限在游泳池和矿井等处应用,所以单相触电发生在中性点接地的供电系统中最多。

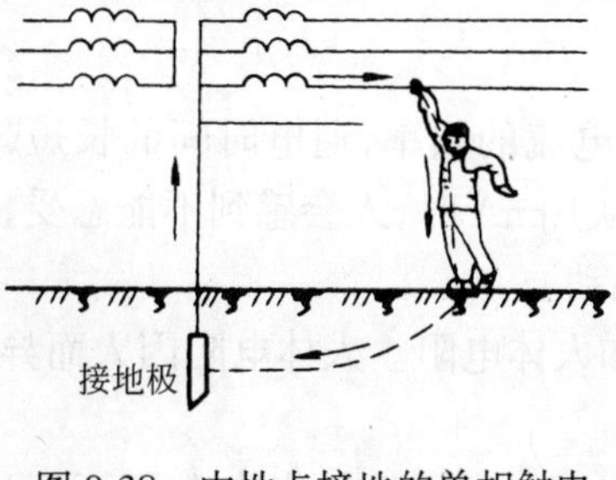

图 9-38　中性点接地的单相触电

图 9-39　中性点不接地的单相触电

2．两相触电

当人体的两处,如两手、或手和脚,同时触及电源的两根相线发生触电的现象,称为两相触电。在两相触电时,虽然人体与地有良好的绝缘,但因人同时和两根相线接触,人体处于电源线电压下,在电压为380/220V的供电系统中,人体承受380V电压的作用,并且电流大部分通过心脏,因此是最危险的,如图9-40所示。

3. 跨步电压的触电

过高的跨步电压也会使人触电。当电力系统和设备的接地装置中有电流时,此电流经埋设在土壤中的接地体向周围土壤中流散,使接地体附近的地表任意两点之间都可能出现电压。如果以大地为零电位,即接地体以外15~20m处可以认为是零电位,则接地体附近地面各点的电位分布如图9-41所示。

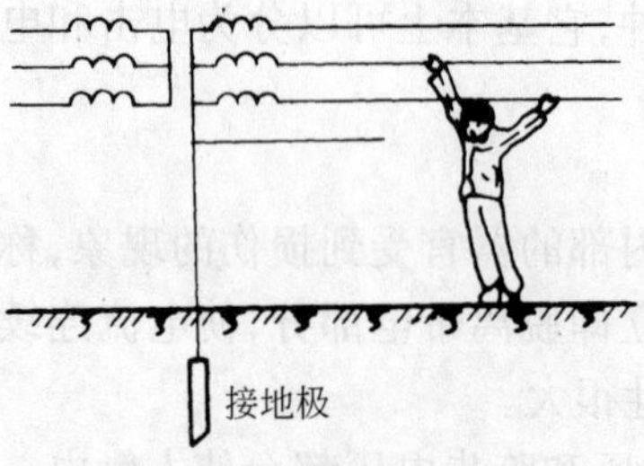

图9-40 两相触电

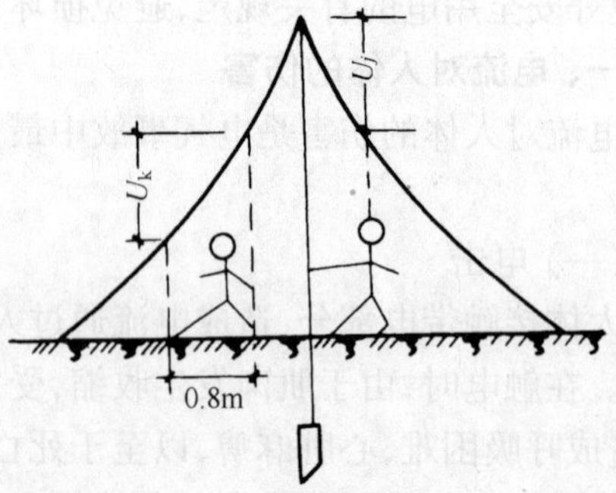

图9-41 接地体附近的电位分布

人在接地装置附近行走时,由于两足所在地面的电位不相同,人体所承受的电压即图中的 U_K 为跨步电压。跨步电与跨步大小有关。人的跨步一般按0.8m考虑。

当供电系统中出现对地短路时,或有雷电流流经输电线入地时,都会在接地体上流过很大的电流,使跨步电压 U_K 都大大超过安全电压,造成触电伤亡。为此接地体要做好,使接地电阻尽量小,一般要求为4Ω。

跨步电压 U_K 还可能出现在被雷电击中的大树附近或带电的相线断落处附近,人们应远离断线处0.8m以外。

(二) 电伤

由于电弧以及熔化、蒸发的金属微粒对人体外表的伤害,称为电伤。例如在拉闸时,不正常情况下,可能发生电弧烧伤或刺伤操作人员的眼睛。再如熔丝熔断时,飞溅起的金属微粒可能使人皮肤烫伤或渗入皮肤表层等。电伤的危险程度虽不如电击,但有时后果也是很严重。

二、安全电压

发生触电时的危险程度与通过人体电流的大小,电流的频率,通电时间的长短,电流在人体中的路径等多方面因素有关。通过人体的电流为10mA时,人会感到不能忍受,但还能自行脱离电源;电流为30~50mA,会引起心脏停止跳动。

通过人体电流的大小取决于加在人体上的电压和人体电阻。人体电阻因人而异。差别很大,一般在800Ω至几万欧。

考虑使人致死的电流和人体在最不利情况下的电阻,我国规定安全电压不超过36V。常用的有36、24、12V等。

在潮湿或有导电地面的场所，当灯具安装高度在 2m 以下，容易触及而又无防止触电措施时，其供电电压不应超过 36V。

一般手提行灯的供电电压不应超过 36V，但如果作业地点狭窄，特别潮湿，且工作者接触有良好接地的大块金属时（如在锅炉里）则应使用不超过 12V 的手提灯。

三、触电急救

触电者是否能获救，关键在于能否尽快脱离电源和施行正确的紧急救护。人体触电急救工作要镇静、迅速。据统计，触电 1min 后开始急救，90％有良好效果，6min 后 10％有良好效果，12min 后救活的可能性就很小了。具体的急救方法是：

（一）使触电者尽快脱离电源

当人体触电后，由于失去自我控制能力而难以自行摆脱电源，这时，使触电者尽快脱离电源是救活触电者的首要因素。抢救时必须注意，触电者身体已经带电，直接把他脱离电源，对抢救者来说是十分危险的。为此，如果开关或插头距离救护人员很近，应立即拉掉开关或拔出插头。如果距离电源开关太远，抢救者可以用电工钳或有干燥木柄的刀、斧等切断电线，或用干燥、不导电的物件，如木棍、竹杆等拨开电线，或把触电者拉开。抢救者应穿绝缘鞋或站在干木板上进行这项工作。触电者如在高空作业时发生触电，抢救时应采取适当的防止摔伤的措施。

（二）脱离电源后的急救处理

触电者脱离电源后，应尽量在现场抢救，抢救的方法根据伤害程度的不同而不同。如果触电人所受伤害并不严重，神志尚清醒，只是有些心慌、四肢发麻，全身无力或者虽一度昏迷，但未失去知觉时，都要使之安静休息，不要走路，并严密观察其病变。如触电者已失去知觉，但还有呼吸或心脏还在跳动，应使其舒适、安静地平卧。劝散围观者，使空气流通，解开其衣服以利呼吸。如天气寒冷，还应注意保温。并迅速请医生诊治。如发现触电者呼吸困难、稀少，不时还发生抽筋现象，应准备在心脏停止跳动、呼吸停止后立刻进行人工呼吸和心脏挤压。如果触电人伤害得相当严重，心跳和呼吸都已停止，人完全失去知觉时，则需采用口对口人工呼吸和人工胸外心脏挤压两种方法同时进行，急救做法见图 9-42、图 9-43。

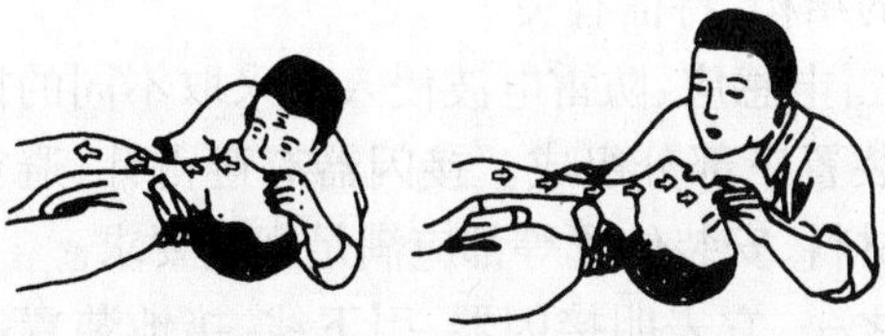

(*a*)　　(*b*)

图 9-42　口对口人工呼吸法

(*a*)吹气；(*b*)排气

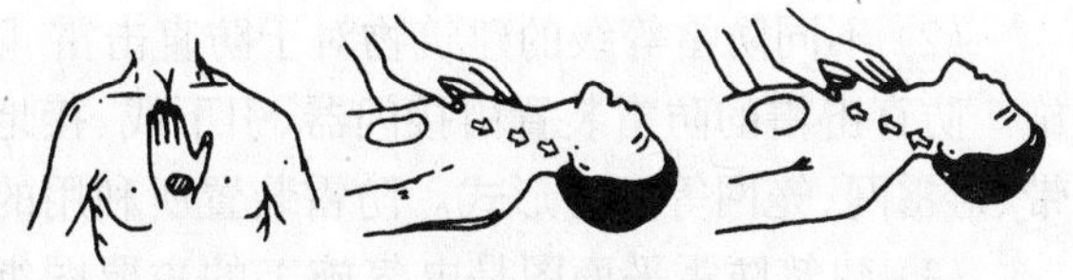

(*a*)　　(*b*)　　(*c*)

图 9-43　胸外心脏挤压法

(*a*)胸外心脏挤压的正确压区；(*b*)挤压；(*c*)放松

抢救触电人往往需要很长时间，有时要进行 1～2h，必须连续进行，不得间断，直到触电人心跳和呼吸恢复正常，触电人面色好转，嘴唇红润，瞳孔缩小，才算抢救完毕。

1．口对口（口对鼻）

触电人仰卧，肩下可以垫些东西使头尽量后仰，鼻孔朝天。救护人在触电人头部左侧或右侧，一手捏紧鼻孔，另一只手掰开嘴巴（如果张不开嘴巴，可以用口对鼻，但此时要把口捂住）深吸气后紧贴嘴巴吹气，吹气时要使他胸部膨胀，然后很快把头移开，让触电者自行排气。吹气 2s，排气 3s，约每 5s 一个周期。儿童只能小口吹气。操作方法如图 9-42 所示。

2. 胸外心脏挤压法

触电者仰卧躺在地上或硬板上,救护人跨跪在触电人腰部,两手相叠(儿童可用一只手)两臂伸直,掌根放在心口窝稍高一点地方(胸骨下1/3部位);掌根用力下压(向触电人脊背方向)使心脏里面血液挤出,成人压陷3~4cm,儿童用力轻些,挤压后掌根很快抬起,让触电人胸部自动复原,血液又充满心脏。成人每分钟压下60~70次,小孩每分钟压下80~100次。每次放松时,掌根不必完全离开胸壁。操作方法如图9-43所示。

做心脏挤压时,手掌位置一定找准,用力太猛容易造成骨折、气胸或肝破裂,用力过浅达不到心脏起跳和血液循环的作用。

四、防止触电的主要措施

(1) 经常对设备进行安全检查,检查有无裸露的带电部分和漏电情况。裸露的带电线头,必须及时地用绝缘材料包好。检验时,应使用专用的验电设备,任何情况下都不要用手去鉴别。

(2) 装设保护接地或保护接零。当设备的绝缘损坏,电压窜到其金属外壳时,把外壳上的电压限制在安全范围内,或自动切断绝缘损坏的电气设备。

(3) 正确使用各种安全用具,如绝缘棒、绝缘夹钳、绝缘手套、绝缘套鞋、绝缘地毯等。并悬挂各种警告牌,装设必要的信号装置。

(4) 安装漏电自动开关。当设备漏电、短路、过载或人身触电时,自动切断电源,对设备和人身起保护作用。

(5) 当停电检修时及接通电源前都应采取措施使其他有关人员知道,以免有人正在检修时,其他人合上电闸;或者在接通电源时,其他人员由于不知道而正在作业,造成触电。

本 章 小 结

(1) 雷电是雷云对地面放电的一种自然现象。它对人类的危害很大,其破坏作用有直击雷、感应雷、雷电波入侵三种类型。建筑物遭受雷击次数的多少,不仅与当地的雷电活动频繁程度有关,还与建筑物所在环境,建筑物本身的结构、特征有关。

(2) 不同防雷等级的建筑物对于防直击雷、防雷电感应、防雷电波侵入各采取不同的措施。防直击雷的防雷装置由接闪器、引下线、接地装置三部分组成。接闪器有避雷针、避雷带、避雷网、笼网等多种形式。防雷装置所利用的材料、安装位置等都应满足规范要求。

(3) 建筑防雷平面图是电气施工的主要图纸之一,它表明接闪器、引下线、接地装置等的安装要求。

(4) 高层建筑、智能建筑、贮油罐,输油管等应按要求采取防雷措施。

(5) 为了保证安全用电,应采取保护接地、保护接零的措施。

保护接地应用于电源中性点不接地的配电系统;保护接零应用于380/220V三相四线制电源的中性点直接接地的配电系统。

在采取保护接零时,应注意零线必须牢固、连接可靠;用于保护接零的零线上,不得安装开关或熔断器;保护接零只能用于电源中性点直接接地的配电系统;在接零保护系统中,不能一些设备保护接零,而另一些设备保护接地。

在中性点接地系统中重复接地不可缺少,它对安全用电有重要作用。

(6) 随着人接触电气设备机会的增多,电气事故发生的可能性增大。电流对人体的伤害有电击和电伤两大类。人体的电击触电有单相触电、两相触电、跨步电压触电等几种形式。当有人触电后,应采取积极、果断的急救措施,尽可能使触电者脱离危险。为了防止触电,应掌握安全用电常识。在危险场所,供电电压不应超过36V。

思考题与习题

1. 雷电是怎样形成的?
2. 雷电的破坏作用可分为哪几类?
3. 什么样的建筑易遭受雷击? 建筑物的哪些部位易遭受雷击?
4. 防止直击雷的避雷装置由哪几部分组成?
5. 什么是避雷针、避雷带、避雷网和笼网?
6. 什么是引下线和接地装置? 各起什么作用?
7. 防雷电感应应采取什么措施?
8. 怎样防止雷电波的侵入?
9. 建筑防雷平面图的内容是什么?
10. 什么是单相触电、两相触电、跨步电压触电?
11. 我国对安全电压有哪些规定?
12. 对触电者应采取哪些措施?
13. 防止触电的主要措施有哪些?
14. 什么是保护接地? 什么是保护接零? 各用在什么系统中,为什么?
15. 保护接零时,零线的作用是什么?
16. 为什么有了保护接零,还要有重复接地?
17. 哪些设备需要进行保护接地或保护接零?

第十章　智能建筑基本知识

第一节　智能建筑的基本概念

智能建筑或智能大厦(Intelligent Building,缩写 IB)是信息时代的产物,是计算机技术、通信技术、控制技术与建筑技术密切结合的结晶。随着全球社会信息化与经济国际化的深入发展,智能建筑已成为各国综合经济实力的具体象征,也是各大跨国企业集团国际竞争实力的形象标志。兴建智能型建筑已成为当今的发展目标。

智能建筑系统功能设计的核心是系统集成设计。智能建筑物内信息通信网络的实现,是智能建筑系统功能上系统集成的关键。

一、智能建筑的兴起

智能建筑起源于美国。当时,美国的跨国公司为了提高国际竞争能力和应变能力,适应信息时代的要求,纷纷以高科技装备大楼(Hi-Tech Building),如美国国家安全局和"五角大楼"对办公和研究环境积极进行创新和改进,以提高工作效率。早在1984年1月,由美国联合技术公司(UTC)在美国康涅狄格(Connecticut)州哈特福德(Hartford)市,将一幢旧金融大厦进行改建。改建后的大厦,称之为都市大厦(City Palace Building)。它的建成可以说完成了传统建筑与新兴信息技术相结合的尝试。楼内主要增添了计算机、数字程控交换机等先进的办公设备以及高速通信线路等基础设施。大楼的客户不必购置设备便可实行语音通信、文字处理、电子邮件传递、市场行情查询、情报资料检索、科学计算等服务。此外,大楼内的暖通、给水排水、消防、保安、供配电、照明、交通等系统均由计算机控制,实现了自动化综合管理,使用户感到更加舒适、方便和安全,引起了世人的关注。从而第一次出现了"智能建筑"这一名称。

随后,智能建筑蓬勃兴起,以美国、日本兴建最多。在法国、瑞典、英国、泰国、新加坡等国家和我国香港、台湾等地区也方兴未艾,形成在世界建筑业中智能建筑一枝独秀的局面。在步入信息社会和国内外正加速建设"信息高速公路"的今天,智能建筑越来越受到我国政府和企业的重视。智能建筑的建设已成为一个迅速成长的新兴产业。近几年,在国内建造的很多大厦已打出智能建筑的牌子。如北京的京广中心、中华大厦,上海的博物馆、金茂大厦、浦东上海证券交易大厦,深圳的深房广场等。为了规范日益庞大的智能建筑市场,我国于2000年10月1日开始实施《智能建筑设计标准》(GBT 50314—2000)。

二、智能建筑的概念

智能化建筑的发展历史较短,有关智能建筑的系统描述很多,目前尚无统一的概念。这里主要介绍美国智能化建筑学会(American Intelligent Building Institute,即 AIBI)对智能建筑下的定义:智能建筑(Intelligent Building)是将结构、各种系统、服务、管理进行优化组合,获得高效率、高功能与高舒适性的大楼,从而为人们提供一个高效和具有经济效益的工作环境。

日本建筑杂志载文提出，智能建筑就是高功能大楼。建筑环境必须适应智能建筑的要求，方便、有效地利用现代通信设备，并采用楼宇自动化技术，具有高度综合管理功能的大楼。

我们认为，应强调智能建筑的多学科交叉，多技术系统综合集成的特点，故推荐如下定义：智能建筑是指利用系统集成方法，将计算机技术、通信技术、控制技术与建筑艺术有机结合，通过对设备的自动监控，对信息资源的管理和对使用者的信息服务及其与建筑的优化组合获得的投资合理、适合信息社会要求，并且具有安全、高效、舒适、便利和灵活特点的建筑物。

根据上述定义可见，智能建筑是多学科跨行业的系统。它是现代高新技术的结晶，是建筑艺术与信息技术相结合的产物。

从上面的讨论可以归纳出，智能建筑应具有如下基本功能：

(1) 智能建筑通过其结构、系统、服务和管理的最佳组合提供一种高效和经济的环境。

(2) 智能建筑能在上述环境下为管理者实现以最小的代价提供最有效的资源管理。

(3) 智能建筑能够帮助其业主、管理者和住户实现他们的造价、舒适、便捷、安全、长期的灵活性以及市场效应的目标。

智能化建筑通常具有四大主要特征，即建筑物自动化（Building Automation，即 BA）、通信自动化（Communication Automation，即 CA）、办公自动化（Office Automation. 即 OA）、布线综合化。前三化就是所谓“3A”（智能建筑）。目前有的房地产开发商为了更突出某项功能，提出防火自动化（Fire Automation，即 FA），以及把建筑物内的各个系统合起来管理，形成一个管理自动化（Maintenance Automation，即 MA），加上 FW 和 MA 这两个“A”，便成为 5A 智能化建筑了。但从国际上来看，通常定义 BA 系统包括 FA 系统，OA 系统包括 MA 系统。因此现在只采用 3A 的提法，否则难免会进而提出 6A 或更多，反而不利于全面理解“智能建筑”定义的内涵。智能建筑结构示意图可用图 10-1 表示。

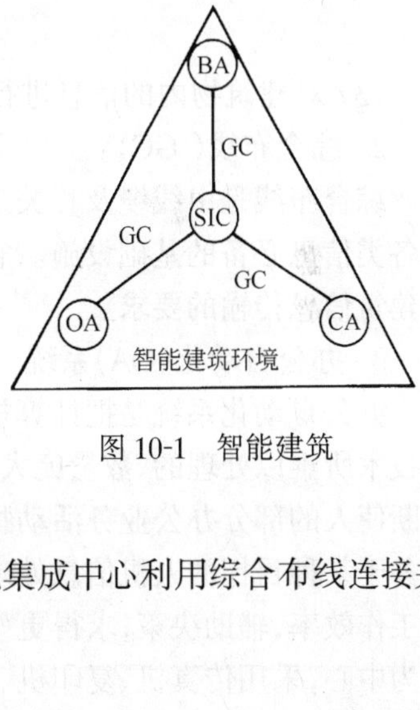

图 10-1　智能建筑

由图 10-1 可知，智能建筑是由智能化建筑环境内的系统集成中心利用综合布线连接并控制“3A”系统组成的。

三、智能建筑的组成和功能

在智能建筑环境内体现智能功能的主要有 SIC。GC 和 3A 系统等 5 个部分。其系统组成和功能示意如图 10-2 所示。下面简要地介绍这 5 个部分的作用。

1．系统集成中心（SIC）

SIC 应具有各个智能化系统信息汇集和各类信息综合管理的功能，并要达到以下三方面的具体要求：

(1) 汇集建筑物内外各类信息，接口界面要标准化、规范化，以实现各子系统之间的信息交换及通信；

(2) 对建筑物各个子系统进行综合管理；

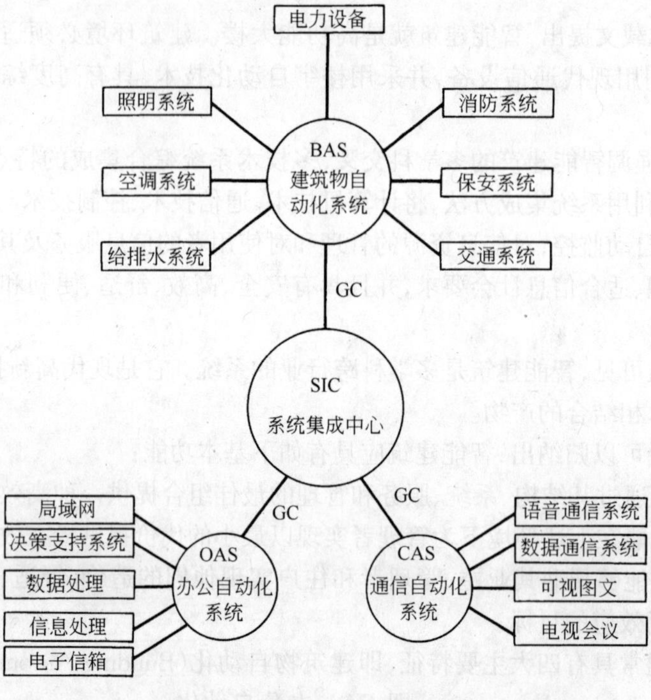

图 10-2　智能建筑的系统功能

(3) 对建筑物内的信息进行实时处理，并且具有很强的信息处理及信息通信能力。

2. 综合布线(GC)

综合布线是由线缆及相关连接硬件组成的信息传输通道。它是智能建筑连接“3A”系统各类信息必备的基础设施。它采用积木式结构、模块化设计、统一的技术标准，能满足智能建筑信息传输的要求。

3. 办公自动化(OA)系统

办公自动化系统是把计算机技术、通信技术、系统科学及行为科学应用于传统的数据处理技术所难以处理的、数量庞大且结构不明确的业务上。可见，它是利用先进的科学技术，不断使人的部分办公业务活动物化于人以外的各种设备中，并由这些设备与办公人员构成服务于某种目标的人机信息处理系统。其目的是尽可能利用先进的信息处理设备，提高人的工作效率，辅助决策，求得更好的效果，以实现办公自动化目标。即在办公室工作中，以微机为中心，采用传真机、复印机、打印机、电子邮件(E-mail)等一系列现代办公及通信设施，全面而又广泛地收集、整理、加工、使用信息，为科学管理和科学决策服务。

从办公自动化(OA)系统的业务性质来看主要有以下三项任务。

(1) 电子数据处理(Electronic Data Processing，即 EDP)　处理办公中大量繁琐的事务性工作，如发送通知。打印文件、汇总表格、组织会议等。将上述繁琐的事务交给机器来完成，以达到提高工作效率、节省人力的目的。

(2) 管理信息系统(Management Information System，即 MIS)　对信息流的控制管理是每个部门最本质的工作。OA 是管理信息的最佳手段，它把各项独立的事务处理通过信息交换和资源共享联系起来以获得准确、快捷、及时、优质的功效。

(3) 决策支持系统(Decision Support Systems,即 DSS) 决策是根据预定目标做出的决定,是高层次的管理工作。决策过程包括提出问题、搜集资料、拟订方案、分析评价、最后选定等一系列的活动。

OA 系统能自动地分析。采集信息,提供各种优化方案,为辅助决策者做出正确、迅速的决定。智能建筑办公自动化系统功能示意如图 10-3 所示。

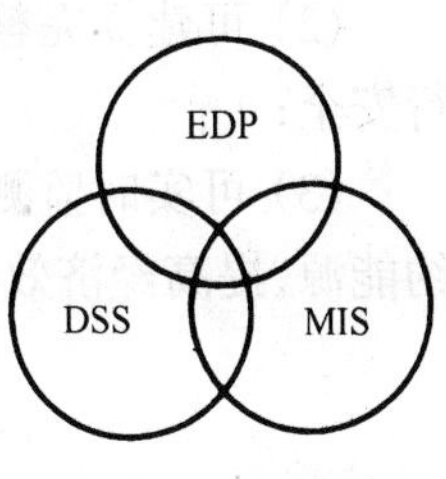

图 10-3 智能建筑办公自动化系统功能

4. 通信自动化(CA)系统

通信自动化系统能高速进行智能建筑内各种图像、文字、语音及数据之间的通信。它同时与外部通信网相连,交流信息。通信自动化系统可分为语音通信、图文通信、数据通信及卫星通信等四个子系统。

(1) 语音通信系统 此系统可给用户提供预约、呼叫、等待呼叫、自动重拨、快速拨号、转移呼叫、直接拨入,接收和传递信息的小屏幕显示,以及用户账单报告、屋顶远程端口卫星通信、语音邮政等上百种不同特色的通信服务。

(2) 图文通信在当今智能建筑中,可实现传真通信、可视数据检索等图像通信、文字邮件、电视会议通信业务等。由于数字传送和分组交换技术的发展及采用大容量高速数字专用通信线路实现多种通信方式,使得根据需要选定经济而高效的通信线路成为可能。

(3) 数据通信系统可供用户建立计算机网络,以连接办公区内的计算机及其他外部设备完成数据交换业务。多功能自动交换系统还可使不同用户的计算机之间进行通信。

(4) 卫星通信突破了传统的地域观念,实现了相距万里近在眼前的国际信息交往联系。今天的现代化建筑已不再局限在几个有限的大城市范围内。它真正提供了强有力的缩短空间和时间的手段。因此通信系统起到了零距离、零时差交换信息的重要作用。

通信传输线路既可以是有线线路,也可以是无线线路。在无线传输线路中,除微波、红外线外,主要是利用通信卫星。

"通信自动化"一词虽然不太严谨,但已约定俗成。不过,随着计算机化的数字程控交换机的广泛使用,通信不仅要自动化,而且要逐步向数字化、综合化、宽带化、个人化方向发展。其核心是数字化,其根本前提是要构成网络。

5. 建筑物自动化(BA)系统

建筑物自动化(BA)系统是以中央计算机为核心,对建筑物内的设备运行状况进行实时控制和管理,从而使办公室成为温度、湿度、照度稳定和空气清新的办公室。按设备的功能、作用及管理模式,该系统可分为火灾报警与消防联动控制系统、空调及通风监控系统、供配电及应急电站的监控系统、照明监控系统、保安监控系统、给水排水监控系统和交通监控系统。

其中,交通控制系统包括电梯监控系统和停车场自动监控管理系统;保安监控系统包括紧急广播系统和巡更对讲系统。

BA 系统日夜不停地对建筑物的各种机电设备的运行情况进行监控,采集各处现场资料自动处理,并按预置程序和随机指令进行控制。因此,采用了 BA 系统有如下优点:

(1) 集中统一地进行监控和管理,既可节省大量人力,又可提高管理水平;

(2) 可建立完整的设备运行档案,加强设备管理,制订检修计划,确保建筑物设备的运行安全;

(3) 可实时监测电力用量。最优开关运行和工作循环最优运行等多种能量监管,可节约能源、提高经济效益。

第二节　智能建筑的综合布线

一、综合布线的概念

综合布线为建筑物内或建筑群之间交换信息提供一个模块化的、灵活性极高的传输通道。它包括建筑物外部网络或电信线路的连接点与应用系统设备之间的所有线缆及相关的连接部件。传输通道由不同系列和规格的部件组成,其中包括传输介质、相关连接硬件(如配线架、连接器、插座、插头、适配器)以及电气保护设备等。这些部件可用来构建各种子系统,它们都有各自的具体用途,不仅易于实施,而且能随需求的变化而平稳升级。一个设计良好的综合布线对其服务的设备应具有一定的独立性,并能互连许多不同应用系统的设备,如模拟式或数字式机的公共系统设备,也应能支持图像(电视会议、监视电视)等设备。

综合布线一般采用星型拓扑结构。该结构下的每个分支子系统都是相对独立的单元,对每个分支子系统的改动都不影响其他子系统,只要改变接点连接方式就可使综合布线在星形、总线形、环形、树形等结构之间进行交换。

综合布线采用模块化的结构。按每个模块的作用,可把它划分成六个部分,如图 10-4 所示。这六个部分可以概括为"一间、二区、三个子系统",即设备间、工作区、管理区、水平子系统、干线子系统、建筑群子系统。

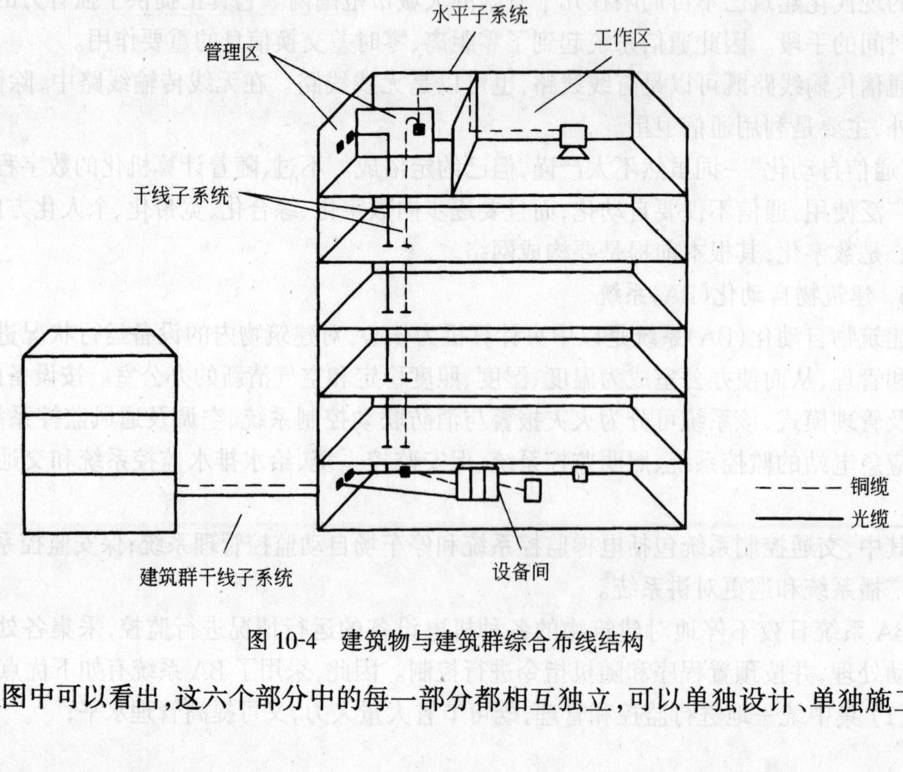

图 10-4　建筑物与建筑群综合布线结构

从图中可以看出,这六个部分中的每一部分都相互独立,可以单独设计、单独施工。更改其中一个子系统时,均不会影响其他子系统。下面简要介绍这六个部分的功能。

1. 设备间

设备间是在每一幢大楼的适当地点放置综合布线线缆和相关连接硬件及其应用系统设备的场所。为便于设备搬运、节省投资,设备间最好位于每一幢大楼的第二层或第三层。在设备间内,可把公共系统用的各种设备互连起来。如电信部门的中继线和公共系统设备(如PBX)。设备间还包括建筑物的入口区的设备或电气保护装置及其连接到符合要求的建筑物接地点。它相当于电话系统中的站内配线设备及电缆、导线连接部分。这方面的详细讨论,读者可参阅参考有关标准与规范。

2. 工作区

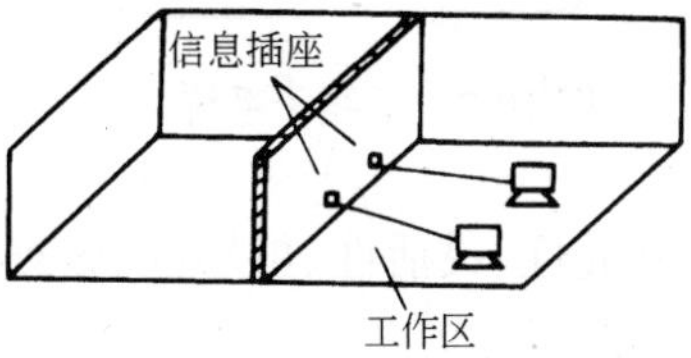

图 10-5 工作区

工作区是放置应用系统终端设备的地方。它由终端设备连接到信息插座的连线(或接插软线)组成,如图10-5所示。它用接插软线在终端设备和信息插座之间搭接。它相当于电话系统中连接电话机的用户线及电话机终端部分。

在进行终端设备和信息插座连接时,可能需要某种电气转换装置。例如,适配器,可使不同尺寸和类型的插头与信息插座相匹配,提供引线的重新排列,允许多对电缆分成较小的几股,使终端设备与信息插座相连接。但是,按国际布线标准 11801:1995(E)规定,这种装置并不是工作区的一部分。

3. 管理区

管理区在配线间或设备间的配线区域内。它采用交连和互连等方式,管理干线子系统和水平子系统的线缆。单通道管理如图10-6 所示。管理区为连通各个子系统提供连接手段。它相当于电话系统中的每层配线箱或电话分线盒部分。

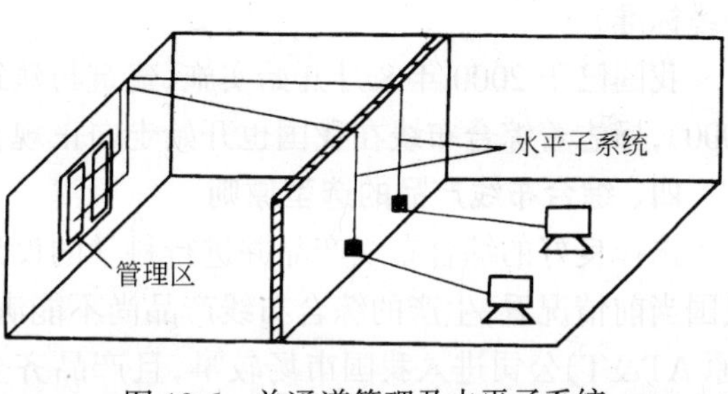

图 10-6 单通道管理及水平子系统

4. 水平子系统

水平子系统将干线子系统经楼层配线间的管理区连接到工作区的信息插座,如图 10-6 所示。水平子系统与干线子系统的区别在于:水平子系统总是处在同一楼层上,线缆一端接在配线间的配线架上,另一端接在信息插座上。在建筑物内,干线子系统总是位于垂直的弱电间,并采用大对数双绞电缆或光缆,而水平子系统多为 4 对双绞电缆。这些双绞电线能支持大多数终端设备。在需要较高宽带应用时,水平子系统也可以采用“光纤到桌面”的方案。

当水平工作面积较大时,在这个区域可设置二级交接间。这种情况的水平线缆一端接在楼层配线间的配线架上,另一端还要通过二级交接间的配线架连接后,再接到信息插座上。

5. 干线子系统

干线子系统由设备间和楼层配线间之间的连接线缆组成。采用大对数双绞电缆或光缆,两端分别接在设备间和楼层配线间的配线架上,如图 10-7 所示。它相当于电话系统中的干线电缆。

6. 建筑群干线子系统

建筑群是由两个及两个以上建筑物组成。这些建筑物彼此之间要进行信息交流。综合布线的建筑群干线子系统由连接各建筑物之间的线缆组成，如图10-4所示。

建筑群综合布线所需的硬件，包括铜电缆、光缆和防止电缆的浪涌电压进入建筑物的电气保护设备。它相当于电话系统中的电缆保护箱及建筑物之间的干线电缆。

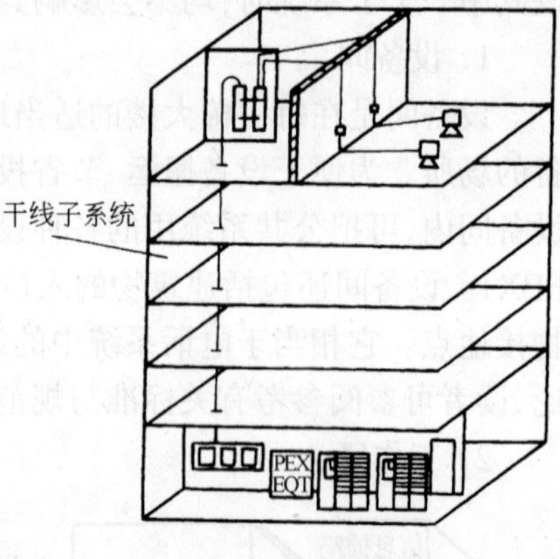

图 10-7　干线子系统

二、综合布线的特点

与传统的布线相比较，综合布线有许多优越性，是传统布线所无法匹敌的。其特点主要表现为它的兼容性、开放性、灵活性、可靠性、先进性和经济性，而且在设计、施工和维护方面也给人们带来了许多方便。

三、综合布线的标准

智能化建筑已逐步发展成为一种产业，如同计算机、建筑一样，也必须有大家共同遵守的标准或规范。目前，已出台的综合布线及其产品、线缆、测试标准和规范主要有：

(1) EIA/TIA568—A 商用建筑物电信布线标准；

(2) ODIEC11801:1995(E)国际市线标准；

(3) EWTIA TSB67 现场测试非屏蔽双绞线布线系统传输性能规范；

(4) 欧洲标准(EN5016、50168、50169 分别为水平布线电缆、工作区布线电缆以及主干电缆标准)。

我国已于 2000 年 8 月开始实施《建筑与建筑群综合布线系统设计规范》(GBT 50311—2000)，标志着综合布线在我国也开始走向正规化、标准化。

四、综合布线产品的选型原则

选择良好的综合布线产品并进行科学的设计和精心施工是智能化建筑的百年大计。就我国当前情况看，生产的综合布线产品尚不能满足要求，因而还要进口。由于美国朗讯科技(原 AT&T)公司进入我国市场较早，且产品齐全、性能良好，因此在中国市场占有率较高。法国阿尔卡特综合布线既采用屏蔽技术，也采用非屏蔽技术，在我国应用前景也比较广泛。

目前，我国广泛采用的综合布线还有美国西蒙(SIEMON)公司推出的 SCS(SIEMON-Cabling)加拿大北方电讯(Northern Telecom)公司推出的 IBDN(Integrate Building Distribution Network)、德国克罗内(KRONE)公司推出的 KISS(KRON Integrated Structured Solutions)以及美国安普 AMP 公司的开放式布线系统(Open Wining System)等。它们都有自己相应的产品设计指南和验收方法及质量保证体系。在众多产品当中，大多数外形尺寸基本相同，但电气性能、机械特性差异较大，常被人们忽视。因此在选用产品时，要选用其中具有研究、制造和销售能力并且符合国际标准的专业厂家的产品，不可选用多家产品。否则，在通道性能方面达不到要求，会影响综合布线的整体质量。

综合布线是为将形形色色弱电布线的不一致、不灵活统一起来而创立的。如果在综合布线中再出现机械性能和电气性能不一致的多家产品，则恰好是与综合布线的初衷背道而驰的。因此,选择一致性的、高性能的布线材料是实施综合布线的重要环节。

第三节　建筑设备自动化系统(BAS)

在大型高等级建筑中,为业主提供舒适、安全的使用环境和高效、完善的管理功能的各种服务设施及装置统称建筑设备。它们的功能强弱、自动化程度高低是建筑物现代化程度的重要标志,因此建筑设备自动化一直是建筑电气技术中最受重视的课题之一。随着智能建筑的兴起,建筑设备自动化也成为智能建筑的重要组成部分。

一、BAS 的基本功能

建筑设备自动化系统 BAS(Building Automation System)是对一个建筑物内所有服务设备及装置的工作状态进行监督、控制和统一管理的自动化系统。它的主要任务是为建筑物的使用者提供安全、舒适和高效的工作与生活环境,保证整个系统的经济运行,并提供智能化管理。因此,它包含的内容相当广泛。就一个典型的智能建筑而言,BAS 应具备图 10-8 的基本内容。下面分别简要阐述主要部分。

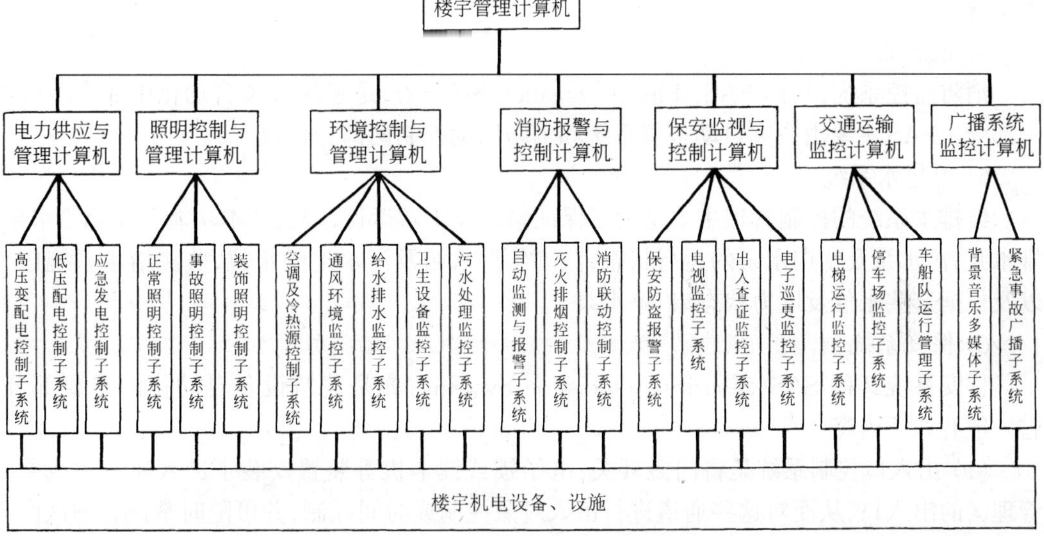

图 10-8　BAS 系统组成概念图

1. 电力供应监控系统

电力供应监控系统的关键是保证建筑物安全可靠供电。为此,首先对各级开关设备的状态,主要回路的电流、电压及一些电缆的温度进行检测。由于电力系统的状态变化和事故都在瞬间发生,因此利用计算机进行这种监测时要求采样间隔非常小(几十至几百毫秒),并且应能自动连续记录在这种采样间隔下各测量参数的连续变化过程,这样才能预测并防止事故发生,或在事故发生后及时判断故障点。在此基础上,还可对有关的供电开关通过计算机进行控制。尤其在停电后可进行自动复电的顺序控制。此外对设备用应急发电机进行监测与控制,以及在启用应急发电设备时自动切断一些非主要回路,以保护应急发电机不超载。

在保障安全可靠供电的基础上，系统还可包括用电计量、各户用电费用分析计算、与供电政策有关的高峰时超负荷及分时计价，以及高峰期对次要回路的控制等。

2．照明监控系统

照明监控与节能有重大关系。在大型建筑中它的耗电仅次于空调系统。与常规管理相比，BAS 控制可省电 30%～50%。这主要是对厅堂及其办公室和客房进行“无人熄灯”控制。这些控制可以利用软件在计算机上设定启停时间表和按值班人员运动路线等及建筑空间使用方式设定灯具开环控制的开闭时间，也可以采用门锁、红外线等方式探测是否无人而自动熄灯的闭环控制方式。

3．空调监控系统

空调监控系统控制管理的中心任务是在保证提供舒适环境的基础上尽可能降低运行能耗。系统的良好运行除要对每个设备进行良好控制外，还取决于各设备间的有机协调，并且与建筑物本身的使用方式有密切关系。例如，根据上下班时间适当地提前启动空调进行预冷；提前关闭空调，依靠建筑物的热惯性维持下班前一段时间的室内环境；关闭不使用的厅堂的空调；根据空调开启程度确定冷冻机开启台数及运行模式等。此类协调需由空调监控系统中央管理计算机通过 BAS 索取到建筑物使用要求与使用状况的信息，再分析决策后才能实现。

4．消防监控系统

消防监控系统，又称 FAS(Fire Automation System)，是建筑设备自动化中非常重要的一部分。FAS 主要由火灾自动报警系统和消防联动控制两部分构成。

5．给排水系统

给排水系统的控制管理主要是为了保证系统能正常运行，因此基本功能是监测给水泵、排水泵、污水泵及饮用水泵的运行状态，监测各种水箱及污水池的水位，监测给水系统压力以及根据这些水位及压力状态启、停水泵。

6．保安系统

保安系统又称 SAS(Security Automation System)，亦是建筑设备自动化的重要部分。它一般有如下内容。

(1) 出入口控制系统是将门磁开关、电子锁或读卡机等装置安装于进入建筑物或主要管理区的出入口，从而对这些通道进行出入对象控制或时间控制，并可随时掌握管理区内人员构成状况。

(2) 防盗报警系统是将由红外或微波技术构成的运动信号探测器安装于一些无人值守的部位。当发现所监视区出现移动物体时，即发出信号通知 SAS 控制中心。

(3) 闭路电视监视系统是将摄像机装于需要监视控制的区域，通过电缆将图像传至控制中心，使中心可以随时监视各监控区域的现场状态。计算机技术还可进一步对这些图形进行分析，从而辨别出运行物体、火焰、烟及其他异常状态，并报警及自动录像。

(4) 保安人员巡逻管理系统是指定保安人员的巡逻路线，在路径上设巡视开关或读卡机，从而使计算机可确认保安人员是否按顺序在指定路线下巡逻，以保证保安人员的安全。

上述各部分都需要将各自的工作状态，尤其是所发现的异常现象及时报至 SAS 控制中心，进而由计算机进行统一分析，帮助值班人员做出准确判断与及时处理。

7. 交通监控系统

交通监控系统指对建筑物内电梯、扶梯及停车场的控制管理。电梯、扶梯一般都带有完备的控制装置，但需要将这些控制装置与 BAS 相连并实现它们之间的数据通信，使管理中心能够随时掌握各个电梯、扶梯的工作状况，并在火灾等特殊情况下对电梯的运行进行直接控制。这些已成为愈来愈多的业主对 BAS 提出的要求。

停车场的智能化控制主要包括停车场出入口管理，停车计费，车库内外行车信号指示和库内车位空额显示、诱导等。停车场的计算机系统可以通过探测器检测进入场内的总车量，确定各层或各区的空位，并通过各种指示灯引导进入场内的汽车找到空位。该系统亦需要随时向控制中心提供车辆信息，以利于在火灾、匪警等特殊情况下控制中心进行正确判断和指挥。

8. BAS 的集中管理协调

在智能建筑中，上述各种系统都不是完全独立运行的，许多情况下需要系统间相互协调。例如，消防系统在发现火灾报警后，要通知空调系统、给排水系统转入火灾运行模式，以利于人员疏散；电力系统则需要停掉一些供电线路，以保证安全；保安系统在发现匪警时也要求照明系统、交通系统进行一些相应的控制动作。这些协调控制需要在 BAS 控制中心通过计算机和值班人员的相互配合来实现。

第四节　建筑通信自动化系统(CAS)

一、通信自动化系统的组成

通信自动化系统的功能是处理智能型建筑内外各种语言、图像、文字及数据之间的通信。这些可分为语音通信、卫星通信、图文通信及数据通信等四个子系统，如图 10-9 所示。

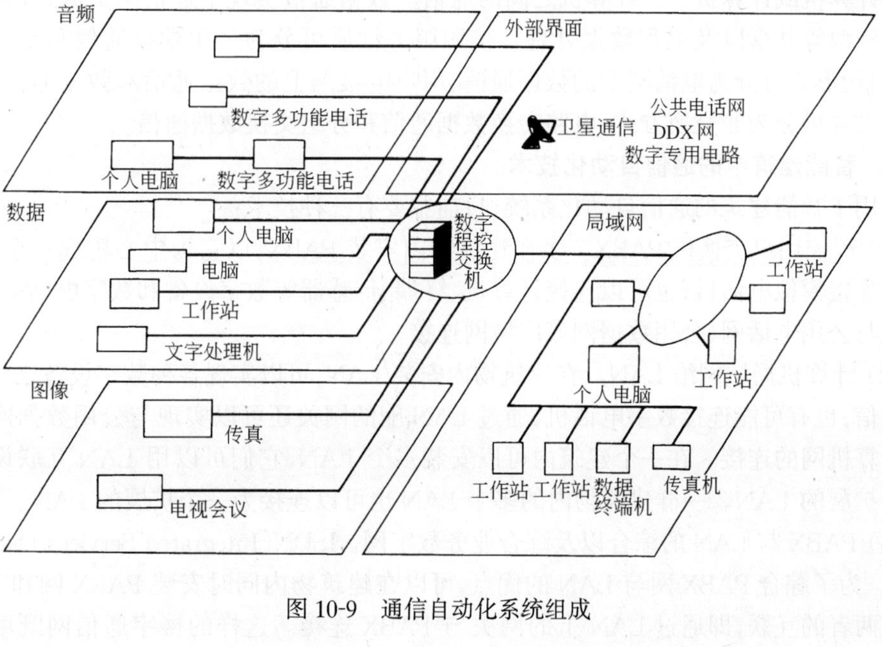

图 10-9　通信自动化系统组成

1. 语音通信

语音通信是智能化建筑通信的基础,应用最广泛且功能日趋增多,主要包括以下几方面:

(1) 程控电话;

(2) 移动通信;

(3) 无线寻呼;

(4) 磁卡电话。

2. 卫星通信

卫星通信是近代航空技术和电子技术相结合产生的一种重要通信手段。它利用赤道上空 35739 km 高度、装有微波转发器的同步人造地球卫星作中继站,把地球上若干个信号接收站构成通信网,转接通信信号,实现长距离大容量的区域通信乃至全球通信。卫星通信实际是微波接力通信的一种特殊形式。在地球同步轨道上的通信卫星可覆盖 18000km 范围的地球表面,即在此范围内的地面站经卫星一次转接便可通信。卫星通信系统主要由同步通信卫星和各种卫星地面站组成。此外,为保证系统正常运行,还必须有监测、管理系统和卫星测控系统。卫星通信的主要特点是通信距离远、覆盖面积大、通信质量高、不受地理环境限制、组网灵活、便于多址联接,以及容量大、投资省、见效快等优点。它适用于远距离的城市之间的通信。

3. 图文通信

图文通信主要是传送文字和图像信号。传统的文字通信有用户电报和传真。新发展有电子信箱 E-mail。

4. 数据通信

数据通信技术是计算机与电信技术相结合的新兴通信技术。操作人员使用数据终端设备与计算机,或计算机与计算机,通过通信线路和按照通信协议实现远程数据通信,即所谓人——计算机或计算机——计算机之间的通信。数据通信实现了通信网资源、计算机资源与信息资源等共享以及远程数据处理。按照服务性质可分为公用数据通信和专用数据通信;按组网形式可分为电话网上的数据通信、用户电报网上的数据通信和数据通信网通信;按交换方式可分为非交换方式、电路交换数据通信和分组交换数据通信。

二、智能建筑中的通信自动化技术

适用于智能建筑的通信自动化系统,目前主要有三种技术:

(1) 程控用户交换机 PABX。多在建筑物内安装 PABX,以它为中心构成一个星形网,既可以连接模拟电话机,也可以连接计算机、终端、传感器等数字设备和数字电话机,还可以方便地与公用电话网、公用数据网等广域网连接。

(2) 计算机局域网络 LAN。在建筑物内安装 LAN,可以实现各种数字设备之间的高速数据通信,也有可能连接数字电话机,通过 LAN 上的网关还可以实现与公用数据网和各种广域计算机网的连接。在一个建筑内可以安装多个 LAN,它们可以用 LAN 互联设备连接为一个扩展的 LAN。一群建筑物内的多个 LAN 也可以连接为一个扩展的 LAN。

(3) PABX 与 LAN 的综合以及综合业务数字网。ISDN(Integrated Services Digital Network)。为了综合 PABX 网与 LAN 的优点,可以在建筑物内同时安装 PABX 网和 LAN,并用实现两者的互联,即通过 LAN 上的网关与 PABX 连接。这样的楼宇通信网既可以实现话音通信，也可以实现数据通信；既可以实现中、低速的数据通信(通过 PABX 网)，也可以实现高速数据通信(通过 LAN)。

如果选择的 PABX 是采用 2B+D 信道的 ISDN 交换机，则楼宇通信网将是一个局域的 ISDN。在 ISDN 网络端点的 2 条 B 信道可以随意安排，例如典型用法是分别接一台计算机/终端和数字电话机，或接两台计算机/终端。

三、智能建筑与综合业务数字网

随着社会信息量的爆炸式增加，通信业务范围越来越大。从技术、经济方面考虑，要求将用户的话音与非话音信息按照统一的标准以数字形式综合于同一网络，构成综合业务数字网 ISDN(Integrated Services Digital Network)。

智能建筑中的信息网络应是一个以话音通信为基础，同时具有进行大量数据、文字和图像通信能力的综合业务数字网，并且是智能建筑外广域综合业务数字的用户子网。

1. 综合业务数字网

简单地说综合业务数字网就是具有高度数字化、智能化和综合化的通信网。它将电话网、电报网、传真网、数据网和广播电视网用数字程控交换机和数字传输系统联合起来，实现信息收集、存储、传送、处理和控制一体化。综合业务数字网是一种新型的电信网。它可以代替一系列专用服务网络，即用一个网络就可以为用户提供包括电话、高速传真、智能用户电报、可视图文、电子邮政、会议电视、电子数据交换、数据通信、移动通信等多种电信服务。用户只需通过一个标准插口就能接入各种终端，传递各种信息；并且只占用一个号码，就可以在一条用户线上同时打电话、发送传真、进行数据检索等。综合业务数字网的服务质量和传输效率都远优于一般电信网，并且具有开发和承受各种电信业务的能力。

2. 窄带综合业务数字网

窄带综合业务数字网是 ISDN 的初期阶段，可称窄带 ISDN(N-ISDN，即 Narrow-ISDN)。它只能向用户提供传输速率为 64kb/s 的窄带业务，其交换网络也只具备 64kb/s 的窄带交换能力。窄带综合业务数字网主要集中处理各个数字用户环路和信号方式，接口规程的实现来满足端到瑞(end to end)的数字连接。

3. 宽带综合业务数字网

宽带综合业务数字网是在窄带综合业务数字网上发展起来的，可称宽带网 ISDN(KISDN，即 Broadband-ISDN)。

随着信息时代的发展，人们日益增加对可视性业务的需求，如影像、视听觉、可视图文等业务。由于可视性业务的信息简明易懂，它们不但具有背景、情绪信息，而且便于人们对信息的识别、判断和交流，为人们广泛接受。但是，可视性业务的数据速度通常均超过 64 kb/s，如电视会议为 2Mb/s、广播电视为 34～140Mb/s、高清晰度电视为 140Mb/s、高保真立体声广播为 768kb/s、文件检索为 1～34Mb/s、高速文件传输为高于 1Mb/s 等等。显而易见，这些宽带业务无法在窄带 ISDN 上得到满足。

窄带 ISDN 向宽带 ISDN 的发展一般可以分以下三个阶段：

(1) B-ISDN 结构的第一个发展阶段是以 64kb/s 的电路交换网、分组交换网为基础，通过标准接口实现窄带业务的综合，进行话音、高速数据和运动图像的综合传输。

(2) HISDN 结构的第二个发展阶段是用户或网络接口的标准化，且终端用户也采用光纤传输，并使用光纤交换技术，达到向用户提供 500 多个频道以上的广播电视和高清晰度电视节目等宽带业务。

(3) KISDN结构的第三个发展阶段是从第二阶段电路一分组交换网、宽带数字网和多个频道广播电视网的基础上引入了智能管理网，并且由智能网络控制中心管理这三个基本网，同时还会引人智能电话、智能交换机以及工程设计、故障检测与诊断的各种智能专家系统，所以，可称为智能化宽带综合业务数字网。

四、国际互联网(INTERNET)

信息社会瞬息万变，当昨天还在宣传信息高速公路的时候，今天它已经走进了我们的生活。在美国，作为最大网络的INTERNET(国际互联网)已经成为人们生活的一部分，科技人员利用它查询资料、寻求合作与帮助，公司经理则利用它来介绍产品、拓展国际市场，学生利用它来发送电子邮件、获取最新信息……

Internet网是当今信息高速公路的主干网，同时也是世界上最大的信息网。它来源于1969年美国国防部高级研究计划局(ARPA)的ARPANET。到20世纪80年代初，在美国国家自然科学基金会(BSF)的支持下，用高速线路把分布在各地的一些超级计算机连接在一起，经过十多年的发展，形成了当今的Internet网。

Internet网称为国际互联网，是通过TCP/IP协议将各种网络连接在一起的网络，除了具有资源共享和分布式处理的特点以外，它最大的特点是交互性，即每一个联网终端既可以接受信息，又可以在网上发送自己的信息，每个入网的用户既是网络的使用者，同时也是信息的提供者。因而连接的网络越多，Internet网提供的信息也就越丰富，Internet网也就越有价值。由于Internet网的入网方式简单，不需要用户了解网络的具体形式，也不需要考虑用户使用的机型，只要具有一台计算机和一个调制解调器，就可以进入到世界上的任何一个网络，和其他网上的用户进行联系。因此，它已逐渐成为人们与现代社会密切联系的重要手段。

Internet网之所以取得如此广泛地影响，是因为它采用了统一的通信协议把为数众多的局域网和广域网连成了一片，因而Internet网也称为网络的网络。Internet像是一棵大树，它的树干是具体的物理链接，分支是校园网、区域网、广域网、专业网等，树叶是传真机、计算机等信息发送和接收设备。它们作为现代信息社会的命脉，使整个信息产业随着这棵大树的生长而枝繁叶茂。随着Internet网的发展，新兴的服务项目无止境地从枝叶上冒了出来，如电子邮件、资料检索、在家购物、交互电视、数据通信、电子数据交换、可视图文信息……

随着Internet网的发展，人们之间的距离正在缩短。通过网络人们可以做以下一些事情。

(1) 电子邮件(E-mail)。在Internet网中，这是使用最广泛的功能。通过E-mail人们可以向世界各地的Internet网用户发送信件，既可以是文本格式，也可以是图形或照片，甚至可以获得需要的软件。

(2) 远程登录(Telnet)。这可使人们做到“秀才不出门，便知天下事”，使人们方便地进到另一个入网的计算机。这个计算机既可以是同一局域网内的，也可以是世界上任何一个角落的计算机。

(3) 文件传输(FTP)。这是通过Internet网使人们可以与别的网络上的人进行信息交流。Internet网作为信息革命的先锋，正在逐步改变着人们的生活方式。

第五节 建筑办公自动化系统(OAS)

在当今世界,浩繁信息的获取、处理、存贮和利用已成为社会管理必要手段。一个国家的经济现代化,取决于管理现代化和决策科学化。办公自动化(Office Automation,OA)是构成智能化建筑的重要组成部分。它是一门综合了计算机、通信、文秘等多种技术的新型学科,是办公方式的一次革命,也是当代信息社会的必然产物。

一、办公自动化的形成和发展

办公自动化的概念最早是由美国人在 20 世纪 60 年代提出的。发展至今,大体经历了三个阶段。

第一阶段(1975 年以前)为单机阶段。即采用单机设备,如文字处理机、复印机、传真机等,在办公程序的某些重要环节上由机器来执行,局部地、个别地实现自动操作以完成单项业务的自动化。

第二阶段(1975~1985 年)为局域网阶段。这一阶段办公自动化的特点是个人计算机开始进入办公室,并形成局域网系统,实现了办公信息处理网络化。

第三阶段(1985 年至今)为计算机办公自动化一体化阶段。此时,由于计算机网络通信体系的进一步完善及综合业务数字网通信技术的发展和实施,计算机技术与通信技术相结合,办公自动化进入了一体化阶段,即办公自动化系统向着综合化和信息处理一体化方向发展。

二、办公自动化的概念和任务

办公自动化有多种解释。有人认为用文字处理机进行办公中的文字编排就是办公自动化,也有人认为办公室自动化就是实现无纸办公。目前比较一致的意见是:办公自动化是利用先进的科学技术,不断使人的部分办公业务活动物化于人以外的各种设备中,并由这些设备与办公人员构成服务于某种目标的人机信息处理系统,目的是尽可能充分利用信息资源,提高劳动生产率和工作质量,辅助决策,求得更好的效果,以达到既定目标。即在办公室工作中,以计算机为中心,采用传真机、复印机、打印机、电子信箱(E-mail)等一系列现代化办公及通信设备,全面、广泛、迅速地收集、整理、加工和使用信息,为科学管理和科学决策提供服务。

办公自动化是用高新技术来支撑的、辅助办公的先进手段。它主要有三项任务。

(1) 电子数据处理(Electronic Data Processing,即 EDP)即处理办公中大量繁琐的事务性工作,如发送通知、打印文件、汇总表格、组织会议等,即将上述繁琐的事务交给机器完成,以达到提高工作效率,节省人力的目的。

(2) 信息管理(Message Information System,即 MIS)对信息流的控制管理是每个部门最本质的工作,OA 是信息管理的最佳手段,它把各项独立的事务处理通过信息交换和资源共享联系起来以获得准确、快捷、及时、优质的功效。

(3) 决策支持(Decision Support System 简称 DS)决策是根据预定目标行动的决定,是高层次的管理工作。决策过程是一个提出问题、搜集资料、拟定方案、分析评价、最后选定等一系列活动环节。OA 系统的建立,能自动地分析、采集信息、提供各种优化方案,辅助决策者做出正确、迅速的决定。包括上述三项任务的智能型 OA 系统功能示意图,如图 10-10 所示。

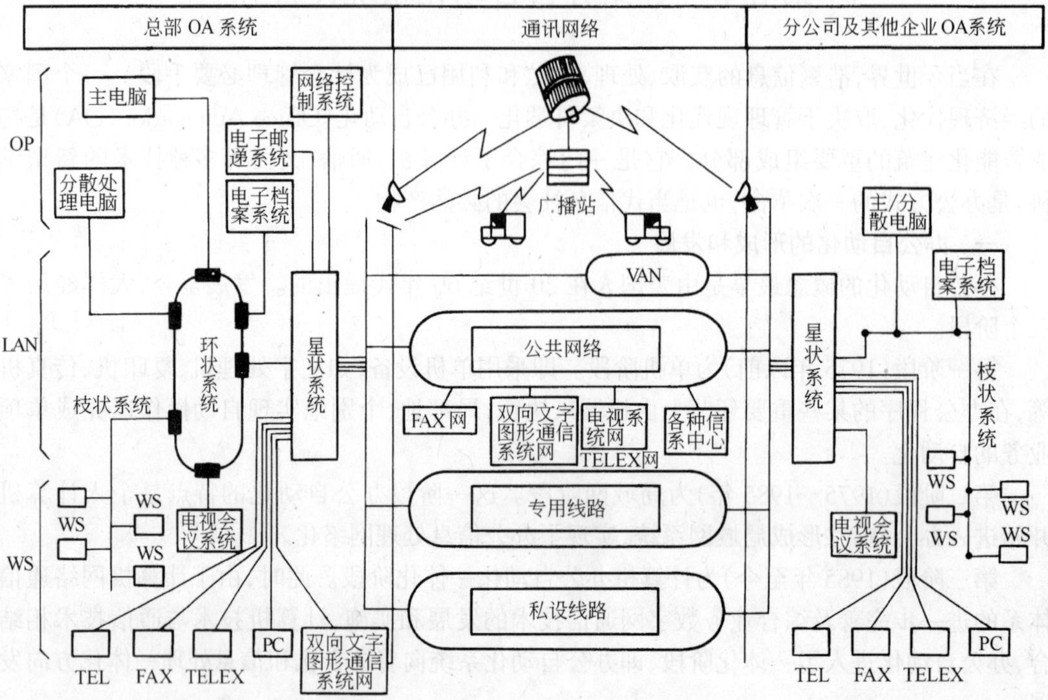

图 10-10　智能化建筑内外 OA 系统通信概念图

三、办公自动化的主要技术和主要设备

办公自动化技术是一门综合性、跨学科技术，它涉及计算机科学、通信科学、系统工程学、人机工程学、控制论、经济学、社会、心理学、人工智能等等，但人们通常把计算技术、通信技术，系统科学和行为科学称做 OA 的四大支柱。目前，应以行为科学为主导，系统科学为理论，结合运用计算技术和通信技术来帮助人们完成办公室的工作，以实现办公自动化。

1．办公自动化的主要技术

(1) 计算机技术

计算机软硬件技术是办公自动化的主要支柱。办公自动化系统中信息采集、输入、存储、加工、传输和输出均依赖于计算机技术。文件和数据库的建立和管理，办公语言的建立和各种办公软件的开发与应用也依赖于计算机。另外，计算机高性能的通信联网能力，使相隔任意距离、处于不同地点的办公室之间的人可以像在同一间办公室办公一样。因而在众多现代化办公技术与设备中，对办公自动化起关键作用的是计算机信息处理设备和构成办公室信息通信的计算机网络通信系统。

(2) 通信技术

现代化的办公自动化系统是一个开放的大系统，各部分都以大量的信息纵向和横向联系，信息从某一个办公室向附近或者远程的目的地传送。所以通信技术是办公自动化的重要支撑技术，是办公自动化的神经系统。从模拟通信到数字通信，从局域网到广域网，从公共电话网、低速电报网到分组交换网、综合业务数字网，从一般电话到微波、光纤、卫星通信等各种现代化的通信方式，都缩短了空间距离、克服了时空障碍、丰富了办公自动化的内容，如图 10-10 所示。

(3) 其他综合技术

支持现代化办公自动化系统的技术还包括微电子技术、光电技术、精密仪器技术、显示自动化技术、磁记录和光记录技术等。

2. 办公自动化的主要设备

办公自动化系统的主要设备有两大类。第一类是图文数据处理设备，包括计算机设备、电子打字机、打印机、复印机、图文扫描机、电子轻印刷系统等。第二类是图文数据传送设备，包括图文传真机、电传机、程控交换机以及各种新型的通信设备。

本 章 小 结

1. 智能建筑是指利用系统集成方法，将计算机技术、通信技术、控制技术与建筑艺术有机结合，通过对设备的自动监控，对信息资源的管理和对使用者的信息服务及其与建筑的优化组合获得的投资合理、适合信息社会要求，并且具有安全、高效、舒适、便利和灵活特点的建筑物。

2. 综合布线为建筑物内或建筑群之间交换信息提供一个模块化的、灵活性极高的传输通道。它包括建筑物外部网络或电信线路的连接点与应用系统设备之间的所有线缆及相关的连接部件。

3. 建筑设备自动化系统(BAS)的基本组成及功能。

4. 建筑通讯自动化系统(CAS)的基本组成及功能。

5. 建筑办公自动化系统(OAS)的基本组成及功能。

思考题与习题

1. 智能建筑的主要特征是什么？
2. 智能建筑的基本功能有哪些？
3. 为什么说智能建筑的核心是系统集成？
4. 简述智能建筑与综合布线的关系。
5. 综合布线划分为几个部分？
6. 简述综合布线的特点。
7. 简述综合布线的适用范围？
8. 综合布线的设计要点是什么？
9. BAS 系统的组成如何？
10. 智能建筑通信自动化的技术基础是什么？

实验指导书

实验是电工学课程教学的重要环节，是理论与实践相结合的手段。它的主要任务是对学生进行电工基本技能的训练，培养学生利用自己所学的理论知识来分析、解决实际问题的能力。

一、实验的基本要求

1. 实验前的准备

认真预习实验指导书，复习相关理论，了解实验内容、目的、方法和步骤，对实验所需要的仪器、实验中所要观察的现象、要记录的数据及自己要准备哪些东西要心中有数。

2. 实验过程

(1) 进入实验室要换上绝缘鞋，分好实验小组，原则上为两人一组，分工合作，实验中要合理轮换，做到人人动手，个个熟悉实验。

(2) 实验开始前，先检查本次实验所需要的仪表和仪器设备是否齐全，有无被损坏的，仪表指针是否指在起始位置，指针摆动是否灵活，同时要了解其使用方法。

(3) 按实验线路图把电路连接好，自行检查或相互检查接线是否正确，接头是否牢固，确认无误后，请指导老师检查，同意后方可合上电源。

(4) 严格按照实验要求和实验步骤进行操作，正确使用仪器和仪表，注意观察实验现象，记录读数。并分析实验现象，审查数据，判断实验结果正确与否，是否要重做。若在实验中要改变接线，必须先断掉电源，再按上面步骤做。

(5) 实验内容结束后，把电源断掉，暂保留接线。把记录下来的实验现象、数据、计算结果等交指导老师检查无误后，再把接线拆掉。

(6) 把仪器、仪表按实验前的位置摆放好，并检查是否齐全、完好，有问题要及时报告指导老师。最后把导线整理好，清洁桌面，打扫卫生，摆放好桌椅。经老师同意后才能离开实验室。

3. 编写实验报告

编写实验报告是每次实验完毕后都要做的工作，是在实验数据记录、现象分析等的基础上对实验进行全面的总结。实验报告要求简明扼要，字迹清楚，图表整洁。实验报告包括以下内容：

(1) 实验名称、专业、班别、姓名、同组人姓名、实验日期。

(2) 实验仪器仪表设备的名称、型号规格和编号。

(3) 实验目的、步骤、任务、实验原理、电路图。

(4) 实验数据图表及分析计算过程。

(5) 实验结论和问题讨论。

二、实验的安全操作要求

(1) 严格遵守实验室的各项安全操作规程，注重人身和设备的安全。对实验仪器设备在不清楚其使用方法之前,不要使用它,不要随意合上电源闸刀,不做与实验无关的事。

(2) 使用各种仪器仪表时,必须先了解其操作规程、使用方法及注意事项。有多种功能和多量程的仪表,一定要先选好功能开关和量程档位,切勿选错功能开关或超量程使用。

(3) 若在实验中发生事故,或闻到异味、听到异常声音,或发现仪表工作不正常,要立刻断开电源开关。请指导老师检查原因,故障排除后再接通电源继续实验。在线路接通电源的情况下,实验者不准离开实验现场。

(4) 实验结束后,断掉所有实验电源,退还绝缘鞋,经老师同意后,有次序地离开实验室。

实验一　认　识　实　验

一、实验目的

(1) 了解电工实验室的设备概况,学习"实验规则"。

(2) 了解常用电工工具,掌握其使用方法。

(3) 学习使用交、直流电压表、电流表测量电路元件的伏安特性。

(4) 练习使用万用表。

二、实验线路与原理

实验线路如图实 1-1 和图实 1-2 所示。通过测量电阻两端电压和流过电阻的电流,利用欧姆定律可计算出电阻阻值。

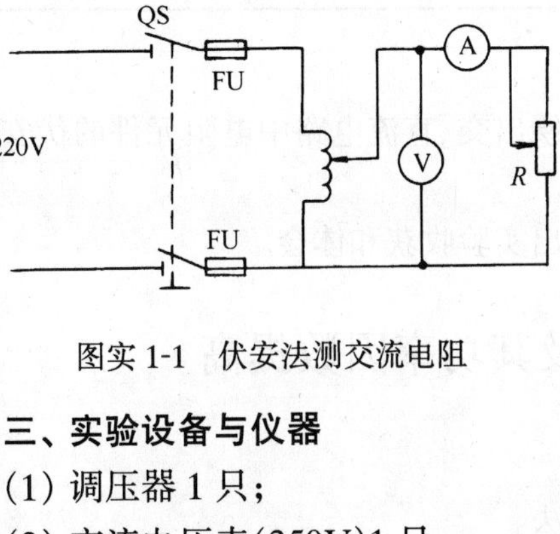

图实 1-1　伏安法测交流电阻

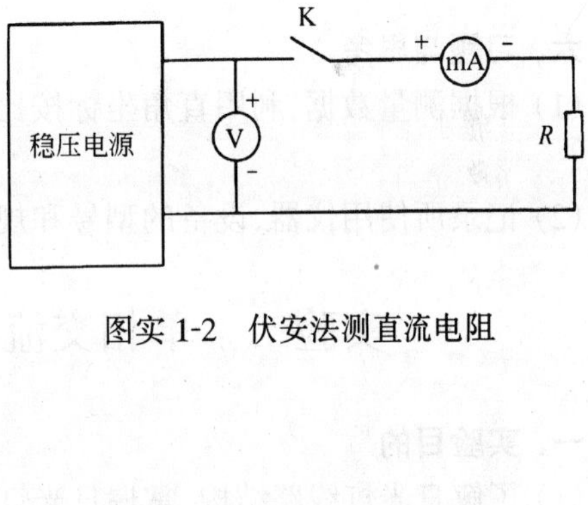

图实 1-2　伏安法测直流电阻

三、实验设备与仪器

(1) 调压器 1 只;

(2) 交流电压表(250V)1 只;

(3) 交流电流表(0.5 或 1A)1 只;

(4) 双刀单掷开关 1 只;

(5) 熔断器 2 只;

(6) 可变电阻器 1 只。(以上为图实 1-1 所用)

(7) 直流稳压电源 1 台;(以下为图实 1-2 所用)

(8) 直流电压表(30V)1 只;

(9) 直流电流表(200mA)1 只;

(10) 固定电阻(100Ω);

(11) 数字万用表 1 只。

四、实验步骤

(1) 实验教师介绍电工实验室的情况,讲解实验规则。

(2) 实验教师介绍各种常用仪器设备的构造和使用方法。

(3) 学生了解实验仪器的构造。

(4) 按图实 1-1 接好线路,经实验教师检查无误后,将调压器的输出端调到零位,然后接通电源,调节调压器,使输出电压逐渐增大,使电压表指针分别指在表实 1-1 位置时,记下电流表和电压表的读数。将读数填入表实 1-1 中。

(5) 按图实 1-2 接好线路,经实验教师检查无误后,将调压器的输出端调到零位,然后接通电源,调节稳压电源电压,使电压表指针分别指在表实 1-2 位置时,记下电流表和电压表的读数。将读数填入表实 1-2 中。

五、记录与计算

表实 1-1

交流电路线性电阻	U(V)	10	25	50	100	150	200
	I(mA)						
	$R=U/I$						

表实 1-2

直流电路线性电阻	U(V)	0	1	3	6	8	10
	I(mA)						
	$R=U/I$						

六、习题与思考

(1) 根据测量数据,利用直角坐标按比例分别绘出交、直流电路中电阻元件的伏安特性曲线。

(2) 记录所使用仪器、设备的型号和规格并写出实验收获和体会。

实验二　单相交流电路及其功率因数提高

一、实验目的

(1) 了解日光灯线路结构,掌握日光灯线路接法。

(2) 验证 R-L 串联电路的总电压 U 与各分电压 U_R、U_L 的关系。

(3) 验证感性负载并联电容器后,总电流 I 与各分电流 I_R、I_C 的关系,从而了解感性负载提高功率因数的方法。

二、实验原理与接线图

实验线路如图实 2-1 所示。

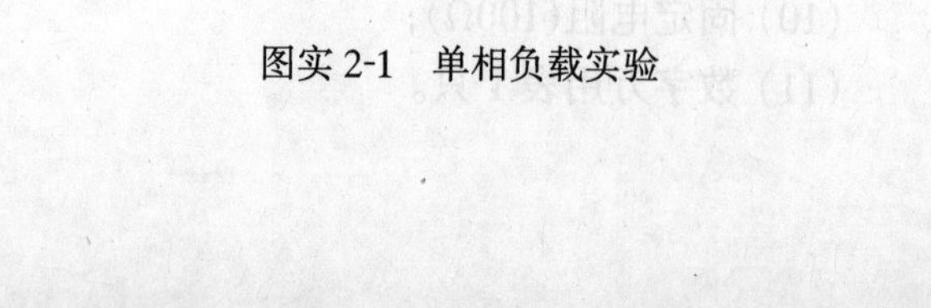

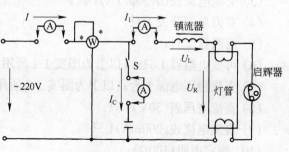

图实 2-1　单相负载实验

在 R-L 串联的交流电路中,电路的总电压与分电压之间不是代数和关系,即 $U \neq U_R + U_L$,而是保持矢量关系,即

$\dot{U}=\dot{U}_R+\dot{U}_L$，其大小 $U=\sqrt{U_R+U_L}$。

日光灯和镇流器可以等效为 R-L 串联电路，感性负载电路可以通过并联电容提高功率因数。日光灯支路的功率因数可由实验数据 P、U、I_1 计算，即 $\cos\varphi_1=P/UI_1$

日光灯并联电容后总电路的功率因数可由 P、U、I 计算，

即

$$\cos\varphi=P/UI$$

三、实验设备与仪器

(1) 220V、20W(或 40W)日光灯装置一套(灯管、镇流器、启辉器、灯座等)；

(2) 450V、4.75 μF 电容器 1 只；

(3) 交流电流表(0～1A)3 只；

(4) 交流电压表(0～250V)1 只；

(5) 单相功率表(250V;5A)1 只；

(6) 单掷双刀开关 1 只。

四、实验步骤

(1) 熟悉日光灯线路，检查所需实验设备及其在线路中的位置。

(2) 按图实 2-1 接好线路。

(3) 经教师检查无误后，接通电源，S 开关先不合上，将测得的数据记入表实 2-1。

(4) 接通 S，将电容 C 并入电路后，将测得的数据记入表实 2-1。

(5) 拆除线路。要注意，电容器通电后即被充电，断开电源后，电容两端仍存在电压，切勿用手触及电容器两接线极，要用一根导线将电容器的两端短路放电后，再拆电路。

五、记录与计算

表实 2-1

测量结果	数据	U	U_R	U_L	I_1	I_C	I	P
	未并联电容							
	并联电容后							
计算结果	未并联电容	$\cos\varphi_1=P/UI_1=$　$Q_1=I_1U\sin\varphi_1=$　$S_1=I_1U_1=$						
	未并联电容	$\cos\varphi=P/UI=$　$Q=IU\sin\varphi=$　$S=IU=$						

六、作业与思考

1. 根据测量结果，分析 U 与 U_R、U_L 之间的矢量关系，画出矢量图。

2. 分析 I_1、与 I_C之间的矢量关系，画出矢量图。

3. 比较并联 C 前后的功率因数的差异，并加以分析。

实验三　三相负载的连接

一、实验目的

(1) 掌握三相负载的星形、三角形电路的连接方法。

(2) 通过实验验证三相负载作星形、三角形连接时，相电压与线电压、相电流与线电流的关系。

(3) 了解中线的作用，以及引起负载中性点电位漂移的原因。

二、实验线路与原理

1．三相负载的星形连接电路

(1) 电路如图实 3-1 所示。

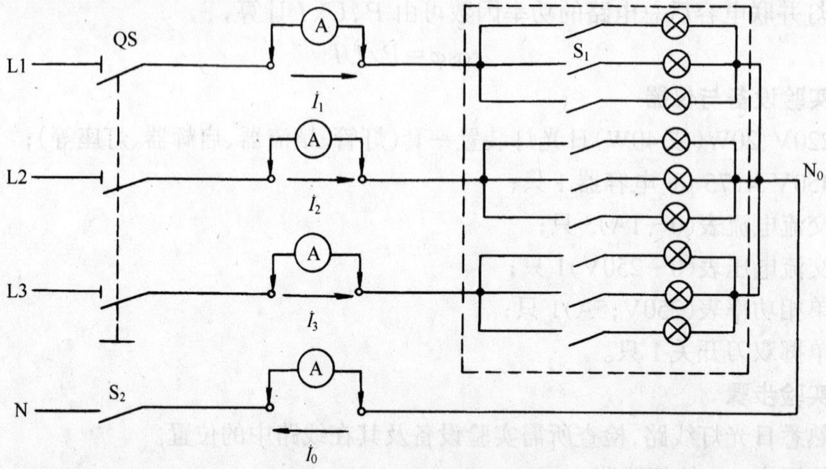

图实 3-1　三相负载星形连接

(2) 三相负载星形连接时，电源线电压等于负载相电压的$\sqrt{3}$倍，即：

$$U_L=\sqrt{3}\,U_P$$

当三相负载对称时，各相负责电流相等，中线电流等于零，即：

$$I_1=I_2=I_3$$

$$\dot{I}_1+\dot{I}_2+\dot{I}_3=0$$

当三相负载不对称时，各相负载所承受的电压仍相等，但各相电流不相等，中线电流不为零。

2．三相负载的三角形连接电路

(1) 电路如图实 3-2 所示。

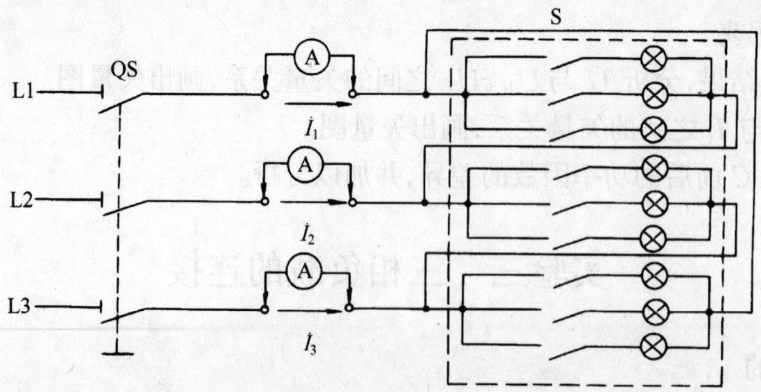

图实 3-2　三相负载三角形连接

(2) 当三相负载对称时，则三相电流相等，且线电流是相电流的$\sqrt{3}$倍，当三相负载不对称时，则线电流与相电流关系不保持 $I_L=\sqrt{3}I_P$，但仍能正常工作。

三、实验设备与仪器

(1) 380/220V 电源；

(2) 交流电压表(450V)1 只；

(3) 交流电流表(1A)3 只；

(4) 测试笔 3 副；

(5) 白炽灯组箱(灯泡 220V,20W9 只)1 个；

(6) 三相开关,单极开关。

四、实验步骤

1. 三相星形负载电路

(1) 按图实 3-1 接好线路,每相并联三盏灯。合上电源开关,分别在对称负载(每相 3 盏灯)和不对称负载(三相负载分别为 1、2、3 盏灯)的条件下,按表实 3-1 所列各项进行测量和记录。

(2) 将中性线断开,分别对对称和不对称负载,按表实 3-1 所列各项进行测量和记录,同时观察各相灯泡的亮度,并以亮、较亮、暗分别记录。

2. 三相三角形负载电路

(1) 按图实 3-2 接好线路,每相并联三盏灯。用三相调压器将电源线电压调至 220V,按表实 3-2 所列各项进行测量和记录。

(2) 操作灯开关,分别构成三相对称负载和三相不对称负载,按表实 3-2 所列各项进行测量和记录,同时观察灯泡亮度。负载对称,每相接入 3 盏灯;负载不对称,三相分别接入 1、2、3 盏灯。

五、记录与计算

表实 3-1

项目		线电压(V)			相电压(V)			相电流(A)			中性线电流	中性点电压	灯泡亮度		
		U_{AB}	U_{BC}	U_{CA}	U_{AN}	U_{BN}	U_{CN}	I_A	I_B	I_C	I_0	U_{NN0}	A相	B相	C相
有中线	对称 3、3、3														
	不对称 1、2、3														
无中线	对称 3、3、3														
	不对称 1、2、3														

表实 3-2

项目		线电压(V)			相电流(A)			线电流(A)			灯泡亮度		
		U_{AB}	U_{BC}	U_{CA}	I_{AB}	I_{BC}	I_{CA}	I_A	I_B	I_C	A相	B相	C相
电源对称	对称 3、3、3												
	不对称 1、2、3												
两相电源	对称 3、3、3												
	不对称 1、2、3												

六、作业与思考

(1) 结合实测结果说明三相对称负载星形、三角形连接时,线电压与相电压、线电流与相电流之间的关系。

(2) 试说出零线的作用？三相对称负载和不对称负载作星形连接时，中线是否可以取消？为什么？

(3) 根据表实 3-2 数据，做出三角形连接时相电流与线电流的相量图，验证 $I_L=\sqrt{3}I_P$ 的关系式。并说明该关系成立的条件是什么？

实验四　单相变压器的测试

一、实验目的

(1) 了解单相变压器的基本构造和铭牌，掌握单相变压器和调压器的接线方法。

(2) 测定变压器的变压比和空载电流。

(3) 观察变压器带负载时原、副边电流的变化，验证变压比和变流比的关系。

二、实验线路和原理

1. 实验线路如图实 4-1 所示。

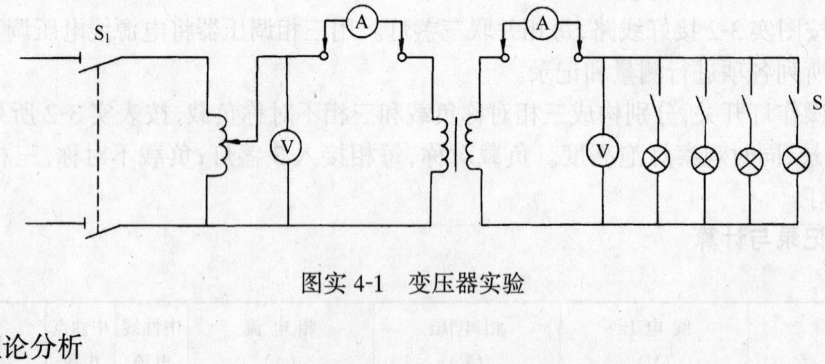

图实 4-1　变压器实验

2. 理论分析

(1) 空载运行

变压器空载运行时，变压比 K_U 为：

$$K_U=N_1/N_2=U_1/U_2$$

空载时流过原边绕组的电流叫做空载电流。副边绕组无电流。

(2) 负载运行

当变压器负载运行时，副边绕组有电流通过。负载增大时，原边电流随副边电流增大而增大，当接近满载时，变流比 K_I 为：

$$K_I=I_1/I_2=N_2/N_1=U_2/U_1$$

三、实验设备与仪器

(1) 单相流电源 220V，50Hz　　1 台；

(2) 单相变压器，0.5kVA，220/110V　　1 台；

(3) 单相调压器，1kVA，0～250V　　1 台；

(4) 白炽灯组箱(4～6 盏，60W)　　1 套；

(5) 交流电压表(250V)　　1 只；

(6) 交流电流表(5A)　　2 只；测试笔 2 副；

(7) 单极刀开关 1只。

四、实验步骤

(1) 了解变压器的构造和铭牌,识别原副绕组接线端子。

(2) 按图实 4-1 接好线,将调压器调至零位。

(3) 经教师检查无误后,合上电源开关 S_1,调节调压器使原边绕组电压达到额定值,记录原、副边电压 U_1、U_2 和空载增加后的原副边电流 I_1,I_2,填入表实 4-1。

(4) 进行负载测试。保持原边电压为额定值,利用开关 S_2 调节负载大小(分 4 次合上 S_2),测出每次负载增加后的原副边电流 I_1,I_2,填入表实 4-1。

五、记录与计算

表实 4-1

顺序	负载情况	测量结果				计算结果	
		U_1(V)	U_2(V)	I_1(A)	I_2(A)	$K_U=K_1/K_2$	$K_1=I_1/I_2$
1	空　载						
2	负　载						
3	负　载						
4	负　载						
5	负　载						

六、习题与思考

(1) 用实验数据计算变压器空载时和满载时的变压比。

(2) 计算空载电流 I_o 占原边额定电流的百分比。

(3) 做出变压器的外特性曲线 $U_2=f(I_2)$。

实验五　常用电工仪表的使用

一、实验目的

(1) 掌握单相电度表的接线方法,观察电度表铝盘转动与记数情况。

(2) 了解兆欧表和接地电阻仪的使用方法。

(3) 练习用数字万用表测量不同参数时量程的选择和测量方法(重点是欧姆档的使用)

(4) 了解钳形表的使用方法。

二、实验项目

(1) 单相电度表的接线(见图实 5-1)。

(2) 用兆欧表测量电动机绝缘电阻。

(3) 用数字万用表测:(1)电压、电流;(2)电阻值

(4) 用钳形表测量电流。

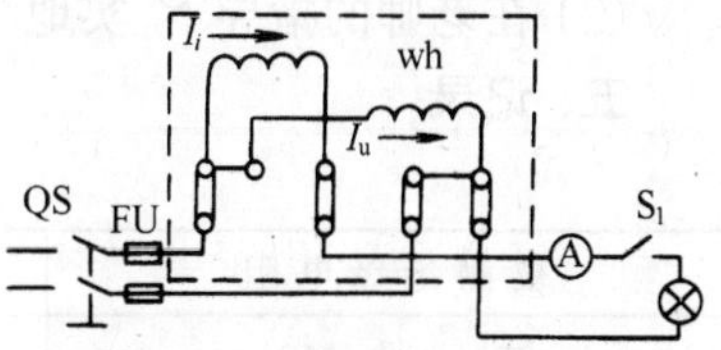

图实 5-1　单相电度表接线图

三、实验设备与仪器

(1) 三相交流电动机 1 台;

(2) 交流电流表(0～1A)1 只;

(3) 交流电压表(250V)1 只;

(4) 单相电度表(DD_{862}型,250V,2A)1 只;

(5) 数字万用表 1 只;

(6) 兆欧表、接地电阻仪、钳表各 1 只;

(7) 电阻 100Ω,1.5k、20k、50k、100k、200k、500k 各 1 只。

四、实验步骤

1. 电度表接线

(1) 按图实 5-1 接好线,经老师观检查无误后,接通电源,观察电度表的工作。

(2) 断开负载开关 S_2,观察电度表铝盘是否转动。

(3) 调换电度表 1 和 2 接线端的接线,观察铝盘转动的方向。

2. 用兆欧表测量电动机的绝缘电阻。

(1) 在兆欧表铭牌上找到额定电压值。被测设备的额定电压在 500V 以下,应使用额定电压为 500V 的兆欧表测量。

(2) 在端钮 E 和 L 之间开路时,摇动手柄,看指针是否指向"∞"。

(3) 在端钮 E 和 L 之间短路时,摇动手柄,看指针是否指向"0"。

(4) 测量电动机相间绝缘电阻及相线圈分别对机壳的绝缘电阻值。并将测量线路结果记入表实 5-1。

3. 用数字万用表测量电压、电流、电阻值。

(1) 了解万用表的电压档,电流档和电阻档的量限范围,并练习选择合适的量限。

(2) 分别用电压档和电流档(交流)测量实图 5-1 中的电压和电流。

(3) 用电阻档测量电阻阻值。并与标示值比较。

注意:使用万用表时必须加倍小心,尤其是测量电压和电流时,每次实测之前都要先仔细核对所选的档次和量限是否合适,否则极易使万用表烧毁。

4. 钳表的使用

(1) 了解钳表的使用方法及测量量限范围。

(2) 用钳表测电路上的电流。

5. 接地电阻仪的使用

(1) 了解接地电阻仪的使用法及测量量限范围。

(2) 在老师的指导下,实地测量某建筑物的接地电阻。

五、记录

表实 5-1

被测绝缘电阻	电动机相间绝缘电阻				各相对机壳的绝缘电阻			
结　果(MΩ)								
被测电阻	R_1	R_2	R_3	R_4	R_5	R_6	R_7	R_8
结　果(Ω)								

六、习题与思考

(1) 写出本实验所使用仪表在使用时应注意的事项。

(2) 写出使用万用表测试的体会。

实验六　三相异步电动机的直接启动及正反转控制

一、实验目的

(1) 了解异步电动机的构造和铭牌。

(2) 熟悉按钮开关、交流接触器的结构及动作原理。

(3) 熟悉异步电动机接线盒中三相绕组的首端与末端线头的布置及连接。

(4) 了解异步电动机控制线路中自锁、互锁的作用。

(5) 掌握异步电动机正反转的原理。

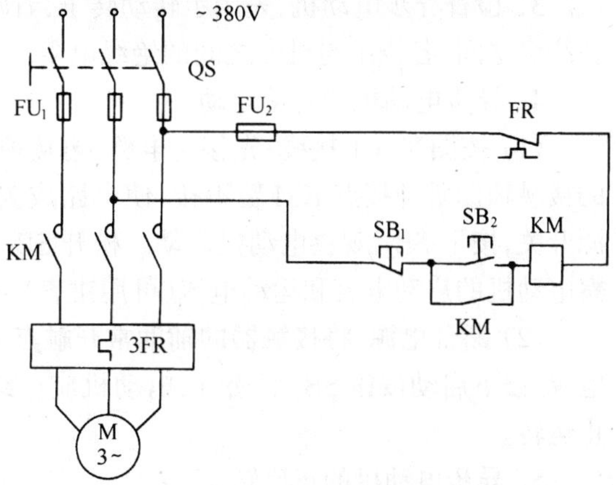

图实 6-1　异步电动机直接启动

二、实验线路与原理

实验线路如图实 6-1、6-2 所示：

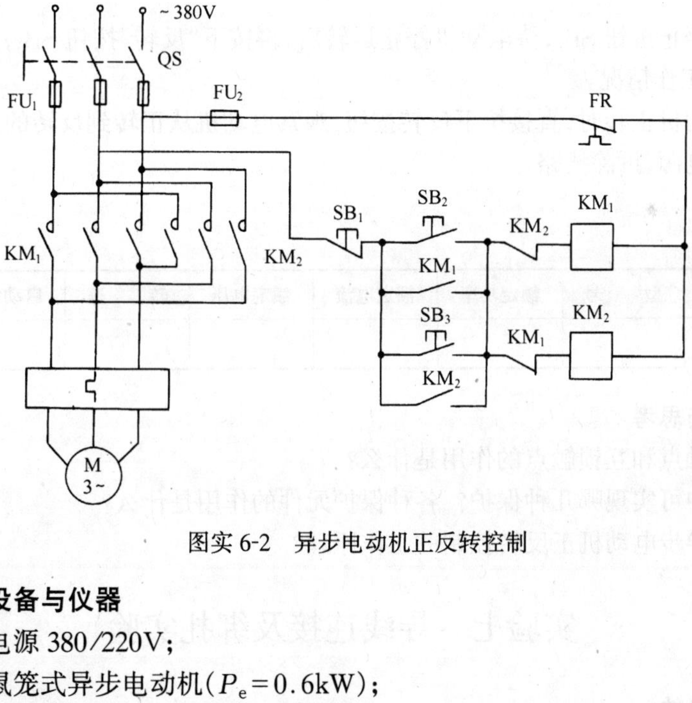

图实 6-2　异步电动机正反转控制

三、实验设备与仪器

(1) 三相电源 380/220V；

(2) 三相鼠笼式异步电动机($P_e = 0.6$kW)；

(3) 交流接触器、按钮、热继电器、熔断器；

(4) 交流电压表(450V)；

(5) 交流电流表(5A)或钳表；

(6) 兆欧表 1 只；

(7) 三相闸刀开关(380V/10A)1 只。

四、实验步骤

1．熟悉按钮、交流接触器、热继电器的构造、动作原理及接线。

2．抄录异步电动机铭牌数据，记入表实 6-1。

3．检查异步电动机，先用手转动转子，看转子转动是否灵活，然后用兆欧表测量电动机各绕组之间、各绕组与机壳之间的绝缘电阻。

4．异步电动机的直接启动

(1) 按图实 6-1 接线，先接主电路，再接控制电路。但控制电路中启动按钮 SB_2 上并联的接触辅助常开接点 KM 暂不接，使电路成为点动控制线路。经教师检查无误后，合上电源开关，按下 SB_2，观察电动机启动。松开 SB_2，电动机停止转动。可反复多按几次。同时观察电动机的启动电流和运动电流(可用钳表)，将值记入表实 6-1。

(2) 断开电源，将接触器的辅助常开触点 KM 接好，就成为单向连续运转电路了。合上电源，按下启动按钮 SB_2 后松开，电动机应连续运转。再按下停止按钮带 SB_1，电动机应停止运转。

5．异步电动机的正反转

(1) 按图实 6-2 接线，先接主电路，再接控制电路。

(2) 先按正转按钮 SB_2，观察电动机转向、正转接触器工作情况及自锁互锁的状况。

(3) 按下停止按钮 SB_1，待电动机停止运转后，再按下"反转"按钮 SB_3，观察电动机反转及反转接触器工作情况。

(4) 当电动机正转时，直接按下反转按钮，观察电动机从正转到反转的过渡过程。

(5) 切断电源，拆除线路。

五、记录

表实 6-1

记录项目	型　号	额定功率	额定电流	额定电压	转　速	启动电流	工作电流
记录结果							

六、作业与思考

(1) 自锁触点和互锁触点的作用是什么？

(2) 线路中可实现哪几种保护？各种保护元件的作用是什么？

(3) 简述异步电动机正反转控制的工作原理？

实验七　导线连接及绑扎实验

一、实验目的

(1) 练习导线头绝缘层的去除方法。

(2) 练习导线的连接方法。

(3) 练习导线在瓷瓶上的绑扎方法。

二、实验工具、器材

(1) 塑料绝缘导线(BV1.5mm^2)，双芯护套线 1mm^2。

(2) 7 股芯线 10mm²。

(3) 瓷瓶、绑线。

(4) 钢丝钳、电工刀。

三、实验步骤

1．塑料绝缘导线线头削除

(1) 用电工刀以 45 度角斜度切入塑料层，然后将线芯水平向前推削，如图实 7-1 (*a*)、(*b*)所示。

(2) 削去上面部分塑料皮后，将剩余部分塑料皮层翻下，用电工刀向前削切除。如图 7-1(*c*)、(*d*)所示。

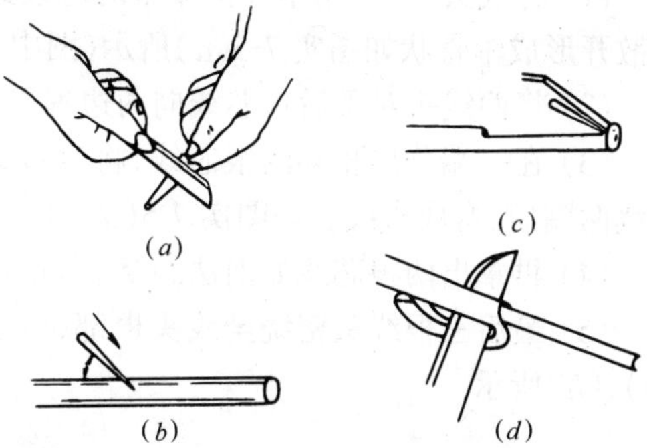

图实 7-1　剥除导线绝缘层

2．护套线线头的削除

(1) 量出需要削除绝缘层的线头长度，用电刀在此外环切一痕，但要注意不得切伤芯线绝缘层。如图实 7-2(*a*)所示。

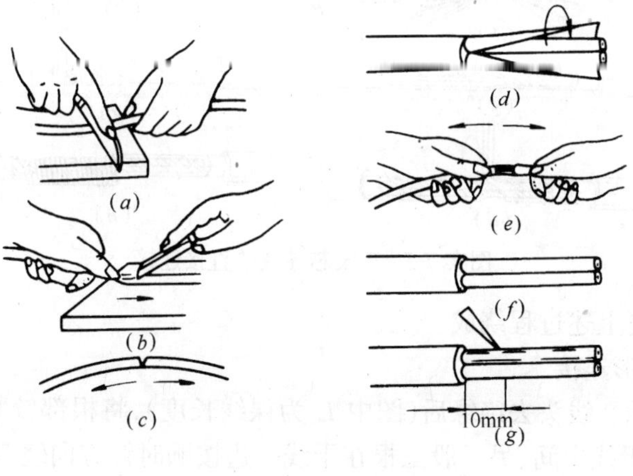

图实 7-2　削除导线护套

(2) 对准两条芯线中间缝隙，用电工刀将护套纵向切开。如图实 7-2(*b*)所示。

(3) 剥削护套层，露出芯线，如图实 7-2(*c*)、(*d*)、(*e*)、(*f*)所示。

(4) 在距护套层 10mm 处，按塑料绝缘线的削除方法切除绝缘层。如图实 7-2(*g*)所示。

3．单股芯线直线连接

如图实 7-3 所示。

(1) 将两根导线头绝缘层去除后，作 X 状相交。

(2) 两芯线互相铰合 2～3 匝后扳直。

(3) 将两线头分别在另一芯线上紧缠绕 6 圈，剪去多余线头，用钢丝钳钳平切口。

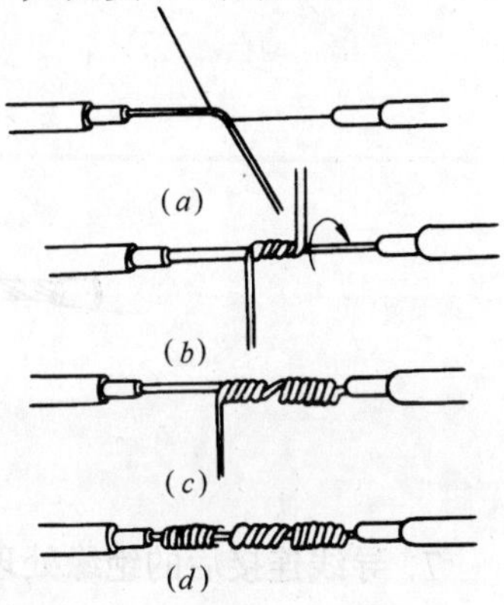

图实 7-3　单芯导线的直接连接

4．单股芯线 T 形连接

如图实 7-4 所示。

5. 7 股芯线直线连接

(1) 将线头绝缘层削除，将裸露的芯线距绝缘 1/3 处铰紧，其余长线头散开形成伞骨状如图实 7-5(a)所示(图中 L 为裸线长度)。

(2) 将两线头对叉后顺芯线向两边捏平。如图实 7-5(b)、(c)。

(3) 在一端分出相邻两根芯线，将其扳成与芯线垂直，并沿顺时针方向绕两圈后，弯成直线。如图实 7-5(d)、(e)所示。

(4) 再拿出两根芯线如前法缠绕。如图实 7-5(f)。

(5) 最后三根线头密绕至线头根部，剪去余端，钳来线口，如图实 7-5(g)、(h)所示。

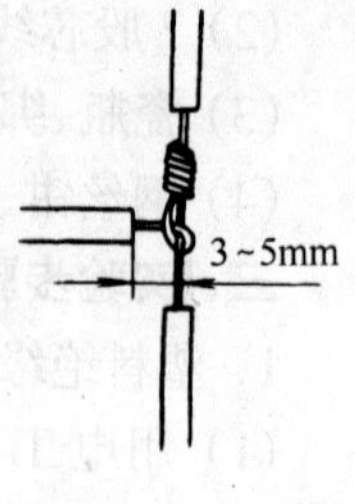

图实 7-4 单芯导线的 T 形连接

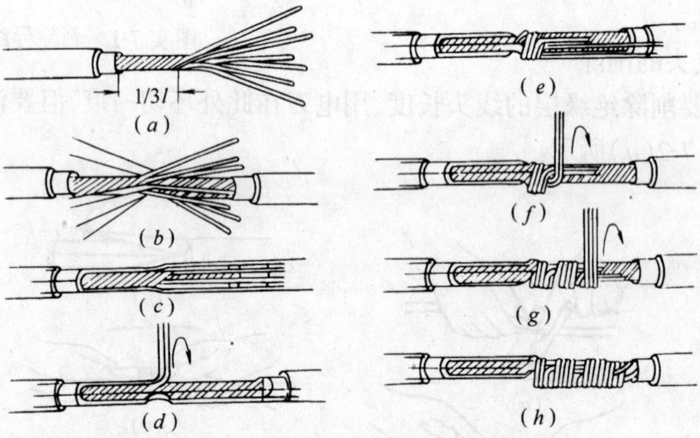

图实 7-5 7 股芯导线的直接连接

(6) 另一端重复上述过程绕成。

6. 7 股芯线 T 形连接

如图实 7-6 所示。线头去绝缘后(图中 L 为裸线长度)，将根部铰紧，其余分散成两组。一组四根芯线插入干线中间，另一股三根在干线一边按顺时针方向绕 3~4 圈，剪去余端，钳平切口。插入干线的一组用同样方法缠绕 4~5 圈。剪去余端，钳平切口。

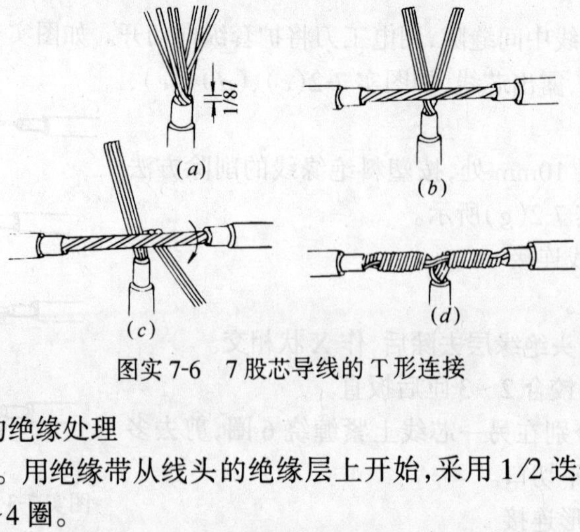

图实 7-6 7 股芯导线的 T 形连接

7. 导线连接后的绝缘处理

如图实 7-7 所示。用绝缘带从线头的绝缘层上开始，采用 1/2 迭包方法包至另一端线头绝缘层处，再包 3~4 圈。

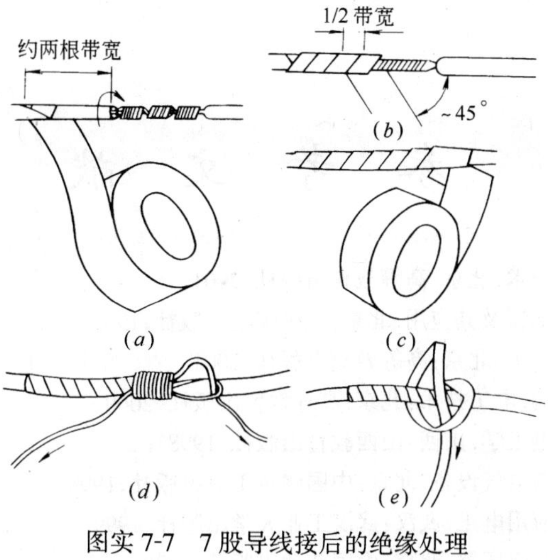

图实 7-7　7 股导线接后的绝缘处理

8．低压绝缘子(或瓷柱)的绑扎，如图实 7-8 所示。

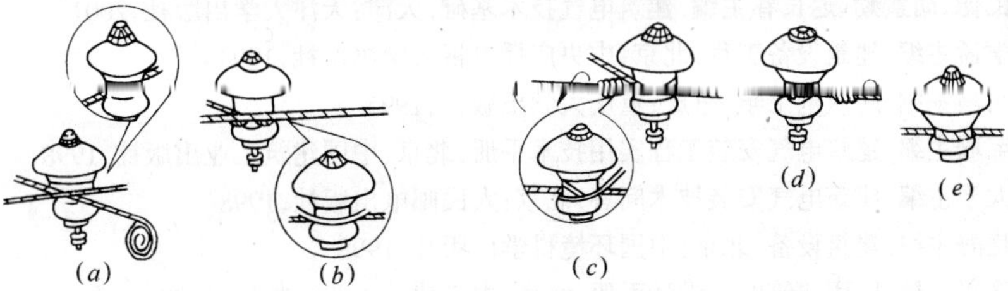

图实 7-8　绝缘子的绑扎

9．针式绝缘子顶部绑扎，如图实 7-9 所示。

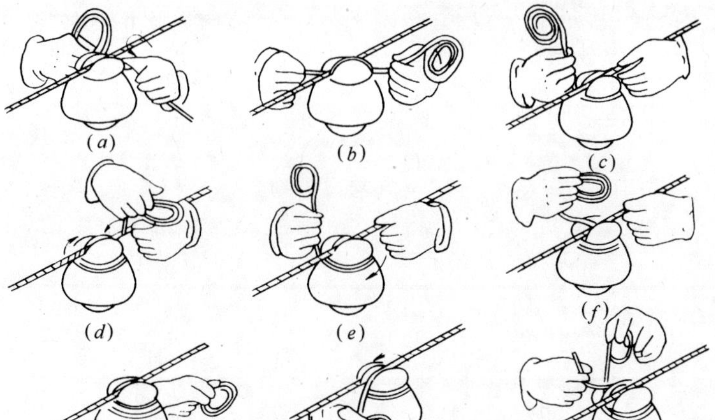

图实 7-9　针式绝缘子顶部绑扎

四、评定成绩

操作完成后，同学互相检查，然后由教师检查，评定成绩。

参 考 文 献

1. 赵承获主编.电工技术.北京:高等教育出版社,2001
2. 郑凤翼主编.低压电器及其应用.北京:人民邮电出版社,1999
3. 席时达主编.电工技术.北京:高等教育出版社,2001
4. 曹建林,许达清主编.电工技术:北京:高等教育出版社,2000
5. 万恒祥主编.建筑电工学.山西:山西教育出版社,1998
6. 万恒祥主编.电工与电气设备.北京:中国建筑工业出版社,1999
7. 喻建华主编.建筑应用电工.武汉:武汉工业大学出版社,1999
8. 赵承获主编.电机与变压器.北京:中国劳动出版社,2000
9. 胡幸民主编.电机及拖动基础.北京:机械工业出版社,2000
10. 黄民德、胡素勤、迟长春主编.建筑电气技术基础.天津:天津大学出版社,2001
11. 魏学孟主编.建筑设备工程.北京:中央广播电视大学出版社,1994
12. 王明昌主编.建筑电工学.重庆:重庆大学出版社,1995
13. 刘宝珊主编.建筑电气安装工程实用技术手册.北京:中国建筑工业出版社,1998
14. 方大千主编.建筑电气安装技术问答.北京:人民邮电出版社,1998
15. 龚晓海主编.建筑设备.北京:中国环境科学出版社,1998
16. 戴瑜兴主编.民用建筑电气设计手册.北京:中工建筑工业出版社,1999
17. 胡乃定主编.民用建筑电气技术与设计.北京:清华大学出版社,1993
18. 张振昭、许锦标、万频主编.楼宇智能化技术.北京:机械工业出版社,2001